전기설비기술기준

(한국전기설비규정)

김충년 · 권기진 · 유원근 · 송정원 공저

도서출판 태영문화사

머리말

전기설비기술기준은 "한국전기설비규정(KEC)"으로 2020년까지 적용된 "전기설비기술기준 및 판단기준" 규정에 대한 일부 수정 및 보완이 되어 2021년부터 다시 개정, 적용되는 것으로 전기사용을 위하여 시설하는 저압, 고압 및 특고압 전기설비, 전기철도설비, 분산형 전원설비에 관한 기준을 나타낸 것이다.

따라서 본 서는 전기관련 종사자 및 대학에서 교재로 활용하거나 또한 전기관련 자격증을 취득하기 위한 수험생들에게 쉽고 빠르게 이해할 수 있도록 다양한 그림을 삽입하였다. 또한 각 장마다 과년도 문제들로 연습문제를 수록하여 본 서의 규정 내용을 보다 이해하기 쉽도록 하였으며, 전기관련 자격증 준비를 하는 수험생들의 실력을 향상시킬 수 있도록 하였다. 각 장에서의 연습문제는 기사 및 산업기사에 구분 없이 최근까지 출제된 문제들을 수록하였다.

전기설비기술기준(한국전기설비규정)은 전기관련 분야에서는 꼭 배우고 익혀야 하는 필수 과목이므로 본 서를 이용하여 후학을 양성하는 학교 또는 전기자격증 취득을 원하는 분들에게 좋은 성과를 거둘 수 있었으면 한다. 모든 분야에 걸쳐서 충실을 기해 작성하였으나, 미흡한 점도 있을 거라 생각되며 계속 수정·보완해 나가도록 하겠다.

끝으로 이 책을 발행하는데 수고하여 주신 태영문화사 이진권 사장님과 임직원 여러분들께 감사를 드립니다.

저자 씀

차 례

제 1 장

공통사항

1. 목적

이 한국전기설비규정(Korea Electro-technical Code, KEC)은 전기설비기술기준 고시(이하 "기술기준")에서 정하는 전기설비(발전 · 송전 · 변전 · 배전 또는 전기사용을 위하여 설치하는 기계 · 기구 · 댐 · 수로 · 저수지 · 전선로 · 보안통신선로 및 그 밖의 설비)의 안전성능과 기술적 요구사항을 구체적으로 정하는 것을 목적으로 한다.

2. 용어

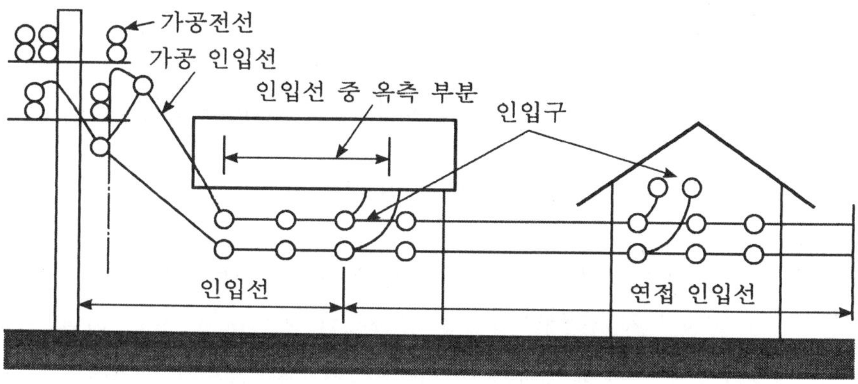

그림 1-1 가공 인입선과 연접 인입선

① 가공인입선 : 가공전선로 지지물로부터 다른 지지물을 거치지 않고 수용장소의 붙임점에 이르는 가공전선.

② 전선로 : 발전소 · 변전소 · 개폐소, 이와 유사한 곳 및 전기사용장소 상호 간의 전선 및 이를 지지 및 보장하는 시설물.

③ 연접인입선 : 한 수용장소의 인입선에서 분기하여 지지물을 거치지 않고 다른 수용장소의 인입구에 이르는 부분의 전선.

④ 옥내배선 : 건축물 내부의 전기사용장소에 고정시켜 시설하는 전선.

⑤ 옥측배선 : 건축물 외부의 전기사용장소에서 그 전기사용장소에서의 전기사용을 목적으로 조영물에 고정시켜 시설하는 전선.

⑥ 옥외배선 : 건축물 외부의 전기사용장소에서 그 전기사용장소에서의 전기사용을 목적으로 고정시켜 시설하는 전선.

⑦ 관등회로 : 방전등용 안정기 또는 방전등용 변압기로부터 방전관까지의 전로.

⑧ 지중관로 : 지중전선로, 지중 약전류전선로, 지중에 시설한 수관 및 가스관 및 이와 유사한 것 및 이들에 부속하는 지중함 등을 말함.

⑨ 지지물 : 목주, 철주, 철근 콘크리트주 및 철탑과 이와 유사한 시설물로서 전선, 약전류전선, 광섬유케이블을 지지하는 것을 목적으로 하는 것.

⑩ 이격거리 : 물체에서 떨어져야 할 표면간의 최단거리.

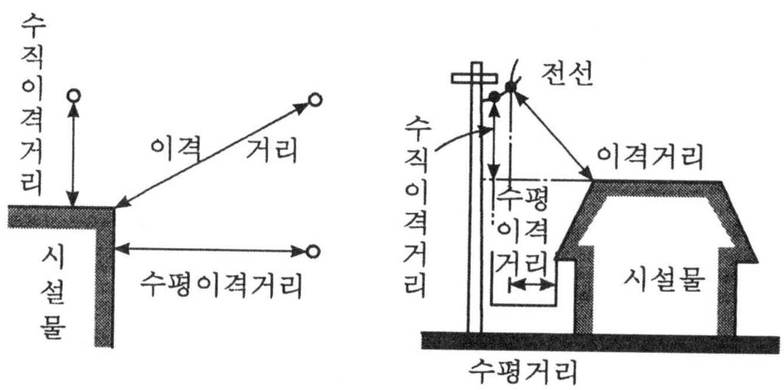

그림 1-2 이격거리

⑪ 접근상태 : 제1차 접근상태 및 제2차 접근상태를 말한다.

㉮ 제1차 접근상태 : 가공전선이 기타 공작물과 접근하는 경우 다른 공작물의 상방 또는 측방에서 수평거리로 지지물의 지표상 높이에 상당하는 거리 안에 시설(수평거리 3 m 미만인 곳에 시설은 제외)함으로써 가공전선로의 전선 절단, 지지물 도괴에 의해 그 전선이 다른 시설물에 접촉할 우려가 있는 상태.

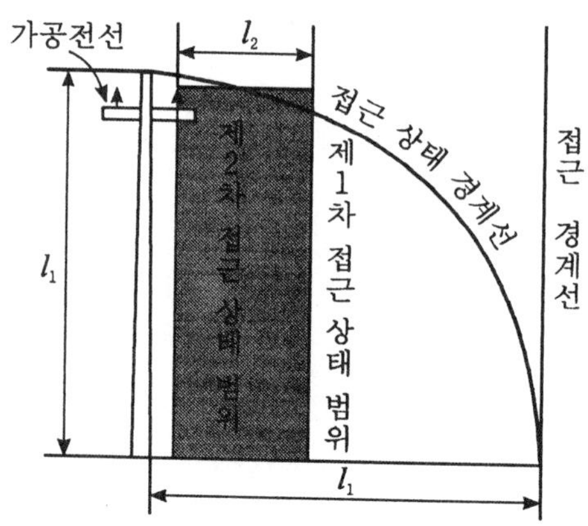

그림 1-3 접근상태

㉯ 제2차 접근상태 : 가공전선이 기타 시설물과 상방 또는 측방에서 수평 거리로 3(m) 미만(l_2)인 곳에 시설되는 상태.

⑫ 가섭선 : 지지물에 가설되는 모든 선류를 말함.

⑬ 대지전압 : 접지식 전로는 전선과 대지 사이의 전압, 비접지식 전로는 전선간의 전압.

⑭ 전력보안통신 : 전력수급에 필요한 급전, 운전, 보수 등의 업무 운영용으로 사용되는 전화 또는 제어 계측용 통신 등 모두 포함.

⑮ 조상설비 : 무효전력을 조정(공급)하는 전기기계기구.

⑯ 급전소 : 전력계통 운용에 관한 지시를 하는 곳.

⑰ 개폐소 : 개폐소 안에 시설하는 개폐기 및 기타 장치로 전로를 개폐하는 곳으로서 발전소, 변전소 및 수용장소 이외의 곳.

⑱ 발전소 : 발전기, 원동기, 연료전지, 태양전지 등의 장치로 전기를 발생시키는 곳.

⑲ 변전소 : 변전소 밖으로부터 전송받은 전기를 변전소 안에 시설한 기계기구(변압기, 전동발전기, 회전변류기, 정류기 등)에 의하여 변성하는 곳. 변성한 전기를 다시 변전소 밖으로 전송하는 곳.

⑳ 전압의 종별

사용전압	전압 범위
저 압	· 직류 : 1.5(kV) 이하 · 교류 : 1(kV) 이하
고 압	· 직류 : 1.5(kV)를 초과하고 7(kV) 이하 · 교류 : 1(kV)를 초과하고 7(kV) 이하
특고압	· 7(kV) 초과

㉑ 분산형 전원 : 중앙급전 전원과 구분되는 것으로서 전력소비지역 부근에 분산하여 배치 가능한 전원을 말한다. 상용전원의 정전시에만 사용하는 비상용 예비전원은 제외하며, 신 · 재생에너지 발전설비, 전기저장장치 등을 포함.

㉒ 계통연계 : 둘 이상의 전력계통 사이를 전력이 상호 융통될 수 있도록 선로를 통하여 연결하는 것으로 전력계통 상호간을 송전선, 변압기 또는 직류-교류변환설비 등에 연결하는 것. 계통연락이라고 함.

㉓ 단독운전 : 전력계통의 일부가 전력계통의 전원과 전기적으로 분리된 상태에서 분산형 전원에 의해서만 운전되는 상태.

㉔ 인버터 : 직류전력을 교류전력으로 변환하는 장치.

㉕ 접속설비 : 공용 전력계통으로부터 특정 분산형 전원 설치자의 전기설비에 이르는 전선로와 이에 부속하는 모든 관련 설비.

㉖ 리플프리 직류 : 교류를 직류로 변환할 때 리플성분의 실효값이 10(%) 이하로 포함된 직류.

㉗ 단순 병렬운전 : 자가용 발전설비 또는 저압 소용량 일반용 발전설비를 배전계통에 연계하여 운전하되, 생산한 전력의 전부를 자체적으로 소비하기 위한 것으로서 생산한 전력이 연계계통으로 송전되지 않는 병렬 형태.

㉘ 노출도전부(외함) : 충전부는 아니지만 고장시에 충전될 위험이 있고, 사람이 쉽게 접촉할 수 있는 기기의 도전성 부분.

㉙ 계통외도전부 : 전기설비의 일부는 아니지만 지면에 전위 등을 전해줄 위험이 있는 도전성 부분.

㉚ 등전위본딩 : 등전위를 형성하기 위해 도전부 상호간을 전기적으로 연결하는 것.

㉛ 등전위본딩망 : 구조물의 모든 도전부와 충전도체를 제외한 내부설비를 접지극에 상호 접속하는 망.

㉜ 보호도체(PE) : 감전에 대한 보호 등 안전을 위해 제공되는 도체.

㉝ 보호등전위본딩 : 감전에 대한 보호 등과 같이 안전을 목적으로 하는 등전위본딩.

㉞ 보호본딩도체 : 보호등전위본딩을 제공하는 보호도체.

㉟ 스트레스전압 : 지락고장 중에 접지부분 또는 기기나 장치의 외함과 기기나 장치의 다른 부분 사이에 나타나는 전압.

㊱ 특별저압(ELV, Extra Low Voltage) : 인체에 위험을 초래하지 않을 정도의 저압. 여기서 SELV(Safety Extra Low Voltage)는 비접지회로에 해당되며, PELV(Protective Extra Low Voltage)는 접지회로에 해당 됨.

3. 감전에 대한 보호

① 기본보호 : 일반적으로 직접접촉을 방지하는 것으로, 전기설비의 충전부에 인축이 접촉하여 일어날 수 있는 위험으로 부터 보호되어야 한다. 기본보호는 다음 중 어느 하나에 적합하여야 한다.

㉮ 인축의 몸을 통해 전류가 흐르는 것을 방지
㉯ 인축의 몸에 흐르는 전류를 위험하지 않는 값 이하로 제한

② 고장보호 : 일반적으로 기본절연의 고장에 의한 간접접촉을 방지하는 것이다.
㉮ 노출도전부에 인축이 접촉하여 일어날 수 있는 위험으로 부터 보호되어야 한다.
㉯ 고장보호는 다음 중 어느 하나에 적합하여야 한다.
ⓐ 인축의 몸을 통해 고장전류가 흐르는 것을 방지
ⓑ 인축의 몸에 흐르는 고장전류를 위험하지 않는 값 이하로 제한
ⓒ 인축의 몸에 흐르는 고장전류의 지속시간을 위험하지 않은 시간까지로 제한

4. 전선

① 전선은 통상 사용 상태에서의 온도에 견디는 것이어야 한다.
② 전선은 설치장소의 환경조건에 적절하고 발생할 수 있는 전기·기계적 응력에 견디는 능력이 있는 것을 선정하여야 한다.
③ 전선은 "전기용품 및 생활용품 안전관리법"의 적용을 받는 것 이외에는 한국산업표준(이하 KS라 함)에 적합한 것을 사용하여야 한다.

(1) 전선의 식별

상(문자)	색상
L1	갈색
L2	흑색
L3	회색
N	청색
보호도체	녹색-노란색

색상 식별이 종단 및 연결 지점에서만 이루어지는 나도체 등은 전선 종단부에 색상이 반영구적으로 유지될 수 있는 도색, 밴드, 색 테이프 등의 방법으로 표시해야 한다.

(2) 전선의 종류

가) 절연전선

저압 절연전선은 전기용품 및 생활용품 안전관리법의 적용을 받는 것 이외에는 KS에 적합한 것으로서 450/750(V) 비닐절연전선 · 450/750(V) 저독성 난연 폴리올레핀절연전선 · 450/750(V) 저독성 난연 가교폴리올레핀절연전선 · 450/750(V) 고무절연전선을 사용할 것.

나) 케이블 종류

① 저압, 고압, 특고압 케이블

항 목	종 류
저압 케이블	· 0.6/1(kV)연피(鉛皮)케이블 · 클로로프렌외장(外裝)케이블 · 비닐외장케이블 · 폴리에틸렌외장케이블 · 무기물 절연케이블 · 금속외장케이블 · 저독성 난연 폴리올레핀외장케이블 · 300/500(V) 연질 비닐 시스 케이블 · 유선텔레비전용 급전겸용 동축 케이블
고압 케이블	· 연피케이블 · 알루미늄피케이블 · 클로로프렌외장케이블 · 비닐외장케이블 · 폴리에틸렌외장케이블 · 저독성 난연 폴리올레핀외장케이블 · 콤바인덕트케이블 또는 이들에 보호피복을 한 것
특고압 케이블	케이블은 절연체가 에틸렌 프로필렌고무혼합물 또는 가교폴리에틸렌 혼합물인 케이블로서 선심 위에 금속제의 전기적 차폐층을 설치한 것이거나 · 파이프형 압력 케이블 · 연피케이블 · 알루미늄피케이블 · 기타 금속피복을 한 케이블

② 특고압 전로의 다중접지 지중 배전계통에 사용하는 동심중성선 전력케이블

㉮ 최대사용전압 : 25.8(kV) 이하

㉯ 도체는 연동선 또는 알루미늄선을 소선으로 구성한 원형 압축연선으로 할 것. 도체 내부의 홈에는 물이 쉽게 침투하지 않도록 수밀 혼합물(컴파운드, 파우더 또는 수밀 테이프)을 충전할 것.

㉰ 절연체는 동심원상으로 동시압출(3중 동시압출)한 내부 반도전층, 절연층 및 외부 반도전층으로 구성하여야 하며, 건식 방식으로 가교할 것.

ⓐ 내부 반도전층은 흑색의 반도전 열경화성 컴파운드를 사용하며, 도체 위에 동심원상으로 완전 밀착되도록 압출성형하고, 도체와는 쉽게 분리되어야 한다. 도체에 접하는 부분에는 반도전성 테이프에 의한 세퍼레이터를 둘 수 있다.

ⓑ 절연층은 가교폴리에틸렌(XLPE) 또는 수트리억제 가교폴리에틸렌(TR-XLPE)을 사용하며, 도체 위에 동심원상으로 형성할 것.

ⓒ 외부 반도전층은 흑색의 반도전 열경화성 컴파운드를 사용하며, 절연층과 밀착되고 균일하게 압출성형하며, 접속작업시 제거가 용이하도록 절연층과 쉽게 분리되어야 한다.

㉣ 중성선 수밀층은 물이 침투하면 자기부풀음성을 갖는 부풀음 테이프 사용

ⓐ 충실외피를 적용한 충실 케이블은 반도전성 부풀음 테이프를 외부 반도전층 위에 둘 것.

ⓑ 충실외피를 적용하지 않은 케이블은 중성선 아래 및 위에 두며, 중성선 아래층은 반도전성으로 할 것.

㉤ 중성선은 반도전성 부풀음 테이프 위에 형성하여야 하며, 꼬임방향은 Z 또는 S-Z꼬임으로 할 것. 충실외피를 적용한 충실 케이블의 S-Z 꼬임의 경우 중성선위에 적당한 바인더 실을 감을 수 있다. 피치는 중성선 층 외경의 6~10배로 꼬임할 것.

5. 전선의 접속법

전선을 접속하는 경우에는 전선의 전기저항을 증가시키지 아니하도록 접속하여야 하며, 또한 다음에 따라야 한다.

① 전선 상호 또는 나전선과 절연전선, 캡타이어 케이블 또는 케이블과 접속시

㉮ 전선의 세기(인장하중) 20(%) 이상 감소시키지 아니할 것.

㉯ 접속부분은 접속관 기타의 기구를 사용할 것.

② 절연전선 상호·절연전선과 코드, 캡타이어 케이블과 접속하는 경우에는 그 부분의 절연전선의 절연물과 동등 이상의 절연성능이 있는 것으로 충분히 피복할 것.

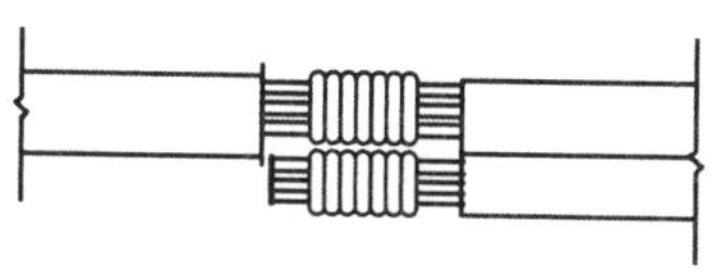

(a) T형 커넥터사용 분기 접속

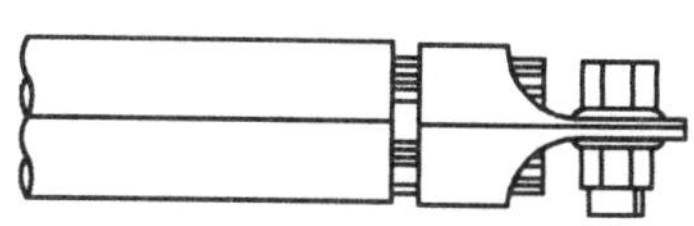

(b) 압착단자 접속

(c) 비틀어 꽂는 형의 접속기로 접속　　　(d) 터미널 러그 접속

그림 1-4　전선의 접속법

③ 코드 상호, 캡타이어 케이블 상호 또는 이들 상호를 접속하는 경우에는 코드 접속기·접속함 기타의 기구를 사용할 것.
단, 공칭단면적이 10(㎟) 이상인 캡타이어 케이블 상호 접속시 접속부분은 절연피복을 완전히 유화하거나 접속부분의 위에 견고한 금속제의 방호장치를 한 경우 또는 금속 피복이 아닌 케이블 상호를 접속하는 경우에는 코드 접속기·접속함 기타의 기구를 사용하지 않아도 된다.

④ 접속부분에 전기적 부식이 생기지 않도록 할 것.

⑤ 두 개 이상의 전선을 병렬로 사용하는 경우에는 다음에 의하여 시설할 것.

재료	굵기	공통 사항
동선	50(㎟) 이상	전선은 같은 도체, 같은 재료, 같은 길이 및 같은 굵기의 것 사용
알루미늄선	70(㎟) 이상	

㉮ 같은 극의 각 전선은 동일한 터미널러그에 완전히 접속할 것.

㉯ 같은 극인 각 전선의 터미널러그는 동일한 도체에 2개 이상의 리벳 또는 2개 이상의 나사로 접속할 것.

㉰ 병렬로 사용하는 전선에는 각각에 퓨즈를 설치하지 말 것.

㉱ 금속관 안에 전자적 불평형이 생기지 않도록 시설할 것.

6. 전로의 절연

전로는 대지로부터 절연하여야 한다.

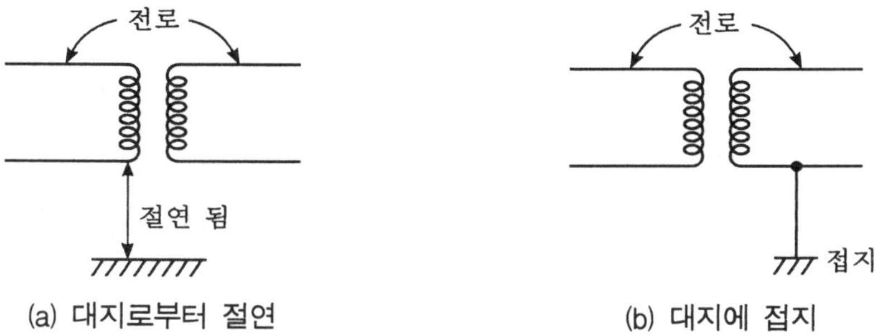

그림 1-5 전로의 절연

단, 다음의 경우에는 절연을 하지 않는다.

① 저압전로에 접지공사한 각 접지점.

② 전로의 중성점에 접지공사한 접지점.

③ 계기용변성기의 2차측 전로에 접지공사한 접지점.

④ 저압, 특고압 가공전선과 동일 지지물에 시설되는 부분에 접지공사한 접지점.

⑤ 중성점이 접지된 특고압(25 kV 이하) 가공선로의 중성선에 다중접지한 접지점.

⑥ 소구경관(박스 포함)에 접지공사한 접지점.

⑦ 저압전로와 사용전압 300(V) 이하 저압전로를 결합한 변압기의 2차측 전로에 접지공사한 접지점.

⑧ 다음과 같이 절연할 수 없는 부분.

㉮ 시험용 변압기, 전력선 반송용 결합 리액터, 전기울타리용 전원장치, 엑스선발생장치, 전기부식방지용 양극, 단선식 전기철도의 귀선 등 전로의 일부를 대지로부터 절연하지 아니하고 전기를 사용하는 것이 부득이한 것.

㉯ 전기욕기 · 전기로 · 전기보일러 · 전해조 등 대지로부터 절연하는 것이 기술상 곤란한 것.

⑨ 저압 옥내직류 전기설비의 접지에 의하여 직류계통에 접지공사의 접지점.

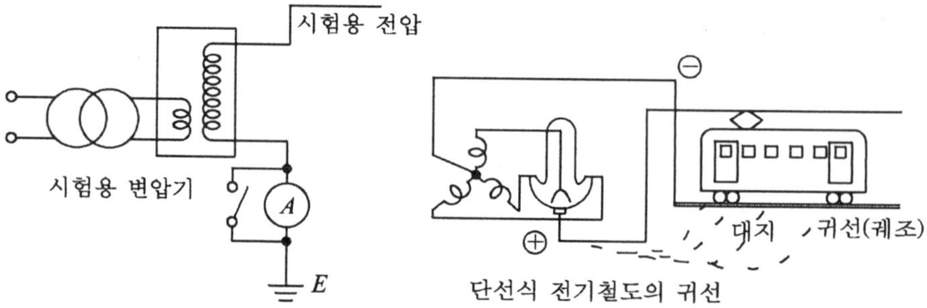

(a) 시험용 변압기 (b) 단선식 전기철도의 귀선

그림 1-6 전로 일부를 대지에서 절연 않고서 전기를 사용하는 곳

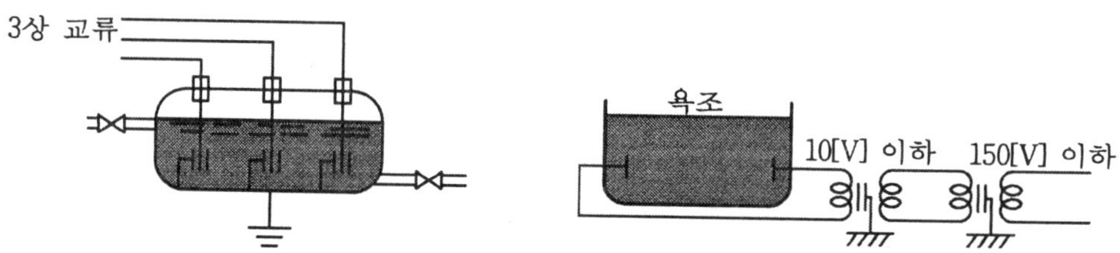

(a) 전기보일러 (b) 전기 욕기

그림 1-7 절연하는 것이 기술상 곤란한 곳

7. 전로의 절연저항

① 저압전로의 절연저항값(기술기준 제52조)

전기사용 장소의 사용전압이 저압인 전로의 전선 상호간 및 전로와 대지 사이의 절연저항은 개폐기 또는 과전류차단기로 구분할 수 있는 전로마다 표에서 정한값 이상이어야 한다.

단, 전선 상호간의 절연저항은 기계기구를 쉽게 분리가 곤란한 분기회로의 경우 기기 접속 전에 측정할 수 있다. 또한 측정시 영향을 주거나 손상을 받을 수 있는 SPD 또는 기타 기기 등은 측정 전에 분리시켜야 하고, 분리가 어려운 경우에는 시험전압을 250(V) DC로 낮추어 측정할 수 있지만, 절연저항값은 1(MΩ) 이상이어야 한다.

전로의 사용전압(V)	DC 시험전압(V)	절연저항값(MΩ)
SELV 및 PLEV	250	0.5
FELV, 500(V) 이하	500	1.0
500(V) 초과	1,000	1.0

[주] 특별저압(extra low voltage) : 2차 전압이 AC 50(V), DC 120(V) 이하로 SELV(비접지회로 구성) 및 PELV(접지회로 구성)은 1차와 2차가 전기적으로 절연된 회로, FELV는 1차와 2차가 전기적으로 절연되지 않은 회로

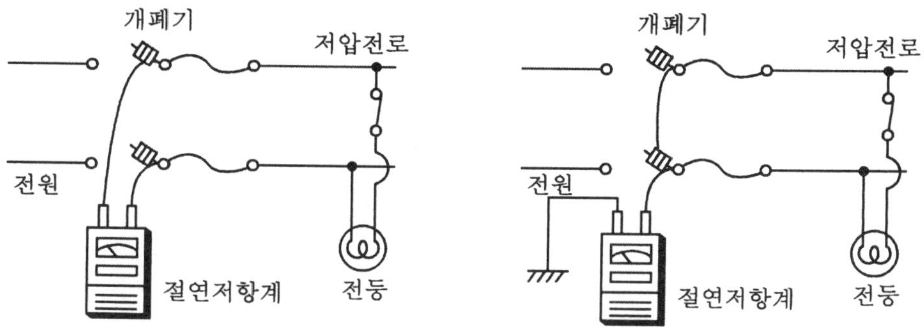

(a) 전로와 대지간 (b) 전선 상호간

그림 1-8 저압전로의 절연저항 측정 개소

② 저압 전로에서 정전이 어려운 경우 등 절연저항 측정이 곤란한 경우 저항성분의 누설전류가 1(㎃) 이하이면 그 전로의 절연성능은 적합한 것으로 본다.

8. 고압 및 특고압 전로, 변압기, 차단기, 기타 기구 절연내력시험

고압 및 특고압의 전로는 표에서 정한 시험전압을 전로와 대지 사이(심선 상호간 및 심선과 대지 사이)에 연속하여 10분간 가하여 절연내력을 시험하였을 때에 이에 견디어야 한다.

단, 전선에 케이블을 사용하는 교류 전로로서 표에서 정한 시험전압의 2배의 직류전압을 전로와 대지 사이(다심케이블은 심선 상호간 및 심선과 대지 사이)에 연속하여 10분간 가하여 절연내력을 시험하였을 때에 이에 견디는 것에 대하여는 표의 적용을 받지 않는다.

최대 사용전압	시험전압	최저 시험전압	시험방법
1. 7(kV) 이하	1.5배	500(V) 예. 6,600 → 9,900	시험되는 권선과 다른 권선, 철심 및 외함 사이에 시험전압을 연속 10분간 가한다.
2. 7(kV) 초과 25(kV) 이하 중성점 다중접지 방식	0.92배	500(V) 예. 22,900 → 21,068	
3. 7(kV) 초과 60(kV) 이하 비접지식 모든 전압	1.25배	10,500(V) 예. 33,000 → 41,250	
4. 60(kV) 초과 중성점 비접지식	1.25배	예. 66,000 → 82,500	
5. 60(kV) 초과 중성점 접지식	1.1배	75(kV) 예. 66,000 → 72,600	시험되는 권선의 중성점 단자(스콧결선 경우에는 T좌권선과 주좌권선의 접속점 단자) 이외의 임의의 1단자, 다른 권선(다른 권선이 2개 이상 있는 경우 각 권선)의 임의의 1단자, 철심 및 외함을 접지하고 시험되는 권선의 중성점 단자 이외의 각 단자에 3상 교류의 시험 전압을 연속 10분간 가한다.
6. 60(kV) 초과 중성점 직접 접지식	0.72배 (중성점에 피뢰기 설치시 0.3배)	예. 154,000 → 110,880 345,000 → 248,400	시험되는 권선의 중성점 단자, 다른 권선(다른 권선이 2개 이상 있는 경우 각 권선)의 임의의 1단자, 철심 및 외함을 접지하고, 시험되는 권선의 중성점 단자 이외의 임의의 1단자와 대지 사이에 시험전압을 연속 10분간 가한다.
7. 170(kV) 넘는 중성점 직접 접지식(구내에만 적용)	0.64배	예. 345,500 → 220,800	시험되는 권선의 중성점 단자, 다른 권선(다른 권선이 2개 이상인 경우 각 권선)의 임의의 1단자, 철심 및 외함을 접지하고 시험되는 권선의 중성점 단자 이외의 임의의 1단자와 대지 사이에 시험전압을 연속 10분간 가한다.
8. 60(kV) 초과 정류기에 접속된 전로	교류 및 직류 고전압측에 접속되고 있는 전로는 교류측의 최대 사용전압의 1.1배의 직류전압		
	직류측 중성선 또는 귀선이 되는 전로(직류 저압측 전로)는 $E=V\times\frac{1}{\sqrt{2}}\times0.5\times1.2$ 계산식에 의하여 구한값		

E : 교류 시험 전압(V 단위)

V : 역변환기의 전류(轉流) 실패시 중성선 또는 귀선이 되는 전로에 나타나는 교류성 이상전압의 파고값(V 단위).

단, 전선에 케이블을 사용하는 경우 시험전압은 E의 2배의 직류전압으로 한다.

9. 회전기 및 정류기의 절연내력시험

회전기 및 정류기는 표에서 정한 시험방법으로 10분간 절연내력 시험에 견딜 것.

단, 회전변류기 이외의 교류의 회전기로 표에서 정한 시험전압의 1.6배의 직류전압으로 절연내력 시험에 견디는 것을 시설할 경우에는 표의 값을 적용받지 않는다.

종 류			시험전압	시험 방법
회전기	발전기 전동기 조상기 기타 회전기	7(kV) 이하	1.5배(최저 500 V)	권선과 대지 사이에 연속 10분간
		7(kV) 초과	1.25배(최저 10,500 V)	
	회전 변류기		직류측의 최대사용전압의 1배의 교류전압(최저 500 V)	
정류기	60(kV) 이하		직류측의 최대 사용전압의 1배의 교류전압 (최저 500 V)	충전부분과 외함 사이에 연속 10분간
	60(kV) 초과		교류측의 최대사용전압의 1.1배의 교류전압 또는 직류측의 최대사용전압의 1.1배의 직류전압	교류측 및 직류 고전압측 단자와 대지 사이에 연속 10분간

10. 연료전지 및 태양전지 모듈의 절연내력시험

사용전압의 구분	시험 전압	시험 방법	시험 시간
직류	최대사용전압 1.5배	충전부분과 대지 사이 (500 V 미만시 500 V로 시험)	10분
교류	최대사용전압 1배		

11. 접지시스템

(1) 접지시스템의 구분 및 종류

① 접지시스템은 계통접지, 보호접지, 피뢰시스템 접지 등으로 구분.

② 접지시스템의 시설 종류에는 단독접지, 공통접지, 통합접지.

③ 접지시스템은 접지극, 접지도체, 보호도체 및 기타 설비로 구성.

④ 접지극은 접지도체를 사용하여 주접지단자에 연결.

⑤ 지락전류와 보호도체 전류를 대지에 전달할 것.
⑥ 접지저항값은 부식, 건조 및 동결 등 대지환경 변화에 충족할 것.

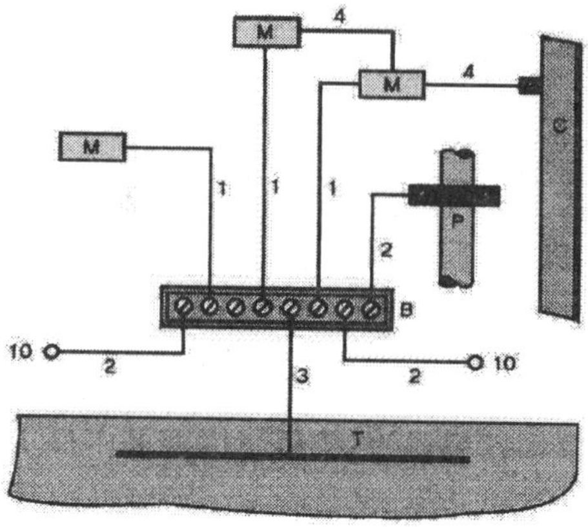

1. 보호도체(PE)
2. 보호등전위본딩용 도체
3. 접지도체
4. 보조 보호등전위본딩용 도체
10. 기타 기기(정보통신, 피뢰시스템)
B : 주 접지단자
M : 전기기기의 노출도전부(외함)
C : 철골, 금속덕트 등 계통외도전부
P : 수도관, 가스관 등 계통외도전부
T : 접지극

그림 1-9 접지도체, 보호도체

(2) 접지극

접지극은 다음의 방법 중 하나 또는 복합하여 시설할 것.

① 콘크리트에 매입된 기초 접지극
② 토양에 매설된 기초 접지극
③ 토양에 수직 또는 수평으로 직접 매설된 금속전극(봉, 전선, 테이프, 배관, 판 등)
④ 케이블의 금속외장 및 그 밖에 금속피복
⑤ 지중 금속구조물(배관 등)
⑥ 대지에 매설된 철근콘크리트의 용접된 금속 보강재.(강화콘크리트는 제외)

(3) 접지극의 매설

① 접지극은 매설하는 토양을 오염시키지 않아야 하며, 다습한 부분에 설치.
② 접지극은 동결 깊이를 감안하여 시설하되 접지극의 매설깊이는 지표면으로부터 지하 0.75(m) 이상으로 할 것.
③ 접지도체를 철주 기타의 금속체를 따라서 시설하는 경우에는 접지극을 철주의 밑면으로부터 0.3(m) 이상의 깊이에 매설하는 경우 이외에는 접지극을 지

중에서 그 금속체로부터 1(m) 이상 떼어 매설할 것.

④ 접지시스템 부식에 대한 고려는 다음에 의한다.

ⓐ 접지극에 부식을 일으킬 수 있는 폐기물 집하장 및 번화한 장소에 접지극 설치는 피할 것.

ⓑ 서로 다른 재질의 접지극을 연결할 경우 전식을 고려할 것.

ⓒ 콘크리트 기초접지극에 접속하는 접지도체가 용융아연도금강제인 경우 접속부를 토양에 직접 매설해서는 안 됨.

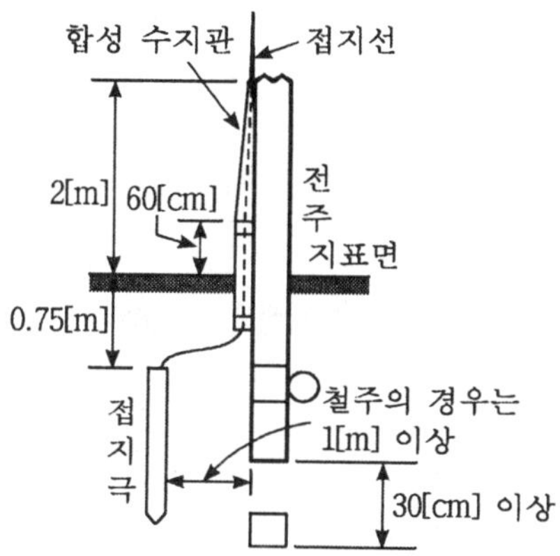

그림 1-10 접지극 및 접지도체 시설

⑤ 접지극을 접속하는 경우에는 발열성 용접, 압착접속, 클램프 또는 그 밖의 적절한 기계적 접속장치로 접속할 것.

⑥ 가연성 액체나 가스를 운반하는 금속제 배관은 접지설비의 접지극으로 사용할 수 없음.

(4) 접지도체

가) 접지도체의 선정

항목	접지도체 단면적
큰 고장전류가 접지도체를 통하여 흐르지 않을 경우 접지도체의 최소 단면적	ⓐ 구리 : 6(㎟) 이상 ⓑ 철제 : 50(㎟) 이상
접지도체에 피뢰시스템이 접속되는 경우	ⓐ 구리 : 16(㎟) 이상 ⓑ 철제 : 50(㎟) 이상

나) 접지도체와 접지극의 접속

① 접속은 견고하고 전기적인 연속성이 보장되도록, 접속부는 발열성 용접, 압착 접속, 클램프 또는 그 밖에 적절한 기계적 접속장치에 의해야 한다.

② 클램프를 사용하는 경우, 접지극 또는 접지도체를 손상시키지 않아야 한다. 납땜에만 의존하는 접속은 사용해서는 안 된다.

③ 접지도체를 접지극이나 접지의 다른 수단과 연결하는 것은 견고하게 접속하고, 전기적, 기계적으로 적합하여야 하며, 부식에 대해 적절하게 보호되어야 한다. 또한, 다음과 같이 매입되는 지점에는 "안전 전기 연결"라벨이 영구적으로 고정되도록 시설하여야 한다.

㉮ 접지극의 모든 접지도체 연결지점

㉯ 외부도전성 부분의 모든 본딩도체 연결지점

㉰ 주 개폐기에서 분리된 주접지단자

④ 접지도체는 지하 0.75(m)부터 지표상 2(m)까지 부분은 합성수지관(두께 2 ㎜ 미만의 합성수지제 전선관 및 가연성 콤바인덕트관은 제외) 또는 이와 동등 이상의 절연효과와 강도를 가지는 몰드로 덮을 것.

⑤ 특고압·고압 전기설비 및 변압기 중성점 접지시스템의 경우 접지도체가 사람이 접촉할 우려가 있는 곳에 시설되는 고정설비인 경우에 접지도체는 절연전선(옥외용 비닐절연전선은 제외) 또는 케이블(통신용 케이블은 제외)을 사용할 것.

단, 접지도체를 철주 기타의 금속체를 따라서 시설하는 경우 이외의 경우에는 접지도체의 지표상 0.6(m)를 초과하는 부분에 대하여는 절연전선을 사용하지 않을 수 있다.

⑥ 접지도체의 굵기는 고장시 흐르는 전류를 안전하게 통할 수 있는 것으로서 다음에 의한다.

항목	접지도체 단면적
특고압·고압 전기설비용	단면적 6(㎟) 이상의 연동선 또는 동등 이상의 단면적 및 강도를 가져야 한다.
중성점 접지용	공칭단면적 16(㎟) 이상의 연동선 또는 동등 이상의 단면적 및 강도를 가져야 한다. 단, 다음의 경우에는 공칭단면적 6(㎟) 이상의 연동선 또는 동등 이상의 단면적 및 강도를 가져야 한다. · 7(kV) 이하의 전로 · 사용전압이 25(kV) 이하인 특고압 가공전선로(중성점 다중접지 방식으로 2초 이내 자동차단장치 시설한 것)

⑦ 이동하여 사용하는 전기기계기구의 금속제 외함 등의 접지시스템의 경우

항목	접지도체의 종류	접지도체 단면적
특고압·고압 전기설비용 접지도체 및 중성점 접지용 접지도체	클로로프렌캡타이어케이블(3종 및 4종) 또는 클로로설포네이트폴리에틸렌캡타이어케이블(3종 및 4종)의 1개 도체 또는 다심 캡타이어케이블의 차폐 또는 기타의 금속체	10(㎟) 이상
저압 전기설비용 접지도체	다심 코드 또는 다심 캡타이어케이블의 1개 도체	0.75(㎟) 이상
	유연성이 있는 연동연선은 1개 도체	1.5(㎟) 이상

다) 변압기 중성점 접지(저항값은 표의 값 이하일 것)

항목	접지 저항값(Ω)
차단기 없는 경우(일반적)	$R = \frac{150}{\text{변압기의 고압측 또는 특고압측의 1선 지락전류}}$
차단기 시설 (35 kV 이하의 특고압전로가 저압측 전로와 혼촉하고 저압전로의 대지전압이 150 V를 초과하는 경우)	① 1초~2초 이내에 차단시 : $R = \frac{300}{\text{1선 지락전류}}$ ② 1초 이내에 차단시 : $R = \frac{600}{\text{1선 지락전류}}$

(5) 보호도체

가) 보호도체의 최소 단면적 선정

선도체의 단면적 S (㎟, 구리)	보호도체의 최소 단면적(㎟, 구리) 보호도체의 재질	
	선도체와 같은 경우	선도체와 다른 경우
S ≤ 16	S	$\frac{k_1}{k_2} \times S$
16 < S ≤ 35	16 (a)	$\frac{k_1}{k_2} \times 16$
S > 35	$\frac{S}{2}$ (a)	$\frac{k_1}{k_2} \times \frac{S}{2}$

여기서, k_1 : 도체 및 절연의 재질에 따라 KS C IEC 60364-5-54 부속서 A(규정)의 표 A54.1 또는 IEC 60364-4-43의 표 43A에서 선정된 상도체에 대한 k값

k_2 : KS C IEC 60364-5-54 부속서 A(규정)의 표 A54.2~A54.6에서 선정된 보호도체에 대한 k값

a : PEN 도체의 최소단면적은 중성선과 동일하게 적용.

① 차단시간이 5초 이하인 경우에만 다음 계산식 적용.

$$S = \frac{\sqrt{I^2 t}}{k}$$

여기서, S : 단면적(㎟)

I : 보호장치를 통해 흐를 수 있는 예상 고장전류 실효값(A)

t : 자동차단을 위한 보호장치 동작시간(s)

k : 보호도체, 절연, 기타 부위의 재질 및 초기온도와 최종온도에 따라 정해지는 계수

② 보호도체가 케이블의 일부가 아니거나 선도체와 동일 외함에 설치되지 않으면 단면적은 다음의 굵기 이상으로 하여야 하며, 케이블의 일부가 아니라도 전선관 및 트렁킹 내부에 설치되거나, 이와 유사한 방법으로 보호되는 경우 기계적으로 보호되는 것으로 간주한다.

항목	단면적
기계적 손상에 대해 보호가 되는 경우(전선관)	구리 2.5(㎟) 이상 알루미늄 16(㎟) 이상
기계적 손상에 대해 보호가 되지 않는 경우	구리 4(㎟) 이상 알루미늄 16(㎟) 이상

③ 보호도체는 다음 중 하나 또는 복수로 구성할 것.

㉮ 다심케이블의 도체

㉯ 충전도체와 같은 트렁킹에 수납된 절연도체 또는 나도체

㉰ 고정된 절연도체 또는 나도체

㉱ 조건을 만족하는 금속케이블 외장, 케이블 차폐, 케이블 외장, 전선묶음(편조전선), 동심도체, 금속관

㉲ 전기설비에 저압개폐기, 제어반 또는 버스덕트와 같은 금속제 외함을 가진 기기가 포함된 경우, 금속함이나 프레임이 구조·접속이 기계적, 화학적 또는 전기화학적 열화에 대해 보호할 수 있으며 전기적 연속성을 유지하는 경우

④ 다음과 같은 금속부분은 보호도체 또는 보호본딩도체로 사용해서는 안 된다.

㉮ 금속 수도관

㉯ 가스·액체·분말과 같은 잠재적인 인화성 물질을 포함하는 금속관

㉰ 상시 기계적 응력을 받는 지지 구조물 일부

㉱ 가요성 금속배관

㉲ 가요성 금속전선관

㉳ 지지선, 케이블트레이 및 이와 비슷한 것

⑤ 보호도체의 보호(전기적 연속성)는 다음에 의한다.

㉮ 기계적인 손상, 화학적·전기화학적 열화, 전기역학적·열역학적 힘에 대해 보호되어야 한다.

㉯ 나사접속·클램프접속 등 보호도체 사이 또는 보호도체와 타 기기 사이의 접속은 전기적 연속성 보장 및 충분한 기계적강도와 보호를 구비하여야 한다.

㉰ 보호도체를 접속하는 나사는 다른 목적으로 겸용해서는 안 된다.

㉱ 접속부는 납땜(soldering)으로 접속해서는 안 된다.

㉲ 보호도체의 접속부는 검사와 시험이 가능하여야 한다.

단, 다음의 경우는 예외로 한다.

ⓐ 화합물로 충전된 접속부

ⓑ 캡슐로 보호되는 접속부

ⓒ 금속관, 덕트 및 버스덕트에서의 접속부

ⓓ 기기의 한 부분으로서 규정에 부합하는 접속부

ⓔ 용접(welding)이나 경납땜(brazing)에 의한 접속부

ⓕ 압착 공구에 의한 접속부

⑥ 보호도체에는 어떠한 개폐장치를 연결해서는 안 된다.

⑦ 접지에 대한 전기적 감시를 위한 전용장치(동작센서, 코일, 변류기 등)를 설치하는 경우, 보호도체 경로에 직렬로 접속하면 안 된다.

⑧ 기기·장비의 노출도전부는 다른 기기를 위한 보호도체의 부분을 구성하는데 사용할 수 없다.

나) 보호도체의 단면적 보강

① 보호도체는 정상 운전상태에서 전류의 전도성 경로(전기자기간섭 보호용 필터의 접속 등으로 인한)로 사용되지 않아야 한다.

② 전기설비의 정상 운전상태에서 보호도체에 10(㎃)를 초과하는 전류가 흐르는 경우, 다음에 의해 보호도체를 증강하여 사용할 것.

항목	단면적
보호도체가 하나인 경우 보호도체의 단면적	구리 10(㎟) 이상 알루미늄 16(㎟) 이상
추가로 보호도체를 위한 별도의 단자가 구비된 경우, 최소한 고장보호에 요구되는 보호도체의 단면적	구리 10(㎟) 알루미늄 16(㎟) 이상

다) 보호도체와 계통도체 겸용

보호도체와 계통도체를 겸용하는 겸용도체(중성선과 겸용, 선도체와 겸용, 중간도체와 겸용 등)는 해당하는 계통의 기능에 대한 조건을 만족할 것.

① 겸용도체는 고정된 전기설비에서만 사용할 수 있으며 다음에 의한다.

항목	단면적
구리	10(㎟) 이상
알루미늄	16(㎟) 이상

㉮ 중성선과 보호도체의 겸용도체는 전기설비의 부하측에 시설 못한다.

㉯ 폭발성 분위기 장소는 보호도체를 전용으로 하여야 한다.

② 겸용도체의 성능은 다음에 의한다.

㉮ 공칭전압과 같거나 높은 절연성능을 가져야 한다.

㉯ 배선설비의 금속 외함은 겸용도체로 사용해서는 안 된다.

③ 겸용도체는 다음 사항을 준수하여야 한다.

㉮ 전기설비의 일부에서 중성선·중간도체·선도체 및 보호도체가 별도로 배선되는 경우, 중성선·중간도체·선도체를 전기설비의 다른 접지된 부분에 접속해서는 안 된다.
단, 겸용도체에서 각각의 중성선·중간도체·선도체와 보호도체를 구성하는 것은 허용한다.

㉯ 겸용도체는 보호도체용 단자 또는 바에 접속되어야 한다.

㉰ 계통외도전부는 겸용도체로 사용해서는 안 된다.

④ 보호접지와 기능접지 도체를 겸용하여 사용할 경우 등전위본딩 등의 규정에 적합하고, 전자통신기기에 전원공급을 위한 직류귀환 도체는 겸용도체(PEL 또는 PEM)로 사용 가능하고, 기능접지도체와 보호도체를 겸용할 수 있다.

⑤ 과전류보호장치를 감전에 대한 보호용으로 사용하는 경우, 보호도체는 충전도체와 같은 배선설비에 병합시키거나 근접한 경로로 설치할 것.

라) 주접지단자

① 접지시스템은 주접지단자를 설치하고, 다음의 도체들을 접속할 것.

㉮ 등전위본딩도체

㉯ 접지도체

㉰ 보호도체

㉱ 기능성 접지도체

② 여러 개의 접지단자가 있는 장소는 접지단자를 상호 접속할 것.

③ 주접지단자에 접속하는 각 접지도체는 개별적으로 분리할 수 있어야 하며, 접지저항을 편리하게 측정할 수 있을 것.

(6) 공통접지 및 통합접지

① 고압 및 특고압과 저압 전기설비의 접지극이 서로 근접하여 시설되어 있는 변전소 또는 이와 유사한 곳에서는 다음과 같이 공통접지시스템으로 할 수 있다.

㉮ 저압 전기설비의 접지극이 고압 및 특고압 접지극의 접지저항 형성영역에 완전히 포함되어 있다면 위험전압이 발생하지 않도록 이들 접지극을 상호 접속할 것.

㉯ 접지시스템에서 고압 및 특고압 계통의 지락사고시 저압계통에 가해지는

상용주파 과전압은 표에서 정한값을 초과해서는 안 된다.

고압계통에서 지락고장시간(초)	저압설비 허용 상용주파 과전압(V)	비고
>5	U_0 + 250	중성선 도체가 없는 계통에서 U_0는 선간전압을 말함
≤5	U_0 + 1,200	

② 전기설비의 접지설비, 건축물의 피뢰설비 · 전자통신설비 등의 접지극을 공용하는 통합접지시스템으로 하는 경우 낙뢰에 의한 과전압 등으로부터 전기전자기기 등을 보호하기 위해 서지보호장치(SPD)를 설치하여야 한다.

12. 수도관 등의 접지극

① 지중에 매설되어 있고 대지와의 전기저항값이 3(Ω) 이하의 값을 유지하고 있는 금속제 수도관로가 다음에 따르는 경우 접지극으로 사용 가능하다.

㉮ 접지도체와 금속제 수도관로의 접속은 안지름 75(㎜) 이상인 부분 또는 분기한 안지름 75(㎜) 미만인 분기점으로부터 5(m) 이내 부분에 할 것.
다만, 금속제 수도관로와 대지 사이의 전기저항값이 2(Ω) 이하인 경우에는 분기점으로부터의 거리는 5(m)을 넘을 수 있다.

㉯ 접지도체와 금속제 수도관로의 접속부를 수도계량기로부터 수도 수용가측에 설치하는 경우에는 수도계량기를 사이에 두고 양측 수도관로를 등전위본딩하며, 손상방지를 위한 방호장치 설치 및 전기적 부식이 생기지 않아야 한다.

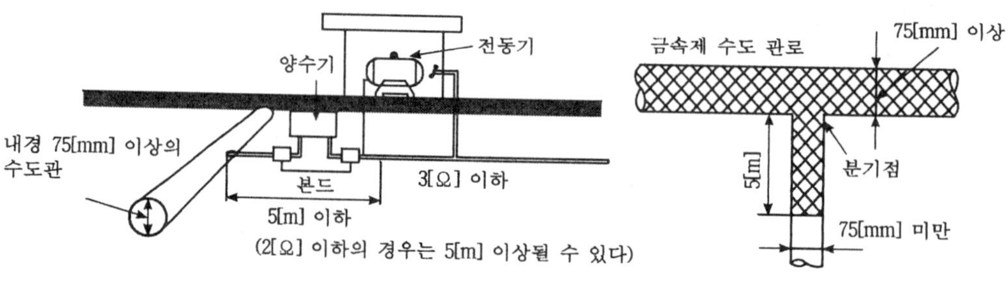

(a) 수도관을 접지하는 경우 (b) 접지도체 접속

그림 1-11 수도관 등의 접지

② 건축물・구조물의 철골 기타의 금속제는 이를 비접지식 고압전로에 시설하는 기계기구의 철대 또는 금속제 외함의 접지공사 또는 비접지식 고압전로와 저압전로를 결합하는 변압기의 저압전로의 접지공사의 접지극으로 사용할 수 있다.
다만, 대지와의 사이에 전기저항값이 2(Ω) 이하인 값을 유지하는 경우에 한한다.

13. 저압 수용가 인입구 접지

① 수용장소 인입구 부근에서 다음의 것을 접지극으로 사용하여 변압기 중성점 접지를 한 저압전선로의 중성선 또는 접지측 전선에 추가로 접지공사를 할 수 있다.

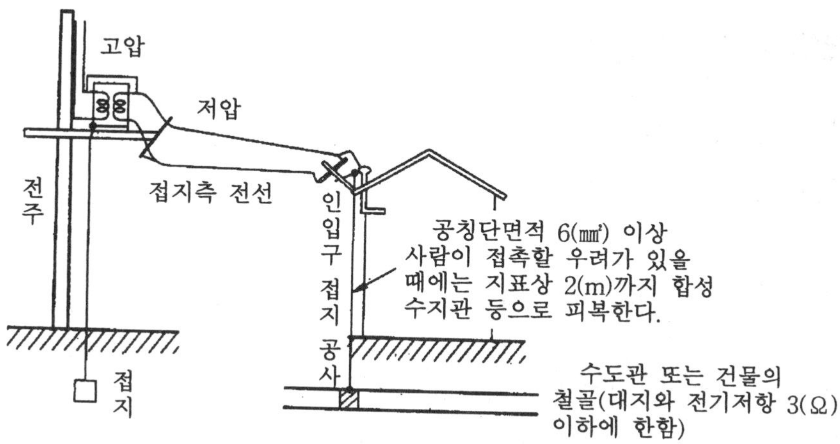

그림 1-12 전기 수용가 접지

㉮ 지중에 매설되어 있고 대지와의 전기저항값이 3(Ω) 이하의 값을 유지하고 있는 금속제 수도관로

㉯ 대지 사이의 전기저항값이 3(Ω) 이하인 값을 유지하는 건물의 철골

② 접지도체는 공칭단면적 6(㎟) 이상의 연동선 또는 이와 동등 이상의 세기 및 굵기의 쉽게 부식하지 않는 금속선으로서 고장시 흐르는 전류를 안전하게 통할 수 있는 것이어야 한다.

14. 주택 등 저압수용장소 접지

① 저압 수용장소에서 계통접지가 TN-C-S 방식인 경우에 중성선 겸용 보호도체(PEN)는 고정 전기설비에만 사용할 수 있고, 그 계통의 최고전압에 대하여 절연되어야 한다.

보호도체 재료	중성선 겸용 보호도체 단면적
구리(동)	10(㎟) 이상
알루미늄	16(㎟) 이상

② 감전보호용 등전위본딩을 할 것.
다만, 이 조건을 충족시키지 못하는 경우에 중성선 겸용 보호도체를 수용장소의 인입구 부근에 추가로 접지하여야 하며, 그 접지저항값은 접촉전압을 허용접촉전압 범위 내로 제한하는 값 이하로 할 것.

15. 감전보호용 등전위본딩

(1) 등전위본딩의 적용

① 건축물·구조물에서 접지도체, 주접지단자와 다음의 도전성부분은 등전위본딩 할 것.
다만, 이들 부분이 다른 보호도체로 주접지단자에 연결된 경우는 그러하지 아니하다.
㉮ 수도관·가스관 등 외부에서 내부로 인입되는 금속배관
㉯ 건축물·구조물의 철근, 철골 등 금속보강재
㉰ 일상생활에서 접촉이 가능한 금속제 난방배관 및 공조설비 등 계통외도전부

② 주접지단자에 보호등전위본딩 도체, 접지도체, 보호도체, 기능성 접지도체를 접속할 것.

(2) 보호등전위본딩

① 건축물·구조물의 외부에서 내부로 들어오는 각종 금속제 배관은 다음과 같이 하여야 한다.
㉮ 1개소에 집중하여 인입하고, 인입구 부근에서 서로 접속하여 등전위본딩 바에 접속.

㉯ 대형건축물 등으로 1개소에 집중하여 인입하기 어려운 경우에는 본딩도체를 1개의 본딩 바에 연결.

② 수도관·가스관의 경우 내부로 인입된 최초의 밸브 후단에서 등전위본딩 할 것.

③ 건축물·구조물의 철근, 철골 등 금속보강재는 등전위본딩 할 것.

(3) 보조 보호등전위본딩

① 보조 보호등전위본딩의 대상은 전원자동차단에 의한 감전보호방식에서 고장 시 자동차단시간이 "32(A) 이하 분기회로의 최대 차단시간"에서 요구하는 계통별 최대 단시간을 초과하는 경우이다.

32(A) 이하 분기회로의 최대 차단시간 [단위 : 초]

계통	$50(V) < U_0 \leq 120(V)$		$120(V) < U_0 \leq 230(V)$		$230(V) < U_0 \leq 400(V)$		$U_0 > 400(V)$	
	교류	직류	교류	직류	교류	직류	교류	직류
TN	0.8	[비고1]	0.4	5	0.2	0.4	0.1	0.1
TT	0.3	[비고1]	0.2	0.4	0.07	0.2	0.04	0.1

TT 계통에서 차단은 과전류보호장치에 의해 이루어지고 보호등전위본딩은 설비 안의 모든 계통외도전부와 접속되는 경우 TN 계통에 적용 가능한 최대차단시간이 사용될 수 있다.
U_0는 대지에서 공칭교류전압 또는 직류 선간전압.
[비고1] 차단은 감전보호 외에 다른 원인에 의해 요구될 수도 있음.
[비고2] 누전차단기에 의한 차단은 "누전차단기의 시설" 참조.

② 제①의 차단시간을 초과하고 2.5(m) 이내에 설치된 고정기기의 노출도전부와 계통외도전부는 보조 보호등전위본딩 할 것.
다만, 보조 보호등전위본딩의 유효성에 관해 의문이 생길 경우 동시에 접근 가능한 노출도전부와 계통외도전부 사이의 저항값(R)이 다음의 조건을 충족하는지 확인할 것.

㉮ 교류 계통 : $R \leq \dfrac{50\,V}{I_a}$ (Ω)

㉯ 직류 계통 : $R \leq \dfrac{120\,V}{I_a}$ (Ω)

여기서, I_a : 보호장치의 동작전류(A)
(누전차단기의 경우 $I_{\Delta n}$(정격감도전류), 과전류보호장치의 경우 5초 이내 동작전류)

③ 비접지 국부등전위본딩

㉮ 절연성 바닥으로 된 비접지 장소에서 다음의 경우 국부등전위본딩할 것.

ⓐ 전기설비 상호간이 2.5(m) 이내인 경우

ⓑ 전기설비와 이를 지지하는 금속체 사이

㉯ 전기설비 또는 계통외도전부를 통해 대지에 접촉하지 않아야 한다.

(4) 보호등전위본딩 도체

① 주접지단자에 접속하기 위한 등전위본딩 도체는 설비 내에 있는 가장 큰 보호접지도체 단면적의 1/2 이상의 단면적을 가져야 하고 표의 단면적 이상일 것.

도체	등전위본딩 도체 단면적
구리	6(㎟)
알루미늄	16(㎟)
강철	50(㎟)

② 주접지단자에 접속하기 위한 보호본딩도체의 단면적은 구리도체 25(㎟) 또는 다른 재질의 동등한 단면적을 초과할 필요는 없다.

(5) 보조 보호등전위본딩 도체

① 두 개의 노출도전부를 접속하는 경우 도전성은 노출도전부에 접속된 더 작은 보호도체의 도전성보다 커야 한다.

② 노출도전부를 계통외도전부에 접속하는 경우 도전성은 같은 단면적을 갖는 보호도체의 1/2 이상이어야 한다.

③ 케이블의 일부가 아닌 경우 또는 선로도체와 함께 수납되지 않은 본딩도체는 다음 값 이상일 것.

항목	본딩도체 단면적
기계적 보호가 된 것	구리 도체 2.5(㎟), 알루미늄 도체 16(㎟)
기계적 보호가 없는 것	구리 도체 4(㎟), 알루미늄 도체 16(㎟)

16. 누전차단기의 시설

① 전원의 자동차단에 의한 저압전로의 보호대책으로 누전차단기를 시설해야 할 대상은 다음과 같다.

㉮ 금속제 외함을 가지는 사용전압이 50(V)를 초과하는 저압의 기계기구로서 사람이 쉽게 접촉할 우려가 있는 곳에 시설하는 것에 전기를 공급하는 전로 단, 다음의 어느 하나에 해당하는 경우에는 적용하지 않는다.

ⓐ 기계기구를 발전소 · 변전소 · 개폐소 등에 시설하는 경우

ⓑ 기계기구를 건조한 곳에 시설하는 경우

ⓒ 대지전압이 150(V) 이하인 기계기구를 물기가 있는 곳 이외의 곳에 시설하는 경우

ⓓ 이중절연구조의 기계기구를 시설하는 경우

ⓔ 전로의 전원측에 절연변압기(2차 전압이 300 V 이하)를 시설하고 또한 그 절연 변압기의 부하측의 전로에 접지하지 아니하는 경우

ⓕ 기계기구가 고무 · 합성수지 기타 절연물로 피복된 경우

ⓖ 기계기구가 유도전동기의 2차측 전로에 접속되는 것일 경우

ⓗ 기계기구내에 "전기용품 및 생활용품 안전관리법"의 적용을 받는 누전차단기를 설치하고 또한 기계기구의 전원 연결선이 손상을 받을 우려가 없도록 시설하는 경우

㉯ 주택의 인입구 등 누전차단기 설치를 요구하는 전로

㉰ 특고압전로, 고압전로 또는 저압전로와 변압기에 의하여 결합되는 사용전압 400(V) 초과의 저압전로 또는 발전기에서 공급하는 사용전압 400(V) 초과의 저압전로

㉱ 다음의 전로에는 자동복구 기능을 갖는 누전차단기를 시설할 수 있다.

ⓐ 독립된 무인 통신중계소 · 기지국

ⓑ 관련법령에 의해 일반인의 출입을 금지 또는 제한하는 곳

ⓒ 옥외 장소에 무인으로 운전하는 통신중계기 또는 단위기기 전용회로. 단, 일반인이 특정한 목적을 위해 지체하는(머물러 있는) 장소로서 버스정류장, 횡단보도 등에는 시설할 수 없다.

② IEC 표준을 도입한 누전차단기를 저압전로에 사용하는 경우 일반인이 접촉할 우려가 있는 장소에는 주택용 누전차단기를 시설할 것.

17. 기계기구의 철대 및 외함의 접지

① 전로에 시설하는 기계기구의 철대 및 금속제 외함(외함이 없는 변압기 또는 계기용변성기는 철심)에는 표와 같이 접지공사 할 것.

항목	접지도체 단면적
특고압·고압 전기설비용	단면적 6(㎟) 이상의 연동선 또는 동등 이상의 단면적 및 강도
중성점 접지용	공칭단면적 16(㎟) 이상의 연동선 또는 동등 이상의 단면적 및 세기 다만, 다음의 경우에는 공칭단면적 6(㎟) 이상의 연동선 또는 동등 이상의 단면적 및 강도를 가질 것. ·7(㎸) 이하의 전로 ·사용전압이 25(㎸) 이하인 특고압 가공전선로(중성점 다중접지 방식으로 2초 이내 자동차단장치 시설한 것)

② 다음의 어느 하나에 해당하는 경우에는 접지하지 않아도 된다.

㉮ 사용전압이 직류 300(V) 또는 교류 대지전압이 150(V) 이하인 기계기구를 건조한 곳에 시설하는 경우

㉯ 저압용의 기계기구를 건조한 목재의 마루 기타 이와 유사한 절연성 물건 위에서 취급하도록 시설하는 경우

㉰ 저압용이나 고압용의 기계기구, 특고압 전선로에 접속하는 배전용변압기나 이에 접속하는 전선에 시설하는 기계기구 또는 특고압 가공전선로의 전로에 시설하는 기계기구를 사람이 쉽게 접촉할 우려가 없도록 목주 기타 이와 유사한 것의 위에 시설하는 경우

㉱ 철대 또는 외함의 주위에 적당한 절연대를 설치하는 경우

㉲ 고무·합성수지 기타의 절연물로 피복한 것일 경우

㉳ 이중절연구조로 되어 있는 기계기구를 시설하는 경우

㉴ 저압용 기계기구에 전기를 공급하는 전로의 전원측에 절연변압기(2차 전압이 300 V 이하이며, 정격용량이 3 ㎸A 이하인 것)를 시설하고 또한 그 절연변압기의 부하측 전로를 접지하지 않은 경우

㉵ 물기있는 장소 이외의 장소(건조한 장소)에 시설하는 저압용의 개별 기계기구에 전기를 공급하는 전로에는 인체감전보호용 누전차단기(정격감도전류가 30 ㎃ 이하, 동작시간이 0.03초 이하의 전류동작형에 한한다)를 시설하는 경우

18. 고압 또는 특고압과 저압의 혼촉에 의한 위험 방지 시설

① 고압 또는 특고압전로와 저압전로를 결합하는 변압기 저압측의 중성점에는 "변압기 중성점 접지"에 의하여 접지공사 할 것.

㉮ 사용전압이 35(㎸) 이하 특고압전로로서 전로에 지락이 생겼을 때에 1초 이내에 자동적으로 차단하는 장치가 되어 있는 것 및 계산한 값이 10을 넘을 때에는 접지저항값이 10(Ω) 이하인 것.

㉯ 저압전로의 사용전압이 300(V) 이하인 경우 접지공사를 변압기 중성점에 하기 어려울 때는 저압측 1단자에 시행할 수 있다.

② 접지공사는 변압기의 시설장소마다 시행할 것.
다만, 토지의 상황에 의하여 변압기의 시설장소에서 규정에 의한 접지저항값을 얻기 어려운 경우, 인장강도 5.26(kN) 이상 또는 지름 4(㎜) 이상의 가공접지도체를 저압가공전선에 관한 규정에 준하여 시설할 때에는 변압기의 시설장소로부터 200(m)까지 떼어놓을 수 있다.

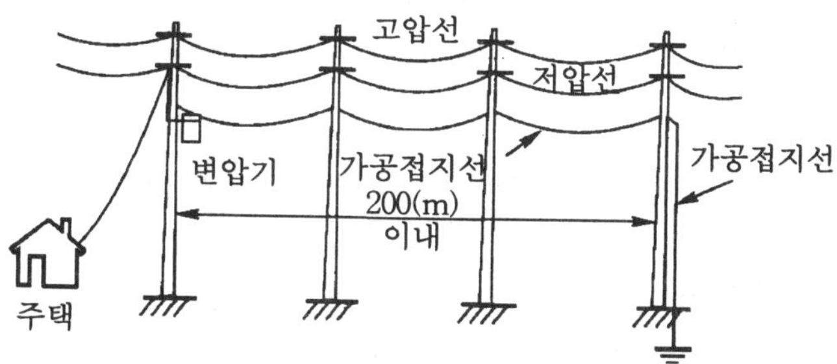

그림 1-13 변압기 시설과 가공 접지도체

③ 토지의 상황에 의해 변압기 시설장소에서 접지저항값을 얻기 어려운 경우 다음에 따라 가공공동지선(架空共同地線)을 설치하여 2 이상의 시설장소에 "변압기 중성점 접지"에 의하여 접지공사를 할 수 있다.

㉮ 가공공동지선(가공접지도체) : 인장강도 5.26(kN) 이상 또는 지름 4(㎜) 이상의 경동선을 사용하여 "저압 가공전선"에 관한 규정에 준하여 시설할 것.

㉯ 접지공사는 각 변압기를 중심으로 하는 지름 400(m) 이내의 지역으로서 그 변압기에 접속되는 전선로 바로 아래의 부분에서 각 변압기의 양쪽에 있도록 할 것.

㉰ 가공공동지선과 대지 사이의 합성 전기저항값은 1(㎞)를 지름으로 하는 지역 안마다 "공통접지 및 통합접지"에 의해 접지저항값을 가지는 것으로 하고 또한 각 접지도체를 가공공동지선으로부터 분리하였을 경우의 각 접지도체와 대지 사이의 전기저항값은 300(Ω) 이하로 할 것.

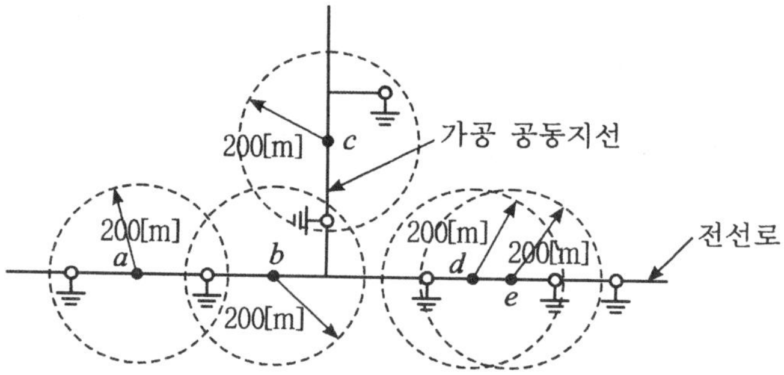

그림 1-14 가공 공동지선 시설 범위

④ 가공공동지선에는 인장강도 5.26(kN) 이상 또는 지름 4(㎜)의 경동선을 사용하는 저압 가공전선의 1선을 겸용할 수 있다.

19. 혼촉방지판이 있는 변압기에 접속하는 저압 옥외전선의 시설 등

고압 또는 특고압 전로와 비접지식 저압전로를 결합하는 변압기는 고압권선 또는 특고압권선과 저압권선 사이에 금속제 혼촉방지판에 "변압기 중성점 접지"에 의하여 접지공사를 한 것에 접속하는 저압전선을 옥외에 시설시 다음에 의해 시설할 것.(35 ㎸ 이하 1초 이내, 25 ㎸ 이하인 2초 이내에 자동적으로 차단하는 장치가 되어 있는 것이고, 접지저항값이 10 Ω 이하인 것에 한한다.)

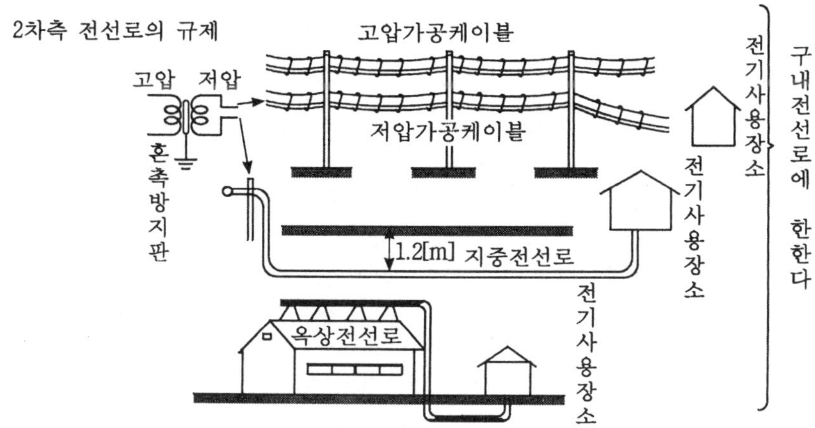

그림 1-15 변압기 2차측 저압 옥외전선의 규제

① 저압전선은 1구내에만 시설할 것.

② 저압 가공전선로 또는 저압 옥상전선로의 전선은 케이블일 것.

③ 저압, 고압 또는 특고압 가공전선을 동일 지지물에 시설하지 말 것.
단, 저고압 또는 특고압 가공전선로의 전선이 모두 케이블인 경우 동일 지지물에 가설해도 된다.

20. 특고압과 고압의 혼촉 등에 의한 위험 방지시설

① 변압기에 의하여 특고압전로에 결합되는 고압전로에는 사용전압의 3배 이하인 전압이 가하여진 경우에 방전하는 장치(방전장치)를 변압기 단자에 가까운 1극에 설치할 것.
단, 방전하는 피뢰기를 고압전로의 모선의 각상에 시설하거나 특고압권선과 고압권선 간에 혼촉방지판을 시설하여 접지저항값이 10(Ω) 이하 또는 "변압기 중성점 접지"의 규정에 따른 접지공사를 한 경우에는 그러하지 아니하다.
(방전하는 장치 설치하지 않아도 된다.)

② 방전장치 및 피뢰장치는 "접지 시스템" 규정에 의하여 접지공사 할 것.

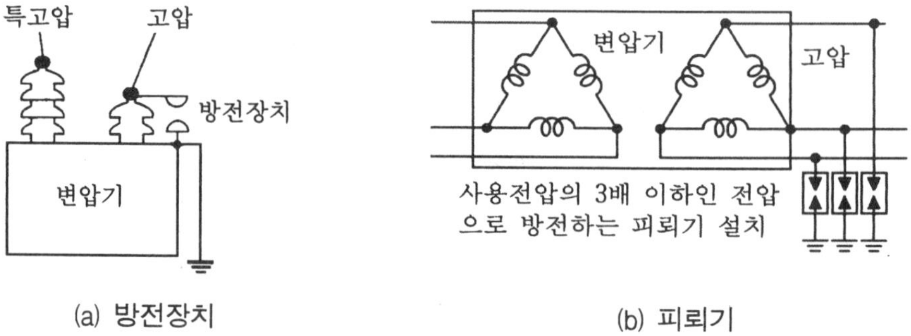

그림 1-16 방전기 시설

21. 전로의 중성점의 접지

① 전로 보호장치의 확실한 동작 확보, 이상전압 억제 및 대지전압 저하를 위해 전로의 중성점에 접지공사를 할 경우에는 다음에 따라야 한다.

㉮ 접지도체 : 공칭단면적 16(㎟) 이상의 연동선 또는 이와 동등 이상의 세기 및 굵기의 쉽게 부식하지 아니하는 금속선

㉯ 저압 전로의 중성점에 시설하는 것으로 보호장치의 확실한 동작을 확보하기 위하여 공칭단면적 6(㎟) 이상의 연동선 또는 이와 동등 이상의 세기 및 굵기의 쉽게 부식하지 않는 금속선을 사용하여 시설할 것.

㉰ 저압전로 사용전압이 300(V) 이하의 경우에 전로의 중성점에 접지공사를 하기 어려울 때에 전로의 1단자에 접지공사를 시행할 수 있다.

㉱ 접지도체에 접속하는 저항기·리액터 등은 고장시 흐르는 전류를 안전하게 통할 수 있는 것을 사용할 것.

② 계속적인 전력공급이 요구되는 화학공장·시멘트공장·철강공장 등의 연속공정설비 또는 이에 준하는 곳의 전기설비로서 지락전류를 제한하기 위하여 저항기를 사용하는 중성점 고저항 접지설비는 다음에 따를 경우 300(V) 이상 1(㎸) 이하의 3상 교류계통에 적용할 수 있다.

㉮ 계통에 지락검출장치가 시설될 것.

㉯ 전압선과 중성선 사이에 부하가 없을 것.

㉰ 변압기 또는 발전기의 중성점에서 접지저항기에 접속하는 점까지의 중성선은 표의 절연전선으로서 접지저항기의 최대정격전류 이상일 것.

중성선	도체 단면적
동선	10(㎟) 이상
알루미늄선 또는 동복 알루미늄선	16(㎟) 이상

③ 접지극 도체를 접지 저항기에 연결할 때는 기기 접지 점퍼

㉮ 접지극 전선이 접지봉, 관, 판으로 연결될 때는 16(㎟) 이상일 것.

㉯ 콘크리트 매입 접지극으로 연결될 때는 25(㎟) 이상일 것.

㉰ 접지링으로 연결되는 접지극 전선은 접지링과 같은 굵기 이상일 것.

상전선 최대 굵기(㎟)	접지극 전선(㎟)
30 이하	10
38 또는 50	16
60 또는 80	25
80 초과 175까지	35
175 초과 300까지	50
300 초과 550까지	70
550 초과	95

㉱ 접지극 도체가 최초 개폐장치 또는 과전류장치에 접속될 때는 기기 본딩 점퍼의 굵기는 10(㎟) 이상으로서 접지저항기의 최대전류 이상의 허용전류를 갖는 것일 것.

22. 특고압 배전용 변압기의 시설

특고압 전선로에 접속하는 배전용 변압기를 시설하는 경우에는 다음에 따라야 한다.

① 특고압 전선 : 특고압 절연전선 또는 케이블

② 변압기 1차 전압은 35(㎸) 이하, 2차는 저압 또는 고압일 것.

③ 변압기 특고압측에 개폐기 및 과전류차단기 시설할 것.

④ 변압기 2차 전압이 고압인 경우 고압측에 개폐기를 시설하고 쉽게 개폐할 수 있도록 할 것.

23. 특고압을 직접 저압으로 변성하는 변압기의 시설

특고압을 직접 저압으로 변성하는 변압기는 다음의 것 이외에는 시설하여서는 안 된다.

① 전기로 등 큰 전류를 소비하는 변압기.
② 발전소, 변전소, 개폐소 등에 시설한 변압기(소내용).
③ 25(kV) 이하 중성점 다중접지식 전로에 접속한 변압기.
④ 35(kV) 이하인 변압기로서 특고압측 권선과 저압측 권선이 혼촉할 경우 자동적으로 차단하기 위한 장치(1초 이내)를 설치한 것.
⑤ 100(kV) 이하인 변압기로서 특고압측 권선과 저압측 권선에 "변압기 중성점 접지"의 규정에 의하여 접지공사를 한 금속제의 혼촉방지판이 있는 것.(계산한 값이 10을 초과하는 경우에는 접지저항값이 10 Ω 이하에 한함)
⑥ 교류식 전기철도용 신호회로에 전기를 공급하는 변압기.

24. 고압용 기계기구의 시설

고압용 기계기구는 다음의 어느 하나에 해당하는 경우와 발전소·변전소·개폐소 또는 이에 준하는 곳에 시설하는 경우 이외에는 시설하여서는 아니 된다.

① 기계기구의 주위에 울타리·담 등의 높이

항목	이격 거리
울타리·담 등의 높이	2(m) 이상
지표면과 울타리·담 등의 하단사이의 간격	15(cm) 이하

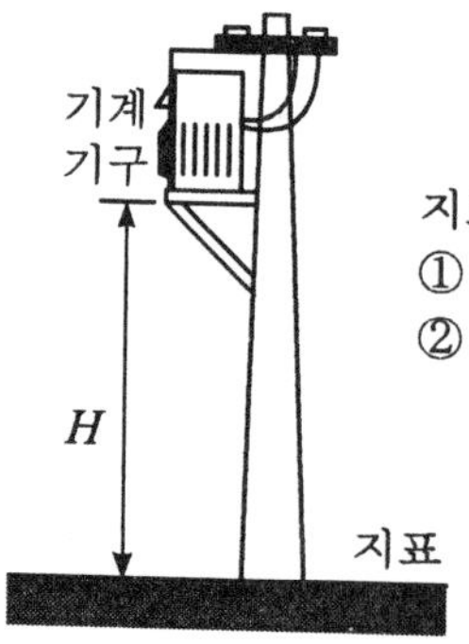

지표상의 높이
① 고압용 : $H \geq 4.5$[m](시가지 내)
② 특고용 : 사용전압이 35[kV] 이하 $H \geq 5$[m]
사용전압이 35[kV] 초과 160[kV] 이하 $H \geq 6$[m]

그림 1-17 고압 기계기구의 높이

② 기계기구의 높이(전선에 케이블 또는 고압 인하용 절연전선 사용하는 것)

항목	지표상 높이
시가지내(시내)	4.5(m) 이상
시외	4.0(m) 이상

③ 기계기구를 콘크리트제 함 또는 "접지 시스템"의 규정에 따른 접지공사를 한 금속제 함에 넣고, 충전부분이 노출하지 않도록 시설할 것.

25. 특고압용 기계기구의 시설

① 특고압용 기계기구는 발전소·변전소·개폐소 또는 이에 준하는 곳에 시설하는 경우 이외에는 시설하여서는 아니 된다.

㉮ 기계기구의 주위에 울타리·담 등의 높이

항목	이격 거리
울타리·담 등의 높이	2(m) 이상
지표면과 울타리·담 등의 하단사이의 간격	15(㎝) 이하

㉯ 울타리·담 등으로부터 충전부분까지 거리

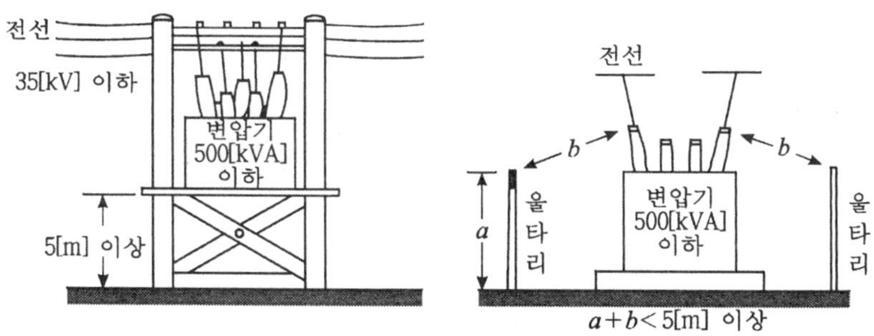

그림 1-18 특고압 기계기구의 높이

사용전압의 구분	울타리의 높이와 울타리로부터 충전부분까지의 거리의 합계 또는 지표상의 높이
35(㎸) 이하	5(m) 이상
35(㎸) 초과 160(㎸) 이하	6(m) 이상
160(㎸) 초과	6(m)에 160(㎸)를 초과하는 10(㎸) 또는 그 단수마다 0.12(m)를 더한 값. $6+[\frac{\text{사용전압}(kV)-160}{10}\times 0.12]$ 이상

② 공장 등의 구내 기계기구를 콘크리트제의 함 또는 접지공사를 한 금속제의 함에 넣고 충전부분이 노출하지 않도록 시설할 것.

26. 발전소 등의 울타리·담 등의 시설

① 고압 또는 특고압의 기계기구·모선 등을 옥외에 시설하는 발전소·변전소·개폐소 또는 이에 준하는 곳에는 다음에 따라 시설할 것.

㉮ 울타리·담 등을 시설할 것.

㉯ 출입구에 출입금지 표시 및 자물쇠장치 기타 적당한 장치할 것.

② 기계기구의 주위에 울타리·담 등의 높이

항목	이격 거리
울타리·담 등의 높이	2(m) 이상
지표면과 울타리·담 등의 하단 사이의 간격	0.15(m) 이하

③ 울타리·담 등으로부터 충전부분까지 거리

사용전압의 구분	울타리·담 등의 높이와 울타리·담 등으로부터 충전부분까지의 거리의 합계
35(kV) 이하	5(m) 이상
35(kV) 초과 160(kV) 이하	6(m) 이상
160(kV) 초과	6(m)에 160(kV)를 초과하는 10(kV) 또는 그 단수마다 0.12(m)를 더한 값. $6+[\frac{\text{사용전압}(kV)-160}{10}\times 0.12]$ 이상

④ 금속제의 울타리·담 등에는 교차점과 좌, 우로 45(m) 이내의 개소에 "접지시스템" 규정에 의한 접지공사를 하여야 한다.

단, 토지의 상황에 의하여 접지저항값을 얻기 어려울 경우에는 100(Ω) 이하로 하고 또한 고압 가공전선로는 고압보안공사, 특고압 가공전선로는 제2종 특고압 보안공사에 의하여 시설할 수 있다.

⑤ 위험 경고표지 할 것.

27. 고주파 이용설비의 장해방지

고주파 이용설비는 다른 고주파 이용설비에서 누설되는 고주파전류의 허용한도

① 고주파 측정장치로 2회 이상 연속 10분간 측정

② 각각 측정값의 최대값의 평균값이 −30(dB)(1 mW를 0 dB로 한다)일 것.

LM : 선택 레벨계
MT : 정합변성기
L : 고주파대역의 하이임피던스장치 (고주파 이용설비가 이용하는 전로와 다른 고주파 이용설비가 이용하는 전로와의 경계점에 시설할 것)
HPF : 고역여파기,
W : 고주파 이용 전기설비

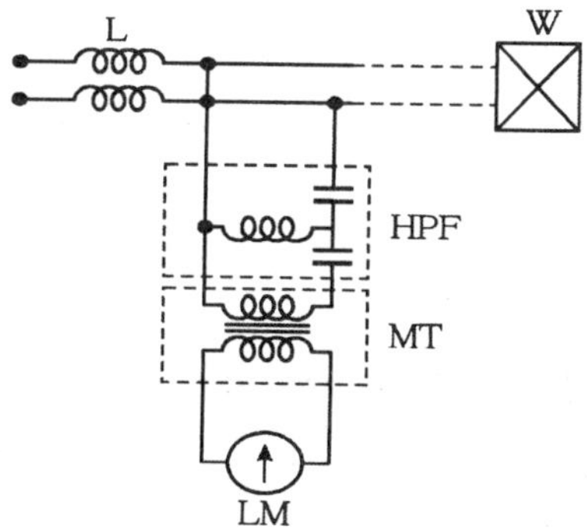

그림 1-19 고주파 이용설비

28. 아크를 발생하는 기구의 시설

고압용 또는 특고압용의 기구(개폐기 · 차단기 · 피뢰기 기타 이와 유사한 기구)로서 동작시 아크가 생기는 것은 목재 벽, 천장 또는 기타 가연성 물체로부터 표에서 정한값 이상으로 이격하여 시설할 것.

사용전압의 구분	이격거리
고압용	1(m) 이상
특고압용	2(m) 이상 (단, 사용전압 35 kV 이하의 특고압용의 기구 등으로서 동작할 때에 생기는 아크 방향과 길이를 화재가 발생할 우려가 없도록 제한하는 경우 1 m 이상)

29. 개폐기의 시설

① 저압전로 중에 개폐기를 시설하는 경우에는 그 곳의 각 극에 설치할 것.
단, 다음의 경우에는 개폐기를 설치하지 않아도 된다.

㉮ 저압 분기 회로용 개폐기로서 중성선 또는 접지측 전선.

㉯ 저압 점멸용 개폐기는 단극에 시설할 수 있다.

㉰ 특고압 가공전선로 다중접지를 한 중성선.

㉱ 제어회로 등에 조작용 개폐기를 시설한 경우.

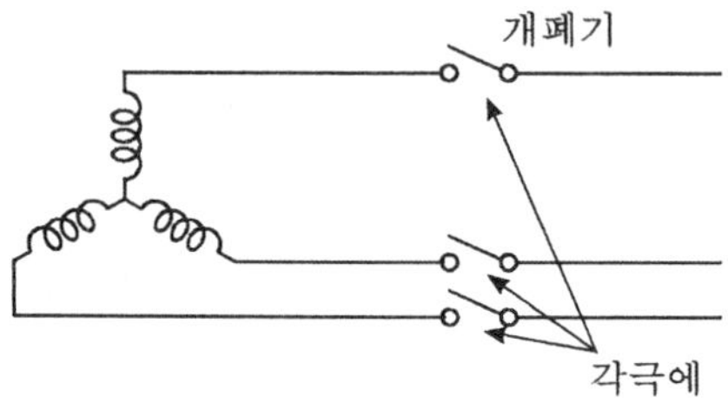

그림 1-20 개폐기의 설치

② 고압 및 특고압용 개폐기는 그 작동에 따라 그 개폐상태를 표시하는 장치가 되어있는 것일 것.

③ 고압 및 특고압용 개폐기로서 중력 등에 의해 자연히 작동할 우려가 있는 것은 자물쇠장치 및 기타 이를 방지하는 장치를 시설할 것.

④ 고압 및 특고압용 개폐기로서 부하전류를 차단하기 위한 것이 아닌 개폐기는 부하전류가 통하고 있을 경우에는 개로할 수 없도록 시설할 것.

단, 다음의 경우에는 부하전류가 흐르더라도 개로조작을 방지하기 위한 조치를 하지 않아도 된다.

㉮ 개폐기를 조작하는 곳에서 보기 쉬운 위치에 부하전류 유무를 표시한 장치가 있는 경우.

㉯ 개폐기 조작 위치에 전화기 및 기타의 지령장치가 시설되어 있는 경우.

㉰ 터블렛 등을 사용한 경우.

⑤ 전로에 이상이 생겼을 때 자동적으로 전로를 개폐하는 장치를 시설하는 경우에는 그 개폐기의 자동 개폐 기능에 장해가 생기지 않도록 시설할 것.

30. 저압전로 중의 과전류차단기의 시설

① 과전류차단기로 저압전로에 사용하는 범용의 퓨즈(gG)는 표(퓨즈의 용단특성)에 적합한 것일 것.

퓨즈(gG)의 용단특성

정격전류의 구분	시 간	정격전류의 배수	
		불용단전류	용단전류
4(A) 이하	60분	1.5배	2.1배
4(A) 초과~16(A) 미만	60분	1.5배	1.9배
16(A) 이상~63(A) 이하	60분	1.25배	1.6배
63(A) 초과~160(A) 이하	120분	1.25배	1.6배
160(A) 초과~400(A) 이하	180분	1.25배	1.6배
400(A) 초과	240분	1.25배	1.6배

② 과전류차단기로 저압전로에 사용하는 산업용 배선차단기는 표 1, 주택용 배선차단기는 표 2 및 표 3에 적합한 것일 것.

표 1. 과전류트립 동작시간 및 특성(산업용 배선차단기)

정격전류의 구분	시 간	정격전류의 배수 (모든 극에 통전)	
		부동작 전류	동작 전류
63(A) 이하	60분	1.05배	1.3배
63(A) 초과	120분	1.05배	1.3배

표 2. 순시트립에 따른 구분(주택용 배선차단기)

형	순시트립범위
B	3In 초과~5In 이하
C	5In 초과~10In 이하
D	10In 초과~20In 이하

비고 1. B, C, D : 순시트립전류에 따른 차단기 분류
2. In : 차단기 정격전류

표 3. 과전류트립 동작시간 및 특성(주택용 배선차단기)

정격전류의 구분	시 간	정격전류의 배수(모든 극에 통전)	
		부동작 전류	동작 전류
63(A) 이하	60분	1.13배	1.45배
63(A) 초과	120분	1.13배	1.45배

31. 고압 및 특고압전로 중의 과전류차단기의 시설

퓨즈 종류	성능
포장 퓨즈	정격전류 1.3배의 전류에 견디고, 2배의 전류로 120분 안에 용단되는 것일 것.
비포장 퓨즈	정격전류 1.25배의 전류에 견디고, 2배의 전류로 2분 안에 용단되는 것일 것.

32. 과전류차단기의 시설 제한

고압 또는 특고압 전로에 기계기구 및 전선을 보호하기 위한 과전류차단기를 시설할 것.

단, 다음의 경우는 과전류차단기를 시설해서는 안 된다.

① 접지공사 접지도체.

② 다선식 전로 중성선.

③ 전로의 일부에 접지공사 한 저압 가공전선로 접지측 전선.

33. 지락차단장치 등의 시설

① 특고압전로 또는 고압전로에 변압기에 의하여 결합되는 사용전압 400(V) 초과의 저압전로 또는 발전기에서 공급하는 사용전압 400(V) 초과의 저압전로에는 전로에 지락이 생겼을 때에 자동적으로 전로를 차단하는 장치를 시설하여야 한다.

② 고압 및 특고압 전로 중 다음에 열거하는 곳 또는 이에 근접한 곳에는 전로에 지락(전기철도용 급전선에 있어서는 과전류)이 생겼을 때에 자동적으로 전로를 차단하는 장치 시설할 것.

㉮ 발전소·변전소 또는 이에 준하는 곳의 인출구

㉯ 다른 전기사업자로부터 공급받는 수전점

㉰ 배전용변압기(단권변압기 제외)의 시설 장소

다만, 전기사업자로부터 공급을 받는 수전점에서 수전하는 전기를 모두 그 수전점에 속하는 수전장소에서 변성하거나 또는 사용하는 경우는 자동 차단장치를 설치하지 않아도 된다.

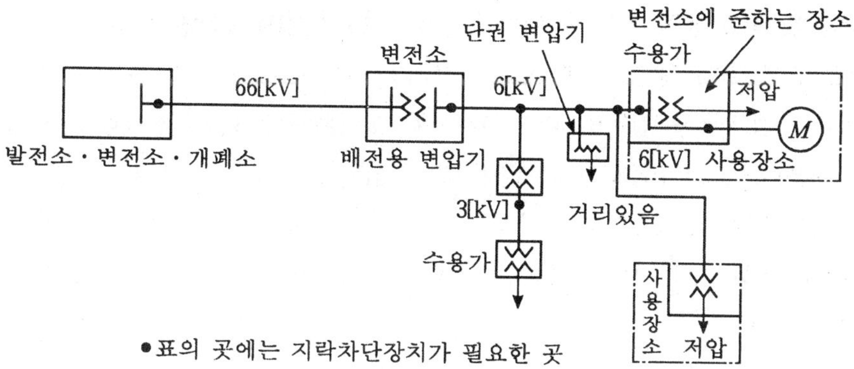

그림 1-21 지락차단장치 설치 장소

③ 저압 또는 고압전로로서 비상용 조명장치 · 비상용승강기 · 유도등 · 철도용 신호장치, 300(V) 초과 1(kV) 이하의 비접지 전로, 전로의 "중성점의 접지"의 규정에 의한 전로, 기타 그 정지가 공공의 안전 확보에 지장을 줄 우려가 있는 기계기구에 전기를 공급하는 것에는 전로에 지락이 생겼을 때에 이를 기술원 감시소에 경보하는 장치를 설치할 것.

34. 피뢰기의 시설

① 고압 및 특고압의 전로 중 다음에 열거하는 곳 또는 이에 근접한 곳에는 피뢰기 시설할 것.

㉮ 발전소 · 변전소 또는 이에 준하는 장소 가공전선의 인입구 및 인출구.

㉯ 가공전선로에 접속한 배전용 변압기 고압측 및 특고압측.

㉰ 고압 및 특고압 가공전선로로부터 공급 받는 수용장소 인입구.

㉱ 가공전선로와 지중전선로가 접속하는 곳.

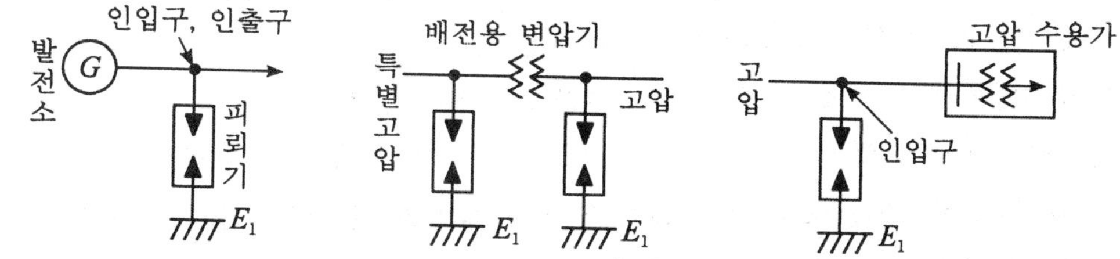

(a) 발전소의 인출구 (b) 배전용 변압기의 고압측과 특고측 (c) 수용장소의 인입구

그림 1-22 피뢰기의 설치 장소

② 고압 및 특고압의 전로에 시설하는 피뢰기 접지저항값은 10(Ω) 이하일 것.

③ 다음의 하나에 해당할 때 또는 고압가공전선로에 시설하는 피뢰기의 접지도체가 그 접지공사 전용의 것인 경우에 그 접지공사의 접지저항값이 30(Ω) 이하인 때에는 그 피뢰기의 접지저항값이 10(Ω) 이하가 아니어도 된다.

㉮ 피뢰기의 접지공사의 접지극을 변압기 중성점 접지용 접지극으로부터 1(m) 이상 격리하여 시설하는 경우에 그 접지공사의 접지저항값이 30(Ω) 이하인 때

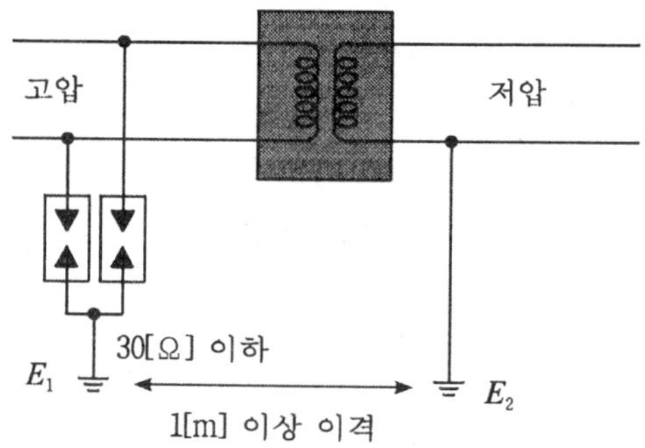

그림 1-23 접지점 이격거리

㉯ 피뢰기 접지공사의 접지도체와 변압기의 중성점 접지용 접지도체를 변압기에 근접한 곳에서 접속하여 다음에 의하여 시설하는 경우에 피뢰기 접지공사의 접지저항값이 75(Ω) 이하인 때 또는 중성점 접지공사의 접지저항값이 65(Ω) 이하인 때

35. 피뢰 시스템

① 다음에 시설되는 피뢰시스템에 적용한다.

㉮ 전기전자설비가 설치된 건축물·구조물로서 낙뢰로부터 보호가 필요한 것 또는 지상으로부터 높이가 20(m) 이상인 것.

㉯ 전기설비 및 전자설비 중 낙뢰로부터 보호가 필요한 설비.

② 피뢰시스템의 구성

㉮ 직격뢰로부터 대상물을 보호하기 위한 외부피뢰시스템

㉯ 간접뢰 및 유도뢰로부터 대상물을 보호하기 위한 내부피뢰시스템

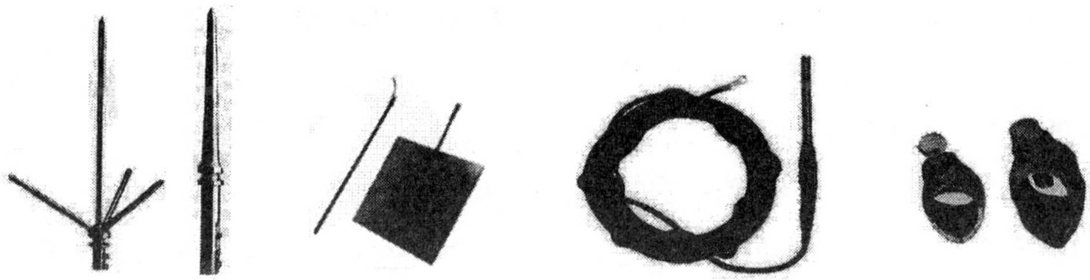

(a) 피뢰침 (b) 접지봉(판) (c) 인하도선, 접지도체 (d) 접지봉 커넥터

그림 1-24 피뢰 설비

(1) 외부 피뢰 시스템

가) 수뢰부 시스템

① 돌침, 수평도체, 메시도체의 요소 중에 한 가지 또는 이를 조합한 형식으로 시설하여야 한다.

② 수뢰부시스템의 배치는 다음에 의한다.

㉮ 보호각법, 회전구체법, 메시법 중 하나 또는 조합된 방법으로 배치하여야 한다.

㉯ 건축물·구조물의 뾰족한 부분, 모서리 등에 우선하여 배치한다.

③ 지상으로부터 높이 60(m)를 초과하는 건축물·구조물에 측뢰 보호가 필요한 경우에는 수뢰부시스템을 시설하여야 하며, 전체 높이 60(m)를 초과하는 건축물·구조물의 최상부로부터 20(%) 부분에 한하며, 피뢰시스템 등급 Ⅳ의 요구사항에 따른다.

④ 건축물·구조물과 분리되지 않은 수뢰부시스템의 시설은 다음에 따른다.

㉮ 지붕 마감재가 불연성 재료로 된 경우 지붕표면에 시설할 수 있다.

㉯ 지붕 마감재가 높은 가연성 재료로 된 경우 지붕재료와 다음과 같이 이격하여 시설한다.

항목	이격거리
초가지붕 또는 이와 유사한 경우	0.15(m) 이상
다른 재료의 가연성 재료인 경우	0.1(m) 이상

나) 인하도선 시스템

① 수뢰부시스템과 접지시스템을 전기적으로 연결하는 것으로 다음에 의한다.

㉮ 복수의 인하도선을 병렬로 구성해야 한다.

단, 건축물・구조물과 분리된 피뢰시스템인 경우 예외로 할 수 있다.

㉯ 도선경로의 길이가 최소가 되도록 한다.

② 건축물・구조물과 분리된 피뢰시스템인 경우

㉮ 뇌전류의 경로가 보호대상물에 접촉하지 않도록 하여야 한다.

㉯ 별개의 지주에 설치되어 있는 경우 각 지주마다 1가닥 이상의 인하도선을 시설한다.

㉰ 수평도체 또는 메시도체인 경우 지지 구조물마다 1가닥 이상의 인하도선을 시설한다.

③ 건축물・구조물과 분리되지 않은 피뢰시스템인 경우

㉮ 벽이 불연성 재료로 된 경우에는 벽의 표면 또는 내부에 시설할 수 있다. 단, 벽이 가연성 재료인 경우에는 0.1(m) 이상 이격하고, 이격이 불가능한 경우에는 도체의 단면적을 100(㎟) 이상으로 한다.

㉯ 인하도선의 수는 2가닥 이상으로 한다.

㉰ 보호대상 건축물・구조물의 투영에 따른 둘레에 가능한 한 균등한 간격으로 배치한다.

단, 노출된 모서리 부분에 우선하여 설치한다.

㉱ 병렬 인하도선의 최대 간격은 피뢰시스템 등급에 표와 같이 한다.

피뢰시스템 등급	이격거리
Ⅰ・Ⅱ 등급 :	10(m)
Ⅲ 등급	15(m)
Ⅳ 등급	20(m)

④ 수뢰부시스템과 접지극시스템 사이에 전기적 연속성이 형성되도록 다음에 따라 시설하여야 한다.

㉮ 경로는 가능한 한 루프 형성이 되지 않도록 하고, 최단거리로 곧게 수직으로 시설하여야 하며, 처마 또는 수직으로 설치 된 홈통 내부에 시설하지 않아야 한다.

㉯ 철근콘크리트 구조물의 철근을 자연적 구성부재의 인하도선으로 사용하기 위해서는 해당 철근 전체 길이의 전기저항값은 0.2(Ω) 이하가 되어야 한다.

㉰ 시험용 접속점을 접지극시스템과 가까운 인하도선과 접지극시스템의 연결부분에 시설하고, 이 접속점은 항상 폐로 되어야 하며 측정시에 공구 등으로만 개방할 수 있어야 한다.

다만, 자연적 구성부재를 이용하거나, 자연적 구성부재 등과 본딩을 하는 경우에는 예외로 한다.

⑤ 인하도선으로 사용하는 자연적 구성부재는 다음에 따른다.

㉮ 전기적 연속성이 있는 구조물 등의 금속제 구조체(철골, 철근 등)

㉯ 구조물 등의 상호 접속된 강제 구조체

㉰ 건축물 외벽 등을 구성하는 금속 구조재의 크기가 인하도선에 대한 요구사항에 부합하고 또한 두께가 0.5(㎜) 이상인 금속판 또는 금속관

㉱ 인하도선을 구조물 등의 상호 접속된 철근·철골 등과 본딩하거나, 철근·철골 등을 인하도선으로 사용하는 경우 수평 환상도체는 설치하지 않아도 된다.

다) 접지극 시스템

뇌전류를 대지로 방류시키기 위한 접지극시스템은 다음에 의한다.

① A형 접지극(수평 또는 수직접지극) 또는 B형 접지극(환상도체 또는 기초접지극) 중 하나 또는 조합하여 시설할 수 있다.

② A형 접지극은 최소 2개 이상을 균등한 간격으로 배치해야 하고, 피뢰시스템 등급별 대지저항률에 따른 최소길이 이상으로 한다.

③ B형 접지극은 접지극 면적을 환산한 평균반지름이 LPS(피뢰시스템, lightning protection system) 등급별 각 접지극의 최소길이에 의한 최소길이 이상으로 하여야 하며, 평균반지름이 최소길이 미만인 경우에는 해당하는 길이의 수평 또는 수직매설 접지극을 추가로 시설하여야 한다.
다만, 추가하는 수평 또는 수직매설 접지극의 수는 최소 2개 이상으로 한다.

④ 접지극시스템의 접지저항이 10(Ω) 이하인 경우 최소 길이 이하로 할 수 있다.

⑤ 접지극은 다음에 따라 시설한다.

㉮ 지표면에서 0.75(m) 이상 깊이로 매설하여야 한다.

㉯ 대지가 암반지역으로 대지저항이 높거나 건축물·구조물이 전자통신시스템을 많이 사용하는 시설의 경우 환상도체접지극 또는 기초접지극으로 한다.

㉰ 접지극 재료는 대지에 환경오염 및 부식의 문제가 없어야 한다.

㉱ 철근콘크리트 기초 내부의 상호 접속된 철근 또는 금속제 지하구조물 등 자연적 구성부재는 접지극으로 사용할 수 있다.

⑥ 도체의 접속부 수는 최소한으로 하여야 하며, 접속은 용접, 압착, 봉합, 나사 조임, 볼트 조임 등의 방법으로 확실하게 하여야 한다.

⑦ 외부에 낙뢰차폐선이 있는 경우 이것을 접지하여야 한다.

⑧ 자연적 구성부재의 조건에 적합한 강철제 구조체 등을 자연적 구성부재 인하도선으로 사용할 수 있다.

(2) 내부 피뢰시스템

① 전기전자설비의 뇌서지에 대한 보호는 다음에 따른다.

㉮ 피뢰구역 경계부분에서는 접지 또는 본딩을 하여야 한다.
다만, 직접 본딩이 불가능한 경우에는 서지보호장치를 설치한다.

㉯ 서로 분리된 구조물 사이가 전력선 또는 신호선으로 연결된 경우 각각의 피뢰구역은 서로 접속한다.

② 전기전자설비를 보호하기 위한 접지와 피뢰등전위본딩은 다음에 따른다.

㉮ 뇌서지 전류를 대지로 방류시키기 위한 접지를 시설하여야 한다.

㉯ 전위차를 해소하고 자계를 감소시키기 위한 본딩을 구성하여야 한다.

㉰ 전자·통신설비(또는 이와 유사한 것)의 접지는 환상도체접지극 또는 기초접지극으로 한다.

㉱ 개별 접지시스템으로 된 복수의 건축물·구조물 등을 연결하는 콘크리트덕트·금속제 배관의 내부에 케이블(또는 같은 경로로 배치된 복수의 케이블)이 있는 경우 각각의 접지 상호간은 병행 설치된 도체로 연결하여야 한다.
다만, 차폐케이블인 경우는 차폐선을 양끝에서 각각의 접지시스템에 등전위본딩 하는 것으로 한다.

③ 전자·통신설비(또는 이와 유사한 것)에서 위험한 전위차를 해소하고 자계를 감소시킬 필요가 있는 경우 다음에 의한 등전위본딩망을 시설하여야 한다.

㉮ 등전위본딩망은 건축물·구조물의 도전성 부분 또는 내부설비 일부분을 통합하여 시설한다.

㉯ 등전위본딩망은 메시 폭이 5(m) 이내가 되도록 하여 시설하고 구조물과 구조물 내부의 금속부분은 다중으로 접속한다.
다만, 금속 부분이나 도전성 설비가 피뢰구역의 경계를 지나가는 경우에는 직접 또는 서지보호장치를 통하여 본딩한다.

㉰ 도전성 부분의 등전위본딩은 방사형, 메시형 또는 이들의 조합형으로 한다.

④ 피뢰시스템의 등전위화는 다음과 같은 설비들을 서로 접속함으로써 이루어진다.

㉮ 금속제 설비

㉯ 구조물에 접속된 외부 도전성 부분

㉰ 내부시스템

⑤ 등전위본딩의 상호 접속은 다음에 의한다.

㉮ 자연적 구성부재로 인한 본딩으로 전기적 연속성을 확보할 수 없는 장소는 본딩도체로 연결한다.

㉯ 본딩도체로 직접 접속할 수 없는 장소의 경우에는 서지보호장치를 이용.

㉰ 본딩도체로 직접 접속이 허용되지 않는 장소의 경우에는 절연방전갭(ISG)을 이용한다.

⑥ 건축물·구조물과 분리된 외부피뢰시스템의 경우, 등전위본딩은 지표면 부근에서 시행하여야 한다.

⑦ 건축물·구조물과 접속된 외부피뢰시스템의 경우, 피뢰등전위본딩은 다음에 따른다.

㉮ 기초부분 또는 지표면 부근 위치에서 하여야 하며, 등전위본딩도체는 등전위본딩 바에 접속하고, 등전위본딩 바는 접지시스템에 접속하여야 한다. 또한 쉽게 점검할 수 있도록 하여야 한다.

㉯ 전기적 절연 요구조건에 따른 안전이격거리를 확보할 수 없는 경우에는 피뢰시스템과 건축물·구조물 또는 내부설비의 도전성 부분은 등전위본딩 하여야 하며, 직접 접속하거나 충전부인 경우는 서지보호장치를 경유하여 접속하여야 한다.

다만, 서지보호장치를 사용하는 경우 보호레벨은 보호구간 기기의 임펄스내전압보다 작아야 한다.

㉰ 건축물·구조물에는 지하 0.5(m)와 높이 20(m) 마다 환상도체를 설치한다. 다만, 철근콘크리트, 철골구조물의 구조체에 인하도선을 등전위본딩하는 경우 환상도체는 설치하지 않아도 된다.

⑧ 건축물·구조물의 외부에서 내부로 인입되는 설비의 도전부에 대한 등전위본딩은 다음에 의한다.

㉮ 인입구 부근에서 등전위본딩 한다.

㉯ 전원선은 서지보호장치를 사용하여 등전위본딩 한다.

㉰ 통신 및 제어선은 내부와의 위험한 전위차 발생을 방지하기 위해 직접 또는 서지보호장치를 통해 등전위본딩 한다.

⑨ 가스관 또는 수도관의 연결부가 절연체인 경우, 해당설비 공급사업자의 동의를 받아 적절한 공법(절연방전갭 등 사용)으로 등전위본딩 하여야 한다.

⑩ 등전위본딩 바

㉮ 설치위치는 짧은 도전성경로로 접지시스템에 접속할 수 있는 위치일 것.

㉯ 접지시스템(환상접지전극, 기초접지전극, 구조물의 접지보강재 등)에 짧은 경로로 접속하여야 한다.

㉰ 외부 도전성 부분, 전원선과 통신선의 인입점이 다른 경우 여러 개의 등전위본딩 바를 설치할 수 있다.

36. 계통접지의 방식

(1) 계통접지 구성

① 저압전로의 보호도체 및 중성선의 접속 방식에 따라 접지계통은 다음과 같이 분류한다.

㉮ TN 계통

㉯ TT 계통

㉰ IT 계통

② 계통접지에서 사용되는 문자의 정의는 다음과 같다.

㉮ 제1문자－전원계통과 대지의 관계

T : 한 점을 대지에 직접 접속

I : 모든 충전부를 대지와 절연시키거나 높은 임피던스를 통하여 한 점을 대지에 직접 접속

㉯ 제2문자－전기설비의 노출도전부와 대지의 관계

T : 노출도전부를 대지로 직접 접속. 전원계통의 접지와는 무관

N : 노출도전부를 전원계통의 접지점(교류 계통에서는 통상적으로 중성점, 중성점이 없을 경우는 선도체)에 직접 접속

㉰ 그 다음 문자(문자가 있을 경우)－중성선과 보호도체의 배치

S : 중성선 또는 접지된 선도체 외에 별도의 도체에 의해 제공되는 보호 기능

C : 중성선과 보호 기능을 한 개의 도체로 겸용(PEN 도체)

③ 각 계통에서 나타내는 그림의 기호는 다음과 같다.

기호 설명	
	중성선(N), 중간도체(M)
	보호도체(PE)
	중성선과 보호도체겸용(PEN)

(2) TN 계통

전원측의 한 점을 직접접지하고 설비의 노출도전부를 보호도체로 접속시키는 방식으로 중성선 및 보호도체(PE)의 배치 및 접속방식에 따라 다음과 같이 분류한다.

① TN-S 계통 : 계통 전체에 대해 별도의 중성선 또는 PE 도체를 사용한다. 배전계통에서 PE 도체를 추가로 접지할 수 있다.

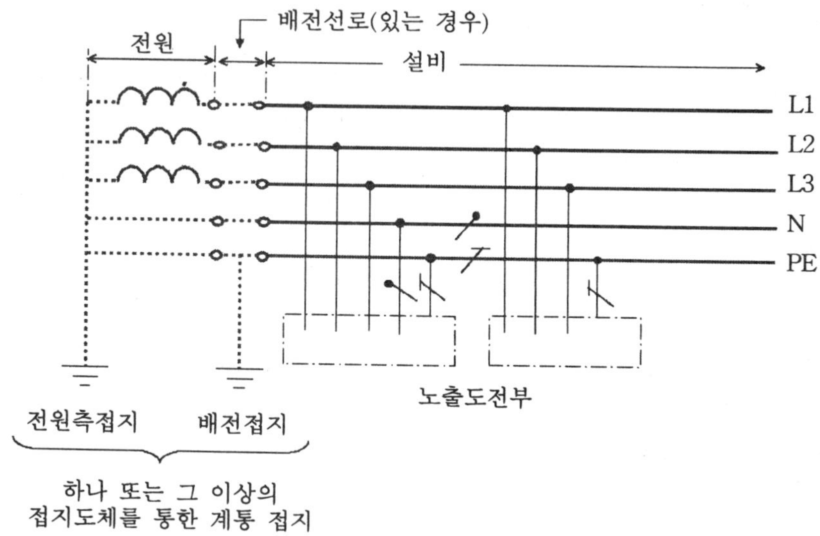

그림 1-25 계통 내에서 별도의 중성선과 보호도체가 있는 TN-S 계통

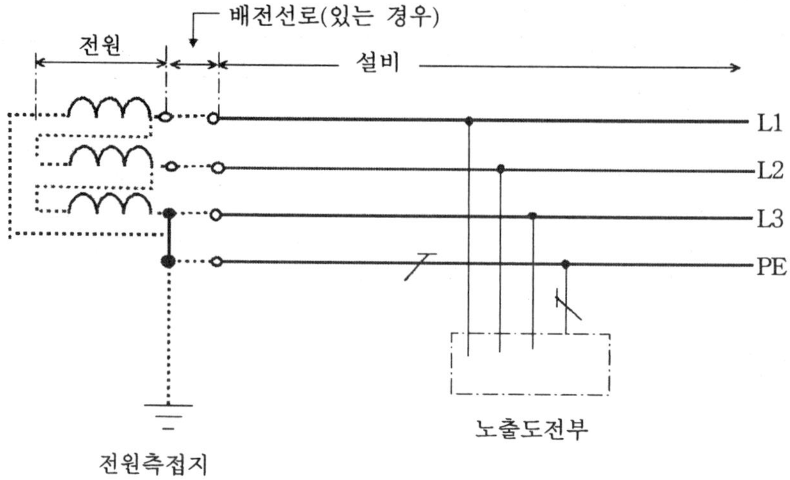

그림 1-26 계통 내에서 별도의 접지된 선도체와 보호도체가 있는 TN-S 계통

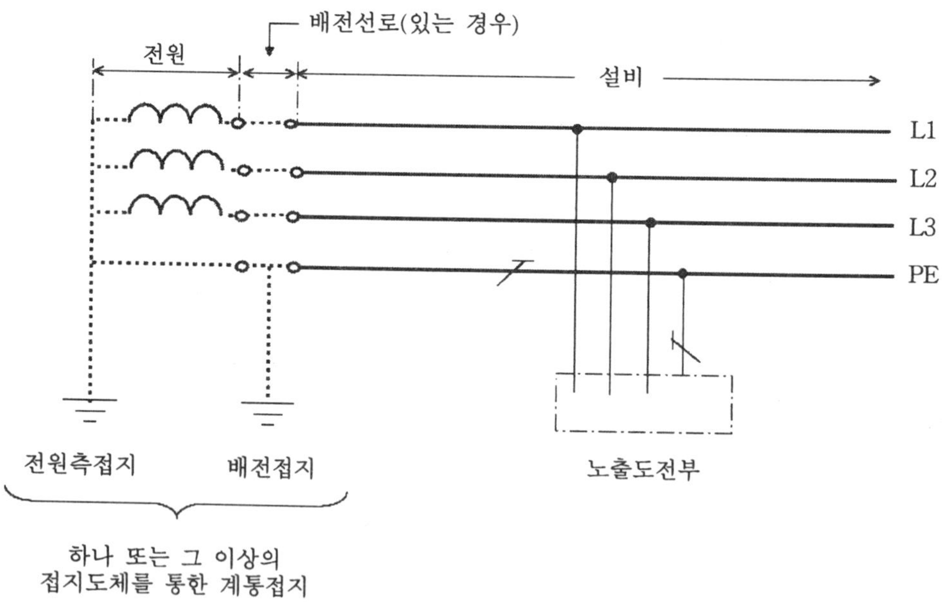

그림 1-27 계통 내에서 접지된 보호도체는 있으나 중성선의 배선이 없는 TN-S 계통

② TN-C 계통 : 그 계통 전체에 대해 중성선과 보호도체의 기능을 동일도체로 겸용한 PEN 도체를 사용한다. 배전계통에서 PEN 도체를 추가로 접지할 수 있다.

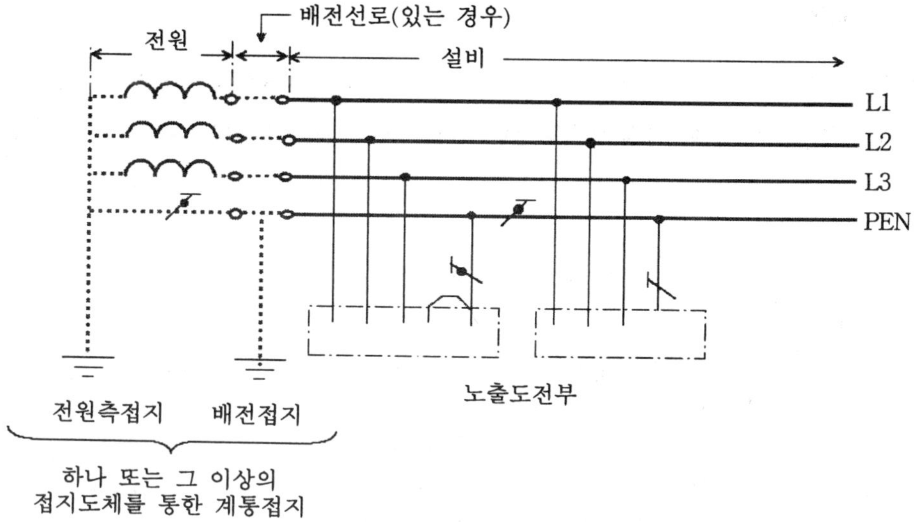

그림 1-28 TN-C 계통

③ TN-C-S계통 : 계통의 일부분에서 PEN 도체를 사용하거나, 중성선과 별도의 PE 도체를 사용하는 방식이 있다. 배전계통에서 PEN 도체와 PE 도체를 추가로 접지할 수 있다.

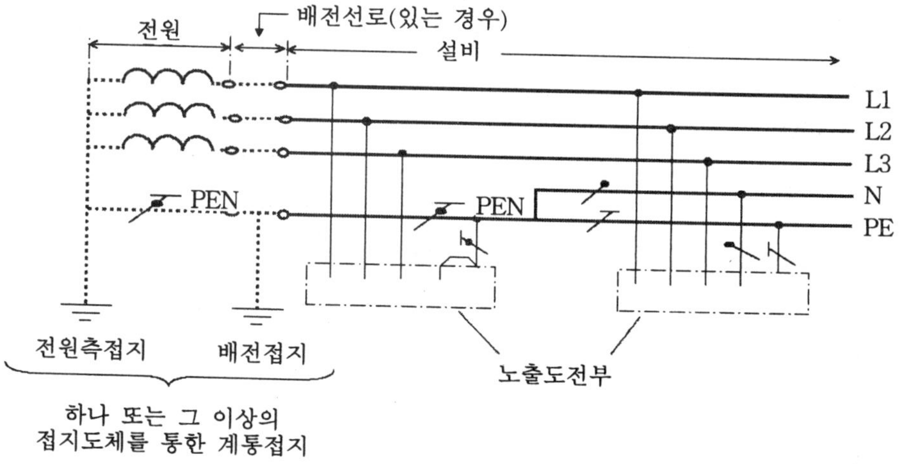

그림 1-29 PEN이 PE와 N으로 분리된 3상 4선식 TN-C-S 계통

(3) TT 계통

전원의 한 점을 직접 접지하고 설비의 노출도전부는 전원의 접지전극과 전기적으로 독립적인 접지극에 접속시킨다. 배전계통에서 PE 도체를 추가로 접지할 수 있다.

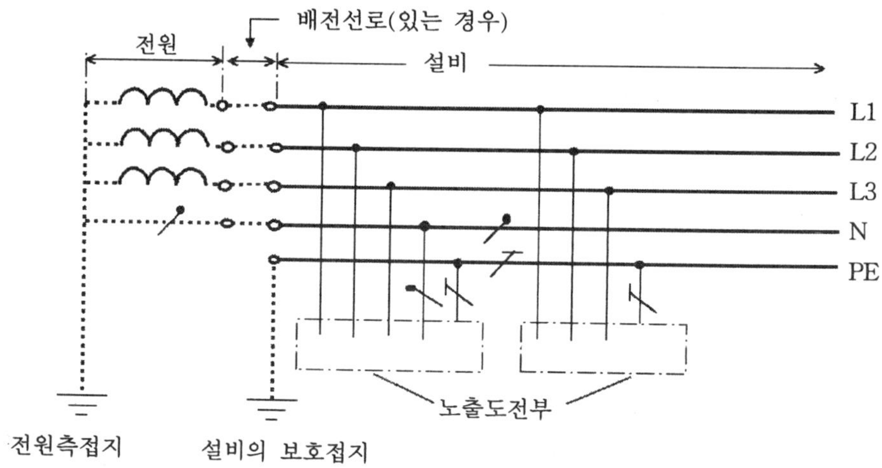

그림 1-30 설비 전체에서 별도의 중성선과 보호도체가 있는 TT 계통

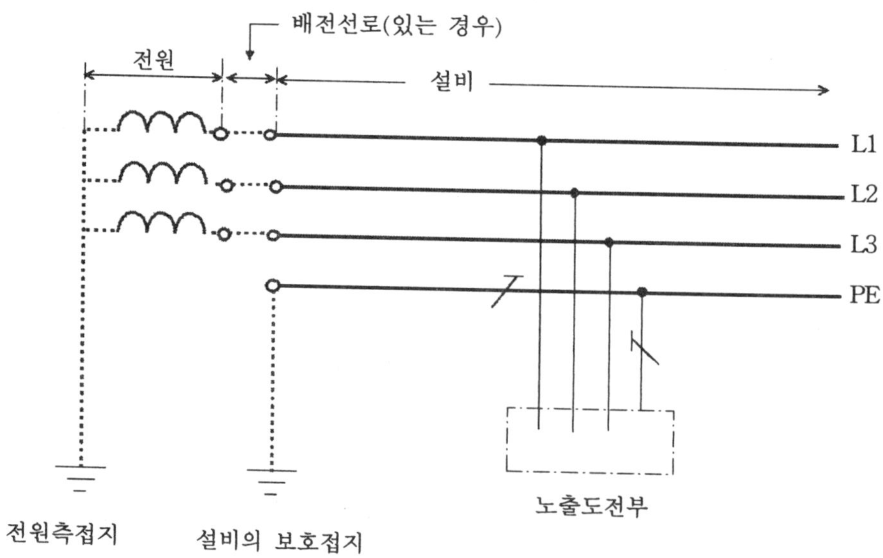

그림 1-31 설비 전체에서 접지된 보호도체가 있으나 배전용 중성선이 없는 TT 계통

(4) IT 계통

① 충전부 전체를 대지로부터 절연시키거나, 한 점을 임피던스를 통해 대지에 접속시킨다. 전기설비의 노출도전부를 단독 또는 일괄적으로 계통의 PE 도체에 접속시킨다. 배전계통에서 추가접지가 가능하다.

② 계통은 충분히 높은 임피던스를 통하여 접지할 수 있다. 이 접속은 중성점, 인위적 중성점, 선도체 등에서 할 수 있다. 중성선은 배선할 수도 있고, 배선하지 않을 수도 있다.

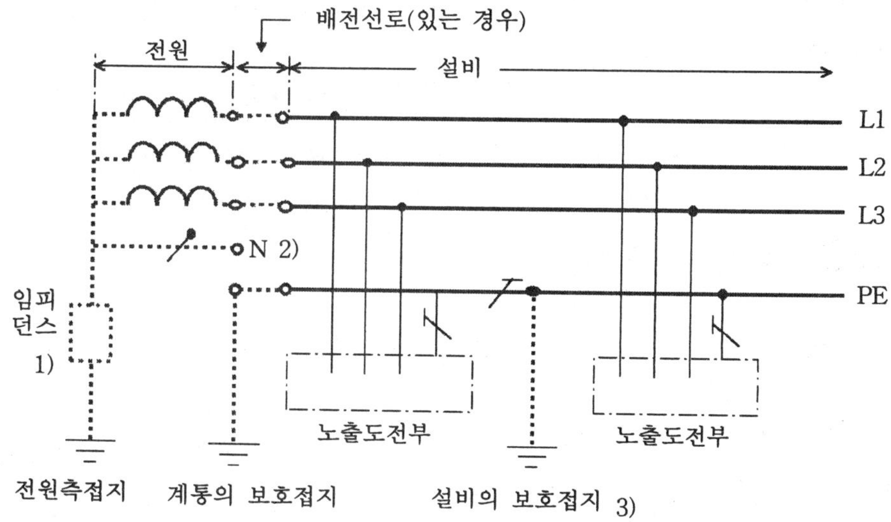

그림 1-32 계통 내의 모든 노출도전부가 보호도체에 의해 접속되어 일괄 접지된 IT 계통

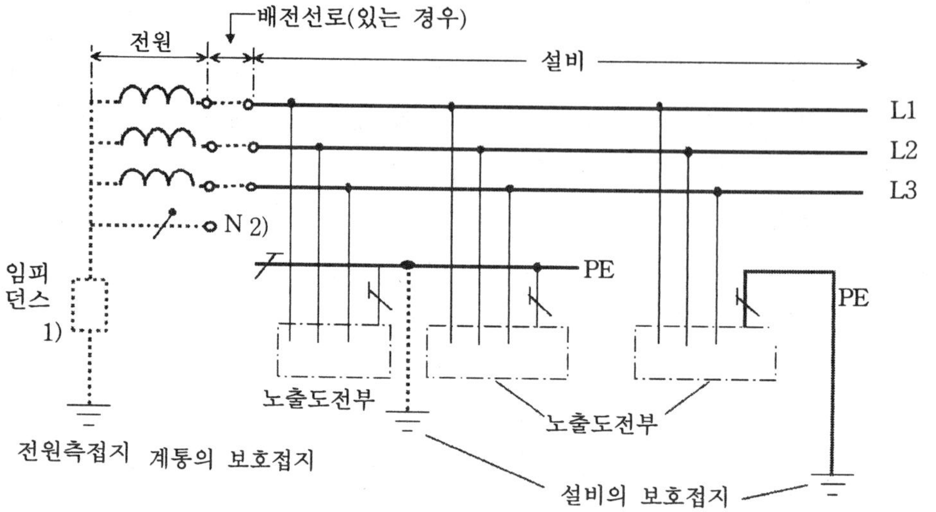

그림 1-33 노출도전부가 조합으로 또는 개별로 접지된 IT 계통

37. 고압 · 특고압 접지계통

① 고압 또는 특고압 기기는 접촉전압 및 보폭전압의 허용값 이내의 요건을 만족하도록 시설하여야 한다.

② 고압 또는 특고압 기기가 출입제한 된 전기설비 운전구역 이외의 장소에 설치되었다면 KS C IEC 61936-1(교류 1 kV 초과 전력설비-제1부 : 공통규정)의 "접지시스템"에 의한다.

③ 모든 케이블의 금속시스(sheath) 부분은 접지를 하여야 한다.

④ 고압 또는 특고압과 저압 접지시스템이 서로 근접한 경우에는 다음과 같이 시공하여야 한다.

㉮ 고압 또는 특고압 변전소 내에서만 사용하는 저압전원이 있을 때 저압 접지시스템이 고압 또는 특고압 접지시스템의 구역 안에 포함되어 있다면 각각의 접지시스템은 서로 접속하여야 한다.

㉯ 고압 또는 특고압 변전소에서 인입 또는 인출되는 저압전원이 있을 때, 접지시스템은 다음과 같이 시공하여야 한다.

ⓐ 고압 또는 특고압 변전소의 접지시스템은 공통 및 통합접지의 일부분이거나 또는 다중접지된 계통의 중성선에 접속되어야 한다.

다만, 공통 및 통합접지시스템이 아닌 경우 표의 "대지전위상승(EPR) 요건"에 따라 각각의 접지시스템 상호 접속 여부를 결정하여야 한다.

ⓑ 고압 또는 특고압과 저압 접지시스템을 분리하는 경우의 접지극은 고압 또는 특고압 계통의 고장으로 인한 위험을 방지하기 위해 접촉전압과 보폭전압을 허용값 이내로 하여야 한다.

ⓒ 고압 및 특고압 변전소에 인접하여 시설된 저압전원의 경우, 기기가 너무 가까이 위치하여 접지계통을 분리하는 것이 불가능한 경우에는 공통 또는 통합접지로 시공하여야 한다.

접지전위상승(EPR, Earth Potential Rise) 제한값에 의한 고압 또는 특고압 및 저압 접지시스템의 상호접속의 최소요건

저압계통의 형태(a,b)		대지전위상승(EPR) 요건		
		접촉전압	스트레스 전압(c)	
			고장지속시간 $t_f \leq 5s$	고장지속시간 $t_f > 5s t_f$
TT		해당 없음	EPR≤1200(V)	EPR≤250(V)
TN		EPR≤ $F \cdot U_{Tp}$ (d, e)	EPR≤1200(V)	EPR≤250(V)
IT	보호도체 있음	TN 계통에 따름	EPR≤1200(V)	EPR≤250(V)
	보호도체 없음	해당 없음	EPR≤1200(V)	EPR≤250(V)

a. 저압계통은 "변압기 중성점 접지"를 참조한다.

b. 통신기기는 ITU 추천사항을 적용한다.

c. 적절한 저압기기가 설치되거나 EPR이 측정이나 계산에 근거한 국부전위차로 치환된다면 한계값은 증가할 수 있다.

d. F의 기본값은 2이다. PEN 도체를 대지에 추가 접속한 경우보다 높은 F 값이 적용될 수 있다. 어떤 토양구조에서는 F 값은 5까지 될 수도 있다. 이 규정은 표토 층이 보다 높은 저항률을 가진 경우 등 층별 저항률의 차이가 현저한 토양에 적용시 주의가 필요하다. 이 경우의 접촉전압은 EPR의 50(%)로 한다. 단, PEN 또는 저압 중간도체가 고압 또는 특고압접지계통에 접속되었다면 F의 값은 1로 한다.

e. U_{Tp}는 허용접촉전압을 의미한다[KS C IEC 61936-1(교류 1(kV) 초과 전력설비－공통규정) "그림 12(허용접촉전압 U_{Tp})" 참조].

38. 안전을 위한 보호

(1) 감전에 대한 보호

① 일반 요구사항

㉮ 안전을 위한 보호에서 별도의 언급이 없는 한 다음의 전압 규정에 따른다.

ⓐ 교류전압은 실효값으로 한다.

ⓑ 직류전압은 리플프리로 한다.

㉯ 보호대책은 다음과 같이 구성하여야 한다.

ⓐ 기본보호와 고장보호를 독립적으로 적절하게 조합

ⓑ 기본보호와 고장보호를 모두 제공하는 강화된 보호 규정

ⓒ 추가적 보호는 외부영향의 특정 조건과 특정한 특수장소에서의 보호대책의 일부로 규정

㉰ 설비의 각 부분에서 하나 이상의 보호대책은 외부영향의 조건을 고려하여 적용하여야 한다.

ⓐ 다음의 보호대책을 일반적으로 적용하여야 한다.

㉠ 전원의 자동차단

㉡ 이중절연 또는 강화절연

㉢ 한 개의 전기사용기기에 전기를 공급하기 위한 전기적 분리

㉣ SELV와 PELV에 의한 특별저압

ⓑ 전기기기의 선정과 시공을 할 때는 설비에 적용되는 보호대책을 고려하여야 한다.

㉱ 특수설비 또는 특수장소의 보호대책은 접지시스템에 해당되는 특별한 보호대책을 적용하여야 한다.

(2) 전원의 자동차단에 의한 보호대책

① 기본보호는 충전부의 기본절연 또는 격벽이나 외함에 의한다.

② 고장보호는 고장일 경우 보호등전위본딩 및 자동차단에 의한다.

③ 추가적인 보호로 누전차단기를 시설할 수 있다.

④ 누설전류감시장치는 보호장치는 아니지만 전기설비의 누설전류를 감시하는데 사용된다.

단, 누설전류감시장치는 누설전류의 설정값을 초과하는 경우 음향 또는 음향

과 시각적인 신호를 발생시켜야 한다.

⑤ 고장보호의 요구사항

㉮ 보호접지

ⓐ 노출도전부는 계통접지별로 규정된 특정조건에서 보호도체에 접속할 것.

ⓑ 동시에 접근 가능한 노출도전부는 개별적 또는 집합적으로 같은 접지계통에 접속하여야 한다. 보호접지에 관한 도체는 접지시스템에 따라야 하고, 각 회로는 해당 접지단자에 접속된 보호도체를 이용하여야 한다.

㉯ 보호등전위본딩 : 도전성부분은 보호등전위본딩으로 접속하여야 하며, 건축물 외부로부터 인입된 도전부는 건축물 안쪽의 가까운 지점에서 본딩할 것. 다만, 통신케이블의 금속외피는 소유자 또는 운영자의 요구사항을 고려하여 보호등전위본딩에 접속해야 한다.

㉰ 고장시의 자동차단

ⓐ 보호장치는 회로의 선도체와 노출도전부 또는 선도체와 기기의 보호도체 사이의 임피던스가 무시할 정도로 되는 고장의 경우 규정된 차단시간 내에서 회로의 선도체 또는 설비의 전원을 자동으로 차단하여야 한다.

ⓑ 최대차단시간은 표의 32(A) 이하 분기회로에 적용한다.

32(A) 이하 분기회로의 최대 차단시간 [단위 : 초]

계통	$50\ V < U_0 \leq 120\ V$		$120\ V < U_0 \leq 230\ V$		$230\ V < U_0 \leq 400\ V$		$U_0 > 400\ V$	
	교류	직류	교류	직류	교류	직류	교류	직류
TN	0.8	[비고1]	0.4	5	0.2	0.4	0.1	0.1
TT	0.3	[비고1]	0.2	0.4	0.07	0.2	0.04	0.1

TT 계통에서 차단은 과전류보호장치에 의해 이루어지고 보호등전위본딩은 설비 안의 모든 계통외도전부와 접속되는 경우 TN 계통에 적용 가능한 최대차단시간이 사용될 수 있다.
U_0는 대지에서 공칭교류전압 또는 직류 선간전압이다.
[비고1] 차단은 감전보호 외에 다른 원인에 의해 요구될 수도 있다.
[비고2] 누전차단기에 의한 차단은 "누전차단기의 시설" 참조.

ⓒ TN 계통에서 배전회로(간선)와 "32(A) 이하 분기회로의 최대 차단시간"의 경우를 제외하고는 5초 이하의 차단시간을 허용한다.

ⓓ TT 계통에서 배전회로(간선)와 "32(A) 이하 분기회로의 최대 차단시간"의 경우를 제외하고는 1초 이하의 차단시간을 허용한다.

ⓔ 공칭대지전압 U_0가 교류 50(V) 또는 직류 120(V)를 초과하는 계통에서

요구되는 자동차단시간 요구사항은 전원의 출력전압이 5초 이내에 교류 50(V)로 또는 직류 120(V)로 또는 더 낮게 감소된다면 보호도체나 대지로의 고장일 경우에는 요구되지 않는다. 이 경우 감전보호 외에 다른 차단요구사항에 관한 것을 고려하여야 한다.

ⓕ 자동차단이 요구되는 시간에 적절하게 이루어질 수 없을 경우 추가적으로 보조 보호등전위본딩을 하여야 한다.

㉣ 추가적인 보호

다음에 따른 교류계통에서는 누전차단기에 의한 추가적 보호할 것.

ⓐ 일반적으로 사용되며 일반인이 사용하는 정격전류 20(A) 이하 콘센트

ⓑ 옥외에서 사용되는 정격전류 32(A) 이하 이동용 전기기기

(3) TN 계통

① TN 계통에서 설비의 접지 신뢰성은 PEN 도체 또는 PE 도체와 접지극과의 효과적인 접속에 의한다.

② 접지가 공공계통 또는 다른 전원계통으로부터 제공되는 경우 그 설비의 외부측에 필요한 조건은 전기공급자가 준수하여야 한다. 조건에 포함된 예는 다음과 같다.

㉮ PEN 도체는 여러 지점에서 접지하여 PEN 도체의 단선위험을 최소화할 수 있도록 한다.

㉯ $\dfrac{R_E}{R_B} \leq \dfrac{50}{U_0 - 50}$

RB : 병렬 접지극 전체의 접지저항값(Ω)

RE : 1선 지락이 발생할 수 있으며 보호도체와 접속되어 있지 않는 계통외 도전부의 대지와의 접촉저항의 최소값(Ω)

U_0 : 공칭대지전압(실효값)

③ 전원 공급계통의 중성점이나 중간점은 접지하여야 한다. 중성점이나 중간점을 접지할 수 없는 경우에는 선도체 중 하나를 접지하여야 한다. 설비의 노출도전부는 보호도체로 전원공급계통의 접지점에 접속하여야 한다.

④ 다른 유효한 접지점이 있다면, 보호도체(PE 및 PEN 도체)는 건물이나 구내의 인입구 또는 추가로 접지하여야 한다.

⑤ 고정설비에서 보호도체와 중성선을 겸하여(PEN 도체) 사용될 수 있다. 이러한 경우에는 PEN 도체에는 어떠한 개폐장치나 단로장치가 삽입되지 않아야 한다.

⑥ 보호장치의 특성과 회로의 임피던스는 다음 조건을 충족하여야 한다.

$$Z_s \times I_a \leq U_0$$

Z_s : 다음과 같이 구성된 고장루프 임피던스(Ω)

- 전원의 임피던스
- 고장점까지의 선도체 임피던스
- 고장점과 전원 사이의 보호도체 임피던스

I_a : "32(A) 이하 분기회로의 최대 차단시간" 표에서 제시된 시간 내에 차단장치 또는 누전차단기를 자동으로 동작하게 하는 전류(A)

U_0 : 공칭대지전압(V)

⑦ TN 계통에서 과전류보호장치 및 누전차단기는 고장보호에 사용할 수 있다. 누전차단기를 사용하는 경우 과전류보호 겸용의 것을 사용해야 한다.

⑧ TN-C 계통에는 누전차단기를 사용해서는 아니 된다. TN-C-S 계통에 누전차단기를 설치하는 경우에는 누전차단기의 부하측에는 PEN 도체를 사용할 수 없다. 이러한 경우 PE도체는 누전차단기의 전원측에서 PEN 도체에 접속하여야 한다.

(4) TT 계통

① 전원계통의 중성점이나 중간점은 접지하여야 한다. 중성점이나 중간점을 이용할 수 없는 경우, 선도체 중 하나를 접지하여야 한다.

② TT 계통은 누전차단기를 사용하여 고장보호를 하여야 한다.
단, 고장루프 임피던스가 충분히 낮을 때는 과전류보호장치에 의하여 고장보호를 할 수 있다.

③ 누전차단기를 사용하여 TT 계통의 고장보호를 하는 경우에는 다음에 적합하여야 한다.

$R_A \times I_{\Delta n} \leq 50\,V$

R_A : 노출도전부에 접속된 보호도체와 접지극 저항의 합(Ω)
$I_{\Delta n}$: 누전차단기의 정격동작 전류(A)

④ 과전류보호장치를 사용하여 TT 계통의 고장보호를 할 때에는 다음의 조건을 충족하여야 한다.

$Z_s \times I_a \leq U_0$

Z_s: 다음과 같이 구성된 고장루프 임피던스(Ω)

- 전원
- 고장점까지의 선도체
- 노출도전부의 보호도체
- 접지도체
- 설비의 접지극
- 전원의 접지극

I_a : "32(A) 이하 분기회로의 최대 차단시간" 표에서 요구하는 차단시간 내에 차단장치가 자동 작동하는 전류(A)
U_0 : 공칭 대지전압(V)

(5) IT 계통

① 노출도전부 또는 대지로 단일고장이 발생한 경우에는 고장전류가 작기 때문에 조건을 충족시키는 경우에는 자동차단이 절대적 요구사항은 아니다. 그러나 두 곳에서 고장발생시 동시에 접근이 가능한 노출도전부에 접촉되는 경우에는 인체에 위험을 피하기 위한 조치를 하여야 한다.
② 노출도전부는 개별 또는 집합적으로 접지하고, 다음 조건을 충족하여야 한다.
㉮ 교류계통 : $R_A \times I_d \leq 50\,V$
㉯ 직류계통 : $R_A \times I_d \leq 120\,V$

R_A : 접지극과 노출도전부에 접속된 보호도체 저항의 합
I_d : 하나의 선도체와 노출도전부 사이에서 무시할 수 있는 임피던스로 1차 고장이 발생했을 때의 고장전류(A)로 전기설비의 누설전류와 총 접지임피던스를 고려한 값

③ IT 계통은 다음과 같은 감시장치와 보호장치를 사용할 수 있으며, 1차 고장이 지속되는 동안 작동되고 절연감시장치는 음향 및 시각신호를 갖출 것.

㉮ 절연감시장치, 누설전류감시장치, 절연고장점검출장치

㉯ 과전류보호장치, 누전차단기

④ 1차 고장이 발생한 후 다른 충전도체에서 2차 고장이 발생하는 경우 전원자동차단 조건은 다음과 같다.

㉮ 노출도전부가 같은 접지계통에 집합적으로 접지된 보호도체와 상호 접속된 경우에는 TN 계통과 유사한 조건을 적용한다.

ⓐ 중성선과 중점선이 배선되지 않은 경우에는 다음의 조건을 충족할 것.

$$2I_aZ_s \leq U$$

ⓑ 중성선과 중점선이 배선된 경우에는 다음의 조건을 충족할 것.

$$2I_aZ_s' \leq U_0$$

U_0 : 선도체와 중성선 또는 중점선 사이의 공칭전압(V)

U : 선간 공칭전압(V)

Z_s : 회로의 선도체와 보호도체를 포함하는 고장루프 임피던스(Ω)

Z_s' : 회로의 중성선과 보호도체를 포함하는 고장루프 임피던스(Ω)

I_a : TN계통에 대한 "32(A) 이하 분기회로의 최대 차단시간" 표에서 요구하는 차단시간 내에 보호장치를 동작 시키는 전류(A)

㉯ 노출도전부가 그룹별 또는 개별로 접지하고 다음의 조건을 적용하여야 한다.

$$R_A \times I_d \leq 50\,V$$

R_A : 접지극과 노출도전부 접속된 보호도체와 접지극 저항의 합

I_d : TT계통에 대한 "32(A) 이하 분기회로의 최대 차단시간" 표에서 요구하는 차단시간 내에 보호장치를 동작 시키는 전류(A)

⑤ IT 계통에서 누전차단기를 이용하여 고장보호를 할 수 있다.

(6) 기능적 특별저압(FELV)

① 기능상의 이유로 교류 50(V), 직류 120(V) 이하인 공칭전압을 사용하지만, SELV 또는 PELV에 대한 모든 요구조건이 충족되지 않고 SELV와 PELV가 필요치 않은 경우에는 기본보호 및 고장보호의 보장을 위해 다음에 따라야 한다. 이러한 조건의 조합을 FELV라 한다.

② 기본보호는 다음 중 어느 하나에 따른다.

㉮ 전원의 1차 회로의 공칭전압에 대응에 따른 기본절연

㉯ 격벽 또는 외함

③ 고장보호는 1차 회로가 전원의 자동차단에 의한 보호가 될 경우 FELV 회로 기기의 노출도전부는 전원의 1차 회로의 보호도체에 접속하여야 한다.

④ FELV 계통의 전원은 최소한 단순 분리형 변압기에 의한다. 만약 FELV 계통이 단권변압기 등과 같이 최소한의 단순 분리가 되지 않은 기기에 의해 높은 전압계통으로부터 공급되는 경우 FELV 계통은 높은 전압계통의 연장으로 간주되고 높은 전압계통에 적용되는 보호방법에 의해 보호해야 한다.

⑤ FELV 계통용 플러그와 콘센트는 다음의 모든 요구사항에 부합하여야 한다.

㉮ 플러그를 다른 전압 계통의 콘센트에 꽂을 수 없어야 한다.

㉯ 콘센트는 다른 전압 계통의 플러그를 수용할 수 없어야 한다.

㉰ 콘센트는 보호도체에 접속하여야 한다.

(7) 이중절연 또는 강화절연에 의한 보호

① 이중 또는 강화절연은 기본절연의 고장으로 인해 전기기기의 접근 가능한 부분에 위험전압이 발생하는 것을 방지하기 위한 보호대책으로 다음에 따른다.

㉮ 기본보호는 기본절연에 의하며, 고장보호는 보조절연에 의한다.

㉯ 기본 및 고장보호는 충전부의 접근 가능한 부분의 강화절연에 의한다.

② 전기적 분리에 의한 고장보호는 다음에 따른다.

㉮ 분리된 회로는 최소한 단순 분리된 전원을 통하여 공급되어야 하며, 분리된 회로의 전압은 500(V) 이하이어야 한다.

㉯ 분리된 회로의 충전부는 어떤 곳에서도 다른 회로, 대지 또는 보호도체에 접속되어서는 안 되며, 전기적 분리를 보장하기 위해 회로간에 기본절연을 하여야 한다.

㉰ 가요 케이블과 코드는 기계적 손상을 받기 쉬운 전체 길이에 대해 육안으

로 확인이 가능하여야 한다.

㉱ 분리된 회로들에 대해서는 분리된 배선계통의 사용이 권장된다.
다만, 분리된 회로와 다른 회로가 동일 배선계통 내에 있으면 금속외장이 없는 다심케이블, 절연전선관 내의 절연전선, 절연덕팅 또는 절연트렁킹에 의한 배선이 되어야 하며 다음의 조건을 만족하여야 한다.

ⓐ 정격전압은 최대 공칭전압 이상일 것.

ⓑ 각 회로는 과전류에 대한 보호를 할 것.

㉲ 분리된 회로의 노출도전부는 다른 회로의 보호도체, 노출도전부 또는 대지에 접속되어서는 아니된다.

39. SELV와 PELV를 적용한 특별저압에 의한 보호

(1) 보호대책 일반 요구사항

① 특별저압에 의한 보호는 다음의 특별저압 계통에 의한 보호대책이다.

㉮ SELV(Safety Extra-Low Voltage) : 안전특별저압

㉯ PELV(Protective Extra-Low Voltage) : 보호특별저압

② 보호대책의 요구사항

㉮ 특별저압 계통의 전압한계는 KS C IEC 60449(건축전기설비의 전압밴드)에 의한 전압밴드의 상한값인 교류 50(V) 이하, 직류 120(V) 이하이어야 한다.

㉯ 특별저압 회로를 제외한 모든 회로로부터 특별저압 계통을 보호 분리하고, 특별저압 계통과 다른 특별저압 계통간에는 기본절연을 하여야 한다.

㉰ SELV 계통과 대지간의 기본절연을 하여야 한다.

(2) SELV와 PELV용 전원

① 특별저압 계통에는 다음의 전원을 사용해야 한다.

㉮ 안전절연변압기 및 이와 동등한 절연의 전원

㉯ 축전지 및 디젤발전기 등과 같은 독립전원

㉰ 내부고장이 발생한 경우에도 출력단자의 전압이 규정된 값을 초과하지 않도록 적절한 표준에 따른 전자장치

㉱ 안전절연변압기, 전동발전기 등 저압으로 공급되는 이중 또는 강화절연된 이동용 전원

(3) SELV와 PELV 회로에 대한 요구사항

① SELV 및 PELV 회로는 다음을 포함하여야 한다.

㉮ 충전부와 다른 SELV와 PELV 회로 사이의 기본절연

㉯ 이중절연 또는 강화절연 또는 최고전압에 대한 기본절연 및 보호차폐에 의한 SELV 또는 PELV 이외의 회로들의 충전부로부터 보호 분리

㉰ SELV 회로는 충전부와 대지 사이에 기본절연

㉱ PELV 회로 및 PELV 회로에 의해 공급되는 기기의 노출도전부는 접지

② 기본절연이 된 다른 회로의 충전부로부터 특별저압 회로 배선계통의 보호분리는 다음의 방법 중 하나에 의한다.

㉮ SELV와 PELV 회로의 도체들은 기본절연을 하고 비금속외피 또는 절연된 외함으로 시설하여야 한다.

㉯ SELV와 PELV 회로의 도체들은 전압밴드보다 높은 전압 회로의 도체들로부터 접지된 금속시스 또는 접지된 금속 차폐물에 의해 분리하여야 한다.

㉰ SELV와 PELV 회로의 도체들이 사용 최고전압에 대해 절연된 경우 전압밴드보다 높은 전압의 다른 회로 도체들과 함께 다심케이블 또는 다른 도체그룹에 수용할 수 있다.

③ SELV와 PELV 계통의 플러그와 콘센트는 다음에 따라야 한다.

㉮ 플러그는 다른 전압 계통의 콘센트에 꽂을 수 없어야 한다.

㉯ 콘센트는 다른 전압 계통의 플러그를 수용할 수 없어야 한다.

㉰ SELV 계통에서 플러그 및 콘센트는 보호도체에 접속하지 않아야 한다.

④ SELV 회로의 노출도전부는 대지 또는 다른 회로의 노출도전부나 보호도체에 접속하지 않아야 한다.

⑤ 공칭전압이 교류 25(V) 또는 직류 60(V)를 초과하거나 기기가 물에 잠겨 있는 경우 기본보호는 특별저압 회로에 대해 다음의 사항을 따라야 한다.

㉮ 절연은 충전부에 접촉하는 것을 방지하기 위한 것으로 충전부는 파괴하지 않으면 제거될 수 없는 절연물로 완전히 보호되어야 한다.

㉯ 격벽 또는 외함은 인체가 충전부에 접촉하는 것을 방지하기 위한 것으로 다음과 같이 하여야 한다.

ⓐ 램프홀더 및 퓨즈와 같은 부품을 교체하는 동안 발생할 수 있는 큰 개구부 또는 기기의 관련 요구사항에 따른 적절한 기능에 필요한 큰 개구부를 제외하고 충전부는 최소한 IPXXB 또는 IP2X 보호등급의 외함 내부 또는 격벽 뒤쪽에 있어야 한다.

ⓑ 사람들이 개구부를 통하여 충전부에 접촉할 수 있음을 알 수 있도록 하며 의도적으로 접촉하지 않도록 하여야 한다.

ⓒ 열쇠 또는 공구를 사용하여야 하며, 보호를 제공하는 외함이나 격벽에 대한 충전부의 전원 차단 후 격벽이나 외함을 교체 또는 다시 닫은 후에만 전원복구가 가능하도록 한다.

ⓓ 격벽의 뒤쪽 또는 외함의 안에서 개폐기가 개로 된 후에도 위험한 충전상태가 유지되는 기기(커패시터 등)가 설치된다면 경고 표지를 해야 한다.

⑥ 건조한 상태에서 다음의 경우는 기본보호를 하지 않아도 된다.

㉮ SELV 회로에서 공칭전압이 교류 25(V) 또는 직류 60(V)를 초과하지 않는 경우

㉯ PELV 회로에서 공칭전압이 교류 25(V) 또는 직류 60(V)를 초과하지 않고 노출도전부 및 충전부가 보호도체에 의해서 주접지단자에 접속된 경우

⑦ SELV 또는 PELV 계통의 공칭전압이 교류 12(V) 또는 직류 30(V)를 초과하지 않는 경우에는 기본보호를 하지 않아도 된다.

(4) 숙련자와 기능자의 통제 또는 감독이 있는 설비에 적용 가능한 보호대책

① 다음의 노출도전부는 일반적인 조건에서 사람이 동시에 접촉되지 않도록 배치해야 한다.

다만, 이 부분들이 충전부의 기본절연의 고장에 따라 서로 다른 전위로 되기 쉬운 경우에 한한다.

㉮ 두 개의 노출도전부

㉯ 노출도전부와 계통외도전부

② 비도전성 장소에는 보호도체가 없어야 한다.

③ 절연성 바닥과 벽이 있는 장소에서 다음의 배치들 중 하나 또는 그 이상이

적용할 것.

㉮ 노출도전부 상호간, 노출도전부와 계통외도전부 사이의 상대적 간격은 두 부분 사이의 거리가 2.5(m) 이상으로 한다.

㉯ 노출도전부와 계통외도전부 사이에 유효한 장애물을 설치한다.

㉰ 계통외도전부의 절연 또는 절연 배치. 절연은 충분한 기계적 강도와 2(kV) 이상의 시험전압에 견딜 수 있어야 하며, 누설전류는 통상적인 사용 상태에서 1(mA)를 초과하지 말아야 한다.

④ 매 측정 점에서의 절연성 바닥과 벽의 저항값은 다음 값 이상으로 하여야 한다. 어떤 점에서의 저항이 규정된 값 이하이면 바닥과 벽은 감전보호 목적의 계통외도전부로 간주된다.

㉮ 설비의 공칭전압이 500(V) 이하인 경우 50(kΩ)

㉯ 설비의 공칭전압이 500(V)를 초과하는 경우 100(kΩ)

⑤ 비접지 국부 등전위본딩은 위험한 접촉전압이 나타나는 것을 방지하기 위한 것으로 다음과 같이 한다.

㉮ 등전위본딩용 도체는 동시에 접근이 가능한 모든 노출도전부 및 계통외도전부와 상호 접속하여야 한다.

㉯ 국부 등전위본딩계통은 노출도전부 또는 계통외도전부를 통해 대지와 직접 전기적으로 접촉되지 않아야 한다.

㉰ 대지로부터 절연된 도전성 바닥이 비접지 등전위본딩계통에 접속된 곳에서는 등전위장소에 들어가는 사람이 위험한 전위차에 노출되지 않도록 주의하여야 한다.

⑥ 두 개 이상의 장비에 전원을 공급하기 위한 전기적 분리에 따른 보호는 다음의 조건을 준수하여야 한다.

㉮ 분리된 회로가 손상 및 절연고장으로부터 보호될 수 있는 조치를 해야 한다.

㉯ 분리된 회로의 노출도전부들은 절연된 비접지 등전위본딩도체에 의해 함께 접속하여야 한다. 이러한 도체는 보호도체, 다른 회로의 노출도전부 또는 어떠한 계통외도전부에도 접속되어서는 안 된다.

㉰ 모든 콘센트는 보호용 접속점이 있어야 하며 이 보호용 접속점은 시설된 등전위본딩 계통에 연결하여야 한다.

㉱ 이중 또는 강화절연된 기기에 공급하는 경우를 제외하고, 모든 가요케이블

은 등전위본딩용 도체로 사용하기 위한 보호도체를 갖추어야 한다.

㉤ 2개의 노출도전부에 영향을 미치는 2개의 고장이 발생하고, 이들이 극성이 다른 도체에 의해 전원이 공급되는 경우 보호장치에 의해 제시된 제한 시간 내에 전원이 차단되도록 하여야 한다.

연습문제

001 한 수용장소의 인입구에서 분기하여 지지물을 거치지 않고 다른 수용 장소의 인입구에 이르는 부분을 무엇이라 하는가?

① 가공인입선 ② 연접인입선
③ 옥상배선 ④ 옥측배선

(용어)
연접인입선 : 한 수용장소의 인입선에서 분기하여 지지물을 거치지 않고 다른 수용장소의 인입구에 이르는 부분의 전선.

002 관등회로라고 하는 것은?

① 분기점으로부터 안정기까지의 전로
② 스위치로부터 방전등까지의 전로
③ 스위치로부터 안정기까지의 전로
④ 방전등용 안정기로부터 방전관까지의 전로

(용어)
관등회로 : 방전등용 안정기 또는 방전등용 변압기로부터 방전관까지의 전로.

003 방전등용 안정기로부터 방전관까지의 전로는?

① 보안 회로 ② 전열 회로
③ 급전 회로 ④ 관등 회로

(용어)
관등회로 : 방전등용 안정기 또는 방전등용 변압기로부터 방전관까지의 전로.

004 "지중관로"에 대한 정의로 옳은 것은?

① 지중전선로, 지중 약전류 전선로와 지중 매설지선 등을 말한다.
② 지중전선로, 지중 약전류 전선로와 복합케이블 선로, 기타 이와 유사한 것 및 이들에 부속하는 지중함을 말한다.
③ 지중전선로, 지중 약전류 전선로, 지중에 시설하는 가스관과 지중 매설지선을 말한다.
④ 지중전선로, 지중 약전류전선로, 지중 광섬유 케이블선로, 지중에 시설하는 수관 및 가스관과 기타 이와 유사한 것 및 이들에 부속하는 지중함 등을 말한다.

(용어)
지중관로 : 지중전선로, 지중 약전류전선로, 지중에 시설하는 수관 및 가스관과 이와 유사한 것 및 이들에 부속하는 지중함 등을 말한다.

005 전력계통의 운용에 관한 지시를 하는 곳은?

① 급전소 ② 개폐소
③ 변전소 ④ 발전소

(용어)
① 급전소 : 전력계통의 운용에 관한 지시를 하는 곳.
② 개폐소 : 개폐소 안에 시설하는 개폐기 및 기타 장치에 의하여 전로를 개폐하는 곳으로서 발전소, 변전소 및 수용장소 이외의 곳을 말한다.
③ 변전소 : 변전소의 밖으로부터 전송받은 전기를 변전소 안에 시설한 변압기, 전동발전기, 회전변류기, 정류기 그 밖의 기계기구에 의하여 변성하는 곳으로서 변성한 전기를 다시 변전소 밖으로 전송하는 곳.
④ 발전소 : 발전기, 원동기, 연료전지, 태양전지 등의 기계기구로 전기를 발생시키는 곳.

정답 001 ② 002 ④ 003 ④ 004 ④ 005 ①

006 "지지물"의 정의에 대한 설명으로 가장 적당한 것은?

① 지중전선로를 보호하는 설비를 말한다.
② 전주 및 철탑과 이와 유사한 시설물로서 전선류를 지지하는 것을 주목적으로 하는 것을 말한다.
③ 목주나 철근으로 전주를 지지 보호하는 것을 주목적으로 하는 설비를 말한다.
④ 지중에 시설하는 수관 및 가스관 그리고 매설지선을 보호하는 것을 주목적으로 하는 것을 말한다.

(용어)
지지물 : 목주, 철주, 철근 콘크리트주 및 철탑과 이와 유사한 시설물로서 전선, 약전류전선 또는 광섬유케이블을 지지하는 것이 주된 목적.

007 다음 중 "제2차 접근상태"를 바르게 설명한 것은 어느 것인가?

① 가공전선이 전선의 절단 또는 지지물의 도괴 등이 되는 경우에 당해 전선이 다른 시설물에 접속될 우려가 있는 상태를 말한다.
② 가공전선이 다른 시설물과 접근하는 경우에 당해 가공전선이 다른 시설물의 위쪽 또는 옆쪽에서 수평 거리로 3미터 미만인 곳에 시설되는 상태를 말한다.
③ 가공전선이 다른 시설물과 접근하는 경우에 가공전선이 다른 시설물의 위쪽 또는 옆쪽에서 수평거리로 3미터 이상에 시설되는 것을 말한다.
④ 가공선로 중 제1차 접근 시설로 접근할 수 없는 시설로서 제2차 보호 조치나 안전시설을 하여야 접근할 수 있는 상태의 시설을 말한다.

(용어)
제2차 접근상태는 가공전선이 다른 시설물과 접근하는 경우에 당해 가공전선이 다른 시설물의 위쪽 또는 옆쪽에서 수평거리로 3(m) 미만인 곳에 시설되는 상태를 말한다.

008 "조상설비"에 대한 용어의 정의로 옳은 것은?

① 전압을 조정하는 설비를 말한다.
② 전류를 조정하는 설비를 말한다.
③ 유효 전력을 조정하는 전기 기계기구를 말한다.
④ 무효 전력을 조정하는 전기 기계기구를 말한다.

(용어)
조상설비 : 무효전력을 조정하는 전기 기계기구.

009 전압의 종별을 구분할 때 직류에서 고압의 범위는?

① 600(V)를 넘고 6600(V) 이하인 것
② 1.5(kV)를 넘고 7(kV) 이하인 것
③ 600(V)를 넘고 7000(V) 이하인 것
④ 1(kV)를 넘고 7(kV) 이하인 것

(용어)

저 압	· 직류는 1.5(kV) 이하 · 교류는 1(kV) 이하
고 압	· 직류는 1.5(kV)를 초과하고, 7(kV)이하 · 교류는 1(kV)를 초과하고, 7(kV)이하
특고압	7(kV)를 초과

010 전압의 구분에 대한 설명으로 옳지 않은 것은?

① 전압은 저압, 고압, 특고압의 3종으로 구분한다.
② 저압은 직류는 600(V) 이하, 교류는 750(V) 이하이다.
③ 고압은 저압을 넘고 7(kV) 이하이다.
④ 특고압은 7(kV)를 넘는 것이다.

(용어)

저 압	· 직류는 1.5(kV) 이하 · 교류는 1(kV) 이하
고 압	· 직류는 1.5(kV)를 초과하고, 7(kV)이하 · 교류는 1(kV)를 초과하고, 7(kV)이하
특고압	7(kV)를 초과

정답 006 ② 007 ② 008 ④ 009 ② 010 ②

011 전선의 접속법을 열거한 것 중 잘못 설명한 것은?

① 전선의 세기를 30(%) 이상 감소시키지 않는다.
② 접속부분은 절연전선의 절연물과 동등 이상의 절연효력이 있도록 충분히 피복한다.
③ 접속부분은 접속관, 기타의 기구를 사용한다.
④ 알루미늄 도체의 전선과 동도체의 전선을 접속할 때에는 전기적 부식이 생기지 않도록 한다.

(전선의 접속법)
전선의 세기를 20(%) 이상 감소시키지 않아야 한다.

012 전선의 접속한 경우 접속 부분의 인장 세기는 전선 인장 몇 (%) 이상이어야 하는가?

① 20 ② 60
③ 80 ④ 100

(전선의 접속법)
전선의 세기를 20(%) 이상 감소시키지 않아야 한다.

013 다음 중 전선 접속 방법이 잘못된 것은?

① 알루미늄과 동을 사용하는 전선을 접속하는 경우에는 접속 부분에 전기적 부식이 생기지 않아야 한다.
② 공칭단면적 10(㎟) 미만인 캡타이어 케이블 상호간을 접속하는 경우에는 접속함을 사용할 수 없다.
③ 절연전선 상호간을 접속하는 경우에는 접속부분을 절연효력이 있는 것으로 충분히 피복하여야 한다.
④ 나전선 상호간의 접속인 경우에는 전선의 세기를 20(%) 이상 감소시키지 않아야 한다.

(전선의 접속법)
코드 상호, 캡타이어케이블 상호, 케이블 상호 또는 이들 상호를 접속하는 경우에는 코드 접속기 · 접속함 기타의 기구를 사용할 것.
단, 공칭단면적이 10(㎟) 이상인 캡타이어케이블 상호를 접속하는 경우에는 접속부분은 절연피복을 완전히 유화하거나 접속부분의 위에 견고한 금속제의 방호장치를 할 때 또는 금속 피복이 아닌 케이블 상호를 규정에 준하여 접속하는 경우에는 그러하지 아니하다.(코드 접속기 등의 전용접속기를 사용하지 않아도 된다.)

014 사용전압이 저압인 전로에서 정전이 어려운 경우 등 절연저항 측정이 곤란한 경우에는 누설전류를 몇 (mA) 이하로 유지하여야 하는가?

① 0.1(mA) ② 1.0(mA)
③ 10(mA) ④ 100(mA)

(전로의 절연저항 및 절연내력)
사용전압이 저압인 전로에서 정전이 어려운 경우 등 절연저항 측정이 곤란한 경우에는 누설전류를 1(mA) 이하로 유지하여야 한다.

015 고압 및 특고압의 전로에 절연내력시험을 하는 경우 시험전압을 연속 얼마 동안 가하는가?

① 10초 ② 1분
③ 5분 ④ 10분

(전로의 절연저항 및 절연내력)
고압 및 특고압의 전로에서 전로와 대지 사이(다심케이블은 심선 상호간 및 심선과 대지 사이)에 연속하여 10분간 가하여 절연내력을 시험하였을 때에 이에 견디어야 한다.

016 최대 사용전압이 154,000(V)인 중성점 직접접지식 전로의 절연내력 시험전압은 몇 (V)인가?

① 110,880 ② 141,680
③ 169,400 ④ 192,500

(전로의 절연저항 및 절연내력)

정답 011 ① 012 ③ 013 ② 014 ② 015 ④ 016 ①

최대 사용전압	시험 전압	최저 시험전압
60(kV) 초과 중성점 직접접지식	0.72배	예제. 154,000 → 110,880 345,000 → 248,400

∴ 시험전압 : 154,000×0.72=110,880(V)
=110.88(kV)

017 중성점 직접접지식으로 최대 사용전압이 161000 (V)인 변압기 권선의 절연내력 시험전압은 몇(V)인가?

① 103,040　② 115,920
③ 148,120　④ 177,100

(전로의 절연저항 및 절연내력)

최대 사용전압	시험 전압	최저 시험전압
60(kV)초과 중성점 직접접지식	0.72배	예제. 154,000 → 110,880 345,000 → 248,400

최대 사용전압×0.72이므로,
∴ 시험전압 : 161,000×0.72=115,920(V)

018 최대 사용전압이 1차 22,000(V), 2차 6,600(V)의 권선으로 중성점 비접지식 전로에 접속하는 변압기의 특고압측의 절연내력 시험전압은 몇 (V)인가?

① 44,000　② 33,000
③ 27,500　④ 24,000

(변압기 전로의 절연내력)
7(kV)초과 비접지식에서는 1.25배를 곱한 값.
∴ 시험전압 : 22,000×1.25=27,500(V)

019 발전기, 전동기, 조상기, 기타 회전기(회전변류기 제외)의 절연내력 시험시 시험전압은 어느 곳에 가하면 되는가?

① 권선과 대지　② 외함과 전선
③ 외함과 대지　④ 회전자와 고정자

(회전기 및 정류기의 절연내력)

<table>
<tr><th colspan="3">종 류</th><th>시험전압</th><th>시험 방법</th></tr>
<tr><td rowspan="3">회전기</td><td rowspan="2">발전기·전동기·조상기·기타 회전기</td><td>7(kV) 이하</td><td>1.5배 (최저 500(V))</td><td rowspan="3">권선과 대지 사이에 연속하여 10분간</td></tr>
<tr><td>7(kV) 초과</td><td>1.25배 (최저 10,500(V))</td></tr>
<tr><td colspan="2">회전 변류기</td><td>직류측의 최대 사용전압의 1배의 교류 전압 (최저 500(V))</td></tr>
</table>

020 220(V)용 전동기의 절연내력 시험시 시험전압은 몇 (V)로 하여야 하는가?

① 300　② 330
③ 450　④ 500

(회전기 및 정류기의 절연내력)
절연내력 시험은 최대 사용전압에 7(kV) 이하는 1.5배를 곱하고, 7(kV)를 초과하는 경우는 1.25배를 곱할 것.
시험전압 : 220×1.5=330(V)이지만, 최저 시험전압이 500(V)이므로
∴ 시험전압 500(V)로 10분간 시험

021 최대사용전압이 7(kV)를 넘는 회전기의 절연내력 시험은 최대사용전압 몇 배의 전압에서 10분간 견디어야 하는가?

① 0.92　② 1.25
③ 1.5　④ 2

(회전기 및 정류기의 절연내력)

<table>
<tr><th colspan="3">종 류</th><th>시험전압</th><th>시험 방법</th></tr>
<tr><td rowspan="3">회전기</td><td rowspan="2">발전기·전동기·조상기·기타 회전기</td><td>7(kV) 이하</td><td>1.5배 (최저 500(V))</td><td rowspan="3">권선과 대지 사이에 연속하여 10분간</td></tr>
<tr><td>7(kV) 초과</td><td>1.25배 (최저 10,500(V))</td></tr>
<tr><td colspan="2">회전 변류기</td><td>직류측의 최대 사용전압의 1배의 교류 전압 (최저 500(V))</td></tr>
</table>

정답 017 ② 018 ③ 019 ① 020 ④ 021 ②

022 최대 사용전압 440(V)인 전동기의 절연내력 시험전압(V)은?

① 330 ② 440
③ 500 ④ 660

(회전기 및 정류기의 절연내력)
7(kV) 이하인 시험전압 1.5배(최저 500(V)),
∴ 시험전압 : 440×1.5=660(V)

023 최대사용전압이 380(V)인 3상 유도전동기의 절연내력은 몇 (V)의 시험전압에 견디어야 하는가?

① 475 ② 500
③ 570 ④ 760

(회전기 및 정류기의 절연내력)
7(kV) 이하 경우 1.5배를 하므로
∴ 시험전압 : 380×1.5=570(V)

024 최대사용전압이 23,000(V)인 중성점 비접지식 전로의 절연내력 시험전압은 몇 (V)인가?

① 16,560 ② 21,160
③ 25,300 ④ 28,750

(변압기 전로의 절연내력)
최대 사용전압이 7(kV) 이상인 경우에는 비접지식에서 1.25배로 규정. 이때 시험전압이 10,500(V) 미만인 경우에 10,500(V)로 가압하여야 한다.
∴ 시험전압 : 23,000× 1.25=28,750(V)

025 1차측 3300(V), 2차측 200(V)의 비접지식 변압기 내압 시험 전압은 어느 것에서 10분간 견디어야 하는가?

① 1차측 4500(V), 2차측 300(V)
② 1차측 4950(V), 2차측 500(V)
③ 1차측 4500(V), 2차측 400(V)
④ 1차측 3300(V), 2차측 200(V)

(변압기 전로의 절연내력)
7(kV) 이하 비접지식인 경우 1.5배를 하므로 시험전압은 3,300×1.5=4,950(V)을
1차측에 시험 전압을 가하고, 2차측에는 200×1.5=300(V)를 가해야 하지만 최저 시험 전압이 500(V)이므로 ∴ 시험전압 : 500(V)

026 연료전지 및 태양전지 모듈의 절연내력은 최대 사용전압의 (㉮)배의 직류전압 또는 1배의 교류전압을 충전부분과 대지사이에 연속하여 (㉯)분간 가하여 절연내력을 시험하였을 때에 이에 견디는 것이어야 한다. ㉮, ㉯안에 알맞은 것은?

① ㉮ 1.2, ㉯ 5 ② ㉮ 1.2, ㉯ 10
③ ㉮ 1.5, ㉯ 5 ④ ㉮ 1.5, ㉯ 10

(연료전지 및 태양전지 모듈의 절연내력)
연료전지 및 태양전지 모듈은 최대사용전압의 1.5배의 직류전압 또는 1배의 교류전압(500(V) 미만으로 되는 경우에는 500(V)로 시험)을 충전부분과 대지사이에 연속하여 10분간 가하여 절연내력을 시험하였을 때에 이에 견디는 것이어야 한다.

027 최대 사용전압이 69(kV)인 중성점 비접지식 지중케이블 선로의 절연내력 시험을 직류전압으로 실시하는 경우 전압의 값은?

① 126.8(kV) ② 151.8(kV)
③ 172.5(kV) ④ 207.4(kV)

(전로의 절연저항 및 절연내력)
전로에 케이블을 사용하는 경우에는 직류로 시험할 수 있으며, 시험전압은 교류의 경우의 2배가 된다.
∴ 시험전압 : 69×1.25×2=172.5(kV)

028 최대 사용 전압 22,000(V)의 변압기가 비접지식으로 되어 있다. 이 변압기 전선의 절연내력 시험전압은 몇 (V)인가?

① 20,240 ② 24,200
③ 27,500 ④ 33,000

(전로의 절연저항 및 절연내력)

최대 사용전압	시험전압	최저 시험전압
7(kV) 초과 비접지식, 모든 전압	1.25배	10,500(V) 예제. 66,000 → 82,500

최대 사용전압이 7000(V)를 초과하는 변압

정답 022 ④ 023 ③ 024 ④ 025 ② 026 ④ 027 ③ 028 ③

기의 절연내력시험은 최대 사용전압의 1.25배의 크기로 한다.
∴ 시험전압 : 22,000×1.25=27,500(V)

029 고압용 SCR의 절연내력 시험전압은 직류측 최대 사용전압의 몇 배의 교류전압인가?

① 1배 ② 1.25배
③ 1.5배 ④ 2배

(회전기 및 정류기의 절연내력)
직류측의 최대 사용전압의 1배의 교류 전압

030 고압용 수은정류기의 절연내력 시험은 직류측 최대 사용전압의 몇 배의 교류전압을 음극 및 외함과 대지 사이에 연속하여 10분간 가하여 이에 견디어야 하는가?

① 1배 ② 1.1배
③ 1.25배 ④ 1.5배

(회전기 및 정류기의 절연내력)

종 류		시험전압	시험 방법
정류기	60(kV) 이하	직류측의 최대 사용전압의 1배의 교류전압(최저 500(V))	충전부분과 외함 사이에 연속하여 10분간
	60(kV) 초과	교류측의 최대 사용전압의 1.1배의 교류전압 또는 직류측의 최대 사용전압의 1.1배의 직류전압	교류측 및 직류 고전압측 단자와 대지 사이에 연속하여 10분간

031 최대 사용전압이 3,300(V)이며, 중성점이 접지되고 다중접지된 중성선을 가지는 전로에 접속되는 변압기 전로의 절연내력을 규정된 시험방법에 의하여 시험할 때 몇 (V)의 시험전압에 견디어야 하는가?

① 2,376 ② 3,036
③ 4,125 ④ 4,950

(변압기 전로의 절연내력)
25(kV) 이하 중성점 다중접지시에는 0.92배를 곱한 값
∴ 시험전압 : 3,300×0.92=3,036(V)

032 중성점 직접접지식 전로에 접속하는 것으로 성형결선으로 된 변압기의 최대 사용전압이 345,000(V)라 하면 이 변압기의 내압 시험전압은 얼마가 되는가?

① 220,800(V) ② 248,400(V)
③ 379,500(V) ④ 431,250(V)

(변압기 전로의 절연내력)
최대 사용전압이 170(kV)를 초과하는 중성점 접지식으로 접속되는 변압기의 절연내력 시험은 최대 사용전압의 0.64배로 한다.
∴ 시험전압 : 345,000×0.64=220,800(V)

033 최대 사용전압 3300(V)의 고압 전동기가 있다. 이 전동기의 절연내력 시험전압은 몇 (V)인가?

① 3,630 ② 4,125
③ 4,290 ④ 4,950

(회전기 및 정류기의 절연내력)
최대 사용 전압 7(kV) 이하는 1.5배,
∴ 시험전압 : 3,300×1.5=4,950(V)

034 최대 사용 전압이 69(kV)인 중성점 비접지식 전로의 절연 내력 시험 전압은 몇 (kV)인가?

① 63.48 ② 75.9
③ 86.25 ④ 103.5

(전로의 절연저항 및 절연내력)
60(kV) 초과 중성점 비접지식에는 1.25배
∴ 시험전압 : 69 ×1.25=86.25(kV)

035 변압기의 고압측 1선 지락전류가 60(A)라 할 때 접지 저항값은 최대 몇 (Ω)인가? (단, 2초 내에 자동적으로 고압전로를 차단하는 장치가 없다고 한다.)

① 2.5 ② 5
③ 7.5 ④ 10

(변압기 중성점 접지)

정답 029 ① 030 ① 031 ② 032 ① 033 ④ 034 ③ 035 ①

① $\frac{150}{1선 지락전류}$(Ω) 이하
② 자동 차단 설비가 1초를 넘어 2초 이내 동작하면 300/I(Ω)
③ 자동 차단 설비가 1초 이내에 동작 하면 600/I(Ω)

∴ 접지 저항값 : $\frac{150}{1선 지락전류} = \frac{150}{60} = 2.5(\Omega)$

036 접지 저항값을 $300/I$ (Ω)으로 정하고 있는데, 이때 I에 해당하는 것은?

① 변압기의 고압측 또는 특고압측전로의 1선 지락전류의 암페어수
② 변압기의 고압측 또는 특고압측전로의 단락사고시의 고장전류의 암페어수
③ 변압기의 1차측과 2차측의 혼촉에 의한 단락전류의 암페어수
④ 변압기의 1차와 2차에 해당되는 전류의 합

(변압기 중성점 접지)

① $\frac{150}{1선 지락전류}$(Ω) 이하
② 자동 차단 설비가 1초를 넘어 2초 이내 동작하면 300/I(Ω)
③ 자동 차단 설비가 1초 이내에 동작 하면 600/I(Ω)

037 변압기의 고압측 전로의 1선 지락전류가 7(A)일 때 접지저항값은 약 (Ω) 이하로 유지하여야 하는가?(단, 자동차단장치는 없다.)

① 21(Ω) ② 23(Ω)
③ 25(Ω) ④ 31(Ω)

(변압기 중성점 접지)

∴ $\frac{150}{1선 지락전류} = \frac{150}{7} = 21.4(\Omega)$

038 23(kV) 특고압 전로와 저압전로를 결합한 주상변압기의 2차측 접지도체의 굵기는 최저 몇(㎟)인가? (중성점 접지식 선로임)

① 16 ② 2.0
③ 6 ④ 4.0

(중성점 접지)

공칭단면적 16(㎟) 이상의 연동선 또는 동등 이상의 단면적 및 세기
다만, 다음의 경우에는 공칭단면적 6(㎟) 이상의 연동선 또는 동등 이상의 단면적 및 강도를 가져야 한다.
(1) 7(kV) 이하의 전로
(2) 사용전압이 25(kV) 이하인 특고압 가공전선로(중성점 다중접지 방식으로 2초 이내 자동 차단 장치 시설한 것)

039 접지도체에 다심 코드 또는 다심 캡타이어 케이블의 일심을 사용하는 경우의 접지도체의 최소 굵기는 몇 (㎟)인가?

① 0.75 ② 1.25
③ 6 ④ 8

(접지 도체)

접지도체의 종류	접지도체의 단면적
코드 또는 다심 캡타이어케이블의 1개 도체	0.75(㎟)
유연성이 있는 연동연선은 1개 도체	1.5(㎟)

040 수용장소의 인입구에 있어서 저압전로의 중성선에 시설하는 접지도체의 굵기(㎟)는?

① 0.75 ② 2.5
③ 6 ④ 3.2

(저압 수용가 인입구 접지)
① 수용장소 인입구 부근에서 다음의 것을 접지극으로 사용하여 변압기 중성점 접지를 한 저압전선로의 중성선 또는 접지측 전선에 추가로 접지공사를 할 수 있다.
② 접지도체는 공칭단면적 6(㎟) 이상의 연동선 또는 이와 동등 이상의 세기 및 굵기의 쉽게 부식하지 않는 금속선으로서 고장시 흐르는 전류를 안전하게 통할 수 있는 것이어야 한다.

041 특고압과 저압을 결합하는 변압기에서 계산된 1선 지락 전류가 4(A)일 때 접지 저항의 최대값은 몇 (Ω)인가?

정답 036 ① 037 ① 038 ③ 039 ① 040 ③ 041 ②

① 5 ② 10
③ 37.5 ④ 75

(변압기 중성점 접지)
접지저항값 $= \frac{150}{1선\ 지락전류} = \frac{150}{4} = 37.5(\Omega)$
이지만, 특고압에서 저압으로 변성시 접지 저항값이 10보다 클 때는 10(Ω)으로 한다.

042 고저압 혼촉시에 저압 전로의 대지 전압이 150(V)를 넘는 경우에 2초 이내에 자동 차단장치가 있는 고압 전로의 1선 지락 전류가 30(A)인 경우에 이에 결합된 변압기 저압측의 접지 저항값(Ω)은 최대 얼마 이하로 유지하여야 하는가?

① 5 ② 6.6
③ 10 ④ 16.6

(변압기 중성점 접지)
2초 이내에 자동 차단하는 장치가 있는 경우 접지 저항값은 $\frac{300}{1선\ 지락전류}$ 로 계산.
∴ 300/30 = 10(Ω)

043 접지 저항값을 $300/I$ 로 정할 수 있는 경우는?(단, I 는 1차측 1선 지락전류의 암페어 수)

① 혼촉으로 인한 저압전로 대지전압이 150(V) 초과시 2초 이내에 자동적으로 고압전로를 차단하는 장치가 있을 때
② 직경 4(㎟)인 동선을 사용하였을 때
③ 혼촉으로 인한 저압전로의 대지전압이 300(V) 초과시 5초 이내에 자동 차단하는 장치가 있을 때
④ 직경 2.6(mm) 이상 연동선을 이용하였을 때

(변압기 중성점 접지)
단, 변압기의 고압측 전로 또는 사용전압이 35(kV) 이하의 특고압측 전로가 저압측 전로와 혼촉하여 저압측 전로의 대지전압이 150(V)를 초과하는 경우(차단장치 있는 경우)로서 1초를 초과하고 2초 이내에 차단시,
$R_2 = \frac{300}{고압측\ 또는\ 특고압측의\ 1선\ 지락전류}(\Omega)$

044 변압기 고압측 전로의 1선 지락전류가 5(A)일 때 접지 저항값의 최대값(Ω)은? (단, 혼촉에 의한 대지전압은 150(V)이다.)

① 25 ② 30
③ 35 ④ 40

(변압기 중성점 접지)
접지 저항값
∴ $\frac{150}{1선\ 지락전류} = \frac{150}{5} = 30(\Omega)$

045 고압 전로에 연결된 변압기의 고저압 혼촉시 위험 방지 시설로 접지공사를 할 때 접지 저항값은 고압측 1선 지락전류값으로 150을 나눈 값 이하이어야 한다. 1선 지락전류가 최소값일 때 접지 저항의 최대값(Ω)은?

① 37.5 ② 75
③ 150 ④ 300

(변압기 중성점 접지)
1선 지락전류의 최소값은 2(A)이므로
∴ 접지 저항값 : $\frac{150}{2} = 75(\Omega)$

046 저압 전기설비에서 접지도체에 연동연선을 사용하는 경우의 접지도체의 최소 굵기(㎟)는?

① 1.5 ② 3.5
③ 5.5 ④ 8.0

(접지 도체)

접지도체의 종류	접지도체의 단면적
코드 또는 다심 캡타이어케이블의 1개 도체	0.75(㎟)
유연성이 있는 연동연선은 1개 도체	1.5(㎟)

047 고·저압 혼촉 사고시에 대비하여 시설한 가공공동지선에 경동선을 쓰는 경우에 그 지름(mm)은 얼마 이상인가?

① 2.6 ② 3.2

정답 042 ③ 043 ① 044 ② 045 ② 046 ① 047 ③

③ 4 ④ 5

(고압 또는 특고압과 저압의 혼촉에 의한 위험 방지 시설)
가공공동지선은 인장강도 5.26(kN) 이상 또는 지름 4(mm) 이상의 경동선

048 접지도체를 사람이 접촉할 우려가 있는 곳에 시설하는 접지도체는 최소 어느 부분에 대하여 합성수지관 또는 이와 동등 이상의 절연 효력 및 강도를 가지는 몰드로 덮게 되어 있는가?

① 지하 30(cm)로부터 지표상 1.5(m)까지의 부분
② 지하 50(cm)로부터 지표상 1.6(m)까지의 부분
③ 지하 75(cm)로부터 지표상 2(m)까지의 부분
④ 지하 90(cm)로부터 지표상 2.5(m)까지의 부분

(접지극 매설)
① 접지극은 지하 75(cm) 이상의 깊이에 매설하되 동결깊이를 감안 매설
② 접지도체를 지하 75(cm)부터 지표상 2(m)까지 합성수지관(두께 2(mm) 이상일 것) 등으로 덮을 것.

049 접지도체를 사람이 접촉할 우려가 있으며, 철주 기타의 금속체를 따라서 시설하는 경우에는 접지극을 철주의 밑면으로부터 30(cm) 이상의 깊이에 매설하는 경우 이외에는 접지극을 지중에서 그 금속체로부터 몇 (cm) 이상 떼어 매설하여야 하는가?

① 50 ② 75
③ 100 ④ 125

(접지극 매설)
① 접지극은 지하 75(cm) 이상의 깊이에 매설하되 동결깊이를 감안 매설
② 접지도체를 철주 기타 금속체를 따라서 시설시 접지극을 철주의 밑면으로부터 30(cm) 이상 깊이에 매설하는 경우 이외에는 접지극을 지중에서 그 금속체로부터 1(m) 이상 이격하여 매설할 것.

050 사람이 접촉할 우려가 있는 접지공사에서 지하 75(cm)로부터 지표상 2(m)까지의 접지도체는 사람의 접촉우려가 없도록 하기 위하여 접지도체는 다음 중 어느 것을 사용하여 보호하여야 하는가?

① 금속관 ② 합성수지관
③ 셀룰러 덕트 ④ 플로어 덕트

(접지극 매설)
접지도체의 지하 75(cm)부터 지표상 2(m)까지의 부분은 합성 수지관(두께 2(mm) 이상일 것) 등으로 덮을 것.

051 접지도체를 사람이 접촉할 우려가 있는 곳에 시설하는 경우로 잘못된 것은?

① 접지도체로 옥외용 비닐절연전선을 제외한 절연전선 또는 케이블을 사용하였다.
② 접지도체를 시설한 지지물에 피뢰침용 지선을 시설하였다.
③ 접지극은 지하 75(cm) 이상의 깊이에 매설하였다.
④ 접지도체의 지하 75(cm)로부터 지표상 2(m)까지의 부분은 합성수지관 등으로 덮였다.

(접지극 매설)
① 접지극은 지하 75(cm) 이상의 깊이에 매설하되 동결 깊이를 감안하여 매설할 것.
② 접지도체에는 절연전선(옥외용 비닐절연전선 제외), 캡타이어케이블 또는 케이블(통신용 케이블 제외)을 사용할 것.
③ 접지도체의 지하 75(cm)부터 지표상 2(m)까지의 부분은 합성 수지관(두께 2(mm) 이상일 것) 등으로 덮을 것.
④ 접지도체를 시설한 지지물에는 피뢰침용 지선을 시설하여서는 안 된다.

052 저압용 기계기구에서 전기를 공급하는 전로에 누전 차단기를 시설하면 외함의 저지를 생략할 수 있다. 이 경우의 누전 차단기의 정격이 기술기준에 적합한 것은?

정답 048 ③ 049 ③ 050 ② 051 ② 052 ④

① 정격 감도 전류 15(mA) 이하, 동작 시간 0.1초 이하의 전류 동작형
② 정격 감도 전류 15(mA) 이하, 동작 시간 0.2초 이하의 전압 동작형
③ 정격 감도 전류 30(mA) 이하, 동작 시간 0.1초 이하의 전류 동작형
④ 정격 감도 전류 30(mA) 이하, 동작 시간 0.03초 이하의 전류 동작형

(누전차단기의 시설)
감전 보호용 누전 차단기는 정격 감도 전류 30(mA) 이하, 동작 시간 0.03초 이하의 전류 동작형에 한한다.

053 지중에 매설된 금속제 수도관로는 각종 접지공사의 접지극으로 사용할 수 있다. 다음 중에서 접지극으로 사용할 수 없는 것은?

① 안지름 75(mm)에서 분기한 안지름 50(mm)의 수도관으로 길이가 6(m)이고, 전기 저항값이 3(Ω) 이하인 것
② 안지름 75(mm) 이상이고 전기 저항값이 3(Ω) 이하인 것
③ 안지름 75(mm) 이상이고 전기 저항값이 2(Ω) 이하인 것
④ 안지름 75(mm)에서 분기한 안지름 30(mm)의 수도관 길이가 5(m) 이내이고, 전기 저항값이 3(Ω) 이하인 것

(수도관 등의 접지극)
전기 저항값이 3(Ω)이하인 경우에는 지름 75(mm) 이상이거나 또는 이로부터 분기한 5(m) 이내인 곳이어야 한다. 기타에 있어서의 전기 저항값이 2(Ω) 이하로 되어야 한다.

054 접지공사의 접지극으로 사용되는 수도관 접지저항의 최대값(Ω)은?

① 2　　② 3
③ 5　　④ 10

(수도관 등의 접지극)
지중에 매설되고 대지 사이의 전기 저항값이 3(Ω) 이하인 값을 유지하고 있는 금속제 수도 관로에는 접지공사의 접지극에 사용할 수 있다.

055 비접지식 고압전로에 시설하는 금속제 외함에 실시하는 접지극으로 사용할 수 있는 건물의 철골 기타의 금속제는 대지와의 사이에 전기저항값을 얼마 이하로 유지하여야 하는가?

① 2(Ω)　　② 3(Ω)
③ 5(Ω)　　④ 10(Ω)

(수도관 등의 접지극)
대지와의 사이에 전기저항값이 2(Ω) 이하인 값을 유지하는 건물의 철골 기타의 금속제는 이를 비접지식 고압전로에 시설하는 기계기구의 철대(鐵臺) 또는 금속제 외함에 실시하는 접지공사나 비접지식 고압전로와 저압전로를 결합하는 변압기의 저압전로의 접지극으로 사용할 수 있다.

056 지중에 매설된 금속제 수도 관로는 각종 접지공사의 접지극으로 사용할 수 있다. 다음 장소에서 법규상 접지극으로 사용할 수 없는 곳은 어느 곳인가?

① 내경 75(mm) 수도관의 대지 저항이 3(Ω) 이하의 곳
② 내경이 90(mm) 수도관에서 분기하여 12(m)인 곳의 저항값이 2(Ω) 이하인 부분.
③ 내경이 90(mm) 수도관에서 분기하여 8(m)인 곳의 저항값이 3(Ω) 이하인 부분.
④ 내경이 75(mm) 수도관에서 분기하여 3(m)인 곳의 저항값이 3(Ω) 이하인 부분.

(수도관 등의 접지극)
전기 저항값이 3(Ω)이하인 경우에는 지름 75(mm) 이상이거나 또는 이로부터 분기한 5(m) 이내인 곳이어야 한다.
기타에 있어서의 전기 저항값이 2(Ω) 이하로 되어야 한다.

057 전로의 중성점 접지의 목적으로 볼 수 없는 것은?

① 대지전압의 저하
② 이상전압의 억제

정답 053 ① 054 ② 055 ① 056 ③ 057 ③

③ 손실전력의 감소
④ 보호장치의 확실한 동작의 확보

(전로의 중성점의 접지)
보호장치의 확실한 동작의 확보, 이상전압의 억제 및 대지전압의 저하를 위하여 필요한 경우에 전로의 중성점을 접지한다.

058 전로에 시설하는 기계기구 중에서 외함 접지공사를 생략할 수 없는 경우는?

① 사용전압이 직류 300(V) 또는 교류 대지전압 150(V) 이하인 기계기구를 건조한 장소에 시설된 경우.
② 정격감도전류 40(mA), 동작 시간이 0.5초인 전류 동작형의 인체 감전보호용 누전 차단기를 시설하는 경우.
③ 외함이 없는 계기용변성기가 고무·합성수지 기타의 절연물로 피복한 것일 경우.
④ 철대 또는 외함의 주위에 적당한 절연대를 시설한 경우.

(누전차단기의 시설)
인체 감전보호용 누전차단기로서 정격감도전류가 30(mA) 이하, 동작시간이 0.03초 이하의 전류동작형의 것에 한하여 접지를 생략할 수 있다.

059 특고압과 저압의 혼촉에 의한 위험방지 시설로 가공공동지선을 설치하였다. 각 접지도체를 가공공동지선으로부터 분리한다면 각 접지도체와 대지 사이의 전기 저항의 몇 (Ω) 이하 이어야 하는가?

① 37.5　　② 75
③ 120　　④ 300

(고압 또는 특고압과 저압의 혼촉에 의한 위험방지시설
각 접지도체를 가공공동지선으로부터 분리하였을 경우 각 접지도체와 대지 사이의 전기저항값은 300(Ω) 이하일 것.

060 특고압 전로와 저압전로를 결합하는 변압기 저압측의 중성점에 접지공사를 토지의 상황 때문에 변압기의 시설 장소마다 하기 어려워서 가공접지도체를 시설하려고 한다. 이 때 가공접지도체의 최소 굵기는 몇 (mm)인가?

① 3.2　　② 3.5
③ 4　　④ 5

(고압 또는 특고압과 저압의 혼촉에 의한 위험방지 시설)
접지공사는 변압기의 시설장소마다 시행하여야 한다.
단, 토지의 상황에 의하여 변압기의 시설장소에서 규정하는 접지저항값을 얻기 어려운 경우에 인장강도 5.26(kN) 이상 또는 지름 4(mm) 이상의 가공 접지도체를 저압가공전선에 관한 규정에 준하여 시설할 때에는 변압기의 시설장소로부터 200(m)까지 떼어놓을 수 있다.

061 고·저압의 혼촉에 의한 위험을 방지하기 위하여 저압측 중성점에 접지공사를 변압기의 시설장소마다 시행하여야 한다. 그러나 토지의 상황에 따라 규정의 접지저항값을 얻기 어려운 경우에는 변압기의 시설장소로부터 몇 (m)까지 떼어서 시설할 수 있는가?

① 75　　② 100
③ 200　　④ 300

(고압 또는 특고압과 저압의 혼촉에 의한 위험방지 시설)
접지공사는 변압기의 시설장소마다 시행하여야 한다.
단, 토지의 상황에 의하여 변압기의 시설장소에서 규정하는 접지저항 값을 얻기 어려운 경우에 인장강도 5.26(kN) 이상 또는 지름 4(mm) 이상의 가공 접지도체를 저압가공전선에 관한 규정에 준하여 시설할 때에는 변압기의 시설장소로부터 200(m)까지 떼어놓을 수 있다.

정답 058 ② 059 ④ 060 ③ 061 ③

062 특고압 전로와 비접지식 저압전로를 결합하는 변압기로서 그 특고압 권선과 저압권선간에 혼촉 방지판이 있는 변압기에 접속하는 저압 옥상전선로의 전선으로 사용할 수 있는 것은?

① 케이블 ② 절연전선
③ 경동연선 ④ 강심 알루미늄

(혼촉방지판이 있는 변압기에 접속하는 저압 옥외전선의 시설 등)
혼촉 방지판이 있는 변압기의 저압 옥외전선을 시설할 때는 저압 가공전선로 또는 저압 옥상전선은 케이블이어야 한다.

063 고압과 비접지식의 저압이 결합된 변압기로 혼촉 방지판이 붙어 있고, 또한 이 혼촉 방지판이 접지공사가 되었다. 저압 전선을 옥외에 시설할 때에 기술 기준에 위반되는 사항은?

① 저압전선은 1구내에만 시설한다.
② 저압 가공전선은 케이블을 사용한다.
③ 고·저압을 병가할 때는 그 어느 한쪽이 케이블로 되어야 한다.
④ 고·저압을 병가할 때는 고·저압 다 같이 케이블로 되어야 한다.

(혼촉방지판이 있는 변압기에 접속하는 저압 옥외전선의 시설 등)
저압전선을 옥외에 시설할 때에는 다음에 의해 시설한다.
① 저압전선은 1구내에만 시설할 것.
② 저압 가공전선로 또는 저압 옥상전선로의 전선은 케이블일 것.
③ 저압 가공전선과 고압 또는 특고압의 가공전선을 동일 지지물에 시설하지 아니할 것.

064 변압기에 의하여 특고압전로에 결합되는 고압전로에는 사용전압의 3배 이하의 전압이 가하여진 경우에 방전하는 피뢰기를 어느 곳에 시설할 때, 방전장치를 생략할 수 있는가?

① 변압기의 단자
② 변압기 단자의 1극
③ 고압전로의 모선의 각상
④ 특고압 전로의 1극

(특고압과 고압의 혼촉 등에 의한 위험 방지시설)
사용전압의 3배 이하인 전압이 가하여진 경우에 방전하는 피뢰기를 고압전로의 모선의 각상에 시설하거나 특고압권선과 고압권선 간에 혼촉방지판을 시설하여 접지공사 또는 "접지시스템" 규정에 따른 접지공사를 한 경우에는 그러하지 아니하다.(방전장치를 설치하지 않아도 된다.)

065 154(kV)에서 6,600(V)로 변성하는 변압기의 고압측 단자에 시설하는 정전 방전기는 몇 (V)에서 방전을 개시하여야 하는가?

① 15,600 ② 16,800
③ 18,500 ④ 19,800

(특고압과 고압의 혼촉 등에 의한 위험방지시설)
혼촉 방지용으로 고압측의 사용 저압의 3배 이하에서 동작하는 정전 방전기를 설치한다.
여기서, 고압 6,600(V)이므로 ∴ 6,600×3=19,800(V)

066 특고압 전선로에 접속하는 배전용 변압기를 시설하는 경우에 특고압 전선에 특고압 절연전선 또는 케이블을 사용하였다면 변압기의 1차 전압은 몇 (kV) 이하 이어야 하는가? (단, 발전소, 변전소, 개폐소 이외의 곳)

① 20 ② 35
③ 50 ④ 70

(특고압 배전용 변압기의 시설)
특고압 배전용 변압기의 1차 전압은 35(kV)이하, 2차측 저압 또는 고압

067 특고압 전선로에 접속하는 배전용 변압기의 1차 전압은 몇(V) 이하이어야 하는가?

① 35,000 ② 30,000
③ 25,000 ④ 20,000

정답 062 ① 063 ③ 064 ③ 065 ④ 066 ② 067 ①

(특고압 배전용 변압기의 시설)
특고압 배전용 변압기의 1차 전압은 35(kV)이하, 2차측 저압 또는 고압

068 특고압을 직접 저압으로 변성하는 변압기의 시설 기준으로 적합하지 않은 것은?

① 전기로 등 전류가 큰 전기를 소비하기 위한 변압기
② 광산에서 물을 양수하기 위한 양수기용 변압기
③ 발전소·변전소·개폐소 또는 이에 준하는 곳의 소내용 변압기
④ 교류식 전기철도용 신호회로에 전기를 공급하기 위한 변압기

(특고압을 직접 저압으로 변성하는 변압기의 시설)
특고압을 직접 저압으로 변성하는 변압기는 다음에 한하여 시설한다.
① 전기로 등 큰 전류를 소비하기 위한 변압기.
② 발전소, 변전소, 개폐소 등에 시설하는 변압기.
③ 25(kV) 이하 중성점 다중접지식 전로에 접속하는 변압기.
④ 특고압과 저압이 혼촉한 경우 자동 차단장치가 있는 사용전압 35(kV) 이하의 변압기.
⑤ 교류 전기철도 신호 회로에 전기를 공급하기 위한 변압기.

069 특고압 전선로에 접속하는 배전용 변압기의 1, 2차 전압은?

① 1차 : 35,000(V) 이하, 2차 : 저압 또는 고압
② 1차 : 35,000(V) 이하, 2차 : 특고압 또는 고압
③ 1차 : 50,000(V) 이하, 2차 : 저압 또는 고압
④ 1차 : 50,000(V) 이하, 2차 : 특고압 또는 고압

(특고압 배전용 변압기의 시설)
특고압 배전용 변압기의 1차 전압은 35(kV)이하, 2차측 저압 또는 고압

070 22.9(kV) 3상 4선식 배전선로에서 직접 저압 수용가에 전력을 공급하는 단상 주상변압기를 설치할 때 1차측에 설치하는 기기는?

① 개폐기
② 과전류 차단기
③ 개폐기 및 과전류 차단기
④ 과전류 계전기

(특고압 배전용 변압기의 시설)
특고압 전선로)에 접속하는 배전용 변압기를 시설하는 경우에는 특고압 전선에 특고압 절연전선 또는 케이블을 사용하고 또한 다음에 따라야 한다.
① 변압기의 1차 전압은 35(kV) 이하, 2차는 저압 또는 고압일 것.
② 변압기의 특고압측에 개폐기 및 과전류차단기를 시설할 것.

071 23(kV) 변압기의 충전부와 울타리 높이를 가산한 충전부까지 거리의 최소값은 몇 (m)인가? (단, 위험하다는 내용을 표시를 할 경우임.)

① 4 ② 5
③ 6 ④ 7

(특고압용 기계기구 설치), (발전소 등의 울타리·담 등의 시설)

사용전압의 구분	울타리의 높이와 울타리로부터 충전부분까지의 거리의 합계 또는 지표상의 높이
35(kV) 이하	5(m) 이상
35(kV) 초과 160(kV) 이하	6(m) 이상

072 사용전압 20(kV)인 변전소에 울타리, 담 등을 시설하고자할 때 울타리, 담 등의 높이는 몇 (m) 이상이어야 하는가?

① 1 ② 2
③ 5 ④ 6

(특고압용 기계기구 설치), (발전소 등의 울타리·담 등의 시설)
① 울타리·담 등의 높이 : 2(m) 이상

정답 068 ② 069 ① 070 ③ 071 ② 072 ②

② 지표면과 울타리·담 등의 하단 사이의 간격 : 15(cm) 이하

073 154(kV) 옥외 변전소의 울타리 최소 높이는 몇 (m)인가?

① 2.0 ② 2.5
③ 3.0 ④ 3.5

(특고압용 기계기구 설치), (발전소 등의 울타리·담 등의 시설)
① 울타리·담 등의 높이 : 2(m) 이상
② 지표면과 울타리·담 등의 하단 사이의 간격 : 15(cm) 이하

074 1차 22,900(V), 2차 3,300(V)의 변압기를 옥외에 시설할 때 구내에 취급자 이외의 사람이 들어가지 아니하도록 울타리를 시설하려고 한다. 이때 울타리의 높이는 몇 (m) 이상으로 하여야 하는가?

① 2(m) ② 3(m)
③ 4(m) ④ 5(m)

(특고압용 기계기구 설치), (발전소 등의 울타리·담 등의 시설)
① 울타리·담 등의 높이 : 2(m) 이상
② 지표면과 울타리·담 등의 하단 사이의 간격 : 15(cm) 이하

075 수전전압 150(kV)인 수전 변전소의 주변압기에 울타리를 하고자 한다. 울타리의 높이와 울타리로부터 충전부까지의 거리의 합계는 몇(m)이면 되겠는가?

① 4(m) ② 5(m)
③ 6(m) ④ 7(m)

(특고압용 기계기구 설치), (발전소 등의 울타리·담 등의 시설)
35(kV) 초과 160(kV) 이하 : 6(m)

076 66(kV)에 사용되는 변압기를 취급자 이외의 자가 들어가지 않도록 적당한 울타리·담 등을 설치하여 시설하는 경우 울타리·담 등으로부터 충전부분까지의 거리의 합계는 최소 몇 (m) 이상으로 하여야 하는가?

① 5(m) ② 6(m)
③ 8(m) ④ 10(m)

(특고압용 기계기구 설치), (발전소 등의 울타리·담 등의 시설)
35(kV) 초과 160(kV) 이하 : 6(m)

077 345(kV) 변전소의 충전부분에서 5.98 (m) 거리에 울타리를 설치할 경우 울타리의 최소 높이는 몇 (m)인가?

① 2.1 ② 2.3
③ 2.5 ④ 2.7

(특고압용 기계기구 설치), (발전소 등의 울타리·담 등의 시설)
160(kV) 초과 : 6(m)에 160(kV)를 초과하는 10(kV) 또는 그 단수마다 0.12(m)를 가산한 값. 단수 : $\frac{345-160}{10}=18.5\rightarrow 19$단,
이격거리 : 6+(19×0.12)=8.28(m)이므로
∴ 8.28−5.98=2.3(m)

078 사용전압이 170(kV)일 때 울타리, 담 등의 높이와 울타리, 담 등으로부터 충전부분까지의 거리(m)의 합계는?

① 5 ② 5.12
③ 6 ④ 6.12

(특고압용 기계기구 설치), (발전소 등의 울타리·담 등의 시설)
160(kV) 초과 : 6(m)에 160(kV)를 초과하는 10(kV) 또는 그 단수마다 0.12(m)를 가산한 값. 단수 : $\frac{170-160}{10}=1\rightarrow 1$단,
∴ 이격거리 : 6+(1×0.12)=6.12(m)

정답 073 ① 074 ① 075 ③ 076 ② 077 ② 078 ④

079 고주파 이용설비에서 다른 고주파 이용 설비에 누설되는 고주파 전류의 허용한도는 기준에 따라 측정하였을 때 각각 측정값의 최대값에 대한 평균값이 몇 (dB)이어야 하는가?

① 20(dB) ② −20(dB)
③ −30(dB) ④ 30(dB)

(고주파 이용설비의 장해 방지)
고주파 이용 설비에 누설되는 허용 한도는 규정의 측정 장치에 의하여 2회 이상 계속 10분간 이상 측정할 때 각 회의 측정한 최대값의 평균값에 대한 측정값은 −30(dB)로 한다.

080 고압용 또는 특고압용의 개폐기, 차단기, 피뢰기, 기타 이와 유사한 기구는 목재의 벽 또는 천장, 기타 가연성 물질로부터 고압용의 것과 특고압용의 것은 각각 몇 (m) 이상 이격 하여야 하는가?

① 0.75, 1 ② 0.75, 1.5
③ 1, 1.5 ④ 1, 2

(아크를 발생하는 기구의 시설)
① 고압용 : 1(m)
② 특고압용 : 2(m)(사용전압이 35(kV) 이하의 특고압용의 기구 등으로서 동작할 때에 생기는 아크의 방향과 길이를 화재가 발생할 우려가 없도록 제한하는 경우에는 1(m) 이상)

081 고압 또는 특고용 개폐기로서 부하전류의 차단 능력이 없는 것은 부하전류가 통하고 있을 때 개로될 수 없도록 시설하는 것이 원칙이다. 그러나 부하전류가 통하고 있을 때 개로 조작을 할 수 있는 것을 방지하면 된다. 다음에서 그 방지 조치가 기술기준에 적합하지 못한 것은?

① 터블렛 등을 사용하는 것
② 자물쇠 장치를 하는 것
③ 전화기, 기타의 지시 장치를 하는 것
④ 보기 쉬운 곳에 부하전류의 유무를 표시하는 장치를 하는 것

(개폐기의 시설)
고압용 또는 특고압용의 개폐기로서 부하전류를 차단하기 위한 것이 아닌 개폐기는 부하전류가 통하고 있을 경우에는 개로할 수 없도록 시설하여야 한다.
다만, 다음의 경우는 예외로 한다.
① 개폐기의 조작 위치에 부하전류의 유무표시 장치가 있는 경우
② 개폐기의 조작 위치에 전화기 등의 지시장치가 있는 경우
③ 태블릿 등을 사용하는 경우

082 고압용 또는 특고압용 단로기로서 부하전류의 차단을 방지하기 위한 조치가 아닌 것은?

① 단로기의 조작 위치에 부하전류 유무 표시
② 단로기 설치 위치의 1차측 방전장치 시설
③ 단로기의 조작 위치에 전화기, 기타의 지령장치 시설
④ 터블렛 등을 사용함으로써 부하전류가 통하고 있을 때에 개로 조작을 방지하기 위한조치

(개폐기의 시설)
고압용 또는 특고압용의 개폐기로서 부하전류를 차단하기 위한 것이 아닌 개폐기는 부하전류가 통하고 있을 경우에는 개로(開路)할 수 없도록 시설하여야 한다. 단, 다음의 경우에는 부하전류가 흐르더라도 개로조작을 방지하기 위한 조치를 하지 않아도 된다.
① 개폐기를 조작하는 곳의 보기 쉬운 위치에 부하전류 유무를 표시한 장치가 있는 경우.
② 개폐기의 조작 위치에 전화기 기타의 지령장치를 시설되어 있는 경우.
③ 터블렛 등을 사용하는 경우.

083 고압용 비포장 퓨즈는 정격전류 몇 배의 전류에 의하여 몇 분 이내에 용단되어야 하는가?

① 1.25, 10 ② 1.45, 5
③ 2, 1 ④ 2, 2

(고압 및 특고압 전로 중의 과전류차단기의 시설)
과전류차단기로 시설하는 퓨즈 중 고압전로에

정답 079 ③ 080 ④ 081 ② 082 ② 083 ④

사용하는 비포장 퓨즈는 정격전류의 1.25배의 전류에 견디고, 또한 2배의 전류로 2분 안에 용단되어야 한다.

084 고압 및 특고압 전로 중 피뢰기를 설치하지 않아도 되는 곳은?

① 발·변전소의 가공전선 인입구 및 인출구
② 가공전선로와 지중전선로가 접속하지 않는 곳
③ 가공전선로에 접속한 특고압 배전용 변압기의 고압측 및 특고압측
④ 특고압 가공 전선로로부터 공급을 받는 수용장소의 인입구

(피뢰기의 시설)
고압 및 특고의 전로 중 피뢰기를 시설하여야 하는 곳은
① 발·변전소의 가공전선 인입구 및 인출구
② 가공전선로에 접속하는 특고 배전용 변압기의 고압측 및 특고측
③ 고압 및 특고 가공전선로로부터 공급을 받는 수용 장소의 인입구
④ 가공전선로와 지중 전선로가 접속되는 곳

085 고압 및 특고압 가공 전선로로부터 공급을 받는 수용장소의 인입구에 반드시 시설하여야 하는 것은?

① 피뢰기 ② 방전 코일
③ 분로 리액터 ④ 조상기

(피뢰기의 시설)
고압 및 특고의 전로 중 피뢰기를 시설하여야 하는 곳은
① 발·변전소의 가공전선 인입구 및 인출구
② 가공전선로에 접속하는 특고 배전용 변압기의 고압측 및 특고측
③ 고압 및 특고 가공전선로로부터 공급을 받는 수용 장소의 인입구
④ 가공전선로와 지중 전선로가 접속되는 곳

086 가공전선로와 지중 전선로가 접속되는 곳에 시설하여야 하는 것은?

① 조상기 ② 분로 리액터
③ 피뢰기 ④ 정류기

(피뢰기의 시설)
가공전선로와 지중 전선로가 접속되는 곳에 피뢰기 설치

087 돌침, 수평도체, 매시도체의 요소 중에 한 가지 또는 이를 조합한 형식으로 시설하는 것은?

① 접지극시스템 ② 수뢰부시스템
③ 내부피뢰시스템 ④ 인하도선시스템

(피뢰시스템)
수뢰부시스템 : 돌침, 수평도체, 메시도체의 요소 중에 한 가지 또는 이를 조합한 형식으로 시설할 것.

088 피뢰설비 중 인하도선시스템의 건축물·구조물과 분리되지 않은 피뢰시스템인 경우에 대한 설명을 틀린 것은?

① 인하도선의 수는 1가닥 이상으로 한다.
② 벽이 불연성 재료로 된 경우에는 벽의 표면 또는 내부에 시설할 수 있다.
③ 병렬 인하도선의 최대 간격은 피뢰시스템 등급에 따라 Ⅳ 등급은 20(m)로 한다.
④ 벽이 가연성 재료인 경우에는 0.1(m) 이상 이격하고, 이격이 불가능한 경우에는 도체의 단면적으로 100(mm^2) 이상으로 한다.

(피뢰시스템)
인하도선의 수는 2가닥 이상으로 한다.

089 내부 피뢰시스템 중 금속제 설비의 등전위본딩에 대한 설명이다. 다음 ( )에 들어갈 내용으로 옳은 것은?

건축물·구조물에는 지하(ⓐ)m와 높이(ⓑ)m마다 환상 도체를 설치한다. 다만, 철근콘크리트, 철골 구조물의 구조체에 인하 도선을 등전위본딩하는 경우 환상 도체는 설치하지 않아도 된다.

① ⓐ 0.5, ⓑ 15 ② ⓐ 0.5, ⓑ 20
③ ⓐ 1.0, ⓑ 15 ④ ⓐ 1.0 ⓑ 20

정답 084 ② 085 ① 086 ③ 087 ② 088 ① 089 ②

(피뢰시스템)
건축물·구조물에는 지하 0.5(m)와 높이 20(m) 마다 환상도체 설치할 것.

090 고장보호에 대한 설명으로 틀린 것은?

① 고장보호는 일반적으로 직접접촉을 방지하는 것이다.
② 고장보호는 인축의 몸을 통해 고장전류가 흐르는 것을 방지하여야 한다.
③ 고장보호는 인축의 몸에 흐르는 고장전류를 위험하지 않은 값 이하로 제한하여야 한다.
④ 고장보호는 인축의 몸에 흐르는 고장전류의 지속시간을 위험하지 않은 시간까지로 제한하여야 한다.

(용어)
고장보호(간접접촉에 대한 보호, Protection Against Indirect Contact)"란 고장시 기기의 노출도전부에 간접 접촉함으로써 발생할 수 있는 위험으로부터 인축을 보호하는 것을 말한다.

091 한국전기설비규정에 따른 용어의 정의에서 감전에 대한 보호 등 안전을 위해 제공되는 도체를 말하는 것은?

① 접지도체 ② 보호도체
③ 수평도체 ④ 접지극도체

(용어)
보호도체(PE, Protective Conductor)란 감전에 대한 보호 등 안전을 위해 제공되는 도체를 말한다.

092 과전류차단기로 저압전로에 사용하는 범용의 퓨즈(「전기용품 및 생활용품 안전관리법」에서 규정하는 것을 제외한다)의 정격전류가 16(A)인 경우 용단전류는 정격전류의 몇 배인가? (단, 퓨즈(gG)인 경우이다.)

① 1.25 ② 1.5
③ 1.6 ④ 1.9

(저압전로 중의 과전류차단기의 시설)

정격전류의 구분	시 간	정격전류의 배수	
		불용단전류	용단전류
4(A) 이하	60분	1.5배	2.1배
4(A) 초과 16(A) 미만	60분	1.5배	1.9배
16(A) 이상 63(A) 이하	60분	1.25배	1.6배
63(A) 초과 160(A) 이하	120분	1.25배	1.6배
160(A) 초과 400(A) 이하	180분	1.25배	1.6배
400(A) 초과	240분	1.25배	1.6배

093 고압 가공전선로에 시설하는 피뢰기의 접지공사의 접지선이 그 접지공사 전용의 것인 경우에 접지저항값은 몇 (Ω) 이하여야 하는가?

① 20 ② 30
③ 50 ④ 75

(피뢰기의 시설)
고압가공전선로에 시설하는 피뢰기의 접지도체가 그 접지공사 전용의 것인 경우에 그 접지공사의 접지저항값이 30(Ω) 이하인 때에는 그 피뢰기의 접지저항값이 10(Ω) 이하가 아니어도 된다.

094 숙련자 또는 기능자의 통제하에 있는 설비에 적용 가능한 보호대책으로서 적합하지 않은 것은?

① 비도전성 장소
② 비접지 국부등전위본딩에 의한 보호
③ 두 개 이상의 전기사용기기에 전원 공급을 위한 전기적 분리
④ SELV와 PELV에 의한 특별저압

(안전을 위한 보호)
숙련자와 기능자의 통제 또는 감독이 있는 설비에 적용 가능한 보호대책은 다음과 같다. 다만, 무단 변경이 발생하지 않도록 설비는 숙련자 또는 기능자의 감독 아래에 있는 경우에 적용하여야 한다.
가. 비도전성 장소
나. 비접지 국부등전위본딩
다. 두 개 이상의 전기사용기기에 공급하기 위한 전기적 분리

정답 090 ① 091 ② 092 ③ 093 ② 094 ④

095 전선의 식별 표시가 잘못된 것은?

① L1－백색　　② L2－흑색
③ L3－회색　　④ N －청색

(전선의 식별)

상(문자)	색상
L1	갈색
L2	흑색
L3	회색
N	청색
보호도체	녹색-노란색

096 KS C IEC 60364에서 전원의 한 점을 직접 접지하고, 설비의 노출 도전성 부분을 전원계통의 접지극과 별도로 전기적으로 독립하여 접지하는 방식은?

① TT 계통　　② TN－C 계통
③ TN－S 계통　　④ TN－CS계통

(TT 계통)
전원의 한 점을 직접 접지하고 설비의 노출도전부는 전원의 접지전극과 전기적으로 독립적인 접지극에 접속시킨다. 배전계통에서 PE 도체를 추가로 접지할 수 있다.

정답 095 ① 096 ①

제 2 장

저압 전기설비

1. 옥내전로의 대지전압의 제한

① 백열전등 또는 방전등에 전기를 공급하는 옥내 전로의 대지전압은 300(V) 이하이어야 하며 다음에 따라 시설할 것.

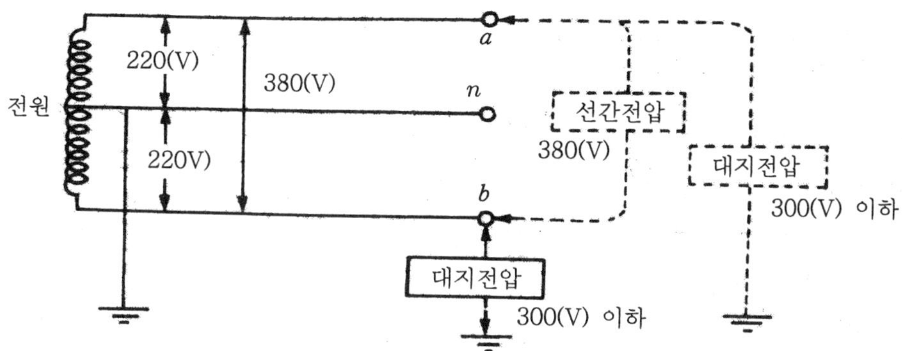

그림 2-1 대지전압의 제한

다만, 대지전압 150(V) 이하의 전로인 경우 다음에 따르지 않아도 된다.

㉮ 백열전등 또는 방전등 및 전선은 사람이 접촉할 우려가 없도록 시설할 것.

㉯ 백열전등 또는 방전등용 안정기는 저압 옥내배선과 직접 접속하여 시설.

㉰ 백열전등의 전구소켓은 키나 그 밖의 점멸기구가 없는 것일 것.

② 주택의 옥내전로 및 주택 이외의 곳의 옥내에 시설하는 가정용 전기기계기구에 전기를 공급하는 옥내전로의 대지전압 300(V) 이하이어야 하며 다음에 따라 시설할 것.

㉮ 사용전압 : 400(V) 이하

㉯ 주택의 전로 인입구에는 "전기용품 및 생활용품 안전관리법"에 적용을 받는 인체감전보호용 누전차단기(정격감도전류 30 mA 이하, 동작시간 0.03초 이하의 전류동작형)를 시설할 것.

단, 전로의 전원측에 정격용량 3(kVA) 이하인 절연변압기(1차 전압이 저압, 2차 전압이 300 V 이하인 것)를 사람이 쉽게 접촉할 우려가 없도록 시설하고, 절연변압기의 부하측 전로를 접지하지 않은 경우는 누전차단기를 시설하지 않아도 된다.

㉰ 누전차단기를 지하주택에 시설하는 경우 또는 침수시 위험의 우려가 없도록 지상에 시설할 것.

㉣ 정격 소비전력 3(kW) 이상의 전기기계기구에 전기를 공급하기 위한 전로에는 전용 개폐기 및 과전류차단기를 시설 및 적정용량의 전용콘센트를 시설할 것.

㉤ 합성수지관공사 · 금속관공사 또는 케이블공사에 의해 시설할 것.

2. 나전선의 사용 제한

옥내에 시설하는 저압전선에는 나전선을 사용하여서는 안 된다. 단, 다음 하나에 해당하는 경우에는 나전선을 사용해도 된다.

① 애자사용공사에 의하여 전개된 곳에 다음의 전선을 시설하는 경우

㉮ 전기로용 전선

㉯ 전선의 피복 절연물이 부식하는 장소에 시설하는 전선

㉰ 취급자 이외의 자가 출입할 수 없도록 설비한 장소에 시설하는 전선

② 버스덕트공사에 의하여 시설하는 경우

③ 라이팅덕트공사에 의하여 시설하는 경우

④ 접촉전선을 시설하는 경우(이동기중기용, 축전지실용 전선).

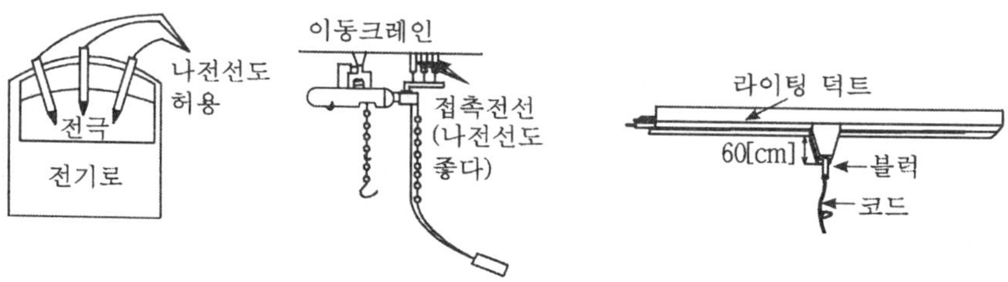

그림 2-2 나전선의 사용 제한

3. 저압 옥내배선의 사용전선 및 중성선의 굵기

(1) 저압 옥내배선의 사용전선

사용전압의 구분	전선
400(V) 이하	① 전광표시장치 기타 이와 유사한 장치 또는 제어회로 등에 사용하는 배선 ㉮ 단면적 1.5(㎟) 이상의 연동선 ㉯ 단면적 0.75(㎟) 이상인 다심케이블 또는 다심 캡타이어케이블 ② 단면적 0.75(㎟) 이상인 코드 또는 캡타이어케이블(진열장 안의 배선공사) ③ 리프트 케이블(엘리베이터·덤웨이터 등의 승강로 안의 저압 옥내배선 등의 시설)
400(V) 초과 저압	단면적 2.5(㎟) 이상의 연동선 또는 이와 동등 이상의 강도 및 굵기의 것.

(2) 중성선의 단면적

① 다음의 경우에 중성선의 단면적은 최소한 선도체의 단면적 이상일 것.

㉮ 2선식 단상회로

㉯ 선도체의 단면적이 구리선 16(㎟), 알루미늄선 25(㎟) 이하인 다상 회로

㉰ 제3고조파 및 제3고조파의 홀수배수의 고조파 전류가 흐를 가능성이 높고 전류 종합 고조파 왜형률이 15~33(%)인 3상 회로

② 제3고조파 및 제3고조파 홀수배수의 전류 종합 고조파 왜형률이 33(%)를 초과하는 경우, 아래와 같이 중성선의 단면적을 증가시켜야 한다.

㉮ 다심케이블의 경우 선도체의 단면적은 중성선의 단면적과 같고, 이 단면적은 선도체의 1.45×I_B(회로 설계전류)를 흘릴 수 있는 중성선을 선정한다.

㉯ 단심케이블은 선도체의 단면적이 중성선 단면적보다 작을 수도 있다.

ⓐ 선 : I_B(회로 설계전류)

ⓑ 중성선 : 선도체의 1.45×I_B와 동등 이상의 전류

③ 다상 회로의 각 선도체 단면적이 구리선 16(㎟) 또는 알루미늄선 25(㎟)를 초과하는 경우 다음 조건을 모두 충족한다면 그 중성선의 단면적을 선도체 단면적보다 작게 해도 된다.

㉮ 통상적으로 상(phase)과 제3고조파 전류간에 회로 부하가 균형을 이루고 있고, 제3고조파 홀수배수 전류가 선도체 전류의 15(%)를 넘지 않는다.

㉯ 중성선은 과전류 보호된다.

㉰ 중성선의 단면적 : 구리선 16(㎟), 알루미늄선 25(㎟) 이상.

4. 저압 옥내전로 인입구에서의 개폐기의 시설

① 저압 옥내전로에는 인입구에 가까운 곳으로서 쉽게 개폐할 수 있는 곳에 개폐기를 각 극에 시설하여야 한다.

② 사용전압이 400(V) 이하인 옥내 전로로서 다른 옥내전로(정격전류가 16 A 이하인 과전류 차단기 또는 정격전류가 16 A를 초과하고 20 A 이하인 배선 차단기로 보호되고 있는 것에 한 한다)에 접속하는 길이 15(m) 이하의 전로에서 전기의 공급을 받는 것은 개폐기를 시설하지 않아도 된다.

5. 콘센트의 시설

① 콘센트의 정격전압은 사용전압과 동등 이상의 배선용 꽂음 접속기에 적합한 제품을 사용하고 다음에 의하여 시설하여야 한다.

㉮ 노출형 콘센트는 기둥과 같은 내구성이 있는 조영재에 견고하게 부착할 것.

㉯ 콘센트를 조영재에 매입할 경우는 매입형의 것을 견고한 금속제 또는 난연성 절연물로 된 박스 속에 시설할 것.
다만, 콘센트 자체에 그 단자 등의 충전부가 노출되지 않도록 견고한 난연성 절연물의 외함을 가지는 것은 벽에 견고하게 부착할 때에 한하여 박스 사용을 생략할 수 있다.

② 콘센트를 바닥에 시설하는 경우는 방수구조의 플로어박스에 설치하거나 또는 이들 박스의 표면 플레이트에 틀어서 부착할 수 있도록 된 콘센트를 사용할 것.

③ 욕조나 샤워시설이 있는 욕실 또는 화장실 등 인체가 물에 젖어있는 상태에서 전기를 사용하는 장소에 콘센트를 시설하는 경우에는 다음에 따라 시설할 것.

㉮ 인체감전보호용 누전차단기(정격감도전류 15 ㎃ 이하, 동작시간 0.03초 이하의 전류동작형) 시설할 것.

㉯ 절연변압기(정격용량 3 kVA 이하)로 보호된 전로에 접속하거나, 인체감전보호용 누전차단기가 부착된 콘센트를 시설할 것.

㉰ 콘센트는 접지극이 있는 방적형 콘센트를 사용하여 접지할 것.

④ 습기가 많은 장소 또는 수분이 있는 장소에 시설하는 콘센트 및 기계기구용

콘센트는 접지용 단자가 있는 것을 사용하여 "접지 시스템"의 규정에 준하여 접지하고 방습장치를 하여야 한다.

6. 옥내, 옥측 또는 옥외에 시설하는 배 · 분전반 및 배선기구 등의 시설

① 옥내에 시설하는 저압용 배 · 분전반의 기구 및 전선은 쉽게 점검할 수 있도록 하고 다음에 따라 시설할 것.

㉮ 한 개의 분전반에는 한 가지 전원(1회선의 간선)만 공급할 것.
단, 안전 확보가 충분하도록 격벽을 설치하고 사용전압을 쉽게 식별할 수 있도록 회로의 과전류차단기 가까운 곳에 사용전압을 표시하는 경우는 한 가지 전원 이상 시설할 수 있다.

㉯ 배 · 분전반은 불연성 또는 난연성 또는 난연성이 있는 것일 것.

② 옥측 또는 옥외에 시설하는 배분전반은 다음에 따라 시설할 것.

㉮ 금속관공사 또는 케이블공사에 의하여 시설.

㉯ 전기를 공급하는 전로에는 전로에 지락이 생겼을 때에 자동적으로 전로를 차단하는 장치를 시설할 것.

7. 고주파 전류에 의한 장해방지

① 전기기계기구가 무선설비의 기능에 계속적이고 또한 중대한 장해를 주는 고주파 전류를 발생시킬 우려가 있는 경우에는 이를 방지하기 위하여 다음에 따라 시설할 것.

㉮ 형광 방전등에는 적당한 곳에 커패시터를 시설할 것.

항목	정전용량
예열시동식	0.006(μF) 이상 0.01(μF) 이하
기타	0.006(μF) 이상 0.5(μF) 이하

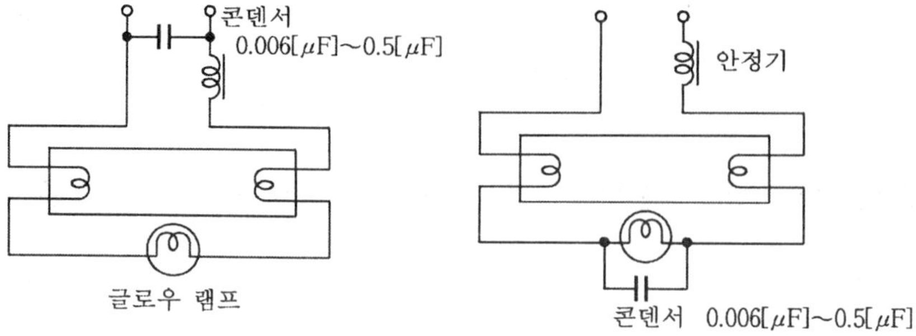

그림 2-3 형광 방전등

㉯ 사용전압이 저압으로 정격출력 1(㎾) 이하의 전동기에 커패시터 시설할 것.

항목		정전용량
교류직권전동기 (소형교류직권전동기)	금속제 외함·철대 등 사람이 접촉할 우려가 있는 금속제 부분으로부터 소형교류직권전동기 외함이 절연되어 있는 기계기구는 단자 상호간 및 각 단자와 외함 또는 대지 사이	0.1(㎌) 및 0.003(㎌)
	각 단자와 대지 사이	0.1(㎌)
전기드릴용 소형교류직권전동기	단자 상호간	0.1(㎌) 무유도형 커패시터
	각 단자와 대지 사이	0.003(㎌)인 충분한 효과가 있는 관통형 커패시터

㉰ 네온점멸기에는 전원단자 상호간 및 각 접점에 근접하는 곳에서 이들에 접속하는 전로에 고주파전류의 발생을 방지하는 장치를 할 것.

② 커패시터와 고주파 발생을 방지하는 장치의 접지측 단자에는 "접지 시스템" 규정에 준하여 접지공사 할 것.

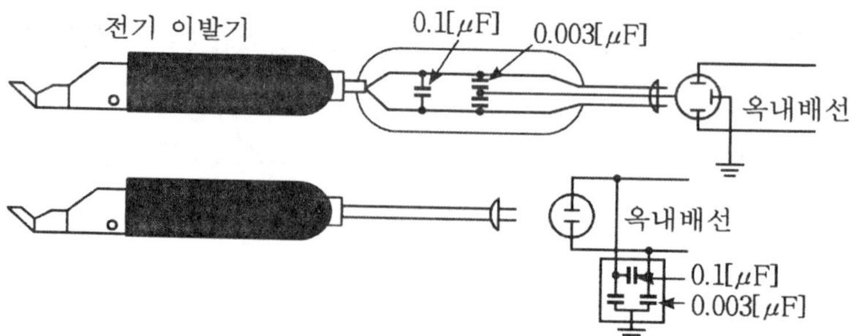

그림 2-4 소형 교류직권전동기

③ 커패시터는 표에서 정한 교류전압을 커패시터의 양단자 상호간 및 각 단자와 외함간에 연속 1분간 가하여 절연내력 시험하였을 때에 견디는 것일 것.

정격 전압(V)	시험 전압(V)	
	단자 상호간	인출 단자 및 일괄과 접지 단자 및 케이스 사이
110	253	1,000
220	506	1,000

8. 전동기의 과부하 보호장치의 시설

① 옥내에 시설하는 전동기(정격출력 0.2 ㎾ 초과)에는 전동기가 손상될 우려가 있는 과전류가 생겼을 때에 자동적으로 이를 저지하거나 경보하는 장치를 시설할 것.

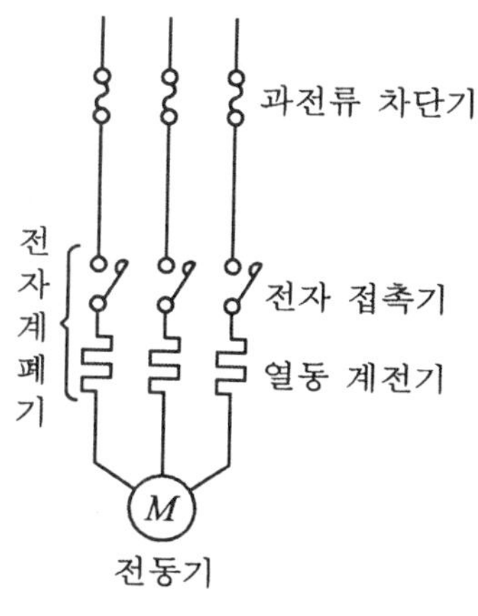

그림 2-5 전동기의 과부하 보호장치

② 다음 하나에 해당하는 경우에 자동저지 또는 경보장치를 하지 않아도 된다.

㉮ 전동기 운전 중 상시 취급자가 감시할 수 있는 위치에 시설한 경우

㉯ 전동기 구조나 부하 성질로 보아 전동기가 손상될 수 있는 과전류가 생길 우려가 없는 경우

㉰ 단상전동기로써 그 전원측 전로에 시설하는 과전류 차단기의 정격전류가 16(A)(배선차단기는 20 A) 이하인 경우

㉱ 정격 출력이 0.2(㎾)(200 W) 이하인 전동기

③ 전동기 단락보호전용 퓨즈는 표의 용단 특성에 적합한 것일 것.

정격전류의 배수	불용단시간	용단시간
4배	60초 이내	-
6.3배	-	60초 이내
8배	0.5초 이내	-
10배	0.2초 이내	-
12.5배	-	0.5초 이내
19배	-	0.1초 이내

9. 과부하전류에 대한 보호

과전류로 인하여 회로의 도체, 절연체, 접속부, 단자부 또는 도체를 감싸는 물체 등에 유해한 열적 및 기계적인 위험이 발생되지 않도록, 그 회로의 과전류를 차단하는 보호장치를 설치해야 한다.

(1) 선도체의 보호

① 모든 선도체에 대하여 과전류 검출기를 설치하여 과전류가 발생할 때 전원을 안전하게 차단해야 한다.
다만, 과전류가 검출된 도체 이외의 다른 선도체는 차단하지 않아도 된다.

② 3상 전동기 등과 같이 단상 차단이 위험을 일으킬 수 있는 경우 적절한 보호 조치를 해야 한다.

(2) 중성선의 보호

① TT 계통 또는 TN 계통

㉮ 중성선의 단면적이 선도체의 단면적과 동등 이상의 크기이고, 그 중성선의 전류가 선도체의 전류보다 크지 않을 것으로 예상될 경우, 중성선에는 과전류 검출기 또는 차단장치를 설치하지 않아도 된다. 중성선의 단면적이 선도체의 단면적보다 작은 경우 과전류 검출기를 설치할 필요가 있다. 검출된 과전류가 설계전류를 초과하면 선도체를 차단해야 하지만, 중성선을 차단할 필요까지는 없다.

㉯ 단락전류로부터 중성선을 보호해야 한다.

㉰ 중성선에 관한 요구사항은 차단에 관한 것을 제외하고 중성선과 보호도체 겸용(PEN) 도체에도 적용한다.

② IT 계통

중성선을 배선하는 경우 중성선에 과전류검출기를 설치해야하며, 과전류가 검출되면 중성선을 포함한 해당 회로의 모든 충전도체를 차단해야 한다. 다음의 경우에는 과전류검출기를 설치하지 않아도 된다.

㉮ 설비의 전력 공급점과 같은 전원측에 설치된 보호장치에 의해 그 중성선이 과전류에 대해 효과적으로 보호되는 경우

㉯ 정격감도전류가 해당 중성선 허용전류의 0.2배 이하인 누전차단기로 그 회로를 보호하는 경우

(3) 중성선의 차단 및 재폐로

① 중성선을 차단 및 재폐로하는 회로의 경우에 설치하는 개폐기 및 차단기는 차단시에는 중성선이 선도체보다 늦게 차단되어야 한다.

② 재폐로시에는 선도체와 동시 또는 그 이전에 재폐로 되는 것을 설치할 것.

(4) 과부하전류 및 단락전류 겸용 보호장치

① 과부하전류 및 단락전류 모두를 보호하는 장치는 그 보호장치 설치점에서 예상되는 단락전류를 포함한 모든 과전류를 차단 및 투입할 수 있는 능력이 있어야 한다.

② 과부하전류 전용 보호장치는 차단용량은 그 설치점에서의 예상 단락전류값 미만으로 할 수 있다.

③ 보호장치는 예상 단락전류를 차단할 수 있어야 하며, 차단기인 경우에는 이 단락전류를 투입할 수 있는 능력이 있어야 한다.

(5) 도체와 과부하 보호장치 사이의 협조

과부하에 대해 케이블(전선)을 보호하는 장치의 동작특성은 다음 조건 충족할 것.

① 정상시 허용전류를 고려한 설계 : $I_B \le I_n \le I_Z$ .... (식-1)

② 보호장치 트립전류를 고려한 설계 : $I_2 \le 1.45 \times I_Z$ .... (식-2)

여기서, I_B : 회로의 설계전류, I_Z : 케이블의 허용전류

I_n : 보호장치(과전류차단기)의 정격전류

I_2 : 보호장치(과전류차단기)가 규약시간 이내에 유효하게 동작하는 것을 보장하는 전류

㉮ 조정할 수 있게 설계 및 제작된 보호장치의 경우, 정격전류 I_n은 사용현장에 적합하게 조정된 전류의 설정값이다.

㉯ 보호장치의 유효한 동작을 보장하는 전류 I_2는 제조자로부터 제공되거나 제품 표준에 제시되어야 한다.

㉰ 식-2에 따른 보호는 조건에 따라서는 보호가 불확실한 경우가 발생할 수 있다. 이러한 경우에는 식-2에 따라 선정된 케이블보다 단면적이 큰 케이블을 선정하여야 한다.

㉱ I_B는 선도체를 흐르는 설계전류이거나, 함유율이 높은 영상분 고조파(제3고조파)가 지속적으로 흐르는 경우 중성선에 흐르는 전류이다.

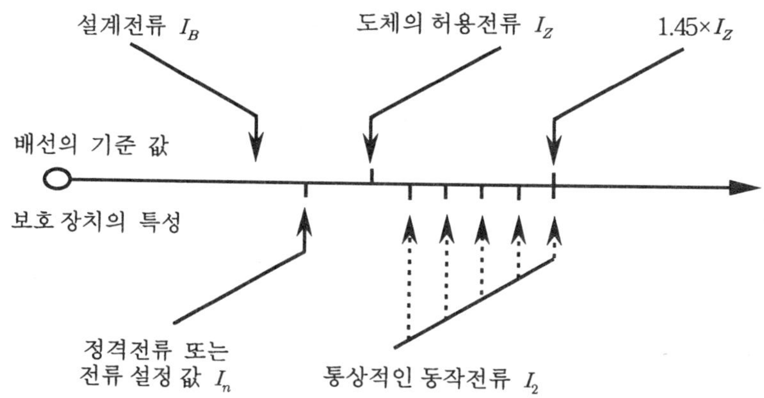

그림 2-6 과부하 보호 설계 조건도

가) 과부하 및 단락전류 보호장치의 설치 위치

① 과부하 및 단락전류 보호장치는 분기점(O)에 설치할 것.
다만, 그림과 같이 분기회로의 과부하 및 단락보호장치 설치점(B)과 분기점(O) 사이에 다른 분기회로 또는 콘센트의 접속이 없고 단락, 화재 및 인체에 대한 위험이 최소화될 경우, 분기회로의 단락 보호장치 P_2는 분기점(O)으로부터 3(m)까지 이동하여 설치할 수 있다.

② 도체의 단면적이 줄어들거나 다른 변경이 이루어진 분기회로의 시작점(O)과 이 분기회로의 과부하 및 단락전류의 단락보호장치(P_2) 사이에 있는 도체가 전원측에 설치되는 보호장치(P_1)에 의해 단락보호가 되는 경우에, P_2의 설치 위치는 분기점(O)으로부터 거리 제한이 없이 설치할 수 있다.

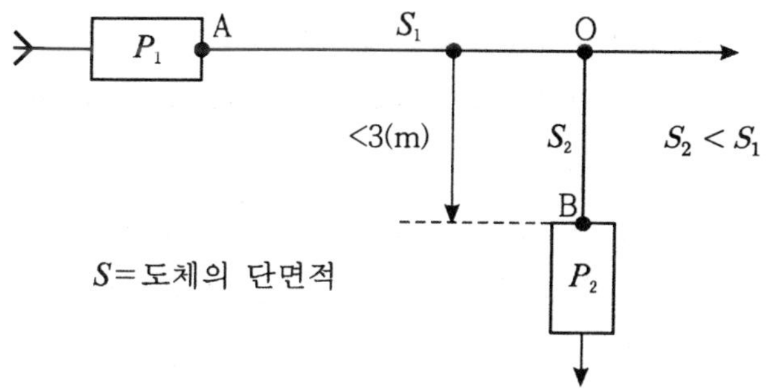

그림 2-7 분기회로 단락보호장치(P_2)의 제한된 위치 변경

③ 정격차단용량은 단락전류보호장치 설치점에서 예상되는 최대 크기의 단락전류 보다 커야 한다.

④ 회로의 임의의 지점에서 발생한 모든 단락전류는 케이블 및 절연도체의 허용온도를 초과하지 않는 시간 내에 차단되도록 해야 한다.
단락 지속시간이 5초 이하인 경우, 통상 사용조건에서의 단락전류에 의해 절연체의 허용온도에 도달하기까지의 시간 t는 식과 같이 계산할 수 있다.

$$t = (\frac{kS}{I})^2$$

여기서, t : 단락전류 지속시간(초), S : 도체의 단면적(㎟)
I : 유효 단락전류(A, rms)
k : 도체 재료의 저항률, 온도계수, 열용량, 해당 초기온도와 최종온도를 고려한 계수

나) 과부하보호장치의 생략

다음과 같은 경우에는 과부하보호장치를 생략할 수 있다.
다만, 화재 또는 폭발 위험성이 있는 장소에 설치되는 설비 또는 특수설비 및 특수 장소의 요구사항들을 별도로 규정하는 경우에는 과부하보호장치를 생략할 수 없다.

① 일반적인 과부하 보호장치 생략

㉮ 분기회로의 전원측에 설치된 보호장치에 의하여 분기회로에서 발생하는 과부하에 대해 유효하게 보호되고 있는 분기회로

㉯ 요구사항에 따라 단락보호가 되고 있으며, 분기점 이후의 분기회로에 다른 분기회로 및 콘센트가 접속되지 않는 분기회로 중, 부하에 설치된 과부하 보호장치가 유효하게 동작하여 과부하전류가 분기회로에 전달되지 않도록 조치를 하는 경우

㉰ 통신회로용, 제어회로용, 신호회로용 및 이와 유사한 설비

② IT 계통에서 과부하 보호장치 설치위치 변경 또는 생략

㉮ 과부하에 대해 보호가 되지 않은 각 회로가 다음과 같은 방법 중 어느 하나에 의해 보호될 경우, 설치위치 변경 또는 생략이 가능하다.

ⓐ 이중절연에 의한 보호수단 적용

ⓑ 2차 고장이 발생할 때 즉시 작동하는 누전차단기로 각 회로를 보호

ⓒ 지속적으로 감시되는 시스템의 경우 다음 중 어느 하나의 기능을 구비한 절연 감시 장치의 사용

㉠ 최초 고장이 발생한 경우 회로를 차단하는 기능

㉡ 고장을 나타내는 신호를 제공하는 기능. 이 고장은 운전 요구사항 또는 2차 고장에 의한 위험을 인식하고 조치가 취해져야 한다.

㉯ 중성선이 없는 IT 계통에서 각 회로에 누전차단기가 설치된 경우에는 선도체 중의 어느 1개에는 과부하 보호장치를 생략할 수 있다.

③ 안전을 위해 과부하 보호장치를 생략할 수 있는 경우

사용 중 예상치 못한 회로의 개방이 위험 또는 큰 손상을 초래할 수 있는 다음과 같은 부하에 전원을 공급하는 회로에 대해서는 과부하 보호장치를 생략할 수 있다.

㉮ 회전기의 여자회로

㉯ 전자석 크레인의 전원회로

㉰ 전류변성기의 2차회로

㉱ 소방설비의 전원회로

㉲ 안전설비(주거침입경보, 가스누출경보 등)의 전원회로

다) 병렬도체의 단락보호

① 여러 개의 병렬도체를 사용하는 회로의 전원측에 1개의 단락보호장치가 설치되어 있는 조건에서, 어느 하나의 도체에서 발생한 단락고장이라도 효과적인 동작이 보증되는 경우, 해당 보호장치 1개를 이용하여 그 병렬도체 전체의 단

락보호장치로 사용할 수 있다.

② 1개의 보호장치에 의한 단락보호가 효과적이지 못하면, 다음 중 1가지 이상의 조치를 취해야 한다.

㉮ 배선은 기계적인 손상 보호와 같은 방법으로 병렬도체에서의 단락위험을 최소화 할 수 있는 방법으로 설치하고, 화재 또는 인체에 대한 위험을 최소화 할 수 있는 방법으로 설치하여야 한다.

㉯ 병렬도체가 2가닥인 경우 단락보호장치를 각 병렬도체의 전원측에 설치해야 한다.

㉰ 병렬도체가 3가닥 이상인 경우 단락보호장치는 각 병렬도체의 전원측과 부하측에 설치해야 한다.

10. 점멸기와 센서등(타임스위치)의 시설

① 점멸기는 다음에 의하여 설치하여야 한다.

㉮ 점멸기는 전로의 비접지측에 시설하고 분기개폐기에 배선차단기를 사용하는 경우는 이것을 점멸기로 대용할 수 있다.

㉯ 노출형 점멸기는 기둥 등의 내구성이 있는 조영재에 견고하게 설치할 것.

㉰ 매입형 점멸기는 금속제 또는 난연성 절연물의 박스에 넣어 시설할 것.

㉱ 충전부가 노출되지 않도록 견고한 난연성 절연물로 덮여 있는 것은 이것을 벽 등에 견고하게 설치하고 방호 커버를 설치할 것.

② 욕실 내는 점멸기를 시설하지 말 것.

③ 가정용 전등은 매 등기구마다 점멸이 가능하도록 할 것.

④ 공장 · 사무실 · 학교 · 병원 · 상점 · 기타 많은 사람이 함께 사용하는 장소에 시설하는 전체 조명용 전등은 부분 조명이 가능하도록 전등군을 구분하여 점멸이 가능하도록 하되, 창(태양광선이 들어오는 창)과 가장 가까운 전등은 따로 점멸이 가능하도록 할 것.

⑤ 다음의 경우에는 센서등(타임스위치 포함)을 시설할 것.

항목	소등 시간
관광숙박업 또는 숙박업(여인숙업 제외)에 이용되는 객실 입구등	1분 이내
일반주택 및 아파트 각 호실의 현관등	3분 이내

⑥ 가로등, 보안등 또는 옥외에 시설하는 공중전화기를 위한 조명등용 분기회로에는 주광센서를 설치하여 주광에 의하여 자동점멸 하도록 시설할 것.

⑦ 국부 조명설비는 그 조명대상에 따라 점멸할 수 있도록 시설할 것.

11. 배선설비공사의 종류

종류	공사방법
전선관시스템	합성수지관공사, 금속관공사, 가요전선관공사
케이블트렁킹시스템	합성수지몰드공사, 금속몰드공사, 금속트렁킹공사a
케이블덕팅시스템	플로어덕트공사, 셀룰러덕트공사, 금속덕트공사b
애자공사	애자공사
케이블트레이시스템 (래더, 브래킷 포함)	케이블트레이공사
케이블공사	고정하지 않는 방법, 직접 고정하는 방법, 지지선 방법

a 금속본체와 커버가 별도로 구성되어 커버를 개폐할 수 있는 금속덕트공사를 말한다.
b 본체와 커버 구분 없이 하나로 구성된 금속덕트공사를 말한다.

12. 애자사용공사

① 전선 : 절연전선(단면적 6 ㎟)의 연선일 것.

㉮ 옥외용 비닐 절연전선(OW 전선) 및 인입용 비닐 절연전선(DV 전선)은 사용 못 함.

㉯ 단선 사용시 : 동은 단면적 10(㎟), 알루미늄선은 단면적 16(㎟) 이하의 것을 사용할 수 있다. 초과할 경우 연선 사용.

② 전선 상호간, 조영재 및 지지점간의 이격거리는 표의 값일 것.

<table>
<tr><th colspan="2" rowspan="2">사용전압</th><th colspan="2" rowspan="2">전선과 조영재와의 거리</th><th rowspan="2">전선 상호간 간격</th><th colspan="2">전선 지지점간 거리</th></tr>
<tr><th>조영재의 상면 또는 측면을 따라 시설</th><th>조영재에 따라 시설하지 않는 경우</th></tr>
<tr><td rowspan="3">저압</td><td>400(V) 이하</td><td colspan="2">25(㎜) 이상</td><td rowspan="3">0.06(m) 이상</td><td rowspan="3">2(m) 이하</td><td>-</td></tr>
<tr><td rowspan="2">400(V) 초과</td><td>건조한 장소 (전개된 장소)</td><td>25(㎜) 이상</td><td rowspan="2">6(m) 이하</td></tr>
<tr><td>기타 장소 (물기, 습기)</td><td>45(㎜) 이상</td></tr>
</table>

③ 전선이 조영재를 관통하는 경우는 관통하는 부분의 전선마다 각각 별개의 난연성 및 내수성이 있는 절연관(애관, 합성수지관, 연질비닐관)에 넣을 것.

④ 애자는 절연성·난연성 및 내수성의 것일 것.

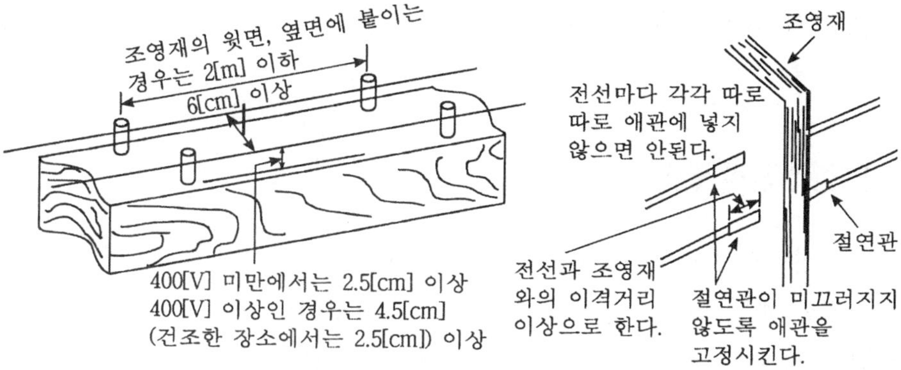

그림 2-8 애자사용공사

13. 합성수지몰드공사

① 전선 : 절연전선(단면적 6 ㎟)의 연선일 것.

㉮ 옥외용 비닐 절연전선(OW 전선)은 사용 못 함.

㉯ 단선 사용시 : 동은 단면적 10(㎟), 알루미늄선은 단면적 16(㎟) 이하

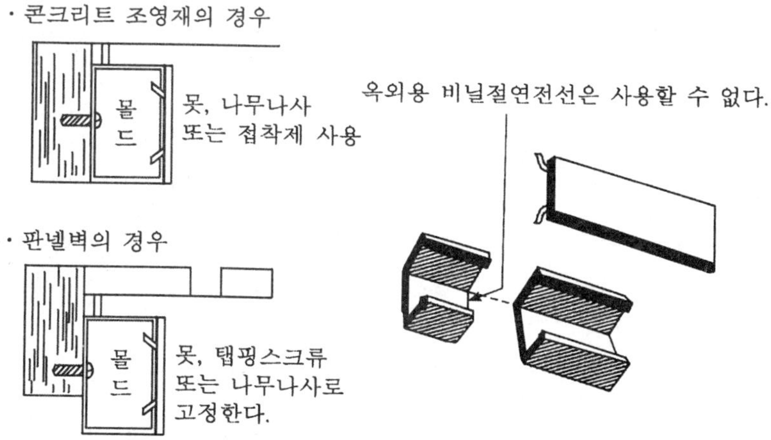

그림 2-9 합성수지몰드공사

② 합성수지몰드 안에는 전선에 접속점이 없도록 할 것.
단, 합성수지몰드 안의 전선을 합성 수지제 조인트 박스를 사용하여 접속할 경우는 접속점을 둘 수 있다.

③ 합성수지몰드는 홈의 폭 및 깊이 : 35(㎜) 이하(두께 2 ㎜ 이상).
단, 사람이 쉽게 접촉할 우려가 없도록 시설하는 경우 : 폭이 50(㎜) 이하(두께 1 ㎜ 이상)

14. 합성수지관공사

① 전선 : 절연전선(단면적 6 ㎟)의 연선일 것.
  ㉮ 옥외용 비닐 절연전선(OW 전선)은 사용 못 함.
  ㉯ 단선 사용시 : 동은 단면적 10(㎟), 알루미늄선은 단면적 16(㎟) 이하
  ㉰ 전선은 합성수지관 안에서 접속점이 없도록 할 것.

② 합성수지관 및 박스 기타 부속품은 다음에 적합한 것일 것.
  ㉮ 관 끝부분 및 안쪽면은 전선 피복을 손상하지 않도록 매끈한 것일 것.
  ㉯ 관 두께 : 2(㎜) 이상

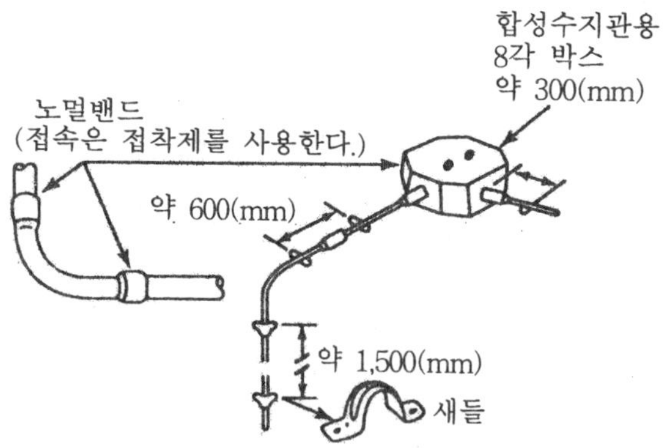

(a) 노출 배관

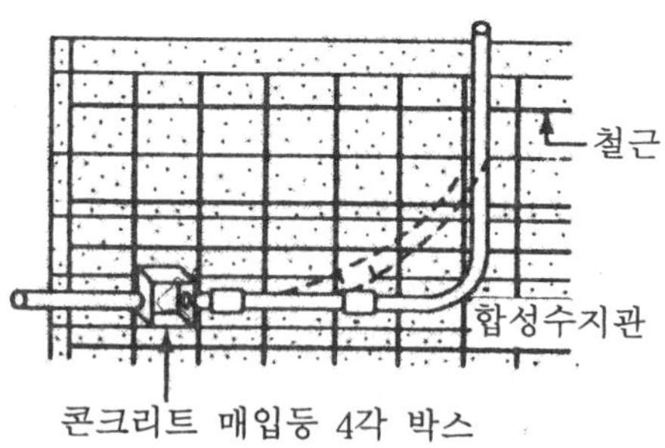

(b) 콘크리트에 매입

그림 2-10 합성수지관 시공 예

③ 합성수지관 및 박스 기타의 부속품은 다음에 따라 시설할 것.
  ㉮ 관 상호간 및 박스와는 관을 삽입하는 깊이를 관의 바깥지름 1.2배 이상으로 하고 또한 꽂음 접속에 의하여 견고하게 접속할 것.
  단, 접착제를 사용하는 경우는 0.8배 이상

㉯ 관 지지점간의 거리 : 1.5(m) 이하

㉰ 콤바인 덕트관은 직접 콘크리트에 매입(埋入)하여 시설하거나 옥내 전개된 장소에 시설하는 경우 이외에는 불연성 마감재 내부, 전용의 불연성 관 또는 덕트에 넣어 시설할 것.

㉱ 합성수지제 휨(가요)전선관 상호간은 직접 접속하지 말 것.

㉲ "접지 시스템" 규정에 준하여 접지공사 할 것.

④ 합성수지관은 이중천장(반자 속 포함) 내에는 시설할 수 없다.

15. 금속관공사

① 전선 : 절연전선(단면적 6 ㎟)의 연선일 것.

㉮ 옥외용 비닐 절연전선(OW 전선)은 사용 못 함.

㉯ 단선 사용시 : 동은 단면적 10(㎟), 알루미늄선은 단면적 16(㎟) 이하

㉰ 전선은 금속관 안에서 접속점이 없도록 할 것.

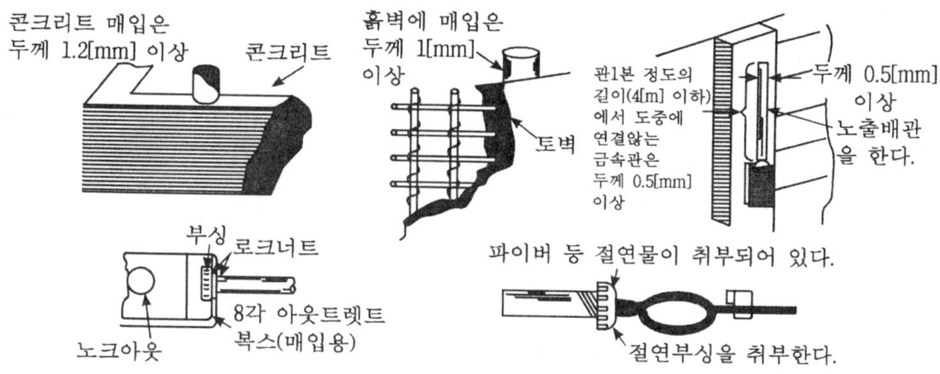

그림 2-11 금속관의 접속과 부싱

② 금속관과 박스, 기타의 부속품은 다음에 적합한 것일 것.

㉮ 금속제의 전선관 및 금속제박스 등은 황동이나 동으로 견고하게 제작.

㉯ 재료는 건식아연도금법에 의해 아연도금 한 위에 투명 도료를 칠하거나 기타 적당한 방법으로 녹스는 것을 방지하도록 한 강 또는 가단주철일 것.

㉰ 안쪽면 및 끝부분은 전선 피복을 손상하지 않는 매끈한 것일 것.

㉱ 전선관과의 접속부분 나사는 5턱 이상 나사결합이 될 수 있는 길이일 것.

㉤ 관 두께

항목	관 두께
콘크리트 매설	1.2(㎜) 이상
그 외	1(㎜) 이상 다만, 이음매가 없는 길이 4(m) 이하인 것을 건조하고 전개된 곳에 시설하는 경우에는 0.5(㎜) 까지로 감할 수 있다.

③ 금속관과 박스, 기타 부속품은 다음에 따라 시설할 것.

㉮ 관 끝부분에는 전선 피복을 손상하지 않도록 적당한 구조의 부싱(절연부싱)을 사용할 것.

㉯ 관에는 "접지 시스템" 규정에 준하여 접지공사 할 것.

16. 금속몰드공사

① 금속몰드의 사용전압이 400(V) 이하로 옥내의 건조한 장소로 전개된 장소 또는 점검할 수 있는 은폐장소에 한하여 시설할 수 있다.

② 전선 : 절연전선(단면적 6 ㎟)의 연선일 것.

㉮ 옥외용 비닐 절연전선(OW 전선)은 사용 못 함.

㉯ 단선 사용시 : 동은 단면적 10(㎟), 알루미늄선은 단면적 16(㎟) 이하

③ 금속몰드 안에는 전선에 접속점이 없도록 할 것.

단, 금속제 조인트 박스를 사용할 경우는 접속할 수 있다.

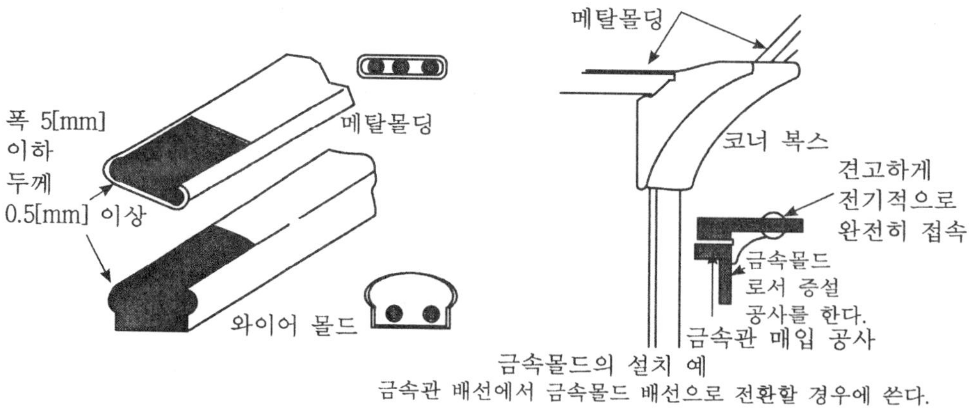

그림 2-12 금속몰드공사

④ 금속몰드 및 박스, 기타 부속품은 다음에 적합한 것일 것.
㉮ 금속제 몰드 및 박스, 기타 부속품 또는 황동이나 동으로 견고하게 제작하고 안쪽면이 매끈한 것일 것.
㉯ 황동제 또는 동제 몰드는 폭이 50(㎜) 이하, 두께 0.5(㎜) 이상인 것일 것.
⑤ 금속몰드는 조영재에 1.5(m) 이하 마다 고정시킬 것.
⑥ "접지 시스템" 규정에 준하여 접지공사 할 것.

17. 가요전선관공사

① 전선 : 절연전선(단면적 6 ㎟)의 연선일 것.
㉮ 옥외용 비닐 절연전선(OW 전선)은 사용 못 함.
㉯ 단선 사용시 : 동은 단면적 10(㎟), 알루미늄선은 단면적 16(㎟) 이하
② 가요전선관 안의 전선에 접속점이 없도록 할 것.
③ 가요전선관은 2종 금속제 가요전선관을 사용할 것(기본).
다만, 전개된 장소 또는 점검할 수 있는 은폐된 장소(옥내배선의 사용전압이 400 V 초과인 경우에는 전동기에 접속하는 부분으로서 가요성을 필요로 하는 부분에 사용하는 것에 한한다)에는 1종 가요전선관(습기가 많은 장소 또는 물기가 있는 장소에는 비닐 피복 1종 가요전선관에 한한다)을 사용할 수 있다.
④ 안쪽면은 전선피복을 손상하지 않도록 매끈할 것.
⑤ 가요전선관 및 박스, 기타 부속품은 다음에 따라 시설할 것.
㉮ 가요전선관 끝부분은 피복을 손상하지 않는 구조로 되어 있을 것.
㉯ 2종 금속제 가요전선관을 사용하는 경우에 습기 많은 장소 또는 물기 있는 장소에 시설하는 때는 비닐피복 2종 가요전선관을 사용할 것.
㉰ 1종 금속제 가요전선관에는 단면적 2.5(㎟) 이상의 나연동선을 전체 길이에 걸쳐 삽입 또는 첨가하여 나연동선과 1종 금속제 가요전선관 양쪽끝에서 전기적으로 완전하게 접속할 것.

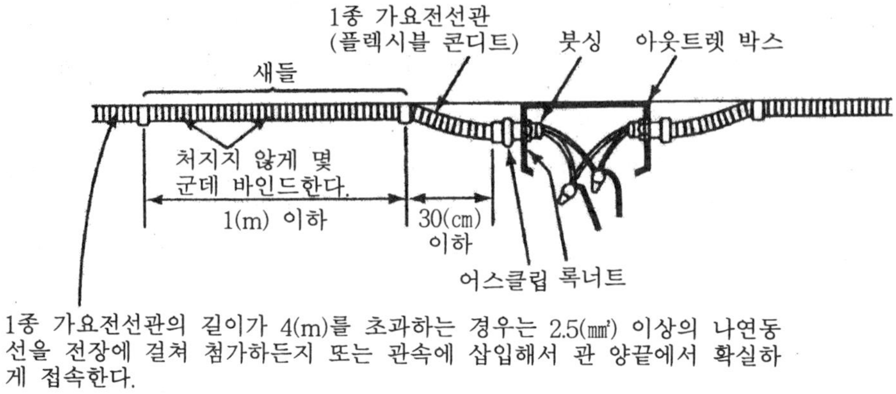

그림 2-13 가요전선관공사 시공의 예

⑥ "접지 시스템" 규정에 준하여 접지공사 할 것.

18. 금속덕트공사

① 전선 : 절연전선(단면적 6 ㎟)의 연선일 것.

㉮ 옥외용 비닐 절연전선(OW 전선)은 사용 못 함.

㉯ 단선 사용시 : 동은 단면적 10(㎟), 알루미늄선은 단면적 16(㎟) 이하

② 금속덕트내 전선 적재량

항목	단면적 합계
전선(절연피복의 단면적 포함)	내부 단면적의 20(%) 이하
전광표시장치 또는 제어회로 등의 배선	내부 단면적의 50(%) 이하

③ 금속덕트 안에는 전선에 접속점 두지 말 것.

④ 폭이 40(㎜) 이상, 두께가 1.2(㎜) 이상인 철판 또는 동등 이상의 기계적 강도를 가지는 금속제의 것으로 견고하게 제작한 것일 것.

㉮ 안쪽면은 전선피복을 손상시키는 돌기가 없는 것일 것.

㉯ 안쪽면 및 바깥면에는 산화방지를 위해 아연도금 또는 도장한 것일 것.

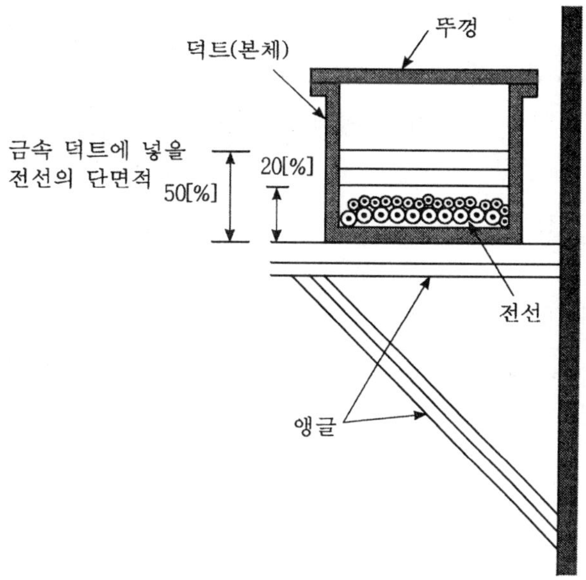

그림 2-14 금속덕트내 전선의 적재량

⑤ 덕트를 조영재에 붙이는 경우에 덕트 지지점간 거리

시설 방법	지지점간 거리
수평으로 붙여 시설	3(m) 이하
수직으로 붙여 시설	6(m) 이하

㉮ 덕트 뚜껑은 쉽게 열리지 않도록 시설할 것.
㉯ 덕트 끝부분은 막을 것.
㉰ 덕트 안에 먼지가 침입하지 않도록 할 것.
㉱ 덕트는 물이 고이는 낮은 부분을 만들지 않도록 시설할 것.

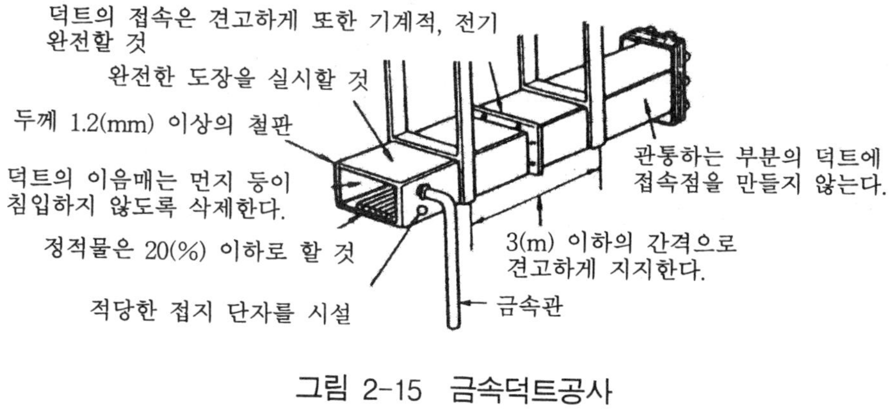

그림 2-15 금속덕트공사

⑥ 옥내에 연접하여 설치되는 등기구(연접설치 등기구)는 레이스웨이(raceway, 2종 몰드공사)로 사용할 수 없다.

⑦ "접지 시스템" 규정에 준하여 접지공사 할 것.

19. 버스덕트공사

① 덕트를 조영재에 붙이는 경우에 덕트의 지지점간 거리

시설 방법	지지점간 거리
수평으로 붙여 시설	3(m) 이하
수직으로 붙여 시설	6(m) 이하

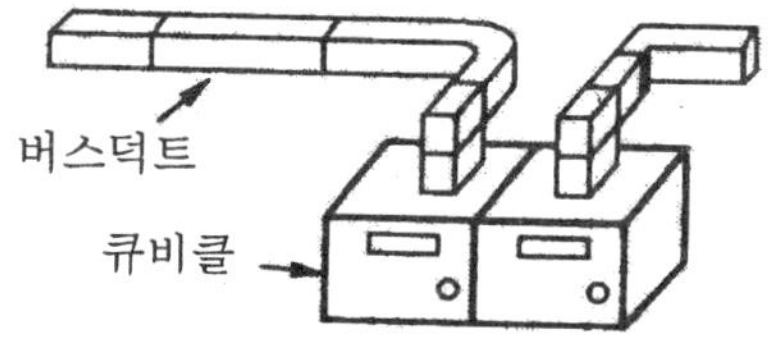

그림 2-16 버스덕트의 시공 예

㉮ 덕트 끝부분은 막을 것.

㉯ 덕트 내부에 먼지가 침입하지 않도록 할 것.

㉰ 습기가 많은 장소 또는 물기가 있는 장소에 시설하는 경우는 옥외용 버스덕트를 사용하고 버스덕트 내부에 물이 침입하여 고이지 않도록 할 것.

② 도체

재료	모양
동	· 단면적 20(㎟) 이상의 띠 모양 · 지름 5(㎜) 이상의 관모양이나 둥글고 긴 막대 모양
알루미늄	단면적 30(㎟) 이상의 띠 모양

③ 도체 지지물은 절연성 · 난연성 및 내수성이 있는 견고한 것일 것.

④ 덕트는 표의 두께 이상의 강판 또는 알루미늄판으로 견고히 제작한 것일 것.

덕트의 최대 폭(㎜)	덕트의 판 두께(㎜)		
	강 판	알루미늄판	합성수지판
150 이하	1.0	1.6	2.5
150 초과 300 이하	1.4	2.0	5.0
300 초과 500 이하	1.6	2.3	-
500 초과 700 이하	2.0	2.9	-
700 초과	2.3	3.2	-

⑤ "접지 시스템" 규정에 준하여 접지공사 할 것.

20. 라이팅덕트공사

① 조영재에 견고하게 붙일 것.

② 덕트 지지점간의 거리 : 2(m) 이하.

③ 덕트 끝부분은 막을 것.

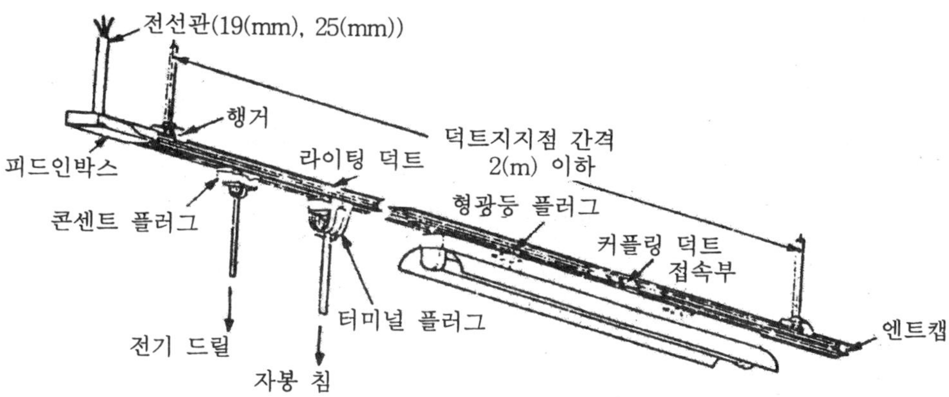

그림 2-17 라이팅덕트의 구성 및 시공 예

④ 덕트 개구부는 아래로 향하여 시설할 것.
단, 사람이 쉽게 접촉할 우려가 없는 장소에서 덕트 내부에 먼지가 들어가지 않도록 시설하는 경우에 한하여 개구부가 옆으로 향하여 시설할 수 있다.

⑤ 덕트는 조영재를 관통하여 시설하지 말 것.

⑥ 전로에 지락이 생겼을 때에 자동적으로 전로를 차단하는 장치를 시설할 것.

⑦ 덕트에는 "접지 시스템" 규정에 준하여 접지공사 할 것.

21. 플로어덕트공사

① 전선 : 절연전선(단면적 6 ㎟)의 연선일 것.

㉮ 옥외용 비닐 절연전선(OW 전선)은 사용 못 함.

㉯ 단선 사용시 : 동은 단면적 10(㎟), 알루미늄선은 단면적 16(㎟) 이하

② 플로어덕트 안에는 전선 접속점이 없도록 할 것.

③ 플로어덕트와 박스, 기타 부속품은 다음에 따라 시설할 것.

㉮ 덕트 및 박스, 기타 부속품은 물이 고이는 부분에 시설해서는 안 된다.

㉯ 박스 및 인출구는 마루위로 돌출하지 않도록 시설하고 물이 스며들지 않도록 밀봉할 것.

㉰ 덕트 끝부분은 막을 것.

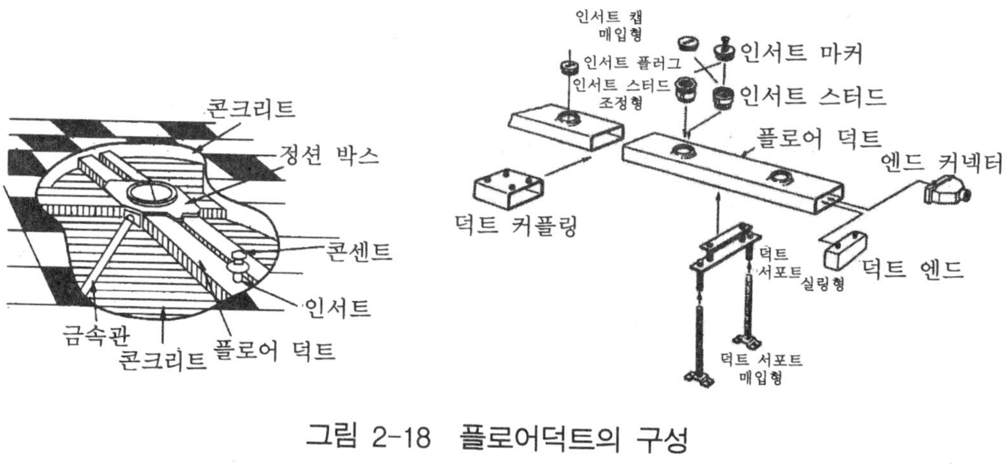

그림 2-18 플로어덕트의 구성

④ 덕트는 "접지 시스템" 규정에 준하여 접지공사 할 것.

22. 셀룰러덕트공사

① 전선 : 절연전선(단면적 6 ㎟)의 연선일 것.

㉮ 옥외용 비닐 절연전선(OW 전선)은 사용 못 함.

㉯ 단선 사용시 : 동은 단면적 10(㎟), 알루미늄선은 단면적 16(㎟) 이하

② 셀룰러덕트 안에는 전선에 접속점을 만들지 말 것.

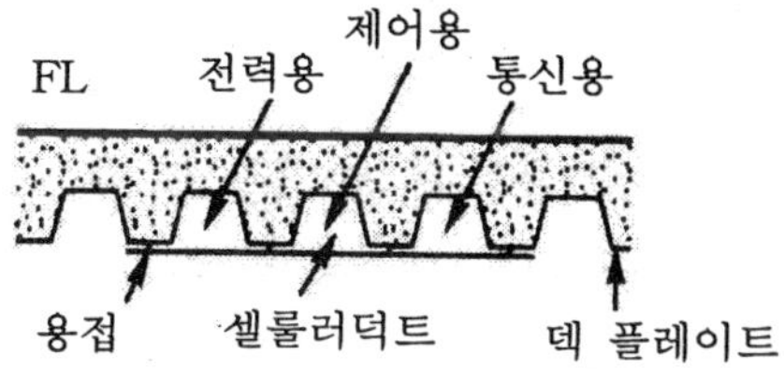

그림 2-19 셀룰러덕트

③ 셀룰러덕트 부속품은 다음에 적합할 것.

㉮ 강판으로 제작한 것일 것.

㉯ 덕트끝과 안쪽면은 전선피복이 손상하지 않도록 매끈한 것일 것.

㉰ 덕트 안쪽면 및 외면은 방청을 위해 도금 또는 도장을 한 것일 것.

㉱ 셀룰러덕트의 판 두께

덕트의 최대 폭	덕트의 판 두께
150(㎜) 이하	1.2(㎜) 이상
150(㎜) 초과 200(㎜) 이하	1.4(㎜) 이상
200(㎜) 초과	1.6(㎜) 이상

㉲ 부속품의 판 두께 : 1.6(㎜) 이상

④ 셀룰러덕트 및 부속품은 다음에 따라 시설할 것.

㉮ 덕트 및 부속품은 물이 고이는 부분이 없도록 시설할 것.

㉯ 인출구는 바닥 위로 돌출하지 않도록 시설하고, 물이 스며들지 않도록 할 것.

㉰ 덕트 끝부분은 막을 것.

⑤ 덕트는 “접지 시스템” 규정에 준하여 접지공사 할 것.

23. 케이블공사

① 전선 : 케이블, 캡타이어케이블

② 중량물의 압력 또는 현저한 기계적 충격을 받을 우려가 있는 곳에 시설하는 케이블에는 적당한 방호장치를 할 것.

③ 전선을 조영재의 아랫면 또는 옆면에 따라 붙이는 경우 지지점간의 거리

시설 방법		지지점간 거리
케이블 사용시	수평으로 붙여 시설	2(m) 이하
	수직으로 붙여 시설	6(m) 이하
캡타이어 케이블 사용시		1(m) 이하

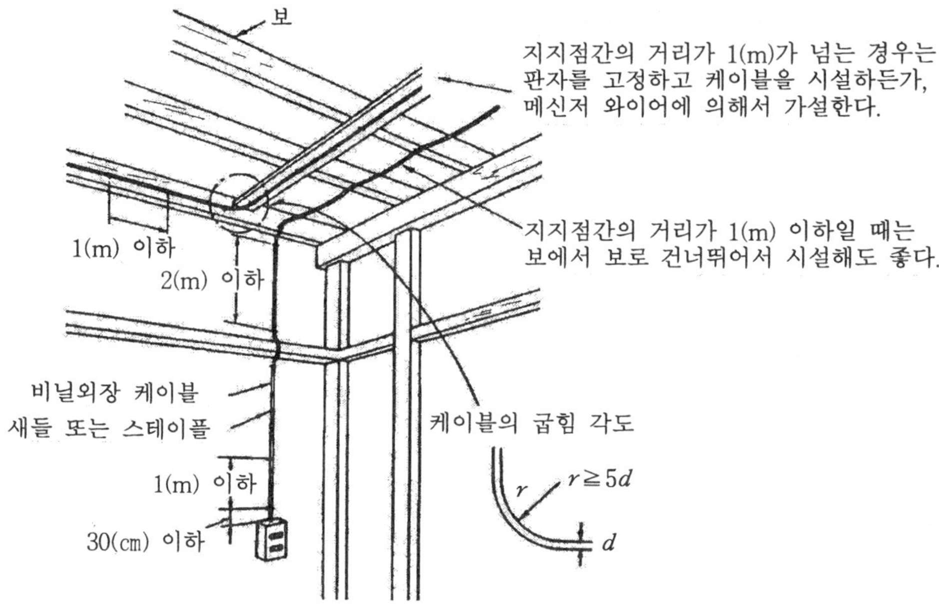

그림 2-20 케이블공사의 시공 예

④ 전선을 직접 콘크리트에 매입하여 시설하는 경우

㉮ 전선 : 콘크리트 직매용 케이블 또는 개장을 한 케이블

㉯ 박스는 금속제, 합성 수지제의 것. 황동이나 동으로 견고하게 제작.

㉰ 전선을 박스 또는 풀박스 안에 인입하는 경우는 물이 박스 또는 풀박스 안으로 침입하지 않도록 적당한 구조의 부싱 사용

㉱ 콘크리트 안에는 전선에 접속점을 만들지 말 것.

⑤ 전선을 건조물의 전기 배선용의 파이프 샤프트 안에 수직으로 매어 달아 시설하는 저압 옥내배선은 다음에 따라 시설할 것.

㉮ 전선

항목	종류 및 도체 굵기	
케이블	비닐외장케이블 또는 클로로프렌외장케이블	
도체	동	공칭단면적 25(㎟) 이상
	알루미늄	공칭단면적 35(㎟) 이상

㉯ 수직 조가용선 부 케이블로서 다음에 적합할 것.

ⓐ 인장강도 5.93(kN) 이상의 금속선 또는 단면적 22(㎟) 아연도강연선으로서 단면적 5.3(㎟) 이상의 조가용선을 비닐외장케이블 또는 클로로프렌외장케이블의 외장에 견고하게 붙인 것일 것.

ⓑ 조가용선은 케이블의 중량의 4배의 인장강도에 견디도록 붙인 것일 것.

㉰ 비닐외장케이블 또는 클로로프렌외장케이블 외장 위에 그 외장을 손상하지 않도록 좌상을 시설하고 또한 위에 아연도금을 한 철선으로서 인장강도 294(N) 이상의 것 또는 지름 1(㎜) 이상의 금속선을 조밀하게 연합한 철선 개장케이블

ⓐ 전선 및 지지부분의 안전율 : 4 이상.

ⓑ 전선 및 그 지지부분은 충전부분이 노출되지 않도록 시설할 것.

ⓒ 전선과의 분기부분에 시설하는 분기선은 케이블일 것.

ⓓ 분기선은 장력이 가하여지지 않도록 시설하고 전선과의 분기부분에는 진동방지장치를 시설할 것.

⑥ 관 기타의 금속제 부분·금속제의 전선 접속함 및 전선의 피복에 사용하는 금속체는 "접지 시스템" 규정에 준하여 접지공사 할 것.

24. 케이블 트렌치공사

① 케이블 트렌치(옥내배선공사를 위해 바닥을 파서 만든 도랑 및 부속설비, 수용가의 옥내 수전설비 및 발전설비 설치장소에만 적용)에 의한 옥내배선은 다음에 따라 시설하여야 한다.

㉮ 케이블 트렌치 내의 사용 전선의 접속부는 방습 효과를 갖도록 절연 처리하고 점검이 용이하도록 할 것.

㉯ 케이블은 배선 회로별로 구분하고 2(m) 이내의 간격으로 받침대 등을 시설할 것.

㉰ 케이블 트렌치에서 케이블 트레이, 덕트, 전선관 등 다른 배선공사 방법으로 변경되는 곳에는 전선에 물리적 손상을 주지 않도록 시설.

㉱ 케이블 트렌치 내부에는 전기배선설비 이외의 수관·가스관 등 다른 시설물을 설치하지 말 것.

② 케이블 트렌치는 다음에 적합한 구조이어야 한다.

㉮ 케이블 트렌치의 바닥 또는 측면에는 전선의 하중에 충분히 견디고 전선에 손상을 주지 않는 받침대를 설치할 것.

㉯ 케이블 트렌치의 뚜껑, 받침대 등 금속재는 내식성의 재료이거나 방식처리를 할 것.

㉰ 케이블 트렌치 굴곡부 안쪽의 반경은 통과하는 전선의 허용곡률반경 이상이어야 하고 배선의 절연피복을 손상시킬 수 있는 돌기가 없는 구조일 것.

㉱ 케이블 트렌치의 뚜껑은 바닥 마감면과 평평하게 설치하고 장비의 하중 또는 통행 하중 등 충격에 의하여 변형되거나 파손되지 않도록 할 것.

㉲ 바닥 및 측면에는 방수처리하고 물이 고이지 않도록 할 것.

③ 케이블 트렌치가 건축물의 방화구획을 관통하는 경우 관통부는 불연성의 물질로 충전(充塡)하여야 한다.

④ 금속재는 "접지 시스템" 규정에 의하여 접지공사 할 것.

25. 케이블 트레이공사

① 케이블 트레이 : 사다리형, 펀칭형, 메시형, 바닥밀폐형 기타 이와 유사한 구조물을 포함하여 적용

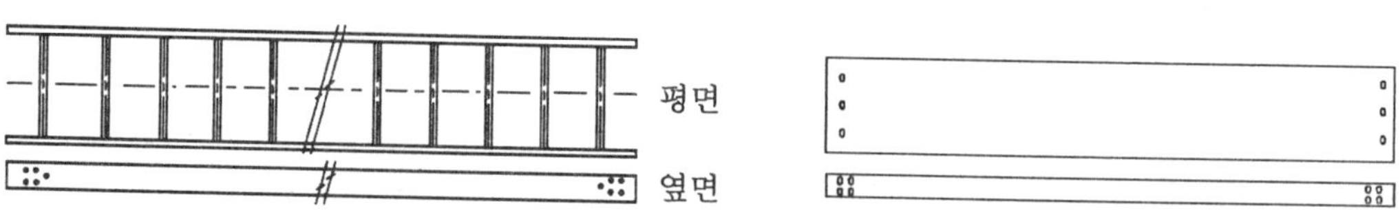

(a) 사다리형 (b) 바닥 밀폐형

그림 2-21 케이블트레이 종류

② 전선

㉮ 연피 케이블, 알루미늄피 케이블 등 난연성 케이블, 기타 케이블

㉯ 금속관 혹은 합성수지관 등에 넣은 절연전선

③ 케이블 트레이 안에서 전선 접속하는 경우는 전선 접속부분에 사람이 접근할 수 있고, 그 부분이 측면레일 위로 나오지 않도록 하고 절연처리 할 것.

④ 저·고압 또는 특고압 케이블은 동일 케이블 트레이 안에 시설하면 안됨.

⑤ 수평 트레이에 다심케이블을 포설시 다음에 적합하여야 한다.

㉮ 사다리형, 바닥밀폐형, 펀칭형, 메시형 케이블트레이 내에 다심케이블을 포설하는 경우 이들 케이블의 지름(케이블의 완성품의 바깥지름)의 합계는 트레이의 내측폭 이하로 하고 단층으로 시설할 것.

단, 삼각포설시에는 묶음단위 사이의 간격은 단심케이블 지름의 2배 이상 이격하여 포설하여야 한다

㉯ 벽면과의 간격은 20(㎜) 이상 이격하여 설치할 것.

⑥ 수평 트레이에 단심케이블을 포설시 다음에 적합하여야 한다.

㉮ 사다리형, 바닥밀폐형, 펀칭형, 메시형 케이블 트레이 내에 단심케이블을 포설하는 경우 이들 케이블의 지름의 합계는 트레이의 내측폭 이하로 하고 단층으로 포설할 것.

단, 삼각포설시에는 묶음단위 사이의 간격은 단심케이블 지름의 2배 이상 이격하여 포설할 것.

㉯ 벽면과의 간격은 20(㎜) 이상 이격할 것.

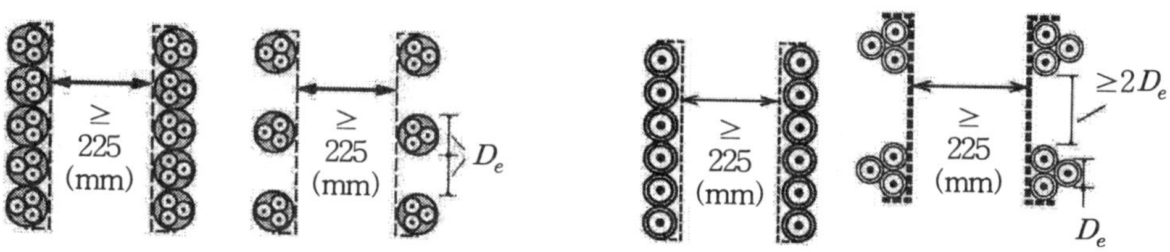

(a) 수평 포설

(b) 수직 포설

그림 2-22 트레이의 케이블 공사방법

⑦ 수직 트레이에 다심케이블을 포설시 다음에 적합하여야 한다.

㉮ 사다리형, 바닥밀폐형, 펀칭형, 메시형 케이블트레이 내에 다심케이블을 포설하는 경우 이들 케이블의 지름의 합계는 트레이의 내측폭 이하로 하고 단층으로 포설할 것.

㉯ 벽면과의 간격은 가장 굵은 케이블의 바깥지름의 0.3배 이상 이격할 것.

⑧ 수직 트레이에 단심케이블을 포설시 다음에 적합하여야 한다.

㉮ 사다리형, 바닥밀폐형, 펀칭형, 메시형 케이블 트레이 내에 단심케이블을 포설하는 경우 이들 케이블 지름의 합계는 트레이의 내측폭 이하로 하고 단층으로 포설할 것.
단, 삼각포설시에는 묶음단위 사이의 간격은 단심케이블 지름의 2배 이상 이격하여 설치할 것.

㉯ 벽면과의 간격은 가장 굵은 단심케이블 바깥지름의 0.3배 이상 이격할 것.

⑨ 케이블 트레이는 다음에 적합할 것.

㉮ 케이블 트레이 안전율 : 1.5 이상.

㉯ 지지대는 트레이 자체하중과 포설된 케이블 하중을 충분히 견딜 수 있는 강도를 가질 것.

㉰ 전선피복 등을 손상시킬 돌기 등이 없이 매끈할 것.

㉱ 금속재의 것은 적절한 방식처리를 한 것이거나 내식성 재료의 것일 것.

㉲ 측면 레일 또는 이와 유사한 구조재를 취부할 것.

㉳ 비금속제 케이블 트레이는 난연성 재료의 것일 것.

㉴ 케이블 트레이가 방화구획의 벽, 마루, 천장 등을 관통하는 경우에 관통부는 불연성 물질로 충전하거나 또는 불연성의 커버 등을 사용할 것.

㉵ 케이블이 케이블 트레이 계통에서 금속관, 합성수지관 등 또는 함으로 옮겨가는 개소에는 케이블에 압력이 가하여지지 않도록 지지하여야 한다.

⑩ "접지 시스템" 규정에 의해 접지공사 할 것.

26. 저압 옥내배선과 약전류전선 등 또는 관과의 접근 및 교차

항목	이격거리
애자사용공사에 의하여 시설하는 때는 저압 옥내배선과 다른 저압 옥내배선 또는 관등회로의 배선, 약전류전선, 수관이나 가스관	0.1(m) 이상 단, 나전선인 경우 0.3(m) 이상
애자사용공사시 저압옥내배선과 관등회로 배선이 병행하는 경우 상호간의 이격거리	60(㎜) 이상
가스계량기 및 가스관의 이음부와 전력량계 및 개폐기	0.6(m) 이상
가스계량기와 점멸기 및 접속기	0.3(m) 이상
가스관의 이음부와 점멸기 및 접속기	0.15(m) 이상

① 전선과 약전류전선을 동일한 관·몰드·덕트·케이블 트레이나 이들의 박스 안에 시설해서는 안 된다.

② 지중 통신케이블과 지중 전력케이블이 교차하거나 접근하는 경우 100(㎜) 이상의 간격을 유지하거나 벽돌, 케이블 보호 캡(점토, 콘크리트), 성형블록(콘크리트) 등과 같은 내화격벽을 갖추거나, 케이블 전선관 또는 내화물질로 만든 트로프(troughs)에 의해 추가보호 조치할 것.

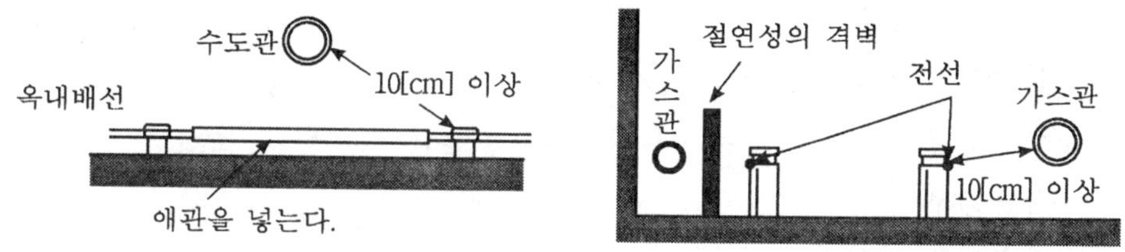

(a) 교차하는 경우 (b) 접근하는 경우

그림 2-23 저압 옥내배선과 약전류 전선, 수관, 가스관과의 이격거리

27. 옥내, 옥측 또는 옥외에 시설하는 코드 및 이동전선

① 조명용 전원코드(400(V) 이하) 또는 이동전선 : 단면적 0.75(㎟) 이상의 코드 또는 캡타이어케이블

② 옥측에 시설하는 조명용 전원코드를 비나 이슬에 맞지 않도록 시설하고 사람 쉽게 접촉되지 않도록 시설할 경우에는 단면적 0.75(㎟) 이상인 450/750(V) 내열성 에틸렌아세테이트 고무절연전선 사용.

이 경우 전구수구의 리드 인출부의 전선 간격이 10(㎜) 이상인 전구소켓을 사용하는 것은 0.75(㎟) 이상인 450/750(V) 일반용 단심 비닐절연전선 사용

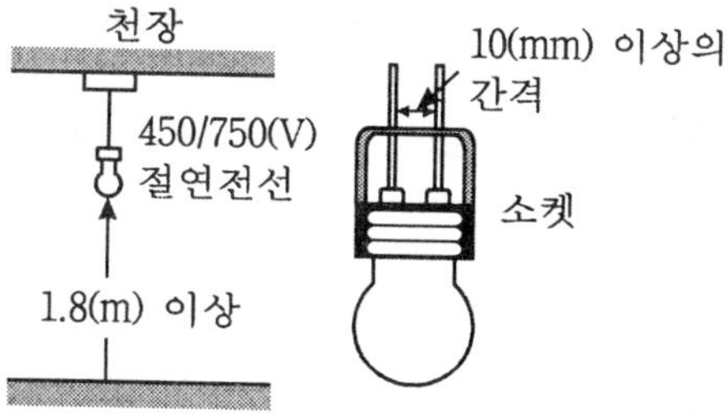

그림 2-24 옥내 저압용 전구선의 시설

③ 옥내에서 조명용 전원코드 또는 이동전선을 습기 또는 수분이 있는 장소에 시설할 경우에는 고무코드(사용전압 400 V 이하) 또는 0.6/1(㎸) EP 고무 절연 클로로프렌캡타이어케이블로서 단면적이 0.75(㎟) 이상인 것 사용.

28. 분진 위험장소

① 폭연성 분진(마그네슘 · 알루미늄 · 티탄 · 지르코늄 등의 먼지가 쌓여있는 상태에서 불이 붙었을 때에 폭발할 우려가 있는 것) 또는 화약류 분말이 전기설비가 발화원이 되어 폭발할 우려가 있는 곳에 시설하는 저압 옥내 전기설비

㉮ 공사법 : 금속관공사 또는 케이블공사(캡타이어 케이블 제외)

㉯ 금속관공사

ⓐ 금속관은 박강전선관 또는 이와 동등 이상의 강도를 가지는 것일 것.

ⓑ 관 상호간 및 관과 박스, 기타 부속품 · 풀박스 또는 전기기계기구와는 5턱 이상 나사조임으로 접속하는 방법 기타 이와 동등 이상의 효력이 있는 방법에 의하여 견고하게 접속하고 또한 내부에 먼지가 침입하지 아니하도록 접속할 것.

ⓒ 전동기에 접속하는 부분에서 가요성을 필요로 하는 부분의 배선에는 방폭형 부속품 중 분진 방폭형 유연성 부속을 사용할 것.

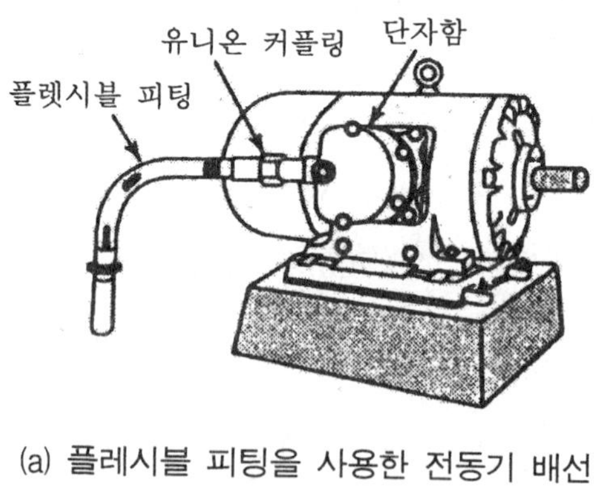

(a) 플레시블 피팅을 사용한 전동기 배선

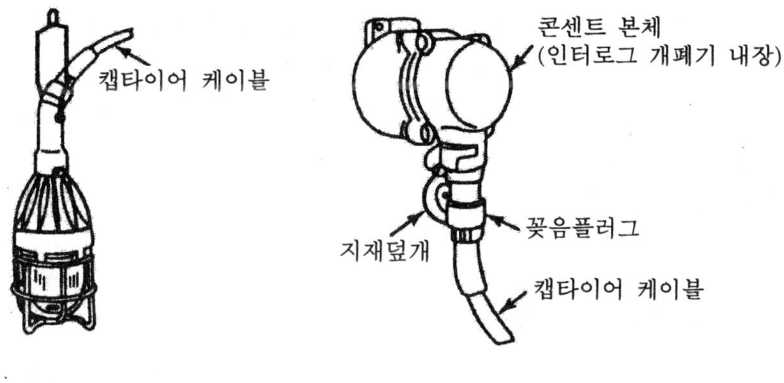

(b) 내압방폭형 핸드램프　　　(c) 내압봉폭형 콘센트

그림 2-25 폭연성 분진장소에 시설하는 배선의 예

㉰ 케이블공사 : 개장된 케이블 또는 미네럴인슈레이션 케이블(MI 케이블) 이외에는 관 기타의 방호장치에 넣어 사용할 것.

㉱ 이동전선 : 0.6/1(㎸) EP 고무절연 클로로프렌 캡타이어 케이블(PNCT)

② 가연성 분진(소맥분 · 전분 · 유황 기타 가연성의 먼지로 공중에 떠다니는 상태에서 착화하였을 때에 폭발할 우려가 있는 것)에 전기설비가 발화원이 되어 폭발할 우려가 있는 곳에 시설하는 저압 옥내 전기설비

㉮ 공사법 : 합성수지관공사(두께 2 ㎜ 이상), 금속관공사, 케이블공사.

㉯ 합성수지관공사

ⓐ 합성수지관 및 박스, 기타 부속품은 손상을 받을 우려가 없도록 시설하고, 관 상호간 및 박스와는 관을 삽입하는 깊이를 관의 바깥지름의 1.2배(접착제를 사용하는 경우에는 0.8배) 이상으로 하고 또한 꽂음 접속에 의하여 견고하게 접속할 것.

ⓑ 전동기에 접속하는 부분에서 가요성을 필요로 하는 부분의 배선에는 분진방폭형 유연성 부속을 사용할 것.

㉰ 금속관공사 : 관 상호간 및 관과 박스 기타 부속품 · 풀박스 또는 전기기계기구와는 5턱 이상 나사 조임으로 접속하는 방법, 기타 이와 동등 이상의 효력이 있는 방법에 의해 견고하게 접속할 것.

㉱ 케이블공사 : 전선을 전기기계기구에 끌어넣는 때에는 인입구에서 전선이 손상될 우려가 없도록 할 것.

㉲ 이동전선

ⓐ 0.6/1(㎸) EP 고무 절연 클로로프렌 캡타이어 케이블(PNCT)

ⓑ 0.6/1(㎸) 비닐 절연 비닐캡타이어 케이블(VCT)

③ 용기는 전폐구조(全閉構造)일 것.

29. 가연성 가스 등의 위험장소

가연성 가스 또는 인화성 물질의 증기가 누출되거나 체류하여 전기설비가 발화원이 되어 폭발할 우려가 있는 곳(프로판 가스 등의 가연성 액화 가스를 다른 용기에 옮기거나 나누는 등의 작업을 하는 곳, 에탄올·메탄올 등의 인화성 액체를 옮기는 곳 등)에 있는 저압 옥내전기설비

① 금속관공사

㉮ 관 상호간 및 관과 박스 기타의 부속품·풀박스 또는 전기기계기구와는 5턱 이상 나사 조임으로 접속하는 방법 기타 이와 동등 이상의 효력이 있는 방법에 의하여 견고하게 접속할 것.

㉯ 전동기에 접속하는 부분에는 방폭형 부속품 중 내압방폭형 또는 안전증가 방폭형의 유연성 부속을 사용할 것.

② 케이블공사 : 전선을 기계기구에 끌어넣는 때에는 인입구에서 전선이 손상될 우려가 없도록 할 것.

③ 이동전선 : 0.6/1(㎸) EP 고무 절연 클로로프렌 캡타이어케이블(PNCT)

30. 위험물 등이 존재하는 장소

셀룰로이드·성냥·석유류 기타 타기 쉬운 위험한 물질을 제조, 저장하는 곳에 시설하는 저압 옥내 전기설비

① 이동전선은 접속점이 없는 0.6/1(㎸) EP 고무 절연 클로로프렌 캡타이어케이블(PNCT) 또는 0.6/1(㎸) 비닐 절연 비닐캡타이어케이블(VCT)을 사용

② 공사법 : 금속관공사, 케이블공사, 합성수지관공사

31. 화약류 저장소에서 전기설비의 시설

① 화약류 저장소 안에는 전기설비를 시설하면 안 된다.

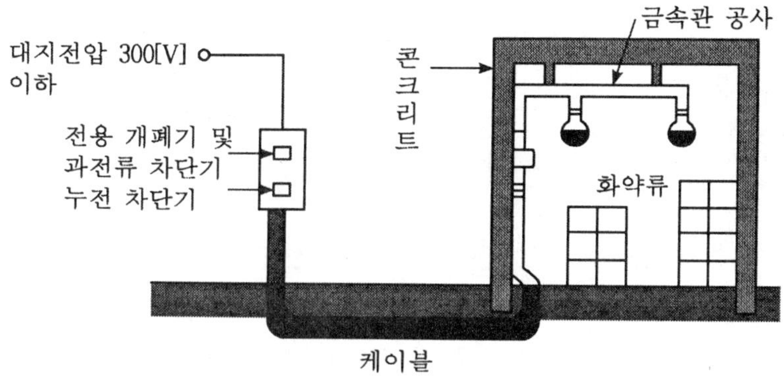

그림 2-26 화약류 저장소의 저압 배선(케이블 사용 지중선로)

단, 조명기구에 전기를 공급하기 위한 전기설비를 다음에 따라 시설하는 경우에는 시설할 수 있다.

㉮ 전로에 대지전압은 300(V) 이하일 것.

㉯ 전기기계기구는 전폐형의 것일 것.

㉰ 케이블을 전기기계기구에 인입할 때는 인입구에서 케이블이 손상될 우려가 없도록 시설할 것.

② 화약류 저장소 이외의 곳에 전용개폐기 및 과전류차단기를 각 극(중성극, 접지극 제외)에 시설하고 또한 전로에 지락이 생겼을 때에 자동차단장치 또는 경보하는 장치를 시설할 것.

32. 전시회, 쇼 및 공연장의 전기설비

① 무대 · 무대마루 밑 · 오케스트라 박스 · 영사실 기타 사람이나 무대 도구가 접촉할 우려가 있는 곳에 시설하는 저압 옥내배선, 전구선 또는 이동전선은 사용전압이 400(V) 이하.

② 전선

항목	전선
배선용 케이블	구리 도체로 최소 단면적이 1.5(㎟)
무대마루 밑 전구선	· 300/300(V) 편조 고무코드(BRC) · 0.6/1(㎸) EP 고무 절연 클로로프렌 캡타이어 케이블(PNCT)
이동전선	· 0.6/1(㎸) EP 고무 절연 클로로프렌 캡타이어 케이블 · 0.6/1(㎸) 비닐 절연 비닐캡타이어 케이블(VCT)
보더라이트에 부속된 이동전선	0.6/1(㎸) EP 고무 절연 클로로프렌 캡타이어 케이블

㉮ 전시회 등에 사용하는 건축물에 화재경보기가 시설되지 않은 경우에 케이블 설비는 저발연 케이블 또는 금속제 또는 비금속제의 전선관 또는 덕트에 넣는 단심 또는 다심의 비외장 케이블일 것.

㉯ 기계적 손상의 위험이 있는 경우에는 외장케이블 또는 적당한 방호 조치를 한 케이블을 시설할 것.

㉰ 회로 내에 접속이 필요한 경우를 제외하고 케이블의 접속 개소는 없어야 한다.
다만, 불가피하게 접속을 하는 경우에는 접속기를 사용 또는 폐쇄함 내에서 접속을 실시할 것.

③ 플라이덕트를 시설하는 경우

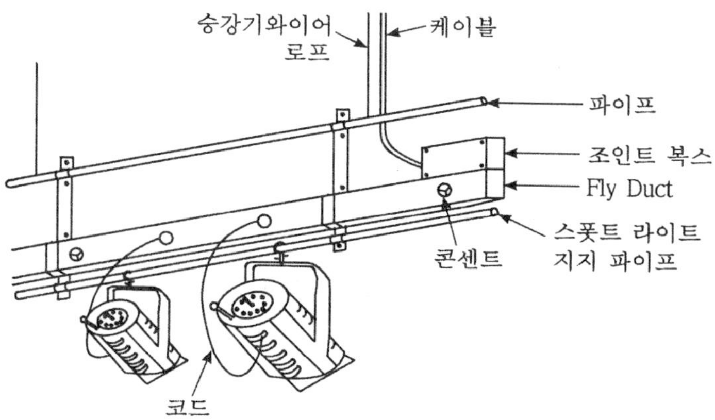

그림 2-27 Fly duct 취부도의 예

㉮ 전선은 절연전선 또는 이와 동등 이상의 절연효력이 있는 것일 것.(옥외용 비닐절연전선 제외)

㉯ 덕트 두께 0.8(㎜) 이상의 철판 등으로 견고하게 제작한 것일 것.

㉰ 덕트 안쪽면은 돌기 등이 없고, 도금 또는 도장을 한 것일 것.

㉱ 덕트 끝부분은 막을 것.

㉲ 플라이덕트 안의 전선을 외부로 인출할 경우는 0.6/1(㎸) 비닐절연 비닐캡타이어케이블을 사용하고 또한 플라이덕트의 관통 부분에서 전선이 손상될 우려가 없도록 조영재 등에 견고하게 시설할 것.

④ 조명기구가 바닥으로부터 높이 2.5(m) 이하에 시설되거나 과실에 의해 접촉이 발생할 우려가 있는 경우에는 적절한 방법으로 견고하게 고정시키고 사람의 상해 또는 물질의 발화위험을 방지할 수 있는 위치에 설치하거나 방호할 것.

⑤ 네온 방전등 또는 램프의 이면이 되는 간판 또는 공연장 부착재료는 비발화성으로 하고 출력전압이 교류 220/380(V)를 초과하는 제어장치는 비발화성 재료에 부착할 것.

⑥ 특별저압(ELV) 변압기 및 전자식 컨버터의 2차 회로는 수동으로 리셋하는 보호장치로 보호할 것.

⑦ 이동형 멀티 탭의 사용은 고정 콘센트 1개당 1개로 시설하고, 플러그로부터 멀티 탭까지의 가요 케이블 또는 코드의 최대 길이는 2(m) 이내일 것.

⑧ 무대·무대마루 밑·오케스트라 박스 및 영사실 전로에는 전용개폐기 및 과전류차단기를 시설할 것.

⑨ 비상 조명을 제외한 조명용 분기회로 및 정격 32(A) 이하의 콘센트용 분기회로는 정격 감도 전류 30(㎃) 이하의 누전차단기로 보호할 것.

⑩ 무대용 콘센트 박스·플라이덕트 및 보더라이트의 금속제 외함에는 "접지 시스템"의 규정에 따라 접지공사 할 것.

33. 진열장 또는 이와 유사한 것의 내부 배선

① 건조한 장소에 시설하고 또한 내부를 건조한 상태로 사용하는 진열장 또는 이와 유사한 것의 내부에 사용전압이 400(V) 이하

② 전선 : 단면적 0.75(㎟) 이상인 코드 또는 캡타이어 케이블

③ 전선에는 방전등용 안정기의 리드선 또는 방전등용 소켓 리드선과의 접속점 이외에는 접속점을 만들지 말 것.

④ 전선의 부착점간의 거리는 1(m) 이하로 하고 배선에는 전구 또는 기구의 중량을 지지하지 않도록 할 것.

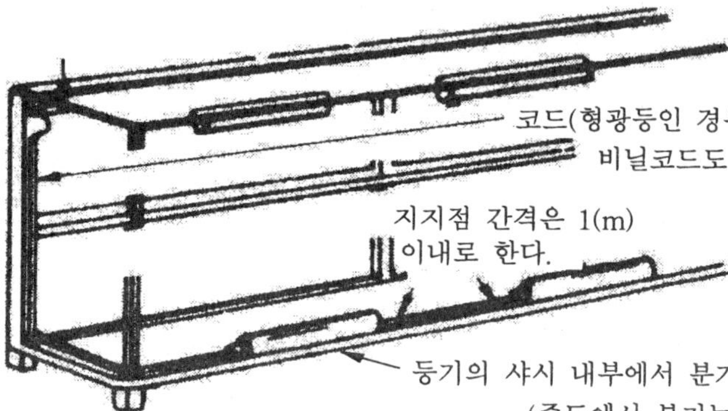

그림 2-28 진열장 안의 배선공사

34. 옥내, 옥측 및 옥외 시설하는 저압 접촉전선의 시설

이동기중기 · 자동청소기 그 밖에 이동하며 사용하는 저압의 전기기계기구에 전기를 공급하기 위해 사용하는 접촉전선은 전개된 장소 또는 점검할 수 있는 은폐된 장소에 애자사용공사 또는 버스덕트공사 또는 절연트롤리공사에 의한다.

① 애자사용공사에 의하여 옥내의 전개된 장소에 시설하는 경우

㉮ 전선 높이 및 조영재와 이격거리

항목	높이 및 이격거리	
바닥에서의 높이	지표상 3.5(m) 이상	
건조물 또는 주행 크레인에 설치한 보도 · 계단 · 사다리 · 점검대 이거나 이와 유사한 것	위쪽	2.3(m) 이상
	측방(옆쪽)	1.2(m) 이상

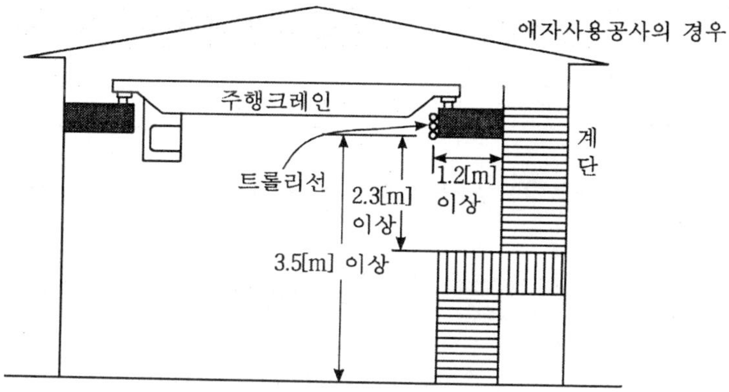

그림 2-29 옥내에 시설하는 저압 접촉전선 공사

㉯ 전선

사용전압의 구분	전선의 굵기
400(V) 이하	인장강도 3.44(kN) 이상의 것 또는 지름 3.2(㎜) 이상의 경동선으로 단면적 8(㎟) 이상
400(V) 초과	인장강도 11.2(kN) 이상의 것 또는 지름 6(㎜)의 경동선으로 단면적 28(㎟) 이상

㉰ 전선은 각 지지점에 견고하게 고정시켜 시설하고, 양쪽 끝을 내장애자장치에 의해 견고하게 인류할 것.

㉱ 전선의 지지점간 거리 : 6(m) 이하.

㉲ 전선 상호간의 간격

시설 방법	이격 거리
수평으로 배열하는 경우	0.14(m) 이상
기타(수직으로 배열하는 경우)	0.2(m) 이상

㉳ 집전장치의 충전부분과 조영재 사이의 이격거리

항목	이격거리
습기가 많은 곳 또는 물기가 있는 곳에 시설하는 것	45(㎜) 이상
기타의 곳에 시설하는 것(건조한 곳)	25(㎜) 이상

㉴ 애자는 절연성, 난연성 및 내수성이 있는 것일 것.

② 애자사용공사에 의하여 옥내의 점검할 수 있는 은폐된 장소에 시설하는 경우 전선 상호간 및 조영재와 이격거리

항목	이격거리
전선 상호간	0.12(m) 이상
조영재 및 전선에 접촉하는 집전장치의 충전부분과 조영재 사이	45(㎜) 이상

③ 저압 접촉전선을 버스덕트공사에 의하여 옥내에 시설하는 경우

㉮ 도체

재료	도체 모양
동 또는 황동	단면적 20(㎟) 이상의 띠 모양
	지름 5(mm) 이상의 관모양이나 둥글고 긴 막대모양

ⓐ 도체 지지물은 절연성·난연성 및 내수성이 있는 견고한 것일 것.

ⓑ 덕트는 그 최대 폭에 따라 표의 두께 이상의 강판·알루미늄판 또는 합성수지판(최대폭 300 ㎜ 이하)으로 견고히 제작한 것일 것.

덕트의 최대 폭(㎜)	덕트의 판 두께(㎜)		
	강 판	알루미늄판	합성수지판
150 이하	1.0	1.6	2.5
150 초과 300 이하	1.4	2.0	5.0
300 초과 500 이하	1.6	2.3	-
500 초과 700 이하	2.0	2.9	-
700 초과	2.3	3.2	-

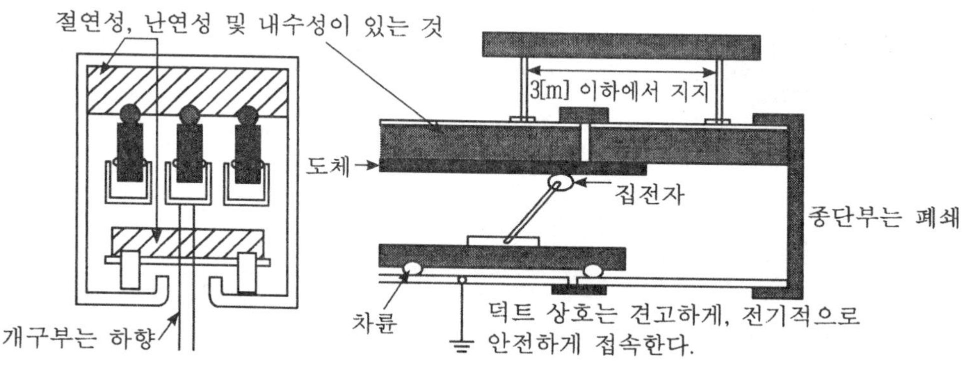

그림 2-30 저압 접촉전선의 버스덕트공사

㉯ 덕트 개구부는 아래를 향하고, 충전부분이 노출하지 않는 구조일 것.

㉰ 버스덕트에 절연변압기(1차측 사용전압 400 V 이하)를 사용하고, 절연 변압기의 2차측 전로는 접지하지 아니할 것.

④ 절연트롤리공사에 의하여 시설하는 경우

㉮ 도체 : 지름 6(㎜)의 경동선 또는 동등 이상의 세기의 것으로서 단면적 28(㎟) 이상의 것일 것.

㉯ 개구부는 아래 또는 옆으로 향하고, 충전부분이 노출되지 않는 구조일 것.

㉰ 절연트롤리선을 습기가 많은 장소 또는 물기가 있는 장소에 시설하는 경우는 옥외용 행거 또는 옥외용 내장인류장치를 사용할 것.

㉱ 절연트롤리선 지지점 간의 거리

도체 단면적의 구분	지지점 간격
500(㎟) 미만	2(m) 이상 (굴곡 반지름이 3 m 이하의 곡선 부분에서는 1 m)
500(㎟) 이상	3(m) 이상 (굴곡 반지름이 3 m 이하의 곡선 부분에서는 1 m)

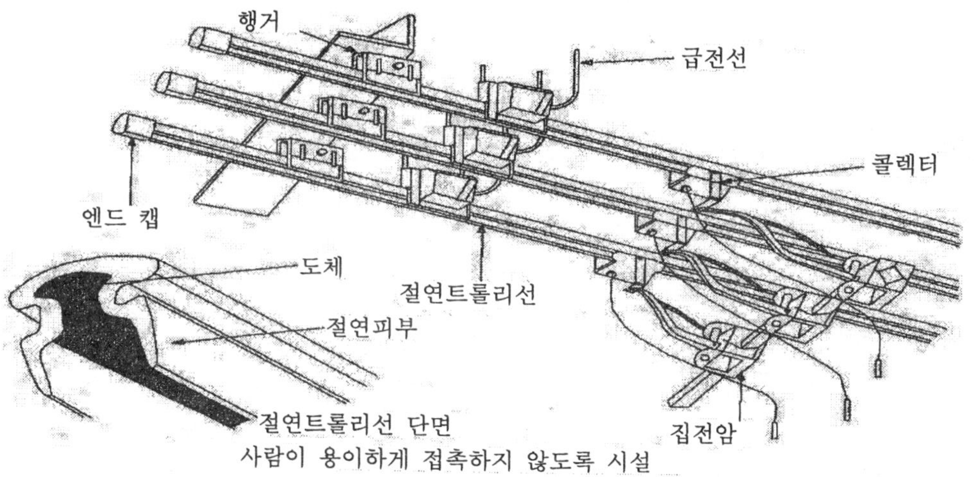

그림 2-31 저압 접촉전선의 절연 트롤리공사

⑤ 옥내에서 사용하는 기계기구에 시설하는 저압 접촉전선은 다음에 따라 시설

㉮ 사용전압 : 400(V) 이하

㉯ 전선에 전기를 공급하기 위하여 절연변압기를 사용하고, 절연변압기의 1차측 사용전압은 대지전압 300(V) 이하일 것.

⑥ 이격거리

항목	이격거리
다른 옥내전선, 약전류전선, 수관·가스관이나 이와 유사한 것과 접근, 교차하는 경우	0.3(m) 이상
가스계량기 및 가스관의 이음부	0.6(m) 이상

⑦ 저압 접촉전선에 전기를 공급하기 위한 전로에 설치하는 전용 개폐기는 저압 접촉전선에 가까운 곳에 쉽게 개폐할 수 있도록 시설하고, 과전류차단기는 각 극에 시설할 것.

⑧ “접지 시스템” 규정에 준하여 접지공사 할 것.

35. 엘리베이터 · 덤웨이터 등의 승강로 안의 저압 옥내배선 등의 시설

① 사용전압 : 400(V) 이하

② 리프트 케이블(비닐 리프트 케이블 또는 고무 리프트 케이블)

36. 고압 옥내배선 등의 시설

① 고압 옥내배선은 다음에 따라 시설할 것.

㉮ 애자사용배선(건조한 장소로서 전개된 장소에 한한다)

㉯ 케이블배선

㉰ 케이블트레이배선(연피 케이블, 알루미늄피 케이블 등 난연성 케이블, 기타 케이블)

② 애자사용 배선

㉮ 전선 : 공칭단면적 6(㎟) 이상의 연동선, 고압 절연전선, 특고압 절연전선, 인하용 고압 절연전선

㉯ 전선의 지지점간, 전선 상호간 및 조영재와의 이격거리

전압	전선과 조영재와의 이격거리	전선 상호간 이격거리	전선 지지점간 거리	
			조영재의 상면 또는 측면을 따라 시설하는 경우	조영재에 따라 시설하지 않는 경우
고압	0.05(m) 이상	0.08(m) 이상	2(m) 이하	6(m) 이하

㉰ 고압 옥내배선은 저압 옥내배선과 쉽게 식별되도록 시설할 것.

㉣ 애자는 절연성·난연성 및 내수성의 것일 것.

㉤ 전선이 조영재를 관통하는 경우에는 관통하는 부분의 전선을 전선마다 각각 별개의 난연성 및 내수성이 있는 견고한 절연관에 넣을 것.

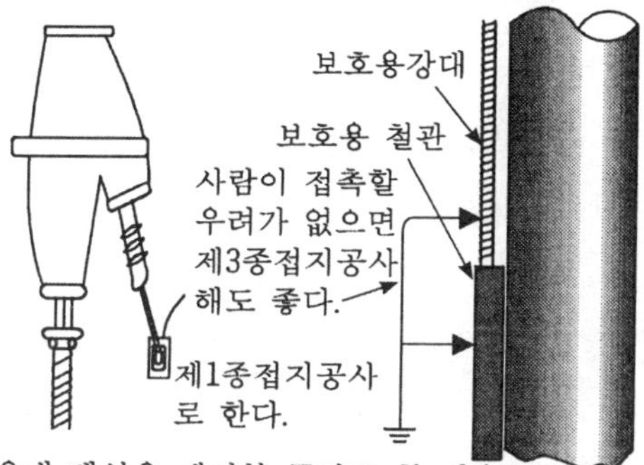

그림 2-32 고압 옥내배선의 케이블공사

③ 케이블 배선 : 금속체는 "접지 시스템"에 의한 접지공사 할 것.

④ 케이블트레이 배선 : 금속제는 "접지도체·보호도체"에 적합한 도체로 접지시스템에 접속할 것.

⑤ 고압 옥내배선이 다른 타전선 및 관 등과 이격거리

항목	이격거리
다른 저고압 옥내배선, 관등회로의 배선, 약전류전선, 수관·가스관이나 이와 유사한 것과 접근하거나 교차	0.15(m) 이상
애자사용공사에 의하여 시설하는 저압 옥내전선이 나전선인 경우	0.3(m) 이상
가스계량기 및 가스관의 이음부와 전력량계 및 개폐기	0.6(m) 이상

37. 옥내 고압용 이동전선의 시설

① 전선 : 고압용 캡타이어케이블

② 이동전선에 전기를 공급하는 전로에는 전용 개폐기 및 과전류 차단기를 각극에 시설하고, 또한 전로에 지락이 생겼을 때에 자동적으로 전로를 차단하는 장치를 시설할 것.

38. 옥내에 시설하는 고압 접촉전선 공사

① 이동 기중기 기타 이동하여 사용하는 고압 전기기계기구에 접촉전선을 옥내에 시설하는 경우는 전개된 장소 또는 점검할 수 있는 은폐된 장소에 애자사용공사에 의하고 또한 다음에 따라 시설할 것.

㉮ 전선 : 인장강도 2.78(kN) 이상의 것. 또는 지름 10(㎜)의 경동선으로 단면적이 70(㎟) 이상인 구부리기 어려운 것일 것.

㉯ 전선 지지점간의 거리 : 6(m) 이하.

㉰ 이격거리

항목	이격거리
전선 상호간의 간격 및 집전장치의 충전부분 상호간 및 집전장치의 충전부분과 극성이 다른 전선 사이	0.3(m) 이상
전선 및 집전장치의 충전부분과 조영재 사이	0.2(m) 이상
고압접촉전선에 접촉하는 집전장치의 충전부분이 다른 옥내전선·약전류전선 등 또는 수관·가스관	0.6(m) 이상
고압접촉전선과 다른 옥내전선이나 약전류전선 등 사이에 절연성 및 난연성이 있는 견고한 격벽을 설치하는 경우	0.3(m) 이상

② 전용 개폐기는 고압접촉전선에 가까운 곳에 쉽게 개폐할 수 있도록 시설, 과전류차단기는 각 극에 시설 및 자동적으로 차단하는 장치를 시설할 것.

③ 고압접촉전선에 접촉하는 집전장치의 이동에 의한 무선설비 기능에 중대한 장해를 줄 우려가 없도록 시설할 것.

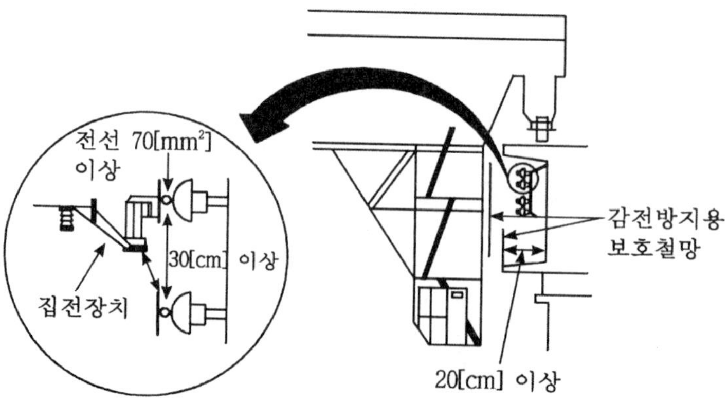

그림 2-33 옥내에 시설하는 고압 접촉 전선 공사

39. 특고압 옥내 전기설비의 시설

① 사용전압 : 100(kV) 이하.
단, 케이블트레이 배선(공사)에 의하여 시설하는 경우 : 35(kV) 이하.
㉮ 전선 : 케이블
㉯ 케이블은 철재 관·덕트 기타의 견고한 방호장치에 넣어 시설할 것.

② 특고압 옥내배선이 저압 옥내전선·관등회로의 배선·고압 옥내전선·약전류 전선 등 또는 수관·가스관이나 이와 유사한 것과 접근, 교차하는 경우
㉮ 특고압 옥내배선과 저·고압 옥내전선·관등회로의 배선 사이의 이격거리 : 0.6(m) 이상
㉯ 특고압 옥내배선과 약전류전선 등 또는 수관·가스관이나 이와 유사한 것과 접촉하지 않도록 시설할 것.

③ 특고압의 이동전선 및 접촉전선은 옥내에 시설해서는 안 된다.

④ 금속체에는 "접지 시스템"의 규정에 의한 접지공사 할 것.

40. 옥내, 옥측 및 옥외 방전등(1(kV) 이하)

관등회로의 사용전압이 1(kV) 이하인 방전등을 옥내에 사람이 접촉될 우려가 없도록 시설할 것.

① 방전등에 전기를 공급하는 전로의 대지전압 : 300(V) 이하
② 방전등용 안정기는 옥내배선과 직접 접속하여 시설할 것.

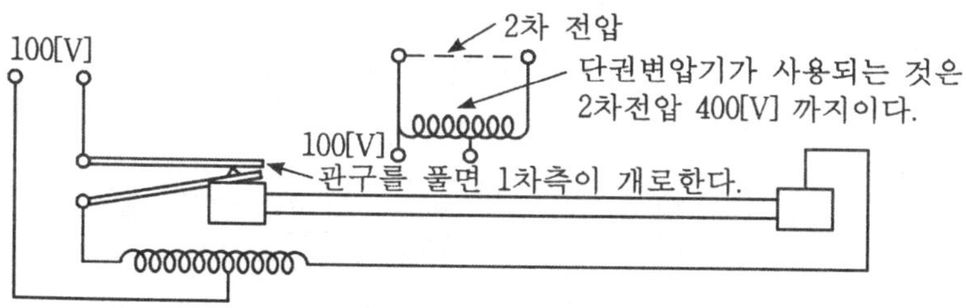

그림 2-34 방전등용 변압기

③ 방전등용 안정기는 조명기구에 내장 또는 견고한 내화성의 외함 속에 넣을 것.

다만, 다음 표에 의할 경우는 조명기구를 견고하게 부착하고 쉽게 점검할 수 있도록 외부에 시설할 수 있다.

항목	이격거리
노출장소에 시설할 경우는 외함을 가연성의 조영재에서	0.01(m) 이상
간접조명을 위한 벽안 및 진열장 안의 은폐장소에는 외함을 가연성의 조영재에서	10(mm) 이상
은폐장소에 시설할 경우는 외함을 또 다른 내화성 함속에 넣고 그 함은 가연성의 조영재로부터	10(mm) 이상

④ 관등회로 사용전압이 400(V) 초과인 경우에는 방전등용 변압기. 즉 절연변압기 사용할 것.

⑤ 관등회로의 사용전압이 400(V) 이하인 배선은 공칭단면적 2.5(㎟) 이상의 연동선과 이와 동등 이상의 세기 및 굵기의 절연전선(옥외용 비닐절연전선 및 인입용 비닐절연전선은 제외), 캡타이어케이블 또는 케이블을 사용

⑥ 관등회로의 사용전압이 400(V) 초과이고 1(㎸) 이하인 배선은 그 시설장소에 따라 합성수지관공사·금속관공사·가요전선관공사나 케이블공사 또는 표 중 어느 한 방법에 의하여 시설할 것.

시설장소의 구분		공사방법
전개된 장소	건조한 장소	애자공사·합성수지몰드공사 또는 금속몰드공사
	기타의 장소	애자공사
점검할 수 있는 은폐된 장소	건조한 장소	금속몰드공사

⑦ 애자공사시 전선에 사람이 쉽게 접촉될 우려가 없도록 표에 의하여 시설.
단, 전개된 장소에 관등회로의 사용전압이 600(V) 이하인 경우에는 단면적 2.5(㎟) 이상의 연동선과 동등 이상의 세기 및 굵기의 절연전선(옥외용 비닐절연전선 및 인입용 비닐절연전선은 제외) 사용.

공사방법	전선 상호 간의 거리	전선과 조영재의 거리	전선 지지점간의 거리	
			관등회로의 전압이 400(V) 초과 600(V) 이하의 것.	관등회로의 전압이 600(V) 초과 1(㎸) 이하의 것.
애자공사	60(㎜) 이상	25(㎜) 이상 (습기가 많은 장소는 45 ㎜ 이상)	2(m) 이하	1(m) 이하

⑧ 금속제에는 “접지 시스템” 규정에 준해 접지공사 할 것.
다음에 해당 될 경우는 접지공사를 생략할 수 있다.
㉮ 관등회로의 사용전압이 대지전압 150(V) 이하의 것을 건조한 장소에서 시공할 경우
㉯ 관등회로의 사용전압이 400(V) 이하의 것을 사람이 쉽게 접촉될 우려가 없는 건조한 장소에서 시설할 경우로 그 안정기의 외함 및 등기구의 금속제 부분이 금속제의 조영재와 전기적으로 접속되지 않도록 시설할 경우
㉰ 관등회로의 사용전압이 400(V) 이하 또는 변압기의 정격 2차 단락전류 혹은 회로의 동작전류가 50(mA) 이하의 것으로 안정기를 외함에 넣고, 이것을 등기구와 전기적으로 접속되지 않도록 시설할 경우
㉱ 건조한 장소에 시설하는 목제의 진열장속에 안정기의 외함 및 금속제부분을 사람이 쉽게 접촉되지 않도록 시설할 경우

41. 옥내, 옥측 또는 옥외에 시설하는 네온방전등

① 전로의 대지전압은 300(V) 이하로 다음에 의하여 시설할 것.
㉮ 방전등용 변압기 : 네온변압기
ⓐ 네온변압기는 2차측을 직렬 또는 병렬로 접속하여 사용하지 말 것.
ⓑ 네온변압기를 우선 외에 시설할 경우는 옥외형의 것을 사용할 것.
㉯ 관등회로 배선은 전개된 장소 또는 점검할 수 있는 은폐된 장소에 시설
② 배선은 애자공사로 다음에 따라서 시설할 것.

항목	특성
전선	네온관용 전선
전선 상호간의 간격	60(mm) 이상
전선의 지지점간 거리	1(m) 이하

㉮ 전선과 조영재 이격거리는 노출장소에서 표에 따를 것.

사용전압의 구분	이격거리
6(kV) 이하	20(mm) 이상
6(kV) 초과 9(kV) 이하	30(mm) 이상
9(kV) 초과	40(mm) 이상

㉯ 애자는 절연성 · 난연성 및 내수성이 있는 것일 것.

→ 코드 서포트 : 네온전선을 조영재에 지지하는 애자

③ 관등회로와 배선 중 방전관의 관극 사이를 접속하는 부분, 방전관 붙임틀 안에 시설하는 부분 또는 조영재에 따라 시설하는 부분

㉮ 전선 : 두께 1(㎜) 이상의 유리관에 넣어 시설할 것.

㉯ 유리관 지지점 사이의 거리 : 0.5(m) 이하

㉰ 유리관의 지지점 중 가장 관의 끝에 가까운 것은 관 끝으로부터 0.08(m) 이상 0.12(m) 이하의 부분에 시설할 것.

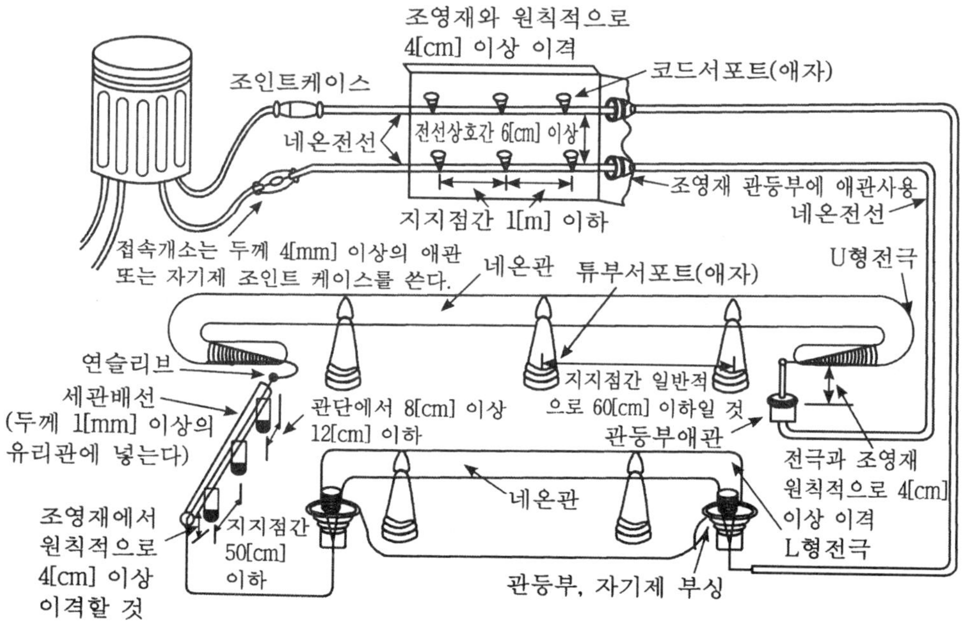

그림 2-35 배관과 조영재 및 전선간의 이격거리

④ "접지 시스템" 규정에 준하여 접지공사를 한다.

42. 옥측 또는 옥외의 방전등공사(1(kV) 초과)

① 옥측 또는 옥외에 시설하는 관등회로의 사용전압이 1(kV)를 초과하는 방전등으로서 방전관에 네온방전관 이외의 것을 사용하는 것은 다음에 따라 시설

㉮ 방전등에 전기를 공급하는 전로의 사용전압 : 저압 또는 고압.

㉯ 관등회로 사용전압 : 고압.

㉰ 방전등용 변압기는 다음에 적합한 절연변압기일 것.

ⓐ 금속제의 외함에 넣고 또한 공칭단면적 6.0(㎟)의 도체를 붙일 수 있는 황동제 접지용 단자를 설치한 것일 것.

ⓑ 금속제 외함에 철심은 전기적으로 완전히 접속한 것일 것.

ⓒ 권선 상호간 및 권선과 대지 사이에 최대 사용전압 1.5배의 교류전압(500 V 미만일 때에는 500 V)을 연속 10분간 가하였을 때 견디는 것일 것.

② 방전관은 금속제의 견고한 기구에 넣고 다음에 의하여 시설할 것.

㉮ 기구의 지표상 높이 : 4.5(m) 이상

㉯ 기구와 기타 시설물 또는 식물 사이의 이격거리 : 0.6(m) 이상

③ 방전등 전로에는 전용개폐기 및 과전류차단기를 각 극에 시설할 것.

④ 방전등에는 적절한 방수장치를 한 옥외형의 것을 사용할 것.

⑤ 가로등, 보안등, 조경등 등으로 시설하는 방전등에 공급하는 전로의 사용전압이 150(V)를 초과하는 경우

㉮ 전로 지락시 자동적으로 차단하는 장치를 각 분기회로에 시설할 것.

㉯ 전로 길이는 상시 충전전류에 의한 누설전류로 인하여 누전차단기가 불필요하게 동작하지 않도록 시설할 것.

㉰ 사용전압 400(V) 이하인 관등회로의 배선에 사용하는 전선은 케이블 또는 동등 이상의 절연성능을 가진 전선을 사용할 것.

㉱ 가로등주, 보안등주, 조경등 등의 등주 안에서 전선의 접속은 절연 및 방수성능이 있는 방수형 접속재 사용 및 적절한 방수함 안에서 접속할 것.

㉲ 보안등의 개폐기 설치 위치는 사람이 쉽게 접촉할 우려가 없는 개폐 가능한 곳에 시설할 것.

⑥ 가로등, 보안등에 LED 등기구를 사용하는 경우

㉮ 표준은 220(V), 60(Hz)에서 일체형 또는 내장형 LED 모듈 또는 LED 소자를 광원으로 사용하는 LED 가로등기구와 LED 보안등기구

㉯ LED 가로등기구 : 자동차 운전자가 도로를 안전하게 주행할 수 있도록 지상 8(m) 이상 높이에 설치

㉰ LED 보안등기구 : 보행자 안전을 목적으로 일반적으로 지상 8(m) 이내 높이 설치.

⑦ "접지 시스템"의 규정에 의한 접지공사 할 것.

43. 옥외등

옥외등에 전기를 공급하는 전로의 사용전압은 대지전압을 300(V) 이하로 하여야 한다.

① 옥외등에 전기를 공급하는 분기회로는 옥내용의 것을 사용해서는 안 된다. 다만, 다음에 의하여 시설할 경우는 적용하지 않는다.

㉮ 옥외등과 옥내등을 병용하는 분기회로는 20(A) 과전류 차단기 분기회로로 할 것.

㉯ 옥내등 분기회로에서 옥외등 배선을 인출할 경우는 인출점 부근에 개폐기 및 과전류차단기를 시설할 것.

② 옥외등 또는 그의 점멸기에 이르는 인하선은 사람의 접촉과 전선피복의 손상을 방지하기 위하여 다음 공사방법으로 시설하여야 한다.

㉮ 애자공사(지표상 2(m) 이상의 높이에서 노출된 장소에 시설할 경우)

㉯ 금속관공사

㉰ 합성수지관공사

㉱ 케이블공사(알루미늄피 등 금속제 외피가 있는 것은 목조 이외의 조영물에 시설하는 경우에 한한다)

③ 옥외등공사에 사용하는 기구는 다음에 의하여 시설하여야 한다.

㉮ 개폐기, 과전류차단기, 기타 이와 유사한 기구는 옥내에 시설할 것. 단, 견고한 방수함속에 설치하거나 또는 방수형의 것은 적용하지 않는다.

㉯ 노출하여 사용하는 소켓 등은 선이 부착된 방수소켓 또는 방수형 리셉터클을 사용하고 하향으로 시설할 것.

㉰ 부라켓 등을 부착하는 목대에 삽입하는 절연관은 하향으로 하고 전선을 따라 빗물이 새어 들어가지 않도록 할 것.

㉱ 파이프펜던트 및 직부기구는 하향으로 부착하지 말 것. 다만, 처마 밑에 부착하는 것 또는 방수장치가 되어 플렌지 내에 빗물이 스며들 우려가 없는 것은 적용하지 않는다.

㉲ 파이프펜던트 및 직부기구를 상향으로 부착할 경우는 홀더의 최하부에 지름 3(㎜) 이상의 물 빼는 구멍을 2개소 이상 만들거나 또는 방수형일 것.

④ 옥측 및 옥외에 시설하는 저압의 전기간판에 전기를 공급하는 전로에는 전로에 지락이 생겼을 때에 자동으로 차단하는 누전차단기를 시설하여야 한다.

44. 전주외등

전주외등은 대지전압 300(V) 이하의 형광등, 고압방전등, LED등 등을 배전선로의 지지물 등에 시설하는 경우에 적용한다.

① 조명기구(이하 "기구"라 함) 및 부착금구는 다음에 적합하여야 한다.

㉮ 기구는 "전기용품 및 생활용품 안전관리법", "산업표준화법"에 적합한 것.

㉯ 기구는 광원의 손상을 방지하기 위하여 갓 또는 글로브가 붙은 것.

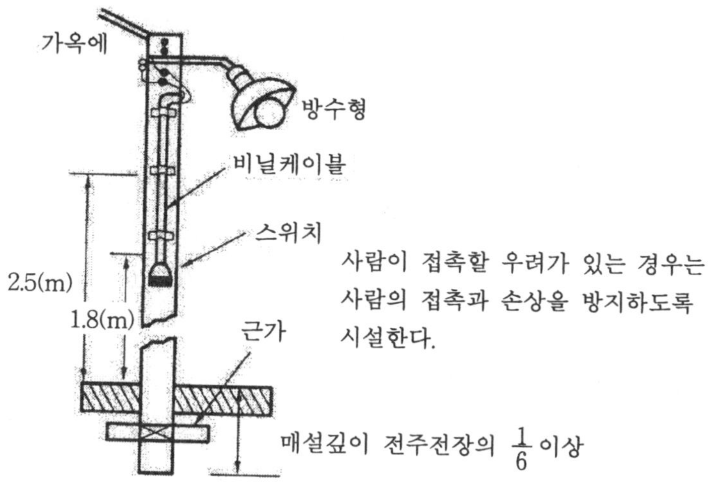

그림 2-36 옥외등의 인하선의 높이

㉰ 기구는 전구를 쉽게 갈아 끼울 수 있는 구조일 것.

㉱ 기구의 인출선은 도체 단면적이 0.75(㎟) 이상일 것.

㉲ 기구의 부착밴드 및 부착용 부속금구류는 아연도금하여 방식 처리한 강판제 또는 스테인레스제이고, 또한 쉽게 부착할 수도 있고 뗄 수도 있는 것일 것.

② 배선은 단면적 2.5(㎟) 이상의 절연전선 또는 이와 동등 이상의 절연성능이 있는 것을 사용하고 다음 공사방법 중에서 시설하여야 한다.

㉮ 케이블공사

㉯ 합성수지관공사

㉰ 금속관공사

③ 배선이 전주에 연한 부분은 1.5(m) 이내마다 새들(saddle) 또는 밴드로 지지

할 것.

④ 등주 안에서 전선의 접속은 절연 및 방수성능이 있는 방수형 접속재[레진충전식, 실리콘수밀식(젤타입) 또는 자기융착테이프의 이중절연 등]를 사용하거나 적절한 방수함 안에서 접속할 것.

⑤ 사용전압 400(V) 이하인 관등회로의 배선에 사용하는 전선은 케이블을 사용하거나 이와 동등 이상의 절연성능을 가진 전선을 사용할 것.

⑥ 가로등, 보안등, 조경등 등으로 시설하는 방전등에 공급하는 전로의 사용전압이 150(V)를 초과하는 경우에는 누전차단기는 다음에 따라 시설한다.

㉮ 전로에 지락이 생겼을 때에 자동적으로 전로를 차단하는 장치("전기용품 및 생활용품 안전관리법"의 적용을 받는 것)를 각 분기회로에 시설하여야 한다.

㉯ 전로의 길이는 상시 충전전류에 의한 누설전류로 인하여 누전차단기가 불필요하게 동작하지 않도록 시설할 것.

㉰ 가로등, 보안등, 조경등 등의 금속제 등주는 규정에 의한 접지공사 할 것.

45. 광산 기타 갱도 안의 시설

① 사용전압 : 저압 또는 고압

② 저압 및 고압배선은 케이블공사에 의하여 시설할 것.

단, 사용전압 400(V) 이하인 저압배선에 공칭단면적 2.5(㎟) 연동선과 동등 이상의 세기 및 굵기의 절연전선을 사용하고, 전선 상호간의 사이를 적당히 떨어지게 하고 또한 암석 또는 목재와 접촉하지 않도록 절연성·난연성 및 내수성의 애자로 이를 지지할 경우에는 그러하지 않는다.(옥외용 비닐 절연전선 및 인입용 비닐 절연전선 제외)

③ 전로에는 갱 입구에 가까운 곳에 전용개폐기를 시설할 것.

④ "접지 시스템"의 규정에 따라 접지공사 할 것.

46. 터널 등의 전구선 또는 이동전선 등의 시설

① 사용전압 400(V) 이하인 저압 전구선 또는 이동전선

항목	전선
전구선	단면적 0.75(㎟) 이상의 300/300(V) 편조 고무코드 또는 0.6/1(㎸) EP 고무 절연 클로로프렌 캡타이어 케이블 단, 사람이 쉽게 접촉할 우려가 없도록 시설하는 경우 ⓐ 단면적 0.75(㎟) 이상의 연동연선을 사용하는 450/750(V) 내열성에틸렌아세테이트 고무절연전선 ⓑ 출구부 전선 간격이 10(mm) 이상인 전구소켓에 부속하는 전선 단면적이 0.75(㎟) 이상인 450/750(V) 내열성 에틸렌아세테이트 고무절연전선 또는 450/750(V) 일반용 단심 비닐절연전선
이동전선	300/300(V) 편조 고무코드, 비닐코드, 캡타이어 케이블

② 사용전압 400(V) 초과인 저압 이동전선

이동전선	단면적 0.75(㎟) 이상의 0.6/1(㎸) EP 고무 절연 클로로프렌 캡타이어케이블(PNCT) 단, 전기를 열로 이용하지 않는 전기기계기구에 부속된 이동전선은 단면적 0.75(㎟) 이상인 0.6/1(㎸) 비닐절연 비닐캡타이어 케이블(VCT)을 사용하는 경우에는 그러하지 않는다.

③ 특고압 이동전선은 터널 등에 시설해서는 안 된다.

47. 전기 울타리

① 전기울타리는 사람이 쉽게 출입하지 아니하는 곳에 시설할 것.

② 사용전압 : 250(V) 이하. 사람이 보기 쉽도록 적당한 간격으로 경고표시 그림 또는 글자로 위험표시를 시설할 것.

항목	전선의 굵기 및 이격거리
전선	인장강도 1.38(kN) 이상의 것 또는 지름 2(㎜) 이상의 경동선
전선과 이를 지지하는 기둥 사이	25(㎜) 이상
전선과 다른 시설물 또는 수목 사이	0.3(m) 이상

③ 전기울타리용 전원장치 중 충격전류가 반복하여 생기는 전파 또는 고주파 전류가 무선설비의 기능에 계속적이고 또한 중대한 장해를 줄 우려가 있는 곳에

는 시설해서는 안 된다.

④ 전기를 공급하는 전로에는 쉽게 개폐할 수 있는 곳에 전용 개폐기를 시설할 것.

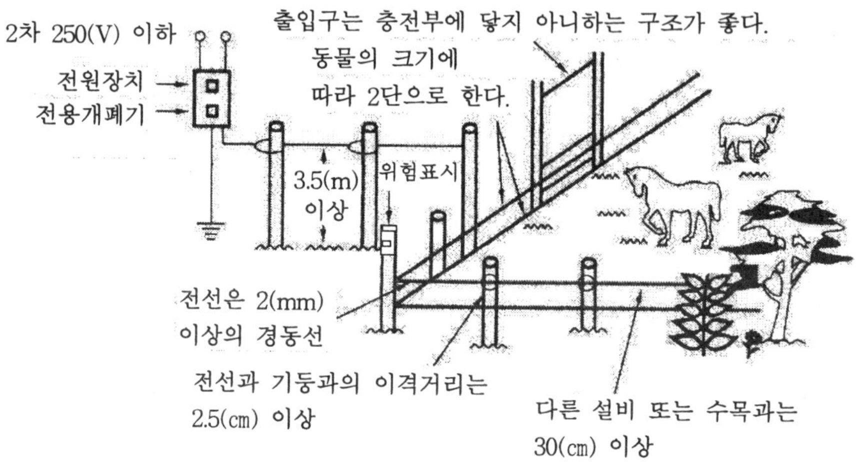

그림 2-37 전기 울타리

⑤ 위험표시판은 다음과 같이 시설할 것.

㉮ 크기는 100(㎜)×200(㎜) 이상일 것.

㉯ 경고판 양쪽면의 배경색은 노란색일 것.

㉰ 경고판 위 글자색은 검은색, 글자는 "감전주의 : 전기울타리" 일 것.

㉱ 글자는 지워지지 않아야 하고 경고판 양쪽에 새기며, 크기 25(㎜) 이상.

⑥ 전기울타리의 접지전극과 다른 접지계통의 접지전극의 거리는 2(m) 이상.

⑦ 가공전선로의 아래를 통과하는 전기울타리의 금속부분은 교차지점의 양쪽으로부터 5(m) 이상의 간격을 두고 접지할 것.

⑧ "접지 시스템"의 규정에 준하여 접지공사할 것.

48. 유희용 전차

유희용 전차(유원지 · 유회장 시설)에 전기를 공급하는 전원장치(절연변압기)는 다음에 의하여 시설할 것.

① 변압기의 1차 전압은 400(V) 이하이며, 2차측 단자의 최대사용전압은

㉮ 직류 60(V) 이하

㉯ 교류 40(V) 이하

② 전기를 공급하기 위하여 사용하는 접촉전선은 제3레일 방식에 의해 시설.

③ 유희용 전차의 전차 내에서 승압하여 사용하는 경우 변압기는 절연변압기를 사용하고 2차 전압은 150(V) 이하로 할 것.

④ 전로 일부로 사용하는 레일은 용접하거나 적당한 본드로 전기적으로 접속할 것.

⑤ 변압기·정류기 등과 레일 및 접촉선을 접속하는 전선 및 접촉전선 상호간을 접속하는 전선은 케이블공사에 의하여 시설할 것.

⑥ 유희용 전차에 전기를 공급하는 전로에는 전용 개폐기를 시설할 것.

⑦ 접촉전선과 대지 사이의 절연저항은 사용전압에 대한 누설전류가 레일의 연장 1(㎞)마다 100(㎃)를 넘지 않도록 유지할 것.

⑧ 유희용 전차안의 전로와 대지 사이의 절연저항은 사용전압에 대한 누설전류가 규정 전류의 5,000분의 1을 넘지 않도록 유지할 것.

49. 전격살충기

전격살충기는 "전기용품 및 생활용품 안전관리법"의 적용을 받는 것일 것.

① 전격살충기는 다음에 의하여 시설할 것.

구분		지표상 높이 및 이격거리
사용전압	7(kV) 초과	3.5(m) 이상
	7(kV) 이하	1.8(m) 이상
전격살충기의 전격격자와 다른 시설물 또는 식물 사이		0.3(m) 이상 이격

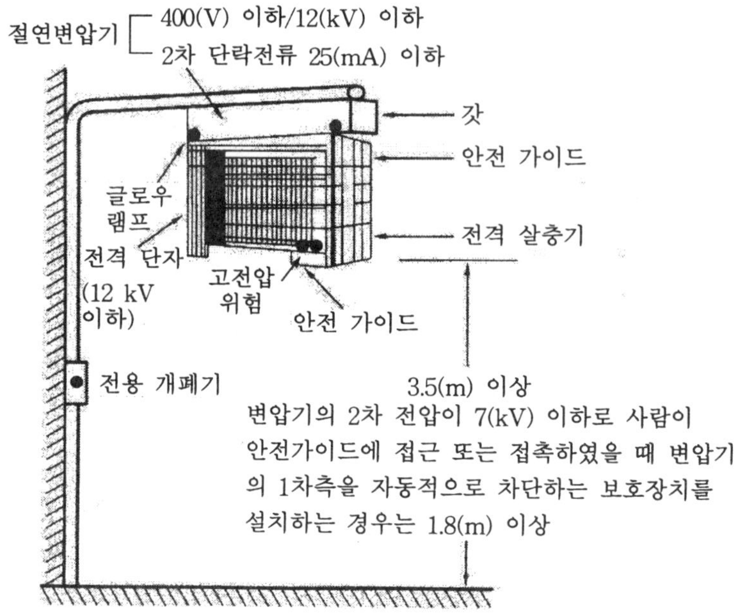

그림 2-38 전격 살충기

② 전격살충기에 전기를 공급하는 전로는 전용의 개폐기를 전격살충기에 가까운 장소에서 쉽게 개폐할 수 있도록 시설할 것.

③ 전격살충기를 시설한 장소는 위험표시 할 것.

50. 교통신호등

교통신호등 회로(교통신호등의 제어장치, 제어기 · 정리기 등)로부터 교통신호등의 전구까지의 전로.

① 2차측 배선의 최대사용전압 : 300(V) 이하

② 교통신호등 회로의 배선 및 인하선 높이

항목	종류 및 높이
전선	㉮ 공칭단면적 2.5(㎟) 연동선과 동등 이상의 세기 ㉯ 450/750(V) 일반용 단심 비닐절연전선 ㉰ 450/750(V) 내열성 에틸렌아세테이트 고무절연전선
조가용선	인장강도 3.7(kN) 의 금속선 또는 지름 4(㎜) 이상의 아연도금철선을 2가닥 이상을 꼰 금속선을 사용
통신호등 회로의 인하선의 지표상 높이	2.5(m) 이상

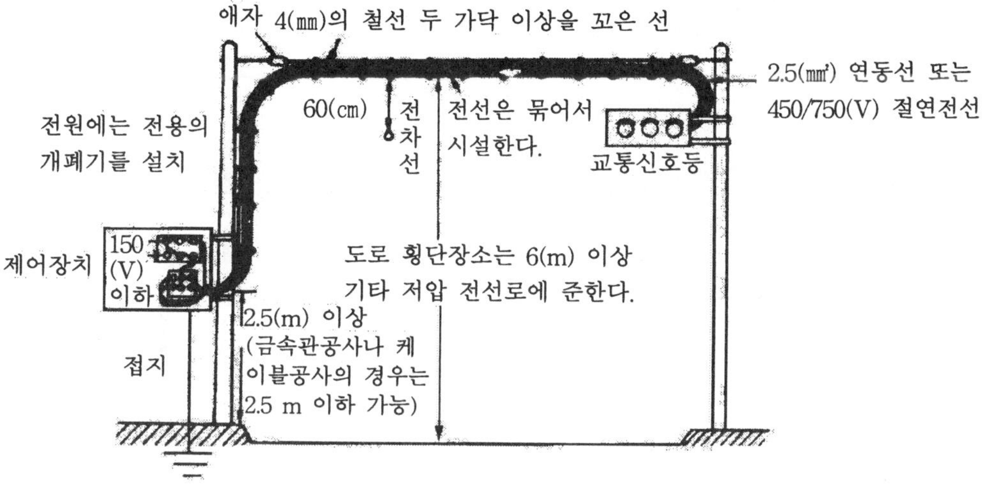

그림 2-39 교통신호등의 시설 예

③ 제어장치의 전원측에는 전용개폐기 및 과전류차단기를 각 극에 시설할 것. 또한 교통신호등 회로의 사용전압이 150(V)를 넘는 경우는 전로에 지락이 생겼을 경우 자동적으로 전로를 차단하는 누전차단기를 시설할 것.

④ 이격거리

항목	이격거리
교통신호등 회로의 배선이 건조물·도로·횡단보도교·철도·궤도·삭도·가공 약전류전선 등·안테나·가공전선 및 전차선 이외의 시설물과 접근, 교차하는 경우	0.6(m) 이상
교통신호등 회로의 배선이 케이블인 경우	0.3(m) 이상

⑤ LED를 광원으로 사용하는 교통신호등
㉮ 정격전압 : 단상 교류 220(V), 정격주파수 60(㎐)
㉯ 절연저항 : 5(㏁) 이상

⑥ 제어장치 금속제 외함에는 "접지 시스템" 규정에 준하는 접지공사 할 것.

51. 도로 등의 전열장치

① 발열선을 도로, 주차장 또는 조영물의 조영재에 고정시켜 시설하는 경우
㉮ 대지전압 : 300(V) 이하

구분	발열선 종류
발열선	미네럴인슈레이션케이블
노출하여 사용하지 않는 것	제B종
노출하여 사용하는 것	제C종
발열선에 직접 접속하는 전선	발열선 접속용 케이블

㉯ 발열선은 그 온도가 80(℃)를 넘지 않도록 시설할 것.
다만, 금속피복을 한 발열선의 온도는 120(℃) 이하로 할 수 있다.

㉰ 발열선에 전기를 공급하는 전로에는 전용 개폐기 및 과전류 차단기를 각 극에 시설하고 또한 전로에 지락이 생겼을 때에 자동적으로 전로를 차단하는 장치를 시설할 것.

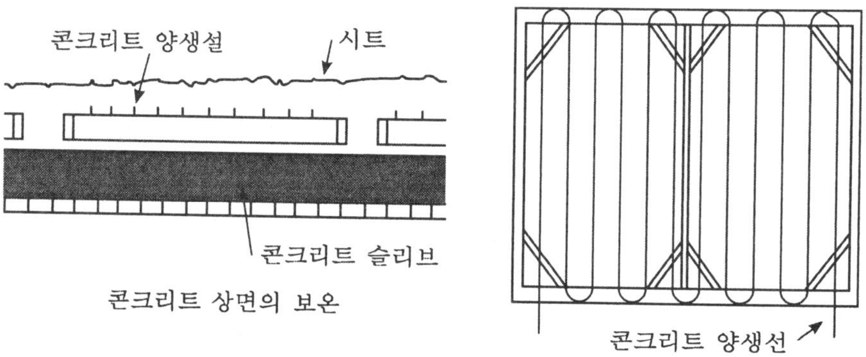

그림 2-40 발열체 시설

② 콘크리트의 양생선, 전열보드 또는 전열시트에 시설하는 경우
㉮ 대지전압 : 300(V) 이하.
㉯ 발열선 상호간의 간격 : 0.05(m) 이상.

③ 도로 또는 옥외 주차장에 표피 전류 가열장치를 시설하는 경우
㉮ 대지전압 : 교류(주파수 60 Hz) 300(V) 이하.
㉯ 발열선과 소구경관은 전기적으로 접속하지 않을 것.
㉰ 소구경관은 다음에 의하여 시설할 것.
ⓐ 소구경관은 온도가 120(℃)를 넘지 않도록 시설할 것.
ⓑ 소구경관에 부속하는 박스는 강판으로 견고하게 제작한 것일 것.
ⓒ 소구경관 상호간 및 소구경관과 박스의 접속은 용접에 의할 것.
㉱ 표피 전류 가열장치는 견고하고 내열성이 있는 것 안에 시설할 것.

㉮ 발열선에 직접 접속하는 전선은 발열선과 동등 이상의 절연효력 및 내열성을 가지는 것일 것.

㉯ 발열선 상호간 또는 발열선과 전선을 접속하는 경우에는 전류에 의한 접속부분의 온도상승이 접속부분 이외의 온도상승보다 높지 않도록 할 것.

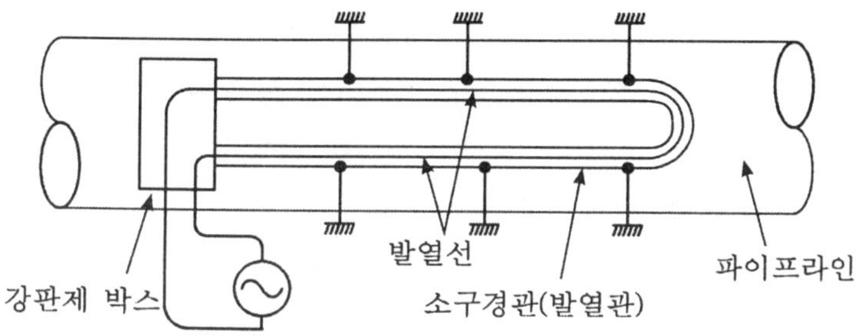

그림 2-41 발열선과 소구경관

④ 완성품은 사용전압이 600(V)를 초과하는 것은 접지한 금속평판 위에 케이블을 2(m) 이상 밀착시켜 도체와 접지판 사이에 표에서 정한 시험전압까지 서서히 전압을 가하여 코로나 방전량이 30(pC) 이하일 것.

사용전압의 구분	시험방법
600(V) 초과 1.5(kV) 이하	1.5(kV)
1.5(kV) 초과 3.5(kV) 이하	3.5(kV)

⑤ "접지 시스템"의 규정에 준하여 접지공사 할 것.

52. 파이프라인 등의 전열장치

① 파이프라인 등(액체를 수송하는 시설)의 전열장치 중 전류를 직접 흘려서 파이프라인 등 자체를 발열체로 하는 장치(직접 가열장치)를 시설하는 경우

㉮ 사용전압 : 교류(주파수가 60 Hz인 것)의 저압, 절연변압기 사용

구분	발열선 종류
발열선	미네럴인슈레이션케이블
노출하여 사용하지 않는 것	제B종
노출하여 사용하는 것	제C종
발열선에 직접 접속하는 전선	발열선 접속용 케이블

ⓐ 절연체의 두께 : 0.5(㎜) 이상

ⓑ 발열체 상호간의 프렌지 접합부 및 발열체와 벤트관 드레인관 등의 부속물과의 접속부분에 삽입하는 절연체는 두께 : 1(㎜) 이상

㉯ 온도가 피가열 액체의 발화 온도의 80(%)를 넘지 않도록 시설할 것.

㉰ 전용개폐기 및 과전류차단기를 각 극에 시설하고, 전로에 지락이 생겼을 때에 자동적으로 차단하는 장치를 시설할 것.

㉱ 사람이 보기 쉬운 곳에 발열선이 시설되어 있음을 표시할 것.

㉲ 발열체에는 전선의 절연이 손상되지 아니하도록 충분한 길이의 단자를 용접하거나 또는 접속 전용기구를 사용할 것.

② 파이프라인 등의 전열장치 중 파이프라인 등에 소구경관(小口徑管)을 설치하여 이것을 발열체로 하거나 또한 소구경관 내부에 발열선을 설치하는 장치(표피전류 가열장치)를 시설하는 경우

㉮ 사용전압 : 교류(주파수 60 Hz)의 저압 또는 고압

㉯ 전용의 절연변압기를 사용하고, 변압기의 부하측의 전로는 접지하지 말 것.

㉰ 발열체와 전선을 접속하는 경우, 납땜 또는 용접을 하고 보호관으로 방호할 것.

③ 전열장치 중 발열선을 파이프라인 등 자체에 고정하여 시설하는 경우

㉮ 사용전압 : 400(V) 이하

㉯ 발열선에 직접 접속하는 전선은 발열선 접속용 케이블일 것.

㉰ 발열선은 그 온도가 80(℃)를 넘지 않도록 시설할 것.

④ "접지 시스템"의 규정에 준하여 접지공사 할 것.

53. 전기온상 등

① 전기온상 등(식물의 재배 또는 양잠·부화·육추 등의 용도로 사용하는 전열장치)은 다음에 따라 시설할 것.

㉮ 대지전압 : 300(V) 이하

㉯ 발열선 및 발열선에 직접 접속하는 전선 : 전기온상선

㉰ 온도가 80(℃)를 넘지 않도록 시설할 것.

㉱ 전용개폐기 및 과전류차단기를 각 극에 시설할 것.

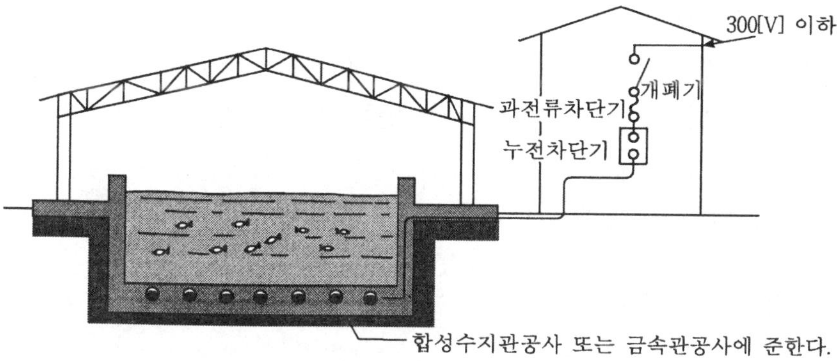

그림 2-42 어양식장용 전기온상의 예

② 발열선을 공중에 시설하는 전기온상 등은 다음 어느 하나에 따라 시설할 것.

구분	간격 또는 이격거리
발열선 상호간의 간격	0.03(m) 이상(함안에 시설하는 경우 : 0.02 m 이상) 단, 발열선을 함안에 시설하는 경우로서 발열선 상호간의 사이에 0.4(m) 이하마다 절연성·난연성 및 내수성이 있는 이격물을 설치하는 경우는 간격을 0.015(m)까지로 감할 수 있다.
발열선과 조영재 사이의 이격거리	0.025(m) 이상
발열선을 함안에 시설하는 경우는 발열선과 함의 구성재 사이의 이격거리	0.01(m) 이상
발열선의 지지점간의 거리	1(m) 이하 단, 발열선 상호간의 간격이 0.06(m) 이상인 경우에는 2(m) 이하로 할 수 있다.

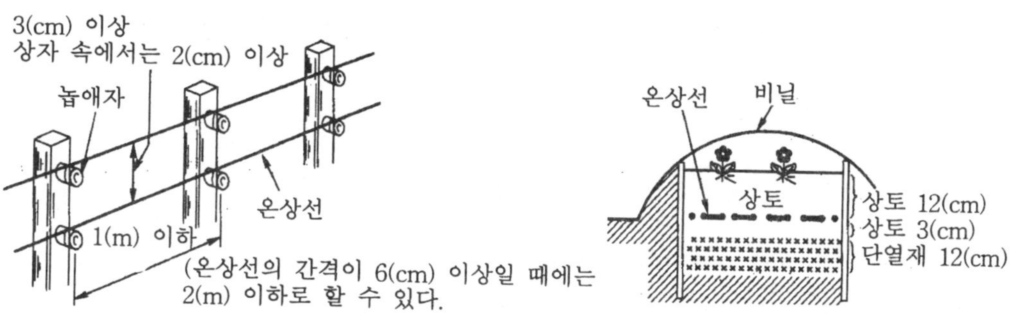

(a) 공중에 시설하는 경우 (b) 땅 속에 부설하는 경우

그림 2-43 발열선의 시설

③ 발열선을 콘크리트 속에 시설하는 경우 발열선을 합성수지관 또는 금속관에 넣어 시설할 것.

④ 발열선 상호간은 접촉하지 않도록 시설하고 발열선 표시를 할 것.
⑤ 전로에 지락이 생겼을 때에 자동적으로 차단하는 장치를 시설할 것.
⑥ 금속제 부분에는 "접지 시스템"의 규정에 준하여 접지공사 할 것.

54. 전극식 온천 온수기

수관을 통하여 공급되는 온천수의 온도를 올려서 수관을 통하여 욕탕에 공급하는 전극식 온천온수기

① 사용전압이 400(V) 이하인 절연변압기를 사용할 것.
② 절연변압기의 1차측 전로에는 개폐기 및 과전류차단기를 각 극에 시설할 것.

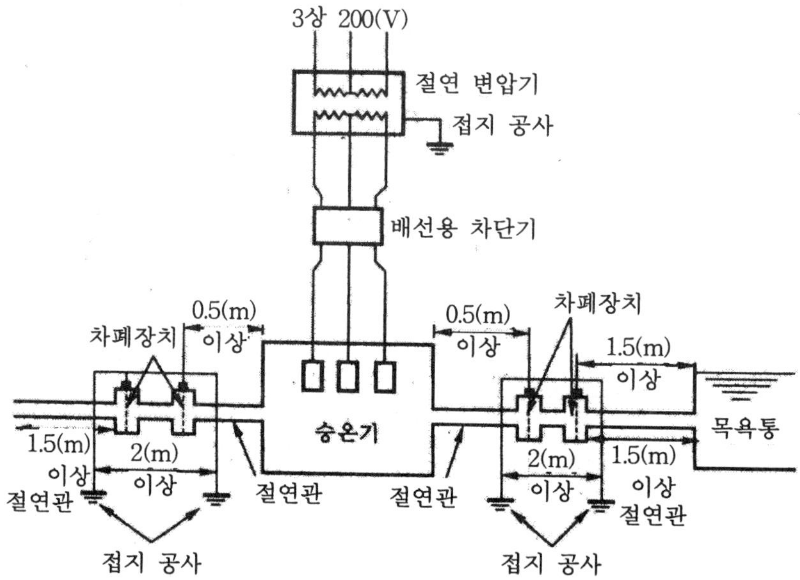

그림 2-44 전극식 온천 온수기의 예

③ 절연변압기는 교류 2(kV)의 시험전압을 하나의 권선과 다른 권선, 철심 및 외함과의 사이에 연속 1분간 가하여 절연내력을 시험하였을 때에 견디는 것일 것.
④ 전극식 온천온수기의 온천수 유입구 및 유출구에는 차폐장치를 설치할 것. 이 경우 차폐장치와 전극식 온천온수기 및 차폐장치와 욕탕 사이의 거리는 각각 수관에 따라 0.5(m) 이상 및 1.5(m) 이상이어야 한다.

⑤ 전극식 온천온수기에 접속하는 수관 중 전극식 온천온수기와 차폐장치 사이 및 차폐장치에서 수관에 따라 1.5(m)까지의 부분은 절연성 및 내수성이 있는 견고한 것일 것. 이 경우 그 부분에는 수도꼭지 등을 시설해서는 안 된다.

⑥ 온수기 및 차폐장치의 외함은 절연성 및 내수성이 있는 견고한 것일 것.

⑦ 철심 및 금속제 외함에는 "접지 시스템"의 규정에 준하여 접지공사 할 것.

55. 전기욕기

① 전원 변압기의 2차측 전로의 사용전압이 10(V) 이하인 것.

② 욕탕안의 전극간 거리 : 1(m) 이상.

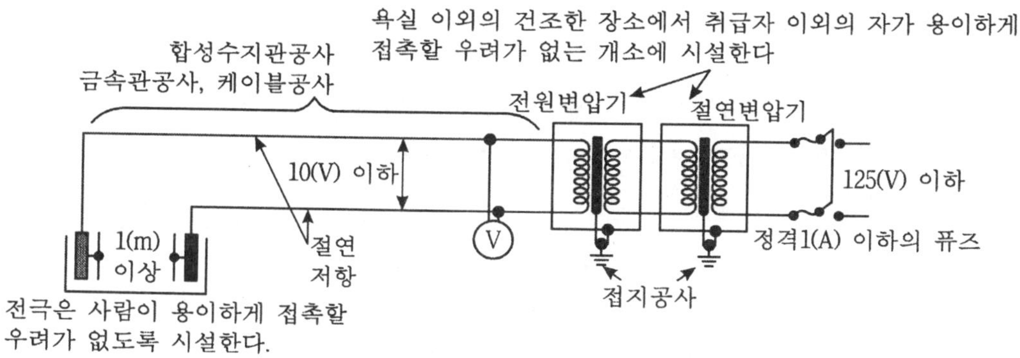

그림 2-45 전기욕기의 시설

③ 전기욕기용 전원장치로부터 욕탕안의 전극까지의 배선

㉮ 공칭단면적 2.5(㎟) 이상의 연동선과 이와 동등이상의 세기 및 굵기의 절연전선(옥외용 비닐절연전선 제외)이나 케이블

㉯ 공칭단면적이 1.5(㎟) 이상의 캡타이어케이블을 합성수지관공사, 금속관공사 또는 케이블공사에 의하여 시설 및 관을 조영재에 견고하게 고정

④ 전선 상호간 및 전선과 대지 사이의 절연저항은 0.5[MΩ] 이상일 것.

⑤ 금속제 외함 및 금속관에는 "접지 시스템"의 규정에 준하여 접지공사 할 것.

56. 은이온 살균장치

① 전기욕기용 전원장치로부터 욕조 내의 이온 발생기까지의 배선

㉮ 공칭단면적이 1.5(㎟) 이상의 캡타이어 코드 또는 이와 동등 이상의 절연 성능 및 세기를 갖는 것을 사용.

㉯ 합성수지관 또는 금속관내에 넣고 관을 조영재에 견고하게 붙일 것.

② 이온 발생기가 설치된 욕조내의 전극은 사람이 쉽게 접촉할 우려가 없도록 시설할 것.

③ 절연저항은 0.5[㏁] 이상일 것.

④ 금속제 외함 및 금속관에는 “접지 시스템”의 규정에 준하여 접지공사 할 것.

57. 수중 조명등

① 수영장 기타 이와 유사한 장소에 사용하는 수중조명등에 전기를 공급하기 위해서는 절연변압기를 사용하고, 다음에 의하여야 한다.

㉮ 절연변압기

ⓐ 1차측 전로의 사용전압은 400(V) 이하

ⓑ 2차측 전로의 사용전압은 150(V) 이하이고, 접지하지 말 것.

ⓒ 절연변압기는 그 2차측 전로의 사용전압이 30(V) 이하인 경우에는 1차권선과 2차권선 사이에 금속제의 혼촉방지판을 설치하고, “접지 시스템”의 규정에 준하여 접지공사 할 것.

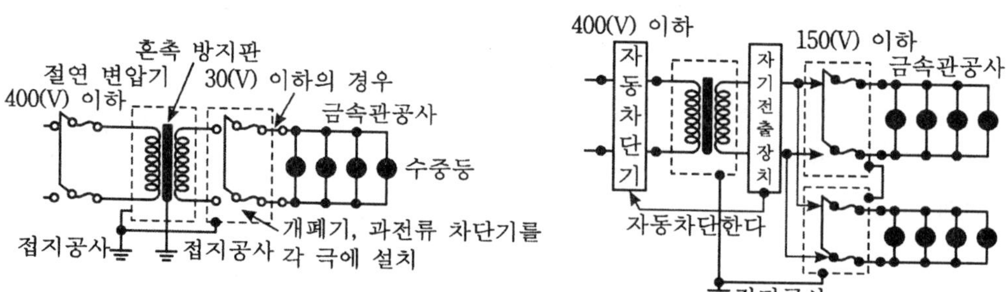

(a) 2차측이 30(V) 이하의 경우 (b) 2차측이 30(V)를 넘는 경우

그림 2-46 수중조명등에 사용하는 절연 변압기

㉯ 절연변압기는 교류 5(㎸)의 시험전압을 하나의 권선과 다른 권선, 철심 및 외함 사이에 연속 1분간 가하여 절연내력을 시험하였을 때에 이에 견디는 것일 것.

㉰ 절연변압기의 2차측 전로에는 개폐기 및 과전류차단기를 각 극에 시설할 것.

㉱ 절연변압기의 2차측 전로의 사용전압이 30(V)를 초과하는 경우에는 그 전로에 지락이 생겼을 때에 자동적으로 전로를 차단하는 정격감도전류 30(㎃) 이하의 누전차단기를 시설할 것.

㉲ 절연변압기의 2차측 배선은 금속관공사에 의할 것.

㉳ 이동전선 : 단면적 2.5(㎟) 이상의 0.6/1(㎸) EP 고무절연 클로로프렌 캡타이어케이블을 사용. 접속에는 꽂음 접속기를 사용.

② 사람 출입의 우려가 없는 수중 조명등의 시설

㉮ 대지전압 150(V) 이하

㉯ 이동전선 : 정격전압 450/750(V) 이하 고무 절연케이블 또는 이와 동등 이상의 성능을 갖는 것을 사용해야 한다.

㉰ 전선에는 접속점이 없을 것.

③ 수중 조명등의 용기는 다음에 적합한 것이어야 한다.

㉮ 조사용창에 있어서는 유리 또는 렌즈, 기타의 부분에 있어서는 녹슬지 않는 금속 또는 카드뮴 도금·아연도금·도장 등으로 녹방지 처리를 한 금속으로 견고히 제작한 것일 것.

㉯ 내부의 적당한 위치에 접지단자에 적합한 접지용 단자를 설치한 것일 것. 이 경우에 접지용 단자의 나사는 지름이 4(㎜) 이상인 것일 것.

㉰ 조명등의 나사 접속기 및 소켓은 자기제(磁器製)의 것일 것.

㉱ 완성품은 도전부분과 도전부분 이외의 부분사이에 2(㎸)의 교류전압을 연속 1분간 가하여 절연내력은 시험하였을 때에 이에 견디는 것일 것.

㉲ 최대 적용 전등의 와트수 및 정격 최대수심을 보기 쉬운 곳에 표시.

㉳ 완성품은 최대적용 전등 와트 수의 전구를 끼워 정격 최대수심이 0.15(m)를 초과하는 것은 그 정격 최대수심 이상, 정격 최대수심이 0.15(m) 이하 것은 0.15(m) 이상 깊이의 수중에 넣어 해당 전등의 정격전압에 상당하는 전압으로 30분간 전기를 공급하고, 다음에 30분간 전기의 공급을 중단하는 조작을 6회 반복할 때 용기 내에 물이 스며드는 등 이상이 없을 것.

④ 금속제 부분에는 "접지 시스템"의 규정에 준하여 접지공사 할 것.

58. 비행장 등화배선

① 직접 매설에 의하여 차량 기타 중량물의 압력을 받을 우려가 없는 장소에 저압 또는 고압 배선을 다음에 의하여 시설하는 경우

㉮ 전선 : 클로로프렌 외장 케이블

㉯ 전선의 매설장소를 표시하는 적당한 표시를 하고 그(케이블) 매설깊이는

항목	매설깊이
항공기 이동지역	0.5(m) 이상
그 밖의 지역	0.75(m) 이상

㉰ 활주로 · 유도로 기타의 포장된 노면에 만든 배선통로에 저압배선

ⓐ 공칭단면적 4.0(㎟) 이상의 연동선을 사용한 450/750(V) 일반용 단심 비닐절연전선

ⓑ 450/750(V) 내열성 에틸렌아세테이트 고무절연전선

ⓒ 전선 보호피복(폴리아미드로서 융점이 210 ℃ 이상) 두께 : 0.2(㎜) 이상

② 배선통로는 전선이 손상을 받을 우려가 없도록 견고하게 내열성이 있는 것으로 채울 것.

③ 시험전압을 도체와 대지 사이에 연속 5분간 가하였을 때 이에 견디고 또한 케이블 도체간 및 도체와 대지 사이에 측정한 절연저항이 50(㏁) 이상일 것.

59. 전기부식방지 시설

전기부식방지 시설은 지중 또는 수중에 시설하는 금속체(피방식체)의 부식을 방지하기 위해 지중 또는 수중에 시설하는 양극과 피방식체간에 방식 전류를 통하는 시설을 말하며 다음에 따라 시설하여야 한다.

① 전기부식방지용 전원장치는 견고한 금속제의 외함에 넣을 것.

㉮ 사용전압 : 저압

㉯ 변압기는 절연변압기이고 또한 교류 1(㎸)의 시험전압을 하나의 권선과 다른 권선, 철심 및 외함 사이에 연속 1분간 가하여 절연내력을 시험하였을

때에 견디는 것일 것.

㉰ 절연변압기 1차측 전로에는 개폐기 및 과전류차단기를 각 극에 시설.

② 전기부식방지 회로의 사용전압 : 직류 60(V) 이하.

㉮ 지중에 매설하는 양극의 매설깊이 : 0.75(m) 이상.

㉯ 수중에 시설하는 양극과 그 주위 1(m) 이내의 거리에 있는 임의점과의 사이의 전위차는 10(V)를 넘지 말 것.

㉰ 지표 또는 수중에서 1(m) 간격의 임의의 2점간의 전위차가 5(V)를 넘지 말 것.

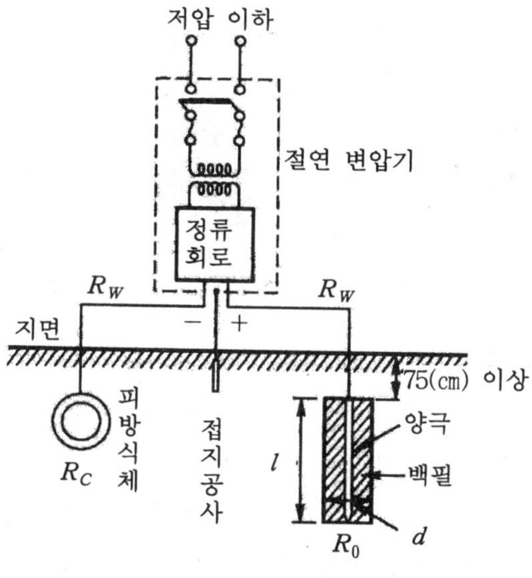

그림 2-47 전기방식 시설의 예

③ 가공으로 시설하는 부분

㉮ 전선 : 지름 2(㎜)의 경동선 또는 이와 동등 이상의 세기 및 굵기의 옥외용 비닐절연전선 이상의 절연성능이 있는 것일 것.

㉯ 전기부식방지 회로의 전선과 저압 가공전선을 동일 지지물에 시설하는 경우

ⓐ 전기부식방지 회로의 전선을 하단에 별개의 완금류에 시설

ⓑ 저압 가공전선과의 이격거리 : 0.3(m) 이상.

㉰ 전기부식방지 회로의 전선과 고압 가공전선 또는 가공약전류 전선 등을 동일 지지물에 시설하는 경우 고압 가공전선 등의 병행설치(병가) 규정에 준

하여 시설할 것.

단, 전기부식방지 회로의 전선이 450/750(V) 일반용 단심 비닐 절연전선 또는 케이블인 경우에는 전기부식방지 회로의 전선을 가공 약전류전선 등의 밑으로 하고 또한 가공 약전류전선 등과의 이격거리를 0.3(m) 이상으로 시설할 것.

④ 지중에 시설하는 부분

㉮ 공칭단면적 4.0(㎟)의 연동선 또는 이와 동등 이상의 세기 및 굵기의 것. 단, 양극에 부속하는 전선(양극의 리드선)은 공칭단면적 2.5(㎟) 이상의 연동선 또는 이와 동등 이상의 세기 및 굵기일 것.

㉯ 450/750(V) 일반용 단심 비닐절연전선, 클로로프렌 외장 케이블, 비닐외장 케이블 또는 폴리에틸렌 외장 케이블

㉰ 직접 매설식에 의하여 시설하는 경우 매설깊이

항목	매설깊이
차량 기타의 중량물의 압력을 받을 우려가 있는 곳	1.0(m) 이상
기타의 곳	0.3(m) 이상

단, 차량 기타의 중량물의 압력을 받을 우려가 없는 것에 매설 깊이를 0.6(m) 이상으로 하고 또한 전선의 위를 견고한 판이나 몰드로 덮어 시설하는 경우에는 그러하지 않는다.

㉱ 입상(立上)부분의 전선 중 깊이 0.6(m) 미만 및 지표상 2.5(m) 미만의 부분에는 사람 접촉 및 손상을 받을 우려가 없도록 적당한 방호장치 할 것.

⑤ 수중에 시설하는 부분은 전선은 합성수지관이나 이와 동등 이상의 절연성능 및 강도를 가지는 관에 적합한 금속관에 넣어 시설할 것.

⑥ 전원장치의 외함은 "접지 시스템"의 규정에 준하여 접지공사 할 것.

60. 소세력 회로

전자개폐기의 조작회로 또는 초인벨 · 경보벨 등에 접속하는 전로로서 최대 사용전압(2차 전압)이 60(V) 이하인 것으로 대지전압(1차측 전압)이 300(V) 이하인 강전류 전기 전송에 사용하는 전로와 변압기로 결합되는 것.

① 변압기는 절연변압기일 것.

㉮ 대지전압(1차측 전압) : 300(V) 이하

㉯ 2차 전압 : 60(V) 이하

② 절연변압기의 2차 단락전류 및 과전류차단기의 정격전류는 표 값 이하일 것.

사용전압의 구분	2차 단락전류	과전류 차단기의 정격전류
15(V) 이하	8(A)	5(A)
15(V) 초과 30(V) 이하	5(A)	3(A)
30(V) 초과 60(V) 이하	3(A)	1.5(A)

③ 소세력 회로의 전선을 조영재에 붙여 시설하는 경우

㉮ 전선 : 공칭단면적 1(㎟) 이상의 연동선, 코드 · 캡타이어 케이블, 케이블

㉯ 전선을 금속망 또는 금속판을 사용한 목조 조영재에 붙이는 경우 전선을 방호장치에 넣어 시설하는 경우 및 전선에 캡타이어 케이블 또는 케이블을 사용하거나 또는 절연성 · 난연성 및 내수성이 있는 애자로 지지하고 조영재 사이의 이격거리를 6(㎜) 이상으로 할 것.

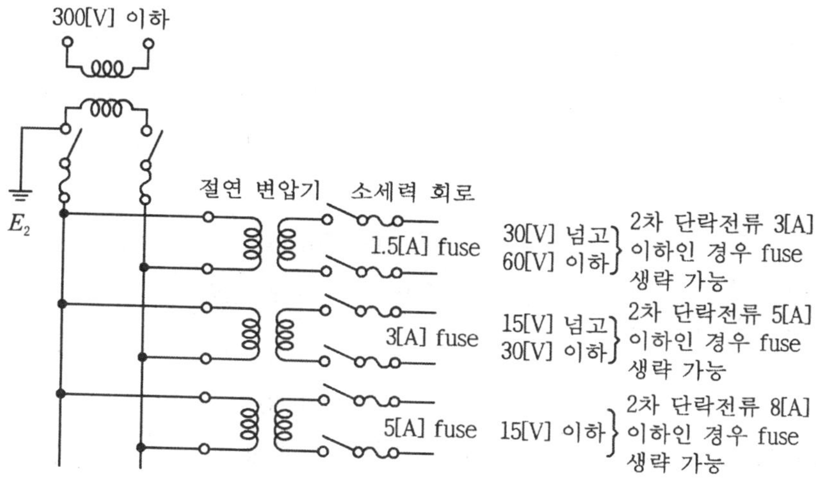

그림 2-48 소세력 회로 단락전류

④ 소세력 회로의 전선을 지중에 시설하는 경우

㉮ 전선 : 450/750(V) 일반용 단심 비닐절연전선, 캡타이어케이블, 케이블.

㉯ 전선 매설 깊이

항목	매설깊이
차량 기타의 중량물의 압력을 받을 우려가 있는 곳	1.2(m) 이상
기타의 곳	0.3(m) 이상

⑤ 지상에 시설하는 경우는 전선을 견고한 트라프 또는 개거에 넣어 시설할 것.

⑥ 소세력 회로의 전선을 가공으로 시설하는 경우

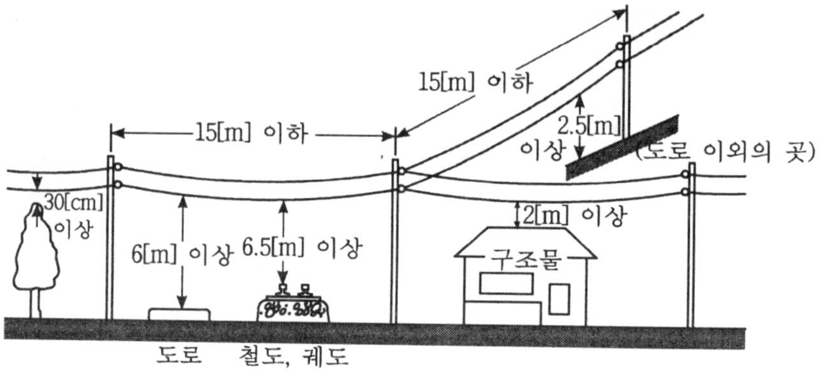

그림 2-49 소세력회로를 가공 시설한 경우

항목	종류
전선	㉮ 인장강도 508(N) 이상의 것 또는 지름 1.2(㎜)의 경동선. ㉯ 절연전선 · 캡타이어 케이블 또는 케이블(통신용 케이블을 포함).
조가용선 (전선이 케이블인 경우)	인장강도 2.36(kN) 이상의 금속선 또는 지름 3.2(㎜)의 아연도철선

㉮ 전선의 높이

항목	지표상 높이
도로 횡단	6(m) 이상
철도 또는 궤도 레일면상	6.5(m) 이상
기타	4(m) 이상 단, 전선을 도로 이외의 곳에 시설하는 경우는 지표상 2.5(m)까지로 감할 수 있다.

㉯ 전선 지지점간의 거리 : 15(m) 이하.

㉰ 약전류전선 등과 접근, 교차하는 경우 또는 전선이 다른 시설물과 접근하거나 전선이 다른 시설물의 위에 시설되는 경우 이격거리

항목	전선종류 및 이격거리
전선과 약전류전선 등 또는 다른 시설물 사이	0.3(m) 이상 절연전선 · 캡타이어 케이블, 케이블
전선이 나전선인 경우에는 전선과 식물 사이	0.3(m) 이상

⑦ 소세력 회로의 이동전선은 코드・캡타이어 케이블 또는 절연전선이나 통신용 케이블이고, 절연전선은 적절한 방호장치에 넣어 사용할 것.

61. 전기집진장치 등

사용전압이 특고압의 전기집진장치・정전도장장치・전기탈수장치・전기선별장치 기타의 전기집진 응용장치 및 이에 특고압 전기를 공급하기 위한 전기설비

① 변압기 1차측 전로에는 변압기에 가까운 곳으로 개폐기를 시설할 것.

② 변압기로부터 정류기에 이르는 전선 및 정류기로부터 전기집진 응용장치에 이르는 전선은 케이블을 사용하고, 손상을 받을 우려가 있는 곳에 시설하는 경우에는 적당한 방호장치 할 것.

③ 잔류전하 제거를 위해 변압기 2차측 전로에 잔류전하를 방전장치 할 것.

④ 전기집진 응용장치 및 이에 특고압 전기설비는 옥측 또는 옥외에 시설하면 안 된다.

⑤ 외함 및 금속체는 "접지 시스템"의 규정에 준하여 접지공사 할 것.

62. 아크 용접기

이동형의 용접 전극을 사용하는 아크 용접장치는 다음에 따라 시설할 것.

① 용접변압기는 1차측 전로의 대지전압 300(V) 이하인 절연변압기일 것.

② 용접변압기 1차측 전로에는 쉽게 개폐할 수 있는 개폐기를 시설할 것.

③ 전선

㉮ 용접용 케이블 또는 캡타이어 케이블

㉯ 용접변압기로부터 용접전극에 이르는 전로의 전선 : 0.6/1(㎸) EP 고무 절연 클로로프렌 캡타이어케이블

㉰ 전로는 용접시 흐르는 전류를 안전하게 통할 수 있는 것일 것.

㉱ 중량물이 압력 또는 현저한 기계적 충격을 받는 곳에 방호장치 할 것.

④ 피용접재, 받침대, 정반 등 금속체는 "접지 시스템"의 규정에 준해 접지할 것.

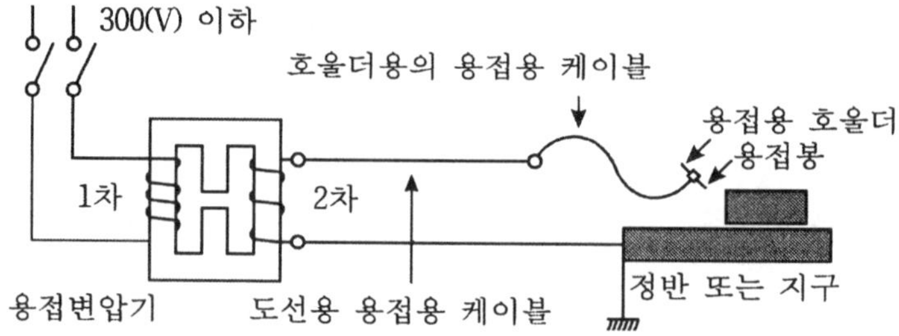

그림 2-50 용접장치의 시설

63. 엑스선 발생장치

① 엑스선 발생장치

㉮ 제1종 엑스선 발생장치 : 취급자 이외의 사람이 출입할 수 없도록 설비한 장소 및 바닥에서의 높이가 2.5(m)을 초과하는 장소에 시설하는 부분 이외에는 노출된 충전부분이 없고 또한 엑스선관에 절연성 피복을 하고 이것을 금속체로 둘러싼 엑스선 발생장치

㉯ 제2종 엑스선 발생장치 : 제1종 엑스선 발생장치 이외의 엑스선 발생장치

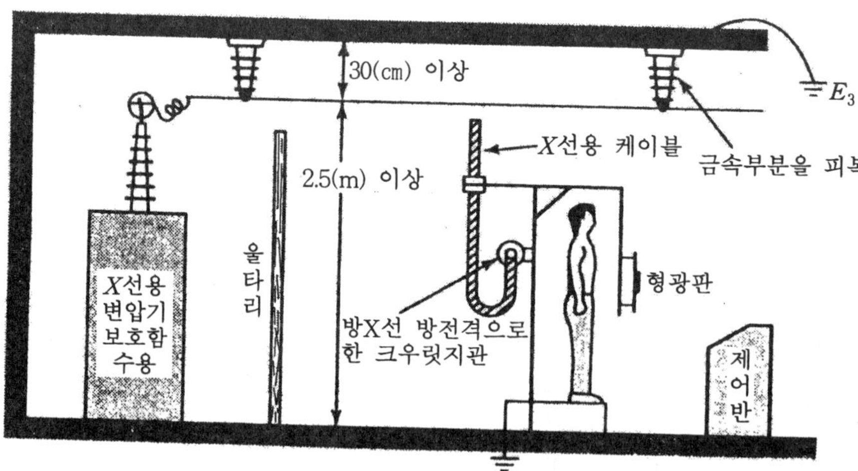

그림 2-51 엑스선 발생장치의 시설 예

② 제1종 엑스선 발생장치

㉮ 엑스선관 회로의 배선

ⓐ 100(㎸) 이하

㉠ 마루 위의 높이 : 2.5(m) 이상

㉡ 조영재와 이격거리 : 0.3(m) 이상

㉢ 전선 상호간 이격거리 : 0.45(m) 이상

ⓑ 100(㎸) 초과

㉠ 전선의 마루 위의 높이 : 엑스선관의 최대 사용전압(파고치로 표시)이 100(kV) 이하인 경우에는 2.5(m) 이상, 100(kV)를 초과하는 경우에는 2.5(m)에 초과분 10(kV) 또는 그 단수마다 0.02(m)를 더한 값 이상.

∴ 이격거리 : $2.5+(\frac{\text{사용전압}[kV]-100}{10})\times 0.02$

㉡ 전선과 조영재의 이격거리 : 엑스선관의 최대 사용전압이 100(kV) 이하인 경우에는 0.3(m) 이상, 100(kV)를 초과하는 경우에는 0.3(m)에 초과분 10(kV) 또는 그 단수마다 0.02(m)를 더한 값 이상

∴ 이격거리 : $0.3+(\frac{\text{사용전압}[kV]-100}{10})\times 0.02$

㉢ 전선 상호간의 간격 : 엑스선관의 최대 사용전압이 100(kV) 이하인 경우에는 0.45(m) 이상, 100(kV)를 초과하는 경우에는 0.45(m)에 초과분 10(kV) 또는 그 단수마다 0.03(m)를 더한 값 이상

∴ 이격거리 : $0.45+(\frac{\text{사용전압}[kV]-100}{10})\times 0.03$

㉯ 엑스선관 도선은 금속 피복을 한 케이블을 사용하고 또한 엑스선관 및 엑스선 회로의 배선과의 접속을 완전하게 할 것.

㉰ 엑스선관용 변압기 및 음극 가열 변압기의 1차측 전로에는 개폐기를 쉽게 개폐할 수 있는 곳에 시설할 것.

㉱ 특고압 전로에 시설하는 커패시터에는 잔류전하를 방전하는 장치할 것.

㉲ 엑스선 발생장치의 특고압 전로는 최대 사용전압의 1.05배의 시험전압을 엑스선관의 단자간에 연속 1분간 가하여 절연내력 시험시 견디는 것일 것.

③ 제2종 엑스선 발생장치

㉮ 변압기, 특고압의 전기로 충전하는 기타의 기구 및 엑스선관 및 엑스선관 도선 주위에 울타리의 설치 또는 함에 넣는 등 적당한 방호장치를 할 것.

㉯ 엑스선관 도선에는 금속 피복을 한 케이블을 사용하고 엑스선관 및 엑스선 회로의 배선과의 접속을 완전히 할 것.

단, 엑스선관을 인체로부터 0.2(m) 안에 접근하여 사용하는 경우 이외에는

충분한 가요성이 있는 단면적 1.5(㎟)의 연동연선을 사용할 수 있다.

㉰ 엑스선관 도선의 노출된 충전부분과 조영재, 엑스선관을 지지하는 금속체 및 침대의 금속제 부분과의 이격거리는 엑스선관의 최대 사용전압이 100(kV) 이하인 경우에는 0.15(m) 이상, 100(kV)를 초과하는 경우에는 0.15(m)에 초과분 10(kV) 또는 그 단수마다 0.02(m)를 더한 값 이상.

∴ 이격거리 : $0.15+(\frac{\text{사용전압}\ [kV]-100}{10})\times 0.02$

㉱ 엑스선관 도선이 연동연선인 경우는 엑스선관의 이동 등에 의하여 전선이 늘어지지 않도록 감아주는 적당한 장치(와인더 등)를 할 것.

㉲ 연동연선을 사용하는 엑스선관 도선의 노출된 충전부에 1(m) 이내로 접근하는 금속체는 "접지 시스템"의 규정에 준하여 접지공사 할 것.

㉳ 엑스선관은 인체에 0.2(m) 이내로 접근하여 사용하는 경우는 그 엑스선관에 절연성 피복을 하고 이것을 금속체로 둘러쌀 것.

④ 모든 금속체 부분에는 "접지 시스템"의 규정에 준하여 접지공사 할 것.

64. 의료장소 전기설비

① 의료장소(병원이나 진료소 등에서 환자의 진단·치료·감시·간호 등의 의료행위를 하는 장소)는 의료용 전기기기의 장착부(의료용 전기기기의 일부로서 환자의 신체와 필연적으로 접촉되는 부분)의 사용방법에 따라 다음과 같이 구분한다.

분류	의료실
그룹 0	일반병실, 진찰실, 검사실, 처치실, 재활치료실 등 장착부를 사용하지 않는 의료장소
그룹 1	분만실, MRI실, X선 검사실, 회복실, 구급처치실, 인공투석실, 내시경실 등 장착부를 환자의 신체 외부 또는 심장 부위를 제외한 환자의 신체 내부에 삽입시켜 사용하는 의료장소
그룹 2	관상동맥질환 처치실(심장카테터실), 심혈관조영실, 중환자실(집중치료실), 마취실, 수술실, 회복실 등 장착부를 환자의 심장 부위에 삽입 또는 접촉시켜 사용하는 의료장소

② 의료장소별로 다음과 같이 접지계통을 적용한다.

분류	적용
그룹 0	TT 계통 또는 TN 계통
그룹 1	TT 계통 또는 TN 계통 단, 전원자동차단에 의한 보호가 의료 행위에 중대한 지장을 초래할 우려가 있는 의료용 전기기기를 사용하는 회로에는 의료 IT 계통을 적용할 수 있다.
그룹 2	의료 IT 계통 단, 이동식 X-레이 장치, 정격출력이 5(kVA) 이상인 대형 기기용 회로, 생명유지 장치가 아닌 일반 의료용 전기기기에 전력을 공급하는 회로 등에는 TT 계통 또는 TN 계통을 적용할 수 있다.

단, 의료장소에 TN 계통을 적용할 때에는 주배전반 이후의 부하 계통에서는 TN-C 계통으로 시설하지 말 것.

③ 의료장소의 안전을 위한 보호설비

㉮ 그룹 1 및 그룹 2의 의료 IT 계통은 다음과 같이 시설할 것.

ⓐ 전원측에 이중 또는 강화절연을 한 비단락보증 절연변압기를 설치하고 그 2차측 전로는 접지하지 말 것.

ⓑ 비단락보증 절연변압기는 충전부가 노출되지 않도록 하고 의료장소 내부 또는 가까운 외부에 설치

ⓒ 비단락보증 절연변압기의 2차측 정격전압은 교류 250(V) 이하로 하며 공급방식 및 정격출력은 단상 2선식, 10(kVA) 이하일 것.

ⓓ 3상 부하인 경우 비단락보증 3상 절연변압기를 사용할 것.

ⓔ 비단락보증 절연변압기의 과부하 전류 및 초과 온도를 지속적으로 감시하는 장치를 적절한 장소에 설치할 것.

ⓕ 의료 IT 계통의 절연상태를 지속적으로 계측, 감시하는 장치를 다음과 같이 설치할 것.

㉠ 절연감시장치를 설치하여 절연저항이 50(kΩ)까지 감소하면 표시설비 및 음향설비로 경보를 발하도록 할 것.

㉡ 표시설비는 의료 IT 계통이 정상일 때에는 녹색으로 표시되고 의료 IT 계통의 절연저항 규정된 조건에 도달할 때에는 황색으로 표시되도록 할 것. 또한 각 표시들은 정지시키거나 차단시키는 것이 불가능한 구조일 것.

㉢ 수술실 등의 내부에 설치되는 음향설비가 의료행위에 지장을 줄 우려

가 있는 경우에는 기능을 정지시킬 수 있는 구조일 것.

ⓖ 의료 IT 계통의 분전반은 의료장소의 내부 혹은 가까운 외부에 설치할 것.

ⓗ 의료 IT 계통에 접속되는 콘센트는 TT 계통 또는 TN 계통에 접속되는 콘센트와 혼용됨을 방지하기 위하여 적절하게 구분 표시할 것.

㉯ 의료장소에서 사용하는 교류 콘센트는 규격에 따른 배선용 콘센트 사용. 단, 플러그가 빠지지 않는 구조의 콘센트가 필요한 경우에는 걸림형을 사용한다.

㉰ 의료장소에 무영등 등을 위한 특별저압(SELV 또는 PELV) 회로를 시설하는 경우 사용전압

ⓐ 교류(실효값) : 25(V) 이하

ⓑ 리플프리(ripple-free)직류 : 60(V) 이하

㉱ 정격감도전류 30(mA) 이하, 동작시간 0.03초 이내의 누전차단기 설치.

④ 의료장소와 의료장소 내의 전기설비 및 의료용 전기기기의 노출도전부, 그리고 계통외도전부에 대하여 다음과 같이 접지설비를 시설할 것.

㉮ 의료장소마다 그 내부 또는 근처에 등전위본딩 바를 설치할 것.
단, 인접하는 의료장소와의 바닥면적 합계가 50(㎡) 이하인 경우에는 등전위본딩 바를 공용할 수 있다.

㉯ 의료장소 내에서 사용하는 모든 전기설비 및 의료용 전기기기의 노출도전부는 보호도체에 의하여 등전위본딩 바에 각각 접속되도록 할 것.

ⓐ 콘센트 및 접지단자의 보호도체는 등전위본딩 바에 직접 접속할 것.

ⓑ 보호도체의 공칭단면적은 "접지 시스템-보호도체"에 따라 선정.

㉰ 그룹 2의 의료장소에서 환자환경(환자가 점유하는 장소로부터 수평방향 1.5(m), 의료장소의 바닥으로부터 2.5(m) 높이 이내의 범위) 내에 있는 계통외 도전부와 전기설비 및 의료용 전기기기의 노출도전부, 전자기장해(EMI) 차폐선, 도전성 바닥 등은 등전위본딩을 시행할 것.

ⓐ 계통외도전부와 전기설비 및 의료용 전기기기의 노출도전부 상호간을 접속한 후 이를 등전위본딩 바에 각각 접속할 것.

ⓑ 한 명의 환자에게는 동일한 등전위본딩 바를 사용 등전위본딩 시행.

㉲ 접지도체는 다음과 같이 시설할 것.

ⓐ 접지도체의 공칭단면적은 등전위본딩 바에 접속된 보호도체 중 가장 큰

것 이상으로 할 것.

ⓑ 철골, 철근 콘크리트 건물에서는 철골 또는 2조 이상의 주철근을 접지도체의 일부분으로 활용할 수 있다.

㉳ 보호도체, 등전위 본딩도체 및 접지도체의 종류는 450/750(V) 일반용 단심 비닐절연전선으로서 절연체의 색이 녹/황의 줄무늬이거나 녹색인 것을 사용할 것.

⑤ 상용전원 공급이 중단될 경우 의료행위에 중대한 지장을 초래할 우려가 있는 전기설비 및 의료용 전기기기에는 다음에 따라 비상전원을 공급할 것.

㉮ 절환시간 0.5초 이내에 비상전원을 공급하는 장치 또는 기기

ⓐ 0.5초 이내에 전력공급이 필요한 생명유지장치.

ⓑ 그룹 1, 2의 의료장소 수술등, 내시경, 수술실 테이블, 기타 필수조명.

㉯ 절환시간 15초 이내에 비상전원을 공급하는 장치 또는 기기

ⓐ 15초 이내에 전력공급이 필요한 생명유지장치.

ⓑ 그룹 2의 의료장소에 최소 50(%)의 조명, 그룹 1의 의료장소에 최소 1개의 조명.

㉰ 절환시간 15초를 초과하여 비상전원을 공급하는 장치 또는 기기

ⓐ 병원기능을 유지하기 위한 기본 작업에 필요한 조명

ⓑ 그 밖의 병원기능을 유지하기 위하여 중요한 기기 또는 설비

65. 이동식 숙박차량 정박지, 야영지 및 이와 유사한 장소

레저용 숙박차량·텐트 또는 이동식 숙박차량 정박지의 이동식 주택, 야영장 및 이와 유사한 장소(이하 "이동식 숙박차량 정박지"라 한다)에 전원을 공급하기 위한 회로에만 적용한다.

① TN 계통에서는 레저용 숙박차량·텐트 또는 이동식 주택에 전원을 공급하는 최종 분기회로에는 PEN 도체가 포함되어서는 아니 된다.

② 표준전압은 220/380(V)를 초과해서는 아니 된다.

③ 감전에 대한 보호는 규정을 준용하되 다음에 대한 보호는 사용하여서는 아니 된다.

㉮ 장애물에 의한 보호

㉯ 접촉범위(Arm's reach) 밖에 두는 것에 의한 보호

㉰ 비도전성 장소에 의한 보호

㉱ 비접지 국부 등전위 접속에 의한 보호

가) 배선방식

① 이동식 숙박차량 정박지에 전원을 공급하기 위하여 시설하는 배선은 지중케이블 및 가공케이블 또는 가공절연전선을 사용하여야 한다.

② 지중케이블은 추가적인 기계적 보호가 제공되지 않는 한 손상(텐트 고정말뚝, 지면 고정앵커 또는 차량의 이동에 의한 손상 등)을 방지하기 위하여 매설 깊이는 표 값 이상으로 하여야 한다.

구분	매설깊이
차량 기타 중량물의 압력을 받을 우려가 있는 장소	1.0(m)
기타 장소	0.6(m)

③ 가공케이블 또는 가공절연전선은 다음에 적합하여야 한다.

㉮ 모든 가공전선은 절연되어야 한다.

㉯ 가공배선을 위한 전주 또는 다른 지지물은 차량의 이동에 의하여 손상을 받지 않는 장소에 설치하거나 손상을 받지 아니하도록 보호되어야 한다.

㉰ 가공전선은 차량이 이동하는 모든 지역에서 표 값 이상 높이로 시설하여야 한다.

구분	지표상 높이
차량 이동 지역	6.0(m)
기타 지역	4.0(m)

나) 누전차단기

① 모든 콘센트는 정격감도전류가 30(mA) 이하인 누전차단기(중성선을 포함한 모든 극이 차단되는 것)에 의하여 개별적으로 보호되어야 한다.

② 이동식 주택 또는 이동식 조립주택에 공급하기 위해 고정 접속되는 최종분기회로는 정격감도전류가 30(mA) 이하인 누전차단기(중성선을 포함한 모든 극이 차단되는 것)에 의하여 개별적으로 보호되어야 한다.

다) 단로장치 및 콘센트 시설

① 각 배전반에는 적어도 하나의 단로장치를 설치하여야 한다. 이 장치는 중성선을 포함하여 모든 충전도체를 분리하여야 한다.

② 콘센트는 다음에 따라 시설하여야 한다.

㉮ 모든 콘센트는 이동식 숙박차량의 정박구획 또는 텐트 구획에 가깝게 시설되어야 하며, 배전반 또는 별도의 외함 내에 설치되어야 한다.

㉯ 긴 연결코드로 인한 위험을 방지하기 위하여 하나의 외함 내에는 4개 이하의 콘센트를 조합 배치하여야 한다.

㉰ 모든 이동식 숙박차량의 정박구획 또는 텐트구획은 적어도 하나의 콘센트가 공급되어야 한다.

㉱ 정격전압 200(V)~250(V), 정격전류 16(A) 단상 콘센트가 제공되야 한다. 다만, 보다 큰 수요가 예상되는 경우에는 더 높은 정격의 콘센트를 제공하여야 한다.

㉲ 콘센트는 지면으로부터 0.5(m)~1.5(m) 높이에 설치하여야 한다. 가혹한 환경조건의 특수한 경우에는 정해진 최대 높이 1.5(m)를 초과하는 것이 허용된다. 이러한 경우 플러그의 안전한 삽입 및 분리가 보장되어야 한다.

66. 마리나 및 이와 유사한 장소

마리나 및 이와 유사장소(이하 "마리나"라 한다)의 놀이용 수상 기계기구 또는 선상가옥에 전원을 공급하는 회로에만 적용한다.

① 마리나에서 TN 계통의 사용시 TN-S 계통만을 사용하여야 한다. 육상의 절연변압기를 통하여 보호하는 경우를 제외하고 누전차단기를 사용하여야 한다. 또한, 놀이용 수상 기계기구 또는 선상가옥에 전원을 공급하는 최종 회로는 PEN 도체를 포함해서는 아니 된다.

② 표준전압은 220/380(V)를 초과해서는 아니 된다.

③ 놀이용 수상 기계기구에 전원을 공급하기 위해 전기적 분리에 의한 보호대책이 사용되는 경우에는 다음에 따라야 한다.

㉮ 회로는 KS C IEC 61558-2-4(전력용변압기, 전원공급장치 및 유사기기의 안전-제2부 : 범용 절연변압기의 개별요구사항)에 적합하게 고정된 절연변압기를 통하여 공급되어야 한다. 절연변압기로 전원을 공급하는 보호도체는 놀이용 수상 기계기구에 공급하는 콘센트의 접지극에 연결되어서는 안된다.

㉯ 놀이용 수상 기계기구의 등전위본딩은 육상 공급전원의 보호도체에 접속해서는 안 된다.

가) 배선방식

① 마리나 내의 배선은 다음에 따라 시설하여야 한다.

㉮ 지중케이블

㉯ 가공케이블 또는 가공절연전선

㉰ 구리 도체로서 열가소성 또는 탄성재료 절연 케이블로 움직임·충격·부식 및 주위온도 등의 외부영향을 고려한 적절한 케이블 관리시스템에 따라 설치된 케이블

㉱ PVC 보호피복의 무기질 절연케이블

㉲ 열가소성 또는 탄성재료 피복의 외장케이블

㉳ "㉮"에서 "㉲"까지의 것과 동등 이상의 케이블 또는 재료

② 마리나 내의 배선은 다음의 경우에 시설해서는 안 된다.

㉮ 지지선에 매달리거나 지지대를 사용하여 공기중에 가설된 가공케이블 또는 가공도체

㉯ 전선관, 트렁킹 등의 내부 절연전선

㉰ 알루미늄 도체 케이블

㉱ 무기질 절연케이블

③ 케이블 및 케이블 관리시스템은 조류 및 물에 뜨는 구조물의 다른 움직임에 의한 기계적 손상이 없도록 선정 및 시공되어야 한다.

④ 지중케이블은 추가적인 기계적 보호가 제공되지 않는 한 수송매체 등의 이동에 따른 손상을 피할 수 있도록 매설 깊이는 표 이상으로 하여야 한다.

구분	매설깊이
차량 기타 중량물의 압력을 받을 우려가 있는 장소	1.0(m)
기타 장소	0.6(m)

⑤ 가공케이블 또는 가공절연전선은 다음에 따라 시설하여야 한다.

㉮ 모든 가공전선은 절연되어야 한다.

㉯ 가공배선을 위한 전주 또는 다른 지지물은 차량의 이동에 의하여 손상을 받지 않는 장소에 설치하거나 손상을 받지 않도록 보호되어야 한다.

㉰ 가공전선은 수송매체가 이동하는 모든 지역에서 지표상 높이는 표 이상으로 시설하여야 한다.

구분	지표상 높이
차량 이동 지역	6.0(m)
기타 지역	4.0(m)

나) 누전 차단기

① 정격전류가 63(A) 이하인 모든 콘센트는 정격감도전류가 30(mA) 이하인 누전차단기에 의해 개별적으로 보호되어야 한다. 채택된 누전차단기는 중성극을 포함한 모든 극을 차단하여야 한다.

② 정격전류가 63(A)를 초과하는 콘센트는 정격감도전류 300(mA) 이하이고, 중성극을 포함한 모든 극을 차단하는 누전차단기에 의해 개별적으로 보호되어야 한다.

③ 주거용 선박에 전원을 공급하는 접속장치는 30(mA)를 초과하지 않는 개별 누전차단기로 보호되어야 하며, 선택된 누전차단기는 중성극을 포함한 모든 극을 차단하여야 한다.

다) 단로장치 및 콘센트 시설

① 각 배전반에는 적어도 하나의 단로장치를 설치하여야 한다. 이 장치는 중성선을 포함하여 모든 충전도체를 분리하여야 한다.

② 콘센트는 다음에 따라 시설하여야 한다.

㉮ 모든 콘센트는 정박 위치에 가까이 시설되어야 하며, 배전반 또는 별도의 외함 내에 설치되어야 한다.

㉯ 긴 연결코드로 인한 위험을 방지하기 위하여 하나의 외함 안에는 4개 이하의 콘센트가 조합 배치되어야 한다.

㉰ 하나의 콘센트는 오직 하나의 놀이용 수상 기계기구 또는 하나의 선상가옥에만 전원을 공급하여야 한다.

㉱ 정격전압 200(V)~250(V), 정격전류 16(A) 단상 콘센트가 제공되어야 한다.

다만, 보다 큰 수요가 예상되는 경우에는 더 높은 정격의 콘센트를 제공하여야 한다.

㉲ 모든 콘센트는 적절한 조치가 취해지지 않는 한 비말이나 침수의 영향을 피할 수 있는 곳에 설치하여야 한다.

연습문제

001 백열전등 또는 방전등에 전기를 공급하는 옥내전로의 대지전압은 몇 (V) 이하를 원칙으로 하는가?

① 300(V) ② 380(V)
③ 440(V) ④ 600(V)

(옥내전로의 대지전압의 제한)
백열전등이나 방전등에 전기를 공급하는 옥내전로의 대지전압은 300(V) 이하 이어야 한다.

002 대지전압 300(V) 이하인 주택 옥내전로의 시설기준에 적합하지 않은 것은?

① 주택의 전로 인입구에 인체보호용 누전차단기를 시설한다.
② 전기기계기구 및 옥내의 전선은 사람이 쉽게 접촉할 우려가 없도록 시설한다.
③ 백열전등의 전구소켓은 키나 그 밖의 점멸기구가 없도록 한다.
④ 정격소비전력 5(kW) 이상인 전기기계기구는 옥내배선과 직접 접속한다.

(옥내전로의 대지전압의 제한)
정격 소비 전력 3(kW) 이상의 전기기계기구에 전기를 공급하기 위한 전로에는 전용의 개폐기 및 과전류 차단기를 시설하고 그 전로의 옥내배선과 직접 접속하거나 적정 용량의 전용콘센트를 시설할 것.

003 옥내전로의 대지전압 제한에 관한 규정으로 주택의 전로 인입구에 절연변압기를 사람이 쉽게 접촉할 우려가 없이 시설하는 경우 정격전압이 몇 (kVA) 이하일 때 인체보호용 누전차단기를 시설하지 않아도 되는가?

① 2 ② 3
③ 5 ④ 10

(옥내전로의 대지전압의 제한)
전로의 전원측에 정격용량 3(kVA) 이하인 절연변압기(1차 전압이 저압, 2차 전압이 300(V) 이하인 것)를 사람이 쉽게 접촉할 우려가 없도록 시설하고, 절연변압기의 부하측 전로를 접지하지 않은 경우는 누전차단기를 시설하지 않아도 된다.

004 아파트 세대 욕실에 "비데용 콘센트"를 시설하고자 한다. 다음의 시설방법 중 적합하지 않는 것은?

① 콘센트를 시설하는 경우에는 인체감전보호용 누전차단기로 보호된 전로에 접속할 것.
② 습기가 많은 곳에 시설하는 배선기구는 방습장치를 시설할 것.
③ 저압용 콘센트는 접지극이 없는 것을 사용할 것.
④ 충전 부분이 노출되지 않을 것.

(옥내에 시설하는 저압용의 배선기구의 시설)
욕실 등 인체가 물에 젖어있는 상태에서 물을 사용하는 장소에 콘센트를 시설하는 경우에는 다음에 따라 시설하여야한다.
① "전기용품안전 관리법"의 적용을 받는 인체감전보호용 누전차단기(정격감도전류 15(mA) 이하, 동작시간 0.03초 이하의 전류동작형의 것에 한한다) 또는 절연변압기(정격용량 3(kVA) 이하인 것에 한한다)로 보호된 전로에 접속하거나, 인체감전보호용 누전차단기가 부착된 콘센트를 시설하여야 한다.
② 콘센트는 접지극이 있는 방적형 콘센트를 사용하여 접지하여야 한다.

005 옥내에 시설하는 저압전선에 나전선을 사용할 수 있는 경우는?

① 버스덕트공사에 의하여 시설하는 경우
② 합성수지관공사에 의하여 시설하는 경우
③ 금속덕트공사에 의하여 시설하는 경우
④ 후강전선관공사에 의하여 시설하는 경우

정답 001 ① 002 ④ 003 ② 004 ③ 005 ①

(나전선의 사용 제한)
① 애자사용공사에 의하여 전개된 곳
② 버스덕트공사에 의하여 시설하는 경우
③ 라이팅덕트공사에 의하여 시설하는 경우
④ 접촉 전선을 시설하는 경우

006 옥내에 시설하는 저압전선으로 나전선을 절대로 사용할 수 없는 것은?

① 금속덕트공사에 의하여 시설하는 경우
② 버스덕트공사에 의하여 시설하는 경우
③ 애자사용공사에 의하여 전개된 곳에 전기로용 전선을 시설하는 경우
④ 유희용 전차에 전기를 공급하기 위하여 접촉전선을 사용하는 경우

(나전선의 사용 제한)
① 애자사용공사에 의하여 전개된 곳
② 버스덕트공사에 의하여 시설하는 경우
③ 라이팅덕트공사에 의하여 시설하는 경우
④ 접촉 전선을 시설하는 경우

007 옥내의 저압전선으로 나전선의 사용이 기본적으로 허용되지 않는 경우는?

① 전기로용 전선
② 이동 기중기용 접촉전선
③ 제분 공장의 전선
④ 전선 피복절연물이 부식하는 장소에 시설하는 전선

(나전선의 사용 제한)
① 애자사용공사에 의하여 전개된 곳에 다음의 전선을 시설하는 경우
㉮ 전기로용 전선
㉯ 전선의 피복 절연물이 부식하는 장소에 시설하는 전선
㉰ 취급자 이외의 자가 출입할 수 없도록 설비한 장소에 시설한 전선
② 버스덕트공사에 의하여 시설하는 경우
③ 라이팅덕트공사에 의하여 시설하는 경우
④ 접촉 전선을 시설하는 경우

008 저압 옥내배선공사에 사용할 수 있는 코드 또는 캡타이어 케이블의 최소 굵기는 몇 (mm^2) 이상의 것인가?

① 0.75 ② 1.2
③ 2.0 ④ 2.6

(저압 옥내배선의 사용전선)
① 단면적이 $2.5(mm^2)$ 이상의 연동선
② 단면적 0.75(㎟) 이상인 코드 또는 캡타이어케이블

009 저압 옥내배선에서 사용되는 전선은 지름 몇 (mm^2)의 연동선을 사용해야 하는가?

① 1.0 ② 2
③ 2.5 ④ 6

(저압 옥내배선의 사용전선)
① 단면적이 $2.5(mm^2)$ 이상의 연동선
② 단면적 0.75(㎟) 이상인 코드 또는 캡타이어케이블

010 저압 옥내배선의 사용 전선으로 단면적이 $2.5(mm^2)$ 이상은 어떤 종류의 전선을 사용하여야 하는가?

① EV 케이블 ② 연동선
③ NR전선 ④ BRC 코드

(저압 옥내배선의 사용전선)
① 단면적이 $2.5(mm^2)$ 이상의 연동선
② 단면적 0.75(㎟) 이상인 코드 또는 캡타이어케이블

011 저압 옥내배선의 사용전선으로 적합하지 않은 것은?

① 단면적 $2.5(mm^2)$ 이상의 연동선
② 단면적 $0.75(mm^2)$ 이상의 코드
③ 사용전압 400(V) 이하인 경우 전광표시장치에 사용한 단면적 $0.75(mm^2)$ 이상의 연동선
④ 사용전압 400(V) 이하인 경우에 사용한 단면적 $0.75(mm^2)$ 이상의 다심케이블

(저압 옥내배선의 사용전선)
단면적이 $2.5(mm^2)$ 이상의 연동선 또는 단면적 0.75(㎟) 이상인 코드 또는 캡타이어케이블. 다만, 옥내배선의 사용전압이 400(V) 이하인 경우에 다음의 어느 하나에 해당하는 경우에는 그러하지 아니하다.

정답 006 ① 007 ③ 008 ① 009 ③ 010 ② 011 ③

① 전광표시 장치 기타 이와 유사한 장치 또는 제어 회로 등에 사용하는 배선에 단면적 1.5(mm^2) 이상의 연동선을 사용하고 이를 합성수지관 공사·금속관 공사·금속 몰드 공사·금속 덕트 공사·플로어 덕트 공사 또는 셀룰러 덕트 공사에 의하여 시설하는 경우
② 전광표시 장치 기타 이와 유사한 장치 또는 제어회로 등의 배선에 단면적 0,75(mm^2) 이상인 다심케이블 또는 다심 캡타이어케이블을 사용하고 또한 과전류가 생겼을 때에 자동적으로 전로에서 차단하는 장치를 시설하는 경우

012 예열기동식 형광 방전등에 무선 설비에 대한 고주파 전류에 의한 장해 방지용으로 글로 램프와 병렬로 접속하는 콘덴서의 정전용량(μF)은?

① 0.1~1　② 0.06~0.1
③ 0.006~0.01　④ 0.6~10

(고주파 전류에 의한 장해의 방지)
형광 방전등에는 적당한 곳에 정전용량이 0.006(μF) 이상 0.5(μF) 이하(예열시동식(豫熱始動式)의 것으로 글로우램프에 병렬로 접속할 경우에는 0.006 (μF) 이상 0.01(μF) 이하)인 커패시터를 시설할 것.

013 옥내에 시설하는 전동기가 소손되는 것을 방지하기 위한 과부하 보호장치를 하지 않아도 되는 것은?

① 전동기 출력이 0.4(kW)이며, 취급자가 감시할 수 없는 경우
② 정격 출력이 0.2(kW) 이하인 경우
③ 전류 차단기가 없는 경우
④ 정격 출력이 10(kW) 이상인 경우

(전동기의 과부하 보호장치의 시설)
다음의 어느 하나에 해당하는 경우에는 자동저지 또는 경보장치를 하지 않아도 된다.
① 정격출력이 0.2(kW) 이하인 경우
② 운전 중 상시 취급자가 감시할 수 있는 경우
③ 부하성질상 소손할 정도의 과전류 발생 우려가 없는 경우
④ 전원측 전로에 시설된 과전류 차단기의 정격전류가 16(A) 이하, 배선용 차단기의 정격전류가 20(A) 이하인 경우

014 옥내에 시설하는 전동기에는 전동기가 소손될 우려가 있는 과전류가 생겼을 때 자동적으로 이를 저지하거나 이를 경보하는 장치를 하여야 하는데, 단상전동기인 경우 전원측 전로에 시설하는 과전류차단기의 정격전류가 몇 (A) 이하이면 이 과부하 보호장치를 시설하지 않아도 되는가? (단, 단상전동기는 KS C 4204-2008의 표준정격의 것을 말한다.)

① 10(A)　② 16(A)
③ 30(A)　④ 50(A)

(전동기의 과부하 보호장치의 시설)
단상전동기(KS C 4204(2008)의 표준정격의 것을 말한다)로써 그 전원측 전로에 시설하는 과전류 차단기의 정격전류가 16(A)(배선용 차단기는 20(A)) 이하인 경우 생략할 수 있다.

015 옥내에 시설하는 전동기에는 소손될 우려가 있는 과전류가 생겼을 때 자동적으로 이를 저지하거나 경보하는 장치를 하여야 하나, 전원측 전로에 시설하는 과전류 차단기의 정격전류가 몇 (A) 이하이면 생략 가능한가?

① 10　② 16
③ 20　④ 30

(전동기의 과부하 보호장치의 시설)
다음의 어느 하나에 해당하는 경우에는 그러하지 아니하다.(자동 저지 또는 경보장치를 시설하지 않아도 된다.)
① 정격출력이 0.2(kW) 이하인 경우
② 운전 중 상시 취급자가 감시할 수 있는 경우
③ 부하성질상 소손할 정도의 과전류 발생 우려가 없는 경우
④ 전원측 전로에 시설된 과전류 차단기의 정격전류가 16(A) 이하, 배선용 차단기의 정격전류가 20(A) 이하인 경우

정답 012 ③ 013 ② 014 ② 015 ②

016 옥내에 시설하는 전동기(0.2(kW) 이하는 제외)는 원칙적으로 과부하 보호 장치를 시설하도록 규정하고 있다. 다음 중 과부하 보호 장치를 생략할 수 없는 사항은?

① 전동기를 운전중 상시 취급자가 감시할 수 있는 위치에 시설하는 경우
② 전동기의 정격 출력이 7.5(kW) 이하로서 취급자가 감시할 수 있는 위치에 전동기에 흐르는 전류값을 표시하는 계기를 시설하는 경우
③ 전동기가 단상의 것으로 과부하 차단기의 정격전류가 16(A) 이하인 경우
④ 전동기의 부하의 성질상 전동기의 권선에 전동기가 소손할 정도의 과전류가 생길 우려가 없는 경우

(전동기의 과부하 보호장치의 시설)
다음의 어느 하나에 해당하는 경우에는 자동 저지 또는 경보장치를 시설하지 않아도 된다.
① 정격출력이 0.2(kW) 이하인 경우
② 운전 중 상시 취급자가 감시할 수 있는 경우
③ 부하성질상 소손할 정도의 과전류 발생 우려가 없는 경우
④ 전원측 전로에 시설된 과전류 차단기의 정격전류가 16(A) 이하, 배선용 차단기의 정격전류가 20(A) 이하인 경우

017 일반주택 및 아파트 각 호실의 현관등은 몇 분 이내에 소등되는 타임스위치를 시설하여야 하는가?

① 1분 ② 3분
③ 6분 ④ 10분

(점멸 장치와 타임스위치 등의 시설)
① 관광숙박업 또는 숙박업에 이용되는 객실의 입구등은 1분 이내에 소등.
② 일반주택 및 아파트 각 호실의 현관등은 3분 이내에 소등.

018 옥내에 시설하는 조명용 전등의 점멸장치에 대한 설명으로 틀린 것은?

① 가정용 전등은 등기구마다 점멸이 가능하도록 한다.
② 국부조명설비는 그 조명대상에 따라 점멸할 수 있도록 시설한다.
③ 공장 · 사무실 · 학교 · 병원 · 상점 · 기타 많은 사람이 함께 사용하는 장소에 시설하는 전체 조명용 전등은 부분조명이 가능하도록 전등군을 구분하여 점멸이 가능하도록 하되, 창과 가장 가까운 전등은 따로 점멸이 가능하도록 할 것.
④ 광 천장 조명 또는 간접조명을 위하여 전등을 격등회로로 시설하는 경우에는 10개의 전등군으로 구분하여 점멸이 가능하도록 한다.

(점멸장치와 타임스위치 등의 시설)
광천장 조명 또는 간접조명을 위해 전등을 격등회로로 시설할 것. 전등군의 개수는 구분없다.

019 호텔 또는 여관 각 객실의 입구에 조명용 백열전등을 설치할 경우 몇 분 이내에 소등되는 타임 스위치를 시설하여야 하는가?

① 1분 ② 2분
③ 3분 ④ 5분

(점멸 장치와 타임스위치 등의 시설)
관광진흥법과 공중위생법에 의한 관광숙박업 또는 숙박업에 이용되는 객실의 입구 등은 1분 이내에 소등되는 것일 것.

020 저압 옥내배선을 할 때 인입용 비닐 절연전선을 사용할 수 없는 것은?

① 합성수지관공사
② 금속관공사
③ 애자사용공사
④ 가요전선관공사

(애자사용공사)
절연전선 사용. 단, 옥외용 비닐 절연전선(OW) 및 인입용 절연전선(DV)은 제외한다.

021 사용전압이 220(V)인 경우에 애자사용공사에서 전선과 조영재 사이의 이격거리는 몇 (cm) 이상이어야 하는가?

① 2.5 ② 4.5

정답 016 ② 017 ② 018 ④ 019 ① 020 ③ 021 ①

③ 6 ④ 8

(애자사용공사)

사용전압		전선과 조영재와의 거리	
저압	400(V) 이하	2.5(cm) 이상	
	400(V) 초과	건조한 장소 (전개된 장소)	2.5(cm) 이상
		기타 장소	4.5(cm) 이상

022 사용전압이 400(V)를 넘는 저압 옥내배선을 애자사용공사에 의하여 시설하는 경우 전선의 지지점간의 거리는 몇 (m) 이하이어야 하는가?

(단, 전선을 조영재의 위면 또는 옆면에 따라 붙이지 않는 경우이다.)

① 2.0(m) ② 4.0(m)
③ 4.5(m) ④ 6.0(m)

(애자사용공사)

사용전압		전선상호간 간격	전선 지지점간 거리	
			조영재의 상면 또는 측면을 따라 시설	조영재에 따라 시설하지 않는 경우
저압	400(V) 이하	6(cm) 이상	2(m) 이하	-
	400(V) 초과			6(m) 이하

023 옥내에 시설하는 애자사용 공사시 사용전압이 400(V) 이하인 경우 전선 상호간의 이격 거리(cm)는?

(단, 비와 이슬에 젖지 아니하는 장소이다.)

① 4.5 ② 6
③ 10 ④ 12

(애자사용공사)

사용전압		전선과 조영재와의 거리		전선 상호간 간격
저압	400(V) 이하	2.5(cm) 이상		6(cm) 이상
	400(V) 초과	건조한 장소 (전개된 장소)	2.5(cm) 이상	
		기타 장소 (물기, 습기)	4.5(cm) 이상	

024 점검할 수 있는 은폐 장소로서 건조한 곳에 시설하는 애자사용 노출공사에 있어서 사용전압 440(V)의 경우 전선과 조영재와의 이격 거리는?

① 2.5(cm) 이상 ② 3(cm) 이상
③ 4.5(cm) 이상 ④ 5(cm) 이상

(애자사용공사)

사용전압		전선과 조영재와의 거리		전선 상호간 간격
저압	400(V) 이하	2.5(cm) 이상		6(cm) 이상
	400(V) 초과	건조한 장소 (전개된 장소)	2.5(cm) 이상	
		기타 장소 (물기, 습기)	4.5(cm) 이상	

025 습기가 많은 장소에서 440(V) 애자사용공사의 전선과 조영재와의 최소 이격 거리(cm)는?

① 2 ② 2.5
③ 4.5 ④ 6

(애자사용공사)

사용전압		전선과 조영재와의 거리		전선 상호간 간격
저압	400(V) 이하	2.5(cm) 이상		6(cm) 이상
	400(V) 초과	건조한 장소 (전개된 장소)	2.5(cm) 이상	
		기타 장소 (물기, 습기)	4.5(cm) 이상	

정답 022 ④ 023 ② 024 ① 025 ③

026 합성수지몰드공사에 의한 저압 옥내배선의 시설 방법으로 옳은 것은?

① 전선으로는 단선만을 사용하고 연선을 사용하여서는 안 된다.
② 전선으로 옥외용 비닐 절연전선을 사용하였다.
③ 합성수지몰드 안에 전선의 접속점을 두기 위하여 합성 주지제의 조인트 박스를 사용하였다.
④ 합성수지몰드 안에는 전선의 접속점을 최소 2개소 두어야 한다.

(합성수지몰드공사)
① 절연전선(OW 제외)을 몰드 안에 접속점이 없도록 시설할 것. 다만, 합성수지몰드 안의 전선을 합성수지제의 조인트 박스를 사용하여 접속할 경우에는 그러하지 아니하다.
② 합성수지몰드는 홈의 폭 깊이가 3.5(cm) 두께가 2(mm) 이하일 것. 단, 사람과 접촉의 우려가 없도록 시설하는 경우는 폭이 5(cm) 이하, 두께가 1(mm) 이하인 것을 사용할 수 있다.

027 합성수지관공사에 대한 설명 중 옳은 것은?

① 합성수지관이 안에 전선의 접속점이 있어야 한다.
② 전선은 반드시 옥외용 절연전선을 사용하여야 한다.
③ 합성수지관 내 단면적 10(mm^2)을 넣을 수 있다.
④ 합성수지관의 지지점간의 거리는 3(m)로 한다.

(합성수지관공사)
① 전선은 절연전선(옥외용 비닐 절연전선을 제외한다)의 연선일 것. 다만, 단면적 10(mm^2)(알루미늄선은 단면적 16 mm^2) 이하의 단선을 사용할 수 있다. 초과할 경우 연선을 사용한다.
② 합성수지관 안에는 전선에 접속점이 없도록 할 것.
③ 관의 지지점간의 거리는 1.5(m) 이하

028 합성수지관공사시에 관의 지지점간의 거리는 몇 (m) 이하로 하여야 하는가?

① 1.0 ② 1.5
③ 2.0 ④ 2.5

(합성수지관공사)
관의 지지점간의 거리는 1.5(m) 이하

029 저압 옥내배선을 합성수지관공사에 의하여 실시하는 경우 사용할 수 있는 전선의 단면적은 최대 몇 (mm^2)인가?

① 2.5(mm^2) ② 4(mm^2)
③ 6(mm^2) ④ 10(mm^2)

(합성수지관공사)
전선은 절연전선(옥외용 비닐 절연전선을 제외한다)의 연선일 것. 다만, 단면적 10(mm^2)(알루미늄선은 단면적 16(mm^2)) 이하의 단선을 사용할 수 있다. 초과할 경우 연선을 사용한다.

030 합성수지관공사에 의한 저압 옥내배선 시설방법에 대한 설명 중 틀린 것은?

① 관의 지지점간의 거리는 1.2(m) 이하로 할 것
② 박스 기타의 부속품을 습기가 많은 장소에 시설하는 경우에는 방습장치로 할 것
③ 사용 전선은 절연전선일 것
④ 합성수지관 안에는 전선의 접속점이 없도록 할 것

(합성수지관공사)
① 전선은 절연전선(옥외용 비닐 절연전선을 제외한다)의 연선일 것. 다만, 단면적 10(mm^2)(알루미늄선은 단면적 16(mm^2)) 이하의 단선을 사용할 수 있다. 초과할 경우 연선을 사용한다.
② 합성수지관 안에는 전선에 접속점이 없도록 할 것.
③ 관의 지지점간의 거리는 1.5(m) 이하
④ 습기가 많은 장소 또는 물기가 있는 장소에는 방습장치를 할 것.

정답 026 ③ 027 ③ 028 ② 029 ④ 030 ①

031 합성수지관공사시 관 상호간의 박스와의 접속은 관의 삽입하는 깊이를 관 바깥지름의 몇 배 이상으로 하여야 하는가?

① 0.5배 ② 0.9배
③ 1.0배 ④ 1.2배

(합성수지관공사)
관 상호간 및 박스와는 관을 삽입하는 깊이를 관의 바깥지름의 1.2배(접착제를 사용하는 경우에는 0.8배) 이상으로 하고 또한 꽂음 접속에 의하여 견고하게 접속할 것.

032 합성수지몰드공사에 의한 저압 옥내배선에서 합성수지몰드의 두께는 몇(mm) 이상 이어야 하는가?

① 0.8 ② 1.0
③ 2.0 ④ 1.6

(합성수지몰드공사)
합성수지몰드는 홈의 폭 깊이가 3.5(㎝) 두께가 2(mm) 이하일 것. 단, 사람과 접촉의 우려가 없도록 시설하는 경우는 폭이 5(㎝) 이하, 두께가 1(mm) 이하인 것을 사용할 수 있다.

033 금속관공사에 절연 부싱을 쓰는 목적은?

① 관의 끝이 터지는 것을 방지
② 관의 단구에서 조영재의 접촉 방지
③ 관내 해충 및 이물질 출입 방지
④ 관의 단구에서 전선 손상 방지

(금속관공사)
관의 끝 부분에는 전선의 피복을 손상하지 아니하도록 적당한 구조의 부싱을 사용할 것.

034 금속관공사에 의한 저압 옥내배선의 방법으로 옳은 것은?

① 옥외용 비닐 절연전선을 사용하였다.
② 전선으로는 지름 5(mm)의 단선을 사용하였다.
③ 콘크리트에 매설하는 금속관의 두께는 1.2(mm)를 사용하였다.
④ 관 안에서는 전선의 접속점을 1개소만 허용하였다.

(금속관공사)
① 전선은 절연전선(옥외용 비닐절연전선을 제외한다)의 연선일 것. 다만, 단면적 10(mm^2)(알루미늄선은 단면적 16(mm^2)) 이하의 단선을 사용할 수 있다. 초과할 경우 연선을 사용한다.
② 콘크리트에 매설하는 것은 1.2(mm) 이상, 이외의 것은 1(mm) 이상.
③ 금속관 안에는 전선에 접속점이 없도록 할 것.

035 금속관공사에 의한 저압 옥내배선의 방법으로 틀린 것은?

① 옥외용 비닐 절연전선을 사용하였다.
② 전선으로 연선을 사용하였다.
③ 콘크리트에 매설하는 금속관의 두께는 1.2(mm)를 사용하였다.
④ 사람이 접촉할 우려가 없는 관에 접지를 하였다.

(금속관공사)
① 전선은 절연전선(옥외용 비닐절연전선을 제외한다)의 연선일 것. 다만, 단면적 10(mm^2)(알루미늄선은 단면적 16(mm^2)) 이하의 단선을 사용할 수 있다. 초과할 경우 연선을 사용한다.
② 콘크리트에 매설하는 것은 1.2(mm) 이상, 이외의 것은 1(mm) 이상.
③ 금속관에는 접지공사를 할 것.

036 저압 옥내배선을 금속관공사에 의하여 시설하는 경우에 대한 설명 중 옳은 것은?

① 전선에 옥외용 비닐 절연전선을 사용하여야 한다.
② 전선은 굵기에 관계없이 연선을 사용하여야 한다.
③ 콘크리트에 매설하는 금속관의 두께는 1.2(mm) 이상이어야 한다.
④ 옥내배선의 사용전압이 교류 600(V) 이하인 경우 관에는 접지공사를 하여야 한다.

(금속관공사)
① 전선은 절연전선(옥외용 비닐절연전선을 제외한다)의 연선일 것. 다만, 단면적

정답 031 ④ 032 ③ 033 ④ 034 ③ 035 ① 036 ③

10(mm^2)(알루미늄선은 단면적 16(mm^2)) 이하의 단선을 사용할 수 있다. 초과할 경우 연선을 사용한다.
② 콘크리트에 매설하는 것은 1.2(mm) 이상, 이외의 것은 1(mm) 이상.
③ 관에는 접지공사를 할 것.

037 옥내 저압배선을 가요전선관공사에 의해 시공하고자 한다. 가요전선관에 설치한 전선이 단선일 경우 그 지름은 최대 몇 (mm^2) 이어야 하는가? (단, 알루미늄선은 제외한다.)

① 2.5 ② 4.0
③ 6.0 ④ 10

(가요전선관공사)
① 전선은 절연전선(옥외용 비닐 절연전선을 제외한다)일 것.
② 전선은 연선일 것. 다만, 단면적 10(mm^2) (알루미늄선은 단면적 16mm^2) 이하의 단선을 사용할 수 있다. 초과할 경우 연선을 사용한다.

038 가요전선관공사에 사용할 수 없는 전선은?

① 인입용 비닐 절연전선
② 옥외용 비닐 절연전선
③ 450/750(V) 이하 염화비닐
④ 450/750(V) 이하 고무 절연전선

(가요전선관공사)
전선은 절연전선(옥외용 비닐절연전선을 제외한다)의 연선일 것. 다만, 단면적 10(mm^2)(알루미늄선은 단면적 16mm^2) 이하의 단선을 사용할 수 있다. 초과할 경우 연선을 사용한다.

039 제1종 금속제 가요전선관의 두께는 몇 (mm) 이상인가?

① 0.8 ② 1.0
③ 1.2 ④ 1.6

(가요전선관공사)
1종 금속제 가요 전선관은 두께 0.8(mm) 이상인 것일 것.

040 가요전선관공사에 의한 저압 옥내배선 시설과 맞지 않는 것은?

① 옥외용 비닐전선을 제외한 절연전선을 사용한다.
② 제1종 금속제 가요전선관 두께는 0.8(mm) 이상으로 한다.
③ 중량물의 압력 또는 기계적 충격을 받을 우려가 없도록 시설한다.
④ 전선은 연선을 사용하나 단면적 10(mm^2) 이상인 경우에는 단선을 사용한다.

(가요전선관공사)
① 전선은 절연전선(옥외용 비닐 절연전선을 제외한다)의 연선일 것. 다만, 단면적 10(mm^2)(알루미늄선은 단면적 16(mm^2)) 이하의 단선을 사용할 수 있다. 초과할 경우 연선을 사용한다.
② 1종 금속제 가요 전선관은 두께 0.8(mm) 이상인 것일 것.
③ 가요전선관에 접지공사를 할 것.
④ 가요전선관 안에는 전선에 접속점이 없도록 할 것.

041 금속덕트공사에 의한 저압 옥내배선공사 중 시설 기준에 적합하지 않은 항은?

① 금속덕트에 넣은 전선은 단면적의 합계가 덕트의 내부 단면적의 20(%) 이하가 되게 하였다.
② 덕트 상호 및 덕트와 금속관과는 전기적으로 완전하게 접속했다.
③ 덕트를 조영재에 붙이는 경우 덕트의 지지점간의 거리를 4(m) 이하로 견고하게 붙였다.
④ 전광표시장치 기타 이와 유사한 장치 또는 제어 회로 등의 배선만을 넣는 경우에는 50(%) 이하

(금속덕트공사)
① 전선은 절연전선(옥외용 비닐절연전선을 제외한다)일 것.
② 금속덕트에 넣은 전선의 단면적의 합계는 덕트의 내부 단면적의 20(%)(전광표시장

정답 037 ④ 038 ② 039 ① 040 ④ 041 ③

치 기타 이와 유사한 장치 또는 제어 회로 등의 배선만을 넣는 경우에는 50%) 이하일 것.
③ 금속덕트 안에는 전선에 접속점이 없도록 하고, 덕트 상호간은 견고하고 또한 전기적으로 완전하게 접속할 것.
④ 덕트를 조영재에 붙이는 경우에는 덕트의 지지점간의 거리를 3(m) 이하로 하고 또한 견고하게 붙일 것.

042 제어회로의 배선을 금속덕트공사에 의하여 시설하고자 한다. 절연피복을 포함한 전선의 총면적은 덕트 내부 단면적의 몇 (%)까지 할 수 있는가?

① 20 ② 30
③ 40 ④ 50

(금속덕트공사)
① 전선은 절연전선(옥외용 비닐절연전선을 제외한다)일 것.
② 금속덕트에 넣은 전선의 단면적의 합계는 덕트의 내부 단면적의 20(%)(전광표시 장치 기타 이와 유사한 장치 또는 제어 회로 등의 배선만을 넣는 경우에는 50(%)) 이하일 것.

043 금속덕트공사에 의한 저압 옥내배선 시설 방법에 해당되지 않는 것은?

① 전선은 절연전선(옥외용 비닐절연전선을 제외한다.)일 것
② 금속 덕트 안에는 전선의 접속점이 없을 것
③ 덕트의 끝 부분은 막지 않을 것
④ 덕트는 물이 고이는 낮은 부분을 만들지 않도록 시설할 것

(금속덕트공사)
덕트의 끝부분은 막을 것.

044 버스덕트공사에 덕트를 조영재에 붙이는 경우 지지점간의 거리는?

① 2(m) 이하 ② 3(m) 이하
③ 4(m) 이하 ④ 5(m) 이하

(버스덕트공사)
덕트를 조영재에 붙이는 경우에는 덕트의 지지점 간의 거리를 3(m)(취급자 이외의 자가 출입할 수 없도록 설비한 곳에서 수직으로 붙이는 경우에는 6m) 이하로 하고 또한 견고하게 붙일 것.

045 라이팅덕트공사에 의한 저압 옥내배선은 덕트의 지지점간의 거리는 몇 (m) 이하로 하여야 하는가?

① 2 ② 3
③ 4 ④ 5

(라이팅덕트공사)
라이팅덕트의 지지점 간의 거리는 2(m) 이하로 할 것

046 플로어덕트공사에 의한 저압 옥내배선에서 절연전선으로 연선을 사용하지 않아도 되는 것은 전선의 굵기가 단면적 몇 (mm^2) 이하의 경우인가?

① 2.5 ② 4.0
③ 6.0 ④ 10

(플로어덕트공사)
전선은 절연전선(옥외용 비닐 절연전선을 제외한다)의 연선일 것. 단, 단면적 10(mm^2)(알루미늄선은 단면적 16mm^2) 이하의 단선을 사용할 수 있다. 초과할 경우 연선을 사용하여야 한다.

047 케이블공사로 저압 옥내배선을 시설하려고 한다. 캡타이어 케이블을 사용하여 조영재의 아랫면에 따라 붙이고자할 때 전선의 지지점간의 거리는 몇 (m) 이하로 하여야 하는가?

① 1 ② 2
③ 3 ④ 5

(케이블공사)
① 전선을 조영재의 아랫면 또는 옆면에 따라 붙이는 경우에는 전선의 지지점 간의 거리를 케이블은 2(m)(사람이 접촉할 우려가

정답 042 ④ 043 ③ 044 ② 045 ① 046 ④ 047 ①

없는 곳에서 수직으로 붙이는 경우에는 6m) 이하,

② 캡타이어 케이블은 1(m) 이하로 하고 또한 그 피복을 손상하지 아니하도록 붙일 것.

048 케이블 트레이공사에 사용하는 케이블 트레이에 적합하지 않은 것은?

① 케이블 트레이의 안전율은 1.5 이상이어야 한다.
② 지지대는 트레이 자체 하중과 포설된 케이블 하중을 충분히 견딜 수 있는 강도를 가져야 한다.
③ 전선의 피복 등을 손상시킬 돌기 등이 없이 매끈하여야 한다.
④ 금속재의 것은 내식성 재료의 것으로 하지 않아도 된다.

(케이블 트레이공사)
① 금속재의 것은 적절한 방식처리를 한 것이거나 내식성 재료의 것이어야 한다.
② 비금속제 케이블 트레이는 난연성 재료의 것이어야 한다.

049 케이블 트레이공사에 사용하는 케이블 트레이에 적합하지 않은 것은?

① 케이블 트레이가 방화구획의 벽 등을 관통하는 경우에는 개구부에 연소방지시설이나 조치를 하여야 한다.
② 비금속제 케이블 트레이는 난연성 재료의 것이지 않아도 된다.
③ 금속제의 것은 적절한 방식처리를 하거나 내식성 재료의 것이어야 한다.
④ 금속제 케이블 트레이 계통은 기계적 또는 전기적으로 완전하게 접속하여야 한다.

(케이블 트레이공사)
비금속제 케이블 트레이는 난연성 재료의 것이어야 한다.

050 케이블 트레이공사에 사용하는 케이블 트레이의 시설기준으로 적합하지 않는 것은?

① 비금속제 케이블 트레이는 난연성 재료의 것이어야 한다.
② 전선의 피복 등을 손상 시킬 돌기 등이 없이 매끈해야 한다.
③ 접지공사를 하여야 한다.
④ 케이블 트레이 안전율은 1.3 이상이어야 한다.

(케이블 트레이공사)
수용된 모든 전선을 지지할 수 있는 적합한 강도의 것이어야 한다. 이 경우 케이블 트레이의 안전율은 1.5 이상으로 하여야 한다.

051 저압 옥내배선과 옥내 저압용의 전구선의 시설 방법이 잘못된 것은?

① 공연장 내의 배선에 0.75(mm^2)의 캡타이어 케이블을 사용하였다.
② 전광표시 장치의 배선으로 단면적 1.5(mm^2)의 연선을 사용하고 합성수지관에 넣어 시설하였다.
③ 쇼케이스 내의 배선에 0.75(mm^2)의 캡타이어 케이블을 사용하였다.
④ 조영물에 고정시키지 아니하고 백열전등에 이르는 전구선으로 0.55(mm^2)의 케이블을 사용 하였다.

(옥내 저압용의 전구선의 시설)
① 전구선 : 전기사용 장소에 시설하는 전선 중 조영물에 고정시키지 않는 백열전등에 이르는 전선
② 사용전압 : 400(V) 이하
③ 전선의 종류 : 고무코드 또는 0.6/1(kV) EP 고무 절연 클로로프렌캡타이어 케이블로서 단면적이 0.75(mm^2) 이상인 것이어야 한다.

052 옥내 저압용의 전구선을 시설하려고 한다. 사용전압이 몇(V) 이상인 전구선은 옥내 시설할 수 없는가?

① 250 ② 300
③ 350 ④ 400

(옥내 저압용의 전구선의 시설)
① 옥내에 시설하는 사용전압이 400(V) 이하인 저압 전구선과 옥내배선의 접속은 그 접

정답 048 ④ 049 ② 050 ④ 051 ④ 052 ④

속점에 전구 또는 기구의 중량을 옥내배선에 지지시키지 않도록 하여야 한다.
② 사용전압이 400(V) 초과인 전구선은 옥내에 시설하여서는 아니 된다.

053 옥내에 시설하는 저압 접촉전선 공사법이 아닌 것은?

① 점검할 수 있는 은폐된 장소의 애자사용공사
② 버스덕트공사
③ 금속몰드공사
④ 절연 트롤리공사

(옥내에 시설하는 저압 접촉전선 공사)
이동기중기·자동청소기 그 밖에 이동하며 사용하는 저압의 전기기계기구에 전기를 공급하기 위하여 사용하는 접촉전선을 옥내에 시설하는 경우에는 기계기구에 시설하는 경우 이외에는 전개된 장소 또는 점검할 수 있는 은폐된 장소에 애자사용공사 또는 버스덕트공사 또는 절연 트롤리공사에 의하여야 한다.

054 다음 중 사용전압이 440(V)인 이동 기중기용 접촉전선을 애자사용공사에 의하여 옥내의 전개된 장소에 시설하는 경우 사용하는 전선으로 옳은 것은?

① 인장강도가 3.44(kN) 이상인 것 또는 지름 2.6(mm)의 경동선으로 단면적이 8(mm^2) 이상인 것
② 인장강도가 3.44(kN) 이상인 것 또는 지름 3.2(mm)의 경동선으로 단면적이 18(mm^2) 이상인 것
③ 인장강도가 11.2(kN) 이상인 것 또는 지름 6(mm)의 경동선으로 단면적이 28(mm^2) 이상인 것
④ 인장강도가 11.2(kN) 이상인 것 또는 지름 8(mm)의 경동선으로 단면적이 18(mm^2) 이상인 것

(옥내에 시설하는 저압 접촉전선 공사)
① 사용전압이 400(V) 초과인 경우에 전선은 인장강도 11.2(kN) 이상의 것 또는 지름 6(mm)의 경동선으로 단면적이 28(mm^2) 이상인 것일 것.
② 사용전압이 400(V) 이하인 경우에는 인장강도 3.44(kN) 이상의 것 또는 지름 3.2(mm) 이상의 경동선으로 단면적이 8(mm^2) 이상인 것을 사용.

055 엘리베이터 등의 승강로 내에 시설되는 저압 옥내배선에 사용되는 전압의 최대한도는?

① 250(V) 이하 ② 300(V) 이하
③ 400(V) 이하 ④ 600(V) 이하

(엘리베이터·덤웨이터 등의 승강로 안의 저압 옥내배선 등의 시설)
엘리베이터·덤웨이터 등의 승강로 내에 시설하는 사용전압이 400(V) 이하인 저압 옥내배선, 저압의 이동전선 및 이에 직접 접속하는 리프트 케이블은 이에 적합한 KS C IEC 60227-6(비닐리프트 케이블) 또는 KS C IEC 60245.5(2005)(고무리프트 케이블)를 사용하여야 한다.

056 저압 옥내배선에 있어서 애자사용공사에 의한 절연전선과 전화선과의 최소 이격 거리(cm)는?

① 6 ② 10
③ 20 ④ 30

(저압옥내배선과 약전류 전선 등 또는 관과의 접근 또는 교차)
저압 옥내배선이 약전류 전선 등 또는 수관가스관이나 이와 유사한 것과 접근하거나 교차하는 경우에 저압 옥내배선을 애자사용 공사에 의하여 시설하는 때에는 저압 옥내배선과 약전류 전선 등 또는 수관이나 이와 유사한 것과의 이격거리는 10(cm)(전선이 나전선인 경우에 30(cm)) 이상

057 다음 중 가연성 분진에 전기설비가 발화원이 되어 폭발할 우려가 있는 곳에 시공할 수 있는 저압 옥내배선 공사는?

① 버스덕트공사
② 라이팅덕트공사
③ 가요전선관공사
④ 금속관공사

(먼지가 많은 장소에서의 저압의 시설)

정답 053 ③ 054 ③ 055 ③ 056 ② 057 ④

저압 옥내배선 등은 합성수지관공사(두께 2 mm 미만의 합성수지 전선관 및 난연성이 없는 콤바인 덕트관을 사용하는 것을 제외)·금속관 공사 또는 케이블공사에 의할 것.

058 소맥분, 전분, 기타의 가연성 분진이 존재하는 곳의 저압 옥내배선으로 적합 하지 않은 곳의 공사 방법은?

① 합성수지관공사
② 가요전선관공사
③ 금속관공사
④ 케이블공사

(먼지가 많은 장소에서의 저압의 시설)
가연성 분진(소맥분·전분·유황 기타 가연성의 먼지로 공중에 떠다니는 상태에서 착화하였을 때에 폭발할 우려가 있는 것)에 전기설비가 발화원이 되어 폭발할 우려가 있는 곳에 시설하는 저압 옥내 전기설비의 공사법은 합성수지관공사(두께 2(㎜) 이상), 금속관공사, 케이블공사.

059 티탄을 제조하는 공장으로 먼지가 쌓여진 상태에서 착화된 때는 폭발할 우려가 있는 곳에 저압 옥내배선을 설치하고자 한다. 다음 중 적절한 공사 방법은 어느 것인가?

① 얇은 강전선관공사 또는 케이블공사
② 합성수지관공사 또는 캡타이어 케이블공사
③ 후강 전선관공사 또는 콤바인드덕트 케이블공사
④ 2종 금속제 가요전선관공사 또는 합성수지 몰드공사

(먼지가 많은 장소에서의 저압의 시설)
폭연성분진(마그네슘·알루미늄·티탄·지르코늄 등)이 많은 장소의 저압 옥내배선은 금속관공사 또는 케이블공사에 의할 것

060 화약류 저장소의 전기 설비 시설에 있어서 틀린 사항은 다음 중 어느 것인가?

① 전용 개폐기 및 과전류 차단기는 화약류 저장소 밖에 둔다.
② 전용 개폐기 및 과전류 차단기는 화약류 저장소 안에 둔다.
③ 과전류 차단기에서 저장소 인입구까지의 배선에는 케이블을 사용한다.
④ 케이블은 지하에 시설한다.

(화약류 저장소에서 전기 설비의 시설)
① 화약류 저장소 안에는 전기설비를 시설하여서는 아니 된다.
다만, 백열전등이나 형광등 또는 이들에 전기를 공급하기 위한 전기설비를 다음에 따라 시설하는 경우에는 그러하지 아니하다.
㉮ 전로에 대지전압은 300(V) 이하일 것.
㉯ 전기기계기구는 전폐형의 것일 것.
㉰ 케이블을 전기기계기구에 인입할 때에는 인입구에서 케이블이 손상될 우려가 없도록 시설할 것.
② 화약류 저장소 안의 전기설비에 전기를 공급하는 전로에는 화약류 저장소 이외의 곳에 전용 개폐기 및 과전류 차단기를 각 극(과전류 차단기는 다선 식 전로의 중성극을 제외한다)에 취급자 이외의 자가 쉽게 조작할 수 없도록 시설하고 또한 전로에 지락이 생겼을 때에 자동적으로 전로를 차단하거나 경보하는 장치를 시설하여야 한다.

061 화약류 저장 장소에 있어서의 전기 설비의 시설이 적당하지 않은 것은?

① 전로의 대지전압은 300(V) 이하일 것
② 전기 기계기구는 개방형일 것
③ 지락 차단장치 또는 경보장치를 시설할 것
④ 전용 개폐기 또는 과전류 차단장치를 시설할 것

(화약류 저장소에서 전기 설비의 시설)
화약류 저장 장소의 전기 기계기구는 전폐형(밀폐형)의 것일 것.

062 건조한 곳에 시설하고 또한 내부를 건조한 상태로 사용하는 진열장 안의 사용전압이 400(V) 이하인 저압 옥내배선의 전선은?

① 단면적이 0.75(mm^2) 이상인 절연전선 또는 캡타이어 케이블
② 단면적이 0.25(mm^2) 이상인 코드 또는 절연전선

정답 058 ② 059 ① 060 ② 061 ② 062 ③

③ 단면적이 0.75(mm^2) 이상인 코드 또는 캡타이어 케이블
④ 단면적이 1.25(mm^2) 이상인 코드 또는 다심형 전선

(진열장 안의 배선공사)
① 건조한 곳에 시설하고 또한 내부를 건조한 상태로 사용하는 진열장안의 사용전압이 400(V) 이하인 저압 옥내배선은 외부에서 보기 쉬운 곳에 한하여 단면적이 0.75(mm^2) 이상인 코드 또는 캡타이어 케이블을 조영재에 접촉하여 시설할 수 있다.
② 전선의 붙임점간의 거리는 1(m) 이하로 하고 또한 배선에는 전구 또는 기구의 중량을 지지시키지 아니할 것

063 쇼윈도내의 배선에 사용전압 400(V) 이하에 사용하는 캡타이어 케이블의 단면적은 최소 몇 (mm^2)인가?

① 1.25 ② 1.0
③ 0.75 ④ 0.5

(진열장 안의 배선공사)
건조한 곳에 시설하고 또한 내부를 건조한 상태로 사용하는 진열장 안의 사용전압이 400(V) 이하인 저압 옥내배선은 외부에서 보기 쉬운 곳에 한하여 단면적이 0.75(mm^2) 이상인 코드 또는 캡타이어 케이블을 조영재에 접촉하여 시설할 수 있다.

064 진열장 또는 진열장 안의 저압 옥내배선에서 사용전압(V)은 얼마 이하인가?

① 100 ② 200
③ 400 ④ 600

(진열장 안의 배선공사)
건조한 곳에 시설하고 또한 내부를 건조한 상태로 사용하는 진열장 안의 사용전압이 400(V) 이하인 저압 옥내배선은 외부에서 보기 쉬운 곳에 한하여 단면적이 0.75(mm^2) 이상인 코드 또는 캡타이어 케이블을 조영재에 접촉하여 시설할 수 있다.

065 6600(V) 고압 옥내배선에 사용하는 고압 절연전선의 최소 굵기(mm^2)는?

① 1.6 ② 2.0
③ 6 ④ 3.2

(고압 옥내배선 등의 시설)
전선은 공칭단면적 6(mm^2) 이상의 연동선 또는 이와 동등 이상의 세기 및 굵기의 고압 절연전선이나 특고압 절연전선 또는 규정하는 인하용 고압 절연전선일 것.

066 애자사용공사에 의한 고압 옥내배선 등의 시설에서 사용되는 연동선의 공칭단면적은 몇 (mm^2) 이상인가?

① 6.0 ② 10
③ 16 ④ 25

(고압 옥내배선 등의 시설)
전선은 공칭단면적 6(mm^2) 이상의 연동선 또는 이와 동등 이상의 세기 및 굵기의 고압 절연전선이나 특고압 절연전선 또는 규정하는 인하용 고압 절연전선일 것.

067 건조한 전개 장소에 시설할 수 있는 사용전압이 3300(V)인 옥내배선공사는?

① 금속관공사 ② 플로어덕트공사
③ 케이블공사 ④ 합성수지관공사

(고압 옥내배선 등의 시설)
고압 옥내배선은 애자사용공사(건조한 장소로서 전개된 장소에 한함) 및 케이블공사, 케이블트레이공사에 의한다.

068 건조한 장소로서 전개된 장소에 한하여 시설할 수 있는 고압 옥내배선의 방법은?

① 금속관공사
② 가요전선관공사
③ 합성수지관공사
④ 애자사용공사

(고압 옥내배선 등의 시설)
고압 옥내배선은 애자사용공사(건조한 장소로서 전개된 장소에 한함) 및 케이블공사, 케이블트레이공사에 의한다.

정답 063 ③ 064 ③ 065 ③ 066 ① 067 ③ 068 ④

069 절연전선을 사용하는 고압 옥내배선을 애자사용공사에 의하여 조영재 면에 따라 시설하는 경우에 전선에 지지점간의 거리는 몇(m) 이하이어야 하는가?

① 5 ② 4
③ 3 ④ 2

(고압 옥내배선 등의 시설)

전압	전선과 조영재와의 이격거리	전선 상호간 이격거리	전선 지지점간 거리	
			조영재의 상면 또는 측면을 따라 시설하는 경우	조영재에 따라 시설하지 않는 경우
고압	5(cm) 이상	8(cm) 이상	2(m) 이하	6(m) 이하

070 애자사용공사에 의한 고압 옥내배선을 시설하고자 한다. 다음 중 잘못된 내용은?

① 저압 옥내배선과 쉽게 식별되도록 시설한다.
② 전선은 공칭단면적 6(mm^2) 이상의 연동선을 사용한다.
③ 전선 상호간의 간격은 8(cm) 이상이어야 한다.
④ 전선과 조영재 사이의 이격거리는 4(cm) 이상이어야 한다.

(고압 옥내배선 등의 시설)

전압	전선과 조영재와의 이격거리	전선 상호간 이격거리	전선 지지점간 거리	
			조영재의 상면 또는 측면을 따라 시설하는 경우	조영재에 따라 시설하지 않는 경우
고압	5(cm) 이상	8(cm) 이상	2(m) 이하	6(m) 이하

071 애자사용공사의 고압 옥내배선과 수도관의 최소 이격 거리(cm)는?

① 10 ② 15
③ 30 ④ 60

(고압 옥내배선 등의 시설)

조건	이격거리
다른 저고압 옥내배선, 관등회로의 배선, 약전류전선, 수관·가스관이나 이와 유사한 것과 접근하거나 교차	15(cm) 이상
애자사용공사에 의하여 시설하는 저압 옥내전선이 나전선인 경우	30(cm) 이상
가스계량기 및 가스관의 이음부와 전력량계 및 개폐기	60(cm) 이상

072 옥내 고압용 이동용 전선의 시설 방법으로 옳은 것은?

① 전선을 MI 케이블을 사용하였다.
② 다선식 선로의 중성선에 과전류 차단기를 시설하였다.
③ 이동전선과 전기 사용 기계기구와는 해체가 쉽게 되도록 느슨하게 접속하였다.
④ 전로에 지락이 생겼을 때에 자동적으로 전로를 차단하는 장치를 시설하였다.

(옥내 고압용 이동 전선의 케이블)
① 전선은 고압용의 캡타이어케이블일 것.
② 이동전선과 전기사용기계기구와는 볼트 조임 기타의 방법에 의해 견고하게 접속할 것.
③ 이동전선에 전기를 공급하는 전로에는 전용 개폐기 및 과전류 차단기를 각 극에 시설하고, 또한 전로에 지락이 생겼을 때에 자동적으로 전로를 차단하는 장치를 시설할 것.

073 특고압선을 옥내에 시설하는 경우 그 사용 전압의 최대 한도는?

① 100,000(V) ② 170,000(V)
③ 220,000(V) ④ 350,000(V)

(특고압 옥내 전기설비의 시설)
① 사용전압은 100(kV) 이하일 것. 다만, 케이블 트레이 공사에 의하여 시설하는 경우에는 35(kV) 이하일 것.
② 전선은 케이블일 것
③ 케이블은 철재 또는 철근 콘크리트제의 관·덕트 기타의 견고한 방호장치에 넣어 시설할 것.

정답 069 ④ 070 ④ 071 ② 072 ④ 073 ①

074 특고압 옥내 전기설비를 시설할 때 특고압 옥내배선의 사용전압을 몇 (kV) 이하 이어야 하는가?(단, 케이블 트레이공사에 의하지 않으며, 위험의 우려가 없도록 시설한다.)

① 100 ② 170
③ 220 ④ 350

(특고압 옥내 전기설비의 시설)
사용전압은 100(kV) 이하일 것. 다만, 케이블 트레이 공사에 의하여 시설하는 경우에는 35(kV) 이하일 것.

075 특고압 옥내배선과 저압 옥내 전선, 관등회로의 배선 또는 고압 옥내 전선 사이의 이격 거리는 몇 (cm) 이상이어야 하는가?

① 15 ② 30
③ 45 ④ 60

(특고압 옥내 전기설비의 시설)
특고압 옥내배선과 저압 옥내전선·관등회로의 배선 또는 고압 옥내전선 사이의 이격거리는 60(cm) 이상일 것.

076 관등회로의 사용전압이 400(V) 이하 또는 방전등용 변압기의 2차 단락전류나 관등회로의 동작전류가 몇 (mA) 이하로 방전등을 시설하는 경우에 접지공사를 생략할 수 있는가?

① 25 ② 50
③ 75 ④ 100

(옥내 방전등공사)
다음에 해당하는 경우에는 접지공사를 하지 아니하여도 된다.
① 관등회로의 사용전압이 대지전압 150(V) 이하인 방전등을 건조한 장소에 시설할 때
② 관등회로의 사용전압이 400(V) 이하인 방전등을 사람이 쉽게 접촉할 우려가 없는 건조한 장소에 시설하는 경우에 그 방전등용 안정기의 외함 및 방전등용 전등기구의 금속제 부분이 금속제의 조영재와 전기적으로 접속하지 아니하도록 시설할 때
③ 관등회로의 사용전압이 400(V) 이하 또는 방전등용 변압기의 2차 단락전류나 관등회로의 동작전류가 50(mA) 이하인 방전등을 시설하는 경우에 방전등용 안정기를 외함에 넣고 또한 그 외함과 방전등용 안정기를 넣을 방전등용 전등기구를 전기적으로 접속하지 아니하도록 시설할 때
④ 건조한 곳에 시설하는 목재의 진열장 안에 방전등용 안전기의 외함 및 이와 전기적으로 접속하는 금속제 부분을 사람이 쉽게 접촉할 우려가 없도록 시설할 때

077 옥내 관등회로의 사용전압이 1(kV)를 넘는 네온 방전등공사로 적합하지 않는 것은?

① 애자사용공사에 의한 전선 상호간의 간격은 10(cm) 이상일 것.
② 관등회로의 배선은 전개된 장소 또는 점검할 수 있는 은폐된 장소에 시설할 것.
③ 네온변압기 외함에는 접지공사를 할 것.
④ 애자사용공사에 의한 전선의 지지점간의 거리는 1(m) 이하일 것.

(옥내의 네온 방전등공사)
전선 상호간의 간격은 6(cm) 이상일 것

078 네온관등 회로의 배선 공사에서 적합하지 않은 것은?

① 관등회로의 배선은 전개된 장소 또는 점검할 수 있는 은폐된 장소에 시설할 것
② 전선은 네온 전선일 것.
③ 전선은 조영재의 옆면 또는 아랫면에 붙일 것
④ 전선 상호간의 간격은 6(m) 이상이고, 유리관의 지지점간의 거리는 50(cm) 이하일 것.

(옥내의 네온 방전등공사)
① 전선의 지지점간의 거리는 1(m) 이하일 것
② 전선 상호간의 간격은 6(cm) 이상일 것
③ 네온 변압기의 외함에는 접지공사를 할 것
④ 전선을 유리관에 넣을 경우 두께 1(mm) 이상의 유리관에 넣어 시설.
⑤ 유리관 지지점 사이의 거리는 50(cm) 이하일 것.

정답 074 ① 075 ④ 076 ② 077 ① 078 ④

079 옥내의 네온 방전등공사에서 전선의 지지점간의 거리는 몇 (m) 이하로 시설하여야 하는가?

① 1 ② 2
③ 3 ④ 4

(옥내의 네온 방전등공사)
옥내에 시설하는 관등회로의 사용전압이 1(kV)를 초과하는 관등회로의 배선은 애자사용 공사에 의하여 시설하고 또한 다음에 의할 것
① 전선의 지지점간의 거리는 1(m) 이하일 것
② 전선 상호간의 간격은 6(㎝) 이상일 것

080 옥외 백열전등의 인하선으로서 지표상의 높이 몇 (m) 미만의 부분은 전선에 지름 몇 (mm^2) 연동선과 동등 이상의 세기 및 굵기의 절연전선을 사용하여야 하는가?

① 2.5 ② 3
③ 3.5 ④ 4

(옥외등의 인하선의 시설)
옥외 백열전등의 인하선으로서 지표상의 높이 2.5(m) 미만의 부분은 전선에 공칭단면적 2.5(mm^2) 이상의 연동선과 동등 이상의 세기 및 굵기의 절연전선(옥외용 비닐절연전선을 제외한다)을 사용

081 저압 옥측 전선로의 시설로 잘못된 것은?

① 철골조 조영물로 버스덕트공사로 시설
② 목조 조영물로 합성수지관공사로 시설
③ 목조 조영물에 금속관공사로 시설
④ 전개된 장소에 애자사용공사로 시설

(옥측배선 또는 옥외배선의 시설)
애자사용공사, 합성수지관공사, 금속관공사, 버스덕트공사, 케이블공사에 의하여 시설할 수 있으나, 애자사용공사는 전개된 장소에 한하여 시설하며, 금속관, 버스덕트, 케이블 공사는 목조 이외에 조영물에 한하여 시설할 수 있다.

082 전기 울타리용 전원장치에 전기를 공급하는 전로의 사용전압은 몇 (V) 이하이어야 하는가?

① 60(V) ② 120(V)
③ 220(V) ④ 250(V)

(전기 울타리의 시설)전기울타리용 전원장치에 전기를 공급하는 전로의 사용전압은 250(V) 이하이어야 한다.

083 전기 울타리의 시설에 관한 다음 사항 중 틀린 것은?

① 사람이 쉽게 출입하지 아니하는 곳에 시설한다.
② 전선은 2(mm)의 경동선 또는 동등 이상의 것을 사용할 것
③ 수목과의 이격 거리는 30(㎝) 이상일 것
④ 전로의 사용전압은 600(V) 이하일 것

(전기 울타리의 시설)
① 전기울타리는 사람이 쉽게 출입하지 아니하는 곳에 시설할 것.
② 전기울타리를 시설한 곳에는 사람이 보기 쉽도록 적당한 간격으로 위험표시를 할 것.
③ 전선은 인장강도 1.38(kN) 이상의 것 또는 지름 2(mm) 이상의 경동선일 것.
④ 전선과 이를 지지하는 기둥 사이의 이격거리는 2.5(㎝) 이상일 것.
⑤ 전선과 다른 시설물(가공 전선을 제외한다) 또는 수목 사이의 이격거리는 30(㎝) 이상일 것.
⑥ 전기울타리용 전원 장치에 전기를 공급하는 전로의 사용전압은 250(V) 이하이어야 한다.

084 전기울타리 시설에 대한 설명으로 옳지 않은 것은?

① 사람이 쉽게 출입하지 아니하는 곳에 시설할 것
② 전선과 이를 지지하는 기둥 사이의 이격거리는 2.5(㎝) 이상일 것.
③ 전기울타리용 전원장치에 전기를 공급하는 전로의 사용전압은 250(V) 이하

정답 079 ① 080 ① 081 ③ 082 ④ 083 ④ 084 ④

일 것.
④ 전선과 다른 시설물 또는 수목 사이의 이격거리는 20(cm) 이상일 것.

(전기 울타리의 시설)
전선과 다른 시설물(가공 전선을 제외) 또는 수목 사이의 이격거리는 30(cm) 이상일 것.

085 전기 울타리의 시설에서 전선과 이를 지지하는 기둥과의 이격 거리는 최소 몇 (cm) 이상인가?

① 1.5 ② 2.5
③ 3.5 ④ 4.5

(전기 울타리의 시설)
전선과 이를 지지하는 기둥 사이의 이격거리는 2.5(cm) 이상일 것.

086 유희용 전차의 시설에 대한 설명 중 틀린 것은?

① 전로의 사용전압은 직류의 경우 60(V) 이하, 교류의 경우 40(V) 이하일 것
② 전기를 공급하기 위하여 사용하는 접촉전선은 제3 레일방식일 것
③ 전기를 변성하기 위하여 사용하는 변압기의 1차 전압은 400(V) 이하일 것
④ 전차안의 승압용 변압기의 2차 전압은 200(V) 이하일 것.

(유희용 전차의 시설)
유희용 전차 안에 승압용 변압기를 시설하는 경우에는 그 변압기의 2차 전압은 150(V) 이하일 것.

087 어느 유원지의 어린이 놀이 기구에 사용된 유희용 전차의 공급 전압은 교류 몇 (V) 이하인가?

① 20 ② 40
③ 60 ④ 100

(유희용 전차의 시설)
직류의 경우는 60(V) 이하, 교류의 경우는 40(V) 이하일 것.

088 유희용 전차 안의 전로 및 여기에 전기를 공급하기 위하여 사용하는 전기 설비는 다음에 의하여 시설하여야 한다. 옳지 않은 것은?

① 유희용 전차에 전기를 공급하는 전로에는 전용 개폐기를 시설할 것
② 유희용 전차안에 승압용 변압기를 시설하는 경우에는 그 변압기의 2차 전압은 300(V) 이하일 것
③ 유희용 전차에 전기를 공급하는 전로의 사용전압은 직류의 경우는 60(V) 이하, 교류의 경우는 40(V) 이하일 것
④ 전로의 일부로서 사용하는 레일은 용접에 의한 경우 이외에는 적당한 본드로 전기적으로 접속할 것

(유희용 전차의 시설)
① 유희용 전차에 전기를 공급하는 전로의 사용전압은 직류의 경우는 60(V) 이하, 교류의 경우는 40(V) 이하일 것.
② 전로의 사용전압으로 전기를 변성하기 위하여 사용하는 변압기의 1차 전압은 400(V) 이하일 것.
③ 유희용 전차 안에 승압용 변압기의 2차 전압은 150(V) 이하일 것.

089 2차측 개방전압이 7(kV) 이하인 절연변압기를 사용하고 절연변압기의 1차측 전로를 자동적으로 차단하는 보호장치를 시설한 경우의 전격살충기는 전격격자가 지표상 또는 마루 위 몇 (m) 이상의 높이에 설치하여야 하는가?

① 1.5 ② 1.8
③ 2.5 ④ 3.5

(전격살충기의 시설)
전격살충기는 전격격자(電擊格子)가 지표상 또는 마루 위 3.5(m) 이상의 높이가 되도록 시설할 것.
다만, 2차측 개방 전압이 7(kV) 이하인 절연변압기를 사용하고 또한 보호격자의 내부에 사람이 손을 넣거나 보호격자에 사람이 접촉할 때에 절연 변압기의 1차측 전로를 자동적으로 차단하는 보호장치를 설치한 것은 지표상 또는 마루위 1.8(m) 높이까지로 감할 수 있다.

정답 085 ② 086 ④ 087 ② 088 ② 089 ②

090 교통 신호등의 시설을 다음과 같이 하였다. 이 공사 중 옳지 못한 것은?

① 전선은 450/750(V) 일반용 단심 비닐 절연전선을 사용하였다.
② 신호등의 인하선은 지표상 2.5(m)로 하였다.
③ 도로를 횡단시 지표상 6(m)로 하였다.
④ 제어 장치의 금속제 외함은 접지 안 해도 된다.

(교통신호등의 시설)
① 교통신호등 회로 사용전압은 300(V) 이하이어야 한다.
② 전선은 케이블인 경우 이외는 공칭단면적 2.5(mm^2) 연동선과 동등 이상의 세기 및 굵기의 450/750(V) 일반용 단심 비닐절연전선 또는 450/750(V) 내열성에틸렌아세테이트 고무절연전선일 것.
③ 교통신호등 회로의 인하선은 지표상의 높이는 2.5(m) 이상일 것.
④ 교통신호등 제어장치의 금속제 외함에는 접지공사를 해야 한다.
⑤ 교통신호등 회로의 배선이 건조물·도로·횡단보도교·철도·궤도·삭도·가공 약전류 전선 등·안테나·가공전선 및 전차선 또는 다른 교통신호등 회로의 배선과 접근하거나 교차하는 경우에는 저압 가공전선의 규정에 준하여 시설하여야 한다.

091 전기온돌 등의 전열 장치를 시설할 때 발열전선을 도로, 주차장 또는 조영물의 조영재에 고정시켜 시설하는 경우, 발열선에 전기를 공급하는 전로의 대지전압은 몇 (V)이하 이어야 하는가?

① 150 ② 300
③ 380 ④ 440

(전기온상 등의 시설)
발열선에 전기를 공급하는 전로의 대지전압은 300(V) 이하일 것.

092 도로 등의 전열장치 시설에 맞지 않는 것은?

① 발열선의 전기공급은 전로의 대지전압 300(V) 이하일 것.
② 콘크리트 기타 견고한 내열성이 있는 것 안에 시설할 것.
③ 발열선은 그 온도가 80(℃)를 넘지 않도록 시설할 것.
④ 발열선은 다른 약전류 전선 등에 자기적인 장애를 줄 것.

(도로 등의 전열장치의 시설)
발열선은 다른 전기설비·약전류 전선 등 또는 수관·가스관이나 이와 유사한 것에 전기적·자기적 또는 열적인 장해를 주지 아니하도록 시설할 것.

093 전기 욕기용 전원장치로부터 욕탕 안의 전극까지의 전선 상호간 및 전선과 대지 사이의 절연 저항값은 몇 (MΩ) 이상이어야 하는가?

① 0.5 ② 1.0
③ 1.5 ④ 2.0

(전기욕기의 시설)
전기욕기용 전원장치로부터 욕탕안의 전극까지의 전선 상호간 및 전선과 대지 사이의 절연저항값은 0.5(MΩ) 이상일 것.

094 전기욕기를 시설하였다. 욕탕 안의 전극과 절연 변압기와의 사이의 2차 전압이 몇 (V) 이하인 전원 변압기를 사용하여야 하는가?

① 10볼트 이하 ② 25볼트 이하
③ 30볼트 이하 ④ 60볼트 이하

(전기욕기의 시설)
전기욕기에 전기를 공급하기 위한 전기욕기용 전원장치는 내장되어 있는 전원 변압기의 2차측 전로의 사용전압이 10(V) 이하인 것에 한한다.

095 풀용 수중조명등에 전기를 공급하는 절연 변압기의 시설에 관한 사항 중 옳지 않은 것은?

① 절연변압기의 2차측 전로는 접지하지 않는다.
② 2차측 전로의 사용전압이 30(V) 이하인

정답 090 ④ 091 ② 092 ④ 093 ① 094 ① 095 ④

경우에는 1차 및 2차 권선 사이에 금속제의 혼촉 방지판을 설치한다.

③ 1차와 2차의 혼촉 방지판은 접지공사를 한다.

④ 2차측 전로의 전압이 150(V) 이하인 경우에만 혼촉 방지판을 설치한다.

(수중 조명등 등의 시설)

① 절연변압기의 2차측 전로는 접지하지 아니할 것.

② 절연변압기는 그 2차측 전로의 사용전압이 30(V) 이하인 경우에는 1차 권선과 2차권선 사이에 금속제의 혼촉방지판을 설치하여야 하며 또한 이를 접지공사를 할 것.

③ 절연변압기의 2차측 전로의 사용전압이 30(V)를 초과하는 경우에는 그 전로에 지락이 생겼을 때에 자동적으로 전로를 차단하는 장치를 할 것.

096 풀용 수중조명등의 사용전압이 몇 (V)를 넘으면 누전차단기를 시설하여야 하는가?

① 30　② 60
③ 150　④ 300

(수중 조명등 등의 시설)
절연 변압기의 2차측 전로의 사용전압이 30(V)를 초과하는 경우에는 그 전로에 지락이 생겼을 때에 자동적으로 전로를 차단하는 장치를 할 것.

097 풀용 수중조명등의 사용되는 절연변압기의 2차측 전로의 사용전압이 몇 (V)를 초과하는 경우에는 그 전로에 지락이 생겼을 때에 자동적으로 전로를 차단하는 장치를 하여야 하는가?

① 30(V)　② 60(V)
③ 150(V)　④ 300(V)

(수중 조명등 등의 시설)
절연 변압기의 2차측 전로의 사용전압이 30(V)를 초과하는 경우에는 그 전로에 지락이 생겼을 때에 자동적으로 전로를 차단하는 장치를 할 것.

098 지중 또는 수중에 시설되는 금속체의 부식을 방지하기 위하여 지중 또는 수중에 시설하는 전기방식 회로의 사용전압은 다음의 어느 것 이하로 제한하고 있는가?

① DC 60(V)　② DC 120(V)
③ AC 60(V)　④ AC 100(V)

(전기부식방지 시설)
전기부식방지 회로의 사용전압은 직류 60(V) 이하일 것.

099 전기부식방식 시설은 지표 또는 수중에서 1(m) 간격의 임의의 2점간의 전위차가 몇 (V)를 넘으면 안 되는가?

① 5　② 10
③ 25　④ 30

(전기부식방지 시설)

① 수중에 시설하는 양극과 그 주위 1(m) 이내의 거리에 있는 임의점과의 사이의 전위차는 10(V)를 넘지 아니할 것. 다만, 양극의 주위에 사람이 접촉되는 것을 방지하기 위하여 적당한 울타리를 설치하고 또한 위험 표시를 하는 경우는 그러하지 아니하다.

② 지표 또는 수중에서 1(m) 간격의 임의의 2점(양극의 주위 1(m) 이내의 거리에 있는 점 및 울타리의 내부점을 제외한다)간의 전위차가 5(V)를 넘지 아니할 것.

100 최대 사용전압 15(V)를 넘고 30(V) 이하인 소세력 회로에 사용하는 절연변압기의 2차 단락전류값이 제한을 받지 않을 경우 2차측에 시설하는 과전류 차단기의 용량이 몇 (A) 이하일 경우인가?

① 0.5　② 1.5
③ 3.0　④ 5.0

(소세력 회로의 시설)
절연변압기의 2차 단락전류는 표에서 정한 값 이하의 것일 것.

정답 096 ① 097 ① 098 ① 099 ① 100 ③

최대 사용전압의 구분	2차 단락전류	과전류 차단기의 정격전류
15(V) 이하	8(A)	5(A)
15(V) 초과 30(V) 이하	5(A)	3(A)
30(V) 초과 60(V) 이하	3(A)	1.5(A)

101 특고압 전기집진장치, 정전도장장치 등에 전기를 공급하는 전기설비 시설로 적합하지 아니한 것은?

① 전기집진 응용장치에 전기를 공급하는 변압기 1차측 전로에는 그 변압기 가까운 곳에 개폐기를 시설할 것
② 케이블을 넣는 방호장치의 금속체 부분에는 접지공사 안해도 된다.
③ 잔류전하에 의하여 사람에게 위험을 줄 우려가 있으면 변압기 2차측에 잔류전하를 방전하기 위한 장치를 할 것
④ 전기집진장치는 그 충전부에 사람이 접촉할 우려가 없도록 시설할 것

(전기집진장치 등의 시설)
케이블을 넣는 방호장치의 금속제 부분 및 방식 케이블 이외의 케이블의 피복에 사용하는 금속체에는 접지공사를 할 것.

102 가반형의 용접전극을 사용하는 아크 용접장치의 시설에 대한 설명으로 옳은 것은?

① 용접변압기의 1차측 전로의 대지전압은 600(V) 이하일 것
② 용접변압기의 1차측 전로에 퓨즈를 시설할 것
③ 용접변압기는 절연 변압기일 것
④ 피용접재 또는 이외 전기적으로 접속되는 기구, 정반 등의 금속체에는 접지하지 않아도 된다.

(아크 용접기의 시설)
① 용접변압기는 절연변압기일 것.
② 용접변압기의 1차측 전로의 대지전압은 300(V) 이하일 것.
③ 용접변압기의 1차측 전로에는 용접 변압기에 가까운 곳에 쉽게 개폐할 수 있는 개폐기를 시설할 것.
④ 받침대·정반 등의 금속체에는 접지공사를 할 것.

103 가반형의 용접전극을 사용하는 아크 용접장치를 시설할 때 용접변압기의 1차측 전로의 대지전압은 몇 (V) 이하이어야 하는가?

① 200 ② 250
③ 300 ④ 600

(아크 용접기의 시설)
용접변압기는 절연변압기로 1차측 전로의 대지전압은 300(V) 이하일 것.

104 제1종 X선관의 최대 사용전압 154,000(V)인 경우에 전선 상호의 간격은 몇 (cm)인가?

① 45 ② 63
③ 67 ④ 70

(엑스선 발생장치의 설치)
엑스선관의 최대 사용전압이 100(kV) 이하인 경우에는 45(cm) 이상, 100(kV)를 초과하는 경우에는 45(cm)에 100(kV)를 초과하는 10(kV)또는 그 단수마다 3(cm)를 더한 값 이상일 것.
단수 : $\frac{154-100}{10}=5.4\rightarrow 6$단,
∴ 이격거리 : $45+(6\times 3)=63$(cm)

105 의료장소의 안전을 위한 비단락보중 절연변압기에 대한 설명으로 옳은 것은?

① 정격출력은 5(kVA) 이하이다.
② 정격출력은 10(kVA) 이하이다.
③ 2차측 정격전압은 직류 25(V) 이하이다.
④ 2차측 정격전압은 교류 300(V) 이하이다.

(의료장소 전기설비의 시설)
비단락보호 절연변압기의 2차측 정격전압은 교류 250(V) 이하로 하며 공급방식 및 정격출력은 단상 2선식, 10(kVA) 이하일 것.

정답 101 ② 102 ③ 103 ③ 104 ② 105 ②

106 도체와 과부하 보호장치 사이의 협조 조건을 적합하게 나타낸 것은?

① $I_B \le I_n \le I_Z$, $I_2 \le 1.25I_Z$
② $I_B \le I_n \ge I_Z$, $I_2 \le 1.25I_Z$
③ $I_n \le I_Z \le I_B$, $I_2 \le 1.45I_Z$
④ $I_B \le I_n \le I_Z$, $I_2 \le 1.45I_Z$

(과부하전류에 대한 보호)
과부하에 대해 케이블(전선)을 보호하는 장치의 동작특성은 다음의 조건을 충족해야 한다.
$I_B \le I_n \le I_Z$, $I_2 \le 1.45I_Z$
I_B : 회로의 설계전류
I_Z : 케이블의 허용전류
I_n : 보호장치의 정격전류
I_2 : 보호장치가 규약시간 이내에 유효하게 동작하는 것을 보장하는 전류

107 그룹 2의 의료장소에 상용전원 공급이 중단될 경우 15초 이내에 최소 몇 (%)의 조명에 비상전원을 공급하여야 하는가?

① 30 ② 40
③ 50 ④ 60

(의료장소 전기설비의 시설)
절환시간 15초 이내에 비상전원을 공급하는 장치 또는 기기
① 15초 이내에 전력공급이 필요한 생명유지 장치.
② 그룹 2의 의료장소에 최소 50(%)의 조명, 그룹 1의 의료장소에 최소 1개의 조명.

정답 106 ④ 107 ③

제 3 장

고압 · 특고압 전기설비

1. 전파장해의 방지

가공전선로는 무선설비의 기능에 계속적이고 또한 중대한 장해를 주는 전파를 발생할 우려가 있는 경우에는 이를 방지하도록 시설할 것.

① 1(kV) 초과의 가공전선로에서 발생하는 전파장해 측정용 루프 안테나의 중심은 가공전선로의 최외측 전선의 직하로부터 가공전선로와 직각방향으로 외측 15(m) 떨어진 지표상 2(m)에 있게 하고 안테나의 방향은 잡음 전계강도가 최대로 되도록 조정하며 측정기의 기준 측정 주파수는 0.5(MHz)±0.1(MHz) 범위에서 방송주파수를 피하여 정한다.

② 1(kV) 초과의 가공전선로에서 발생하는 전파의 허용한도는 531(kHz)에서 1602(kHz)까지의 주파수대에서 신호대잡음비(SNR)가 24(dB) 이상 되도록 가공전선로를 설치해야 하며, 또한 지역별 여건을 고려하지 않은 단일 기준으로 전파장해를 평가할 수 있도록 신호강도(S)는 저잡음지역의 방송전계강도인 71(dBμV/m, 전계강도)로 한다.

2. 가공전선 및 지지물의 시설

① 가공전선로의 지지물은 다른 가공전선, 가공약전류전선, 가공광섬유케이블, 약전류전선 또는 광섬유케이블 사이를 관통하여 시설하여서는 아니 된다.

② 가공전선은 다른 가공전선로, 가공전차전로, 가공약전류전선로 또는 가공광섬유케이블선로의 지지물을 사이에 두고 시설하여서는 아니 된다.

3. 가공전선의 분기

가공전선의 분기는 분기점에서 전선에 장력이 가하여지지 않도록 시설하는 경우 이외에는 그 전선의 지지점에서 하여야 한다.

4. 가공전선로 지지물의 철탑오름 및 전주오름 방지

가공전선로의 지지물에 취급자가 오르고 내리는데 사용하는 발판 볼트 등을 지표상 1.8(m) 미만에 시설하지 말 것.

다만, 다음의 어느 하나에 해당되는 경우에는 그러하지 아니하다.

① 발판 볼트 등을 내부에 넣을 수 있는 구조로 되어 있는 지지물에 시설하는 경우

② 지지물에 철탑오름 및 전주오름 방지장치를 시설하는 경우

③ 지지물 주위에 취급자 이외의 사람이 출입할 수 없도록 울타리·담 등의 시설을 하는 경우

④ 지지물이 산간 등에 있으며 사람이 쉽게 접근할 우려가 없는 곳에 시설하는 경우

5. 풍압하중의 종별과 적용

① 가공전선로 지지물의 강도 계산에 적용하는 풍압하중은 3종(갑종, 을종, 병종)이 있다.

㉮ 갑종 풍압하중 : 표의 구성재 수직 투영면적 1(㎡)에 대한 풍압을 기초로 하여 계산할 것.

㉯ 을종 풍압하중 : 전선 기타의 가섭선 주위에 두께 6(㎜), 비중 0.9의 빙설이 부착된 상태에서 수직 투영면적 372(Pa)(다도체 333 Pa), 그 이외의 것은 갑종풍압의 2분의 1을 기초로 하여 계산.

㉰ 병종 풍압하중 : 갑종 풍압하중의 1/2(50 %)을 기초로 하여 계산

<table>
<tr><th colspan="4">풍압을 받는 구분</th><th>구성재의 수직 투영면적 1(㎡)에 대한 풍압</th></tr>
<tr><td colspan="4">목 주(원형)</td><td>588(Pa)</td></tr>
<tr><td rowspan="10">지지물</td><td rowspan="4">철주</td><td colspan="2">원형의 것</td><td>588(Pa)</td></tr>
<tr><td colspan="2">삼각형 또는 마름모형의 것</td><td>1,412(Pa)</td></tr>
<tr><td colspan="2">강관에 의하여 구성되는 4각형의 것</td><td>1,117(Pa)</td></tr>
<tr><td colspan="2">기타의 것</td><td>복재 전·후면에 겹치는 경우 1,627(Pa), 기타의 경우 1,784(Pa)</td></tr>
<tr><td rowspan="2">철근콘크리트주</td><td colspan="2">원형의 것</td><td>588(Pa)</td></tr>
<tr><td colspan="2">기타의 것</td><td>882(Pa)</td></tr>
<tr><td rowspan="4">철 탑</td><td rowspan="2">단주(완철류는 제외함)</td><td>원형의 것</td><td>588(Pa)</td></tr>
<tr><td>기타의 것</td><td>1,117(Pa)</td></tr>
<tr><td colspan="2">강관으로 구성되는 것(단주는 제외함)</td><td>1,255(Pa)</td></tr>
<tr><td colspan="2">기타의 것</td><td>2,157(Pa)</td></tr>
</table>

풍압을 받는 구분		구성재의 수직 투영면적 1(㎡)에 대한 풍압
전선 기타 가섭선	다도체(구성하는 전선이 2가닥마다 수평으로 배열되고 또한 그 전선 상호간의 거리가 전선의 바깥지름의 20배 이하인 것에 한한다. 이하 같다)를 구성하는 전선	666(Pa)
	기타의 것(단도체)	745(Pa)
애자장치(특고압용 전선용의 것에 한한다)		1,039(Pa)
목주 · 철주(원형) 및 철근 콘크리트주의 완금류(특고압 전선로용의 것)		단일재로서 사용하는 경우 1,196(Pa), 기타의 경우 1,627(Pa)

② 풍압하중의 적용은 표에 의할 것.

지 역		고온계절	저온계절
빙설이 많은 지방 이외의 지방		갑종	병종
빙설이 많은 지방	일반지역	갑종	을종
	해안지방, 기타 저온계절에 최대풍압이 생기는 지역	갑종	갑종과 을종 중 큰 값 적용
인가가 많이 연접되어 있는 장소		병종(저 · 고온계절 모두)	

③ 인가가 많이 연접되어 있는 장소에 시설하는 가공전선로의 구성재 중 다음의 풍압하중에 대하여는 병종 풍압하중을 적용할 수 있다.

㉮ 저 · 고압 : 지지물 또는 가섭선

㉯ 35(kV) 이하 특고압(특고압 절연전선 또는 케이블을 사용) : 지지물, 가섭선(공중선), 애자장치 및 완금류

6. 가공전선로 지지물의 기초안전율

① 가공전선로 지지물에 하중이 가해진 경우에 하중을 받는 지지물의 기초안전율은 2 이상, 이상시 상정하중에 대한 철탑의 기초에 대해서는 1.33 이상일 것.

② 전장과 설계하중에 따른 지지물 매설 깊이

설계하중 / 전장	6.8(kN) 이하	6.8(kN) 초과 9.8(kN) 이하	9.9(kN) 초과 14.72(kN) 이하
15(m) 이하	$\frac{\text{전장}}{6}$(m) 이상 (강관주, 철근CP주, 목주)	$\frac{\text{전장}}{6}+0.3$(m) 이상 (철근CP주)	-
15(m) 초과	2.5(m) 이상 (강관주, 철근CP주, 목주)	2.8(m) 이상 (철근CP주)	-
16(m) 초과 20(m) 이하	2.8(m) 이상 (철근CP주)	-	-
15(m) 초과 18(m) 이하	-	-	3(m) 이상 (철근CP주)
18(m) 초과	-	-	3.5(m) 이상 (철근CP주)

③ 논 또는 지반이 연약한 곳에서는 견고한 근가(根架)를 시설할 것.

7. 지선의 시설

① 가공전선로의 지지물로 사용하는 철탑은 지선을 사용하여 그 강도를 분담시켜서는 아니 된다.

② 철주 또는 철근 콘크리트주는 지선을 사용하지 않은 상태에서 2분의 1 이상의 풍압하중에 견디는 강도를 가질 것.

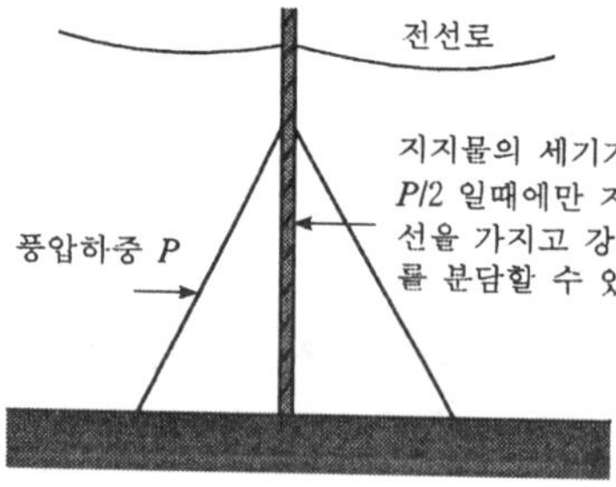

그림 3-1 지지물의 세기

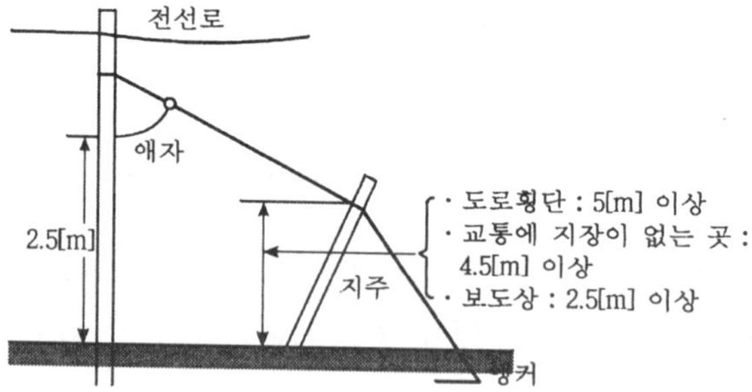

그림 3-2 지주 및 지선의 시설

③ 가공전선로의 지지물에 시설하는 지선은 다음에 따라야 한다.

㉮ 지선 안전율은 2.5 이상. 허용인장하중의 최저는 4.31(kN)일 것.
단, 고압 또는 특고압전선로 지지물로 사용하는 목주·A종 철주, 철근 콘크리트주에 시설하는 지선의 안전율은 1.5 이상

㉯ 지선은 소선(素線) 3가닥 이상의 연선일 것. 소선 지름이 2.6(㎜) 이상의 금속선을 사용할 것.

㉰ 지중부분 및 지표상 0.3(m)까지 부분에는 내식성 또는 아연도금을 한 철봉을 사용하고 쉽게 부식되지 않도록 근가에 견고하게 붙일 것.

㉱ 지선근가는 지선의 인장하중에 충분히 견디도록 시설할 것.

④ 지선의 지표상 높이

항목	높이
도로 횡단	지표상 5(m) 이상 단, 기술상 부득이한 경우, 교통에 지장을 줄 우려가 없는 경우 : 지표상 4.5(m) 이상
보도	2.5(m) 이상

⑤ 전선로의 직선 부분(5° 이하)에서 양쪽의 경간차가 큰 곳에 사용하는 목주 등에는 경간차에 의해 생기는 불평균 장력에 의한 수평력에 견디는 지선을 전선로의 방향 양쪽에 시설할 것.

8. 가공 약전류전선로의 유도장해 방지

① 저압 또는 고압 가공전선로와 기설 가공약전류전선로가 병행하는 경우에는 유도작용에 의하여 통신상의 장해가 생기지 아니하도록 전선과 기설 약전류전선간의 이격거리는 2(m) 이상이어야 한다.

② 기설 가공약전류 전선로에 장해를 줄 우려가 있는 경우 다음 중 한 가지 또는 두 가지 이상을 기준으로 하여 시설할 것.

㉮ 가공전선과 가공 약전류전선간 이격거리를 증가시킬 것.

㉯ 교류식 가공전선로의 경우 가공전선을 적당한 거리에서 연가할 것.

㉰ 가공전선과 가공 약전류전선 사이에 인장강도 5.26(kN) 이상의 것 또는 지름 4(㎜) 이상인 경동선의 금속선 2가닥 이상을 시설(예, 차폐선)하고 "접지 시스템"의 규정에 준하여 접지공사를 할 것.

9. 유도장해 방지(기술기준 제17조)

① 특고압 가공전선로는 지표상 1(m)에서 전계 3.5(kV/m) 이하, 자계 83.3(μT) 이하가 되도록 시설할 것.

② 상시 정전유도 및 전자유도 작용에 의해 사람에게 위험을 줄 우려가 없도록 시설할 것.

10. 유도장해 방지

특고압 가공 전선로는 기설 가공 전화선로에 대하여 상시 정전유도작용에 의한 통신상의 장해가 없도록 시설할 것.

사용전압의 구분	유도 전류
60(kV) 이하	전화선로 길이 12(km) 마다 유도전류가 2(μA)를 넘지 않도록 할 것.
60(kV) 초과	전화선로 길이 40(km) 마다 유도전류가 3(μA)을 넘지 않도록 할 것.

11. 저고압 및 특고압 가공 케이블의 시설

① 저 · 고압 및 특고압 가공전선에 케이블을 사용하는 경우

㉮ 케이블은 조가용선에 행거로 시설할 것. 이 경우에는 사용전압이 고압인 때에는 그 행거의 간격을 0.5(m) 이하로 시설할 것.

㉯ 조가용선 굵기

사용전압의 구분	조가용선 굵기
고압	인장강도 5.93(kN) 이상의 연선 또는 단면적 22(㎟) 이상인 아연도철연선
특고압	인장강도 13.93(kN) 이상의 연선 또는 단면적 22(㎟) 이상인 아연도강연선

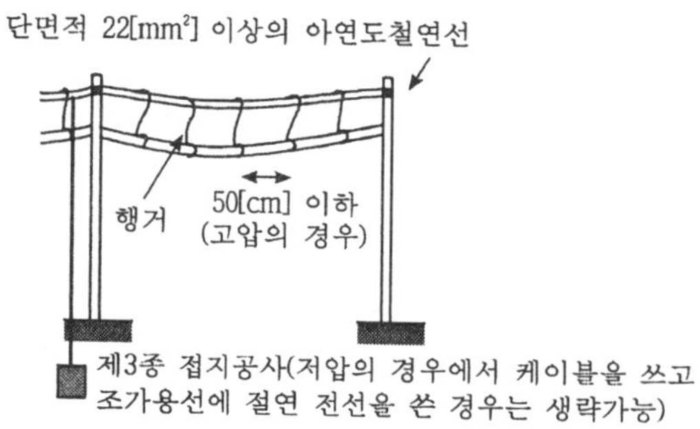

그림 3-3 행거

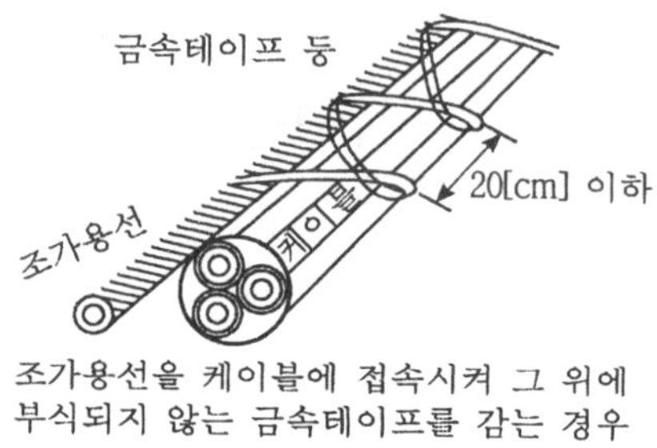

그림 3-4 금속테이프

② 조가용선의 케이블에 접촉시켜 그 위에 쉽게 부식하지 아니하는 금속 테이프 등을 0.2(m) 이하의 간격을 유지하며 나선상으로 감는 경우, 조가용선을 케이블의 외장에 견고하게 붙이는 경우 또는 조가용선과 케이블을 꼬아 합쳐 조가하는 경우에는 행거를 사용하지 않아도 된다.

③ 고압 가공전선에 반도전성 외장 조가용 고압케이블을 사용하는 경우는 조가용선을 반도전성 외장조가용 고압 케이블에 접속시켜 그 위에 쉽게 부식하지 아니하는 금속 테이프를 0.06(m) 이하의 간격을 유지하면서 나선상으로 감아 시설할 것.

④ 조가용선 및 금속체는 "접지 시스템"의 규정에 준하여 접지공사 할 것.

12. 저고압 및 특고압 가공전선의 굵기 및 종류

저압, 고압 및 특고압 가공전선은 나전선(중성선 또는 다중접지된 접지측 전선으로 사용하는 전선), 절연전선, 다심형 전선 또는 케이블을 사용하여야 한다.

① 사용전압에 따른 전선 굵기와 인장강도

<table>
<tr><th>사용전압의 구분</th><th colspan="2">조건</th><th>전선굵기 및 인장강도</th></tr>
<tr><td rowspan="2">400(V) 이하 저압</td><td colspan="2">절연전선</td><td>인장강도 2.3(kN) 이상의 것 또는 지름 2.6(㎜) 이상의 경동선 (보안공사 : 4 mm)</td></tr>
<tr><td colspan="2">절연전선 이외</td><td>인장강도 3.43(kN) 이상의 것 또는 지름 3.2(㎜) 이상의 경동선</td></tr>
<tr><td rowspan="2">400(V) 초과 저압 및 고압</td><td colspan="2">시가지</td><td>인장강도 8.01(kN) 이상의 것 또는 지름 5(㎜) 이상의 경동선 (보안공사 : 5 mm)</td></tr>
<tr><td colspan="2">시가지 외</td><td>인장강도 5.26(kN) 이상의 것 또는 지름 4(㎜) 이상의 경동선</td></tr>
<tr><td rowspan="4">특고압</td><td colspan="3">인장강도 8.71(kN) 이상의 연선 또는 단면적 22(㎟) 이상 경동연선 (장경간 또는 병행 및 공용설치시 55(㎟) 이상 경동연선)</td></tr>
<tr><td rowspan="3">보안공사</td><td>100(kV) 미만</td><td>인장강도 21.67(kN) 이상의 연선 또는 단면적 55(㎟) 이상 경동연선</td></tr>
<tr><td>100(kV) 이상 300(kV) 미만</td><td>인장강도 58.84(kN) 이상의 연선 또는 단면적 150(㎟) 이상 경동연선</td></tr>
<tr><td>300(kV) 이상</td><td>인장강도 77.47(kN) 이상의 연선 또는 단면적 200(㎟) 이상 경동연선</td></tr>
</table>

② 사용전압이 400(V) 초과인 저압 가공전선에는 인입용 비닐절연전선을 사용하여서는 안 된다.

13. 저고압 및 특고압 가공전선의 안전율

고압 및 특고압 가공전선은 다음 안전율 이상의 이도로 시설할 것.

항목	안전율
경동선 또는 내열 동합금선	2.2 이상
그 밖의 전선(예, 경알루미늄선)	2.5 이상

14. 저고압 및 특고압 가공전선의 높이

(1) 저고압 가공전선의 높이

① 저·고압 가공전선의 높이는 표의 값 이상으로 시설할 것.

설치장소		가공전선의 높이
도로횡단		지표상 6(m)
철도 또는 궤도횡단		레일면상 6.5(m)
횡단보도교 위	저압	노면상 3.5(m) 단, 저압 절연전선(인입용 비닐절연전선·450/750(V) 비닐절연전선·450/750(V) 고무절연전선·옥외용 비닐 절연전선)·다심형 전선·고압 절연전선·특고압 절연전선 또는 케이블인 경우 3(m)
	고압	노면상 3.5(m)
일반장소 (도로따라 시설, 교량위)		지표상 5(m) 단, 절연전선 또는 케이블을 사용하여 교통에 지장이 없도록 하여 옥외조명용에 공급하는 경우 4(m)까지 감할 수 있다.

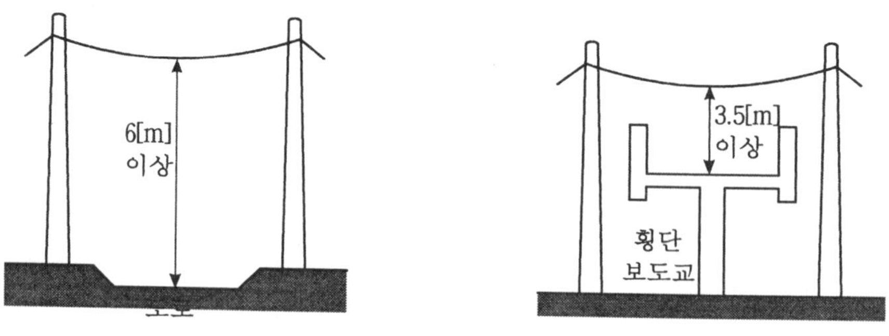

(a) 도로 횡단 (b) 횡단 보도교 위

그림 3-5 가공전선의 높이

② 다리의 하부 기타 이와 유사한 장소에 시설하는 저압의 전기철도용 급전선은 지표상 3.5(m)까지로 감할 수 있다.

(2) 특고압 가공전선의 높이

특고압 가공전선의 지표상의 높이는 표의 값 이상으로 시설할 것.

<table>
<tr><th>사용전압의 구분</th><th>일반장소</th><th>도로횡단</th><th>철도 또는 궤도횡단</th><th>횡단보도교</th></tr>
<tr><td>35(kV) 이하</td><td>5(m)</td><td>6(m)</td><td>6.5(m)</td><td>4(m)
(특고압절연전선 또는 케이블 사용)</td></tr>
<tr><td rowspan="2">35(kV) 초과
160(kV) 이하</td><td>6(m)</td><td>6(m)</td><td>6.5(m)</td><td>5(m)
(케이블 사용)</td></tr>
<tr><td colspan="4">산지 등 사람이 쉽게 들어갈 수 없는 장소 : 5(m) 이상</td></tr>
<tr><td rowspan="3">160(kV) 초과</td><td>일반장소,
도로횡단</td><td colspan="3">가공전선 높이 $= 6+(\frac{\text{사용전압}[kV]-160}{10})\times 0.12$</td></tr>
<tr><td>철도 또는
궤도횡단</td><td colspan="3">가공전선 높이 $= 6.5+(\frac{\text{사용전압}[kV]-160}{10})\times 0.12$</td></tr>
<tr><td>산지</td><td colspan="3">가공전선 높이 $= 5+(\frac{\text{사용전압}[kV]-160}{10})\times 0.12$</td></tr>
</table>

15. 고압 및 특고압 가공전선로의 가공지선

사용전압의 구분	가공지선 굵기
고압	인장강도 5.26(kN) 이상의 것 또는 지름 4(㎜) 이상의 나경동선 사용
특고압	인장강도 8.01(kN) 이상의 나선 또는 지름(5㎜) 이상의 나경동선, 22(㎟) 이상의 나경동연선, 아연도강연선 22(㎟), 또는 OPGW 전선 사용

16. 특고압 가공전선로의 애자장치 등

① 애자장치 안전율 : 2.5 이상

② 완금류에는 “접지 시스템”의 규정에 의하여 접지공사 할 것.

17. 저고압 및 특고압 가공전선로의 지지물(목주)의 강도 등

풍압하중에 대한 안전율은 표의 값 이상일 것.

사용전압의 구분	안전율	보안공사시 안전율	목주 말구 지름
저압	1.2	1.5	-
고압	1.3		0.12(m) 이상
특고압	1.5	2	0.12(m) 이상

18. 저고압 및 특고압 가공전선 등의 병행설치(병가)

(1) 저고압 가공전선 등의 병행설치 : 동일 지지물에 한 종류(목적)만 시설하는 경우

① 저압선을 고압 가공전선의 아래에 시설하고 또한 별개의 완금류에 시설할 것.

항목	이격거리
저압 가공전선과 고압 가공전선 사이	0.5(m) 이상
고압 가공전선에 케이블을 사용할 경우 저압 가공전선 사이	0.3(m) 이상

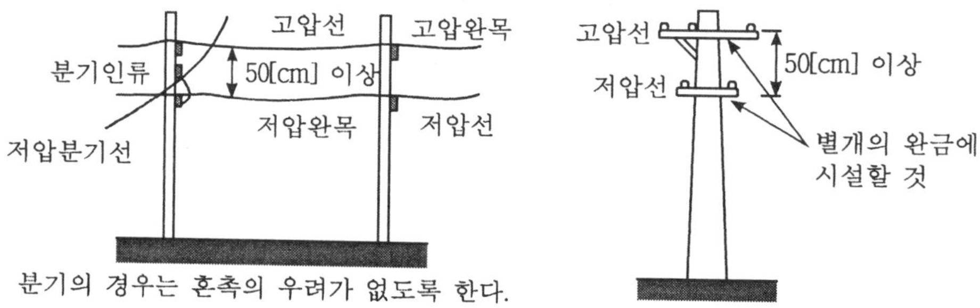

그림 3-6 저고압 가공전선의 병행설치

② 저압 가공인입선을 분기하기 위해 저압 가공전선을 고압용 완금류에 견고하게 시설할 수 있다.

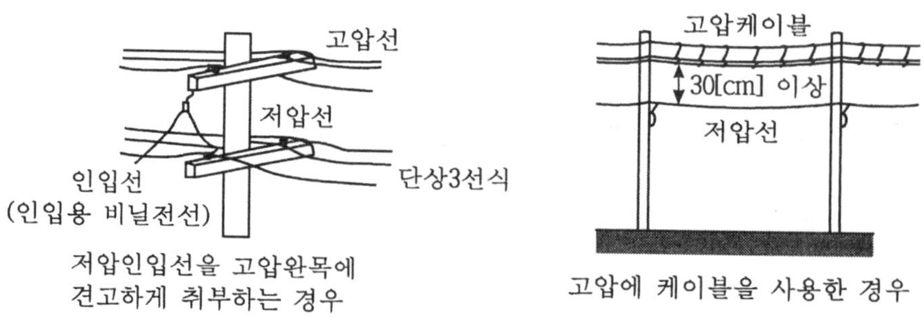

그림 3-7 저고압 가공전선의 병행설치

(2) 특고압과 저고압 가공전선 및 저고압 전차선의 병행설치

① 사용전압이 35(㎸) 이하인 특고압 가공전선과 저압 또는 고압의 가공전선을 동일 지지물에 시설하는 경우

㉮ 특고압 가공전선은 저 · 고압 가공전선의 위에 시설하고, 별개의 완금류에 시설할 것.

㉯ 특고압 가공전선은 연선일 것.

㉰ 저 · 고압 가공전선은 인장강도 8.31(kN) 이상의 것 또는 케이블인 경우 이외는 다음에 해당하는 경간에 따른 전선 굵기 사용할 것.(저고압 보안공사 하므로)

경간	전선 굵기
50(m) 이하	인장강도 5.26(kN) 이상의 것 또는 지름 4(㎜) 이상의 경동선
50(m) 초과	인장강도 8.01(kN) 이상의 것 또는 지름 5(㎜) 이상의 경동선

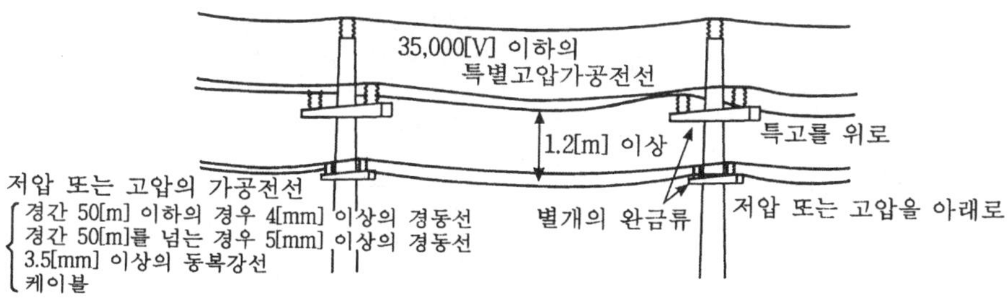

그림 3-8 35(㎸) 이하의 특고압과 저고압 가공전선과의 병행설치

㉱ 이격거리

항목	이격거리
특고압 가공전선과 저 · 고압 가공전선 사이	1.2(m) 이상
특고압 가공전선이 케이블이고, 저압이 절연전선이거나 케이블인 때 또는 고압이 고압 절연전선, 특고압 절연전선 또는 케이블인 경우	0.5(m) 이상

② 사용전압이 35(㎸)를 초과하고 100(㎸) 미만인 특고압 가공전선과 저압 또는 고압 가공전선을 동일 지지물에 시설하는 경우

㉮ 특고압 가공전선로는 제2종 특고압 보안공사 할 것.(2차 접근상태이므로)

항목	이격거리
특고압 가공전선과 저·고압 가공전선 사이	2(m) 이상
특고압 가공전선이 케이블이고, 저압이 절연전선이거나 케이블인 때 또는 고압이 고압 절연전선 또는 케이블인 경우	1(m) 이상

㉯ 특고압 가공전선 : 인장강도 21.67(kN) 이상의 연선 또는 단면적이 50(㎟) 이상인 경동연선

㉰ 특고압 가공전선로 지지물은 철주·철근 콘크리트주 또는 철탑일 것. 단, 강관 조립주, 목주는 사용하지 않는다.

③ 사용전압 100(㎸) 이상인 특고압 가공전선과 저·고압 가공전선은 동일 지지물에 시설하지 않는다.

19. 고압 및 특고압 가공전선로 경간 제한

지지물의 종류		경 간	
	고압	인장강도 8.01(kN) 이상의 것 또는 지름 5(㎜) 이상의 경동선	인장강도 8.71(kN) 이상의 것 또는 단면적 22(㎟) 이상의 경동연선
	특고압	인장강도 8.71(kN) 이상의 것 또는 단면적 22(㎟) 이상의 경동연선 (표준경간)	인장강도 21.67(kN) 이상의 것 또는 단면적 50(㎟) 이상의 경동연선
목주·A종 철주 또는 A종 철근 콘크리트주		150(m) 이하	300(m) 이하
B종 철주 또는 B종 철근 콘크리트주		250(m) 이하	500(m) 이하
철 탑 (내장형의 철탑)		600(m) 이하 (단주 : 400 m 이하)	600(m) 이하 (단주 : 400 m 이하)

20. 저고압 및 특고압 보안공사

(1) 저압 및 고압 보안공사

① 전선 굵기

사용전압의 구분	전선 굵기
경간 50(m) 이하, 400(V) 이하	인장강도 5.26(kN) 이상의 것 또는 지름 4(㎜) 이상의 경동선
경간 50(m) 초과, 400(V) 초과 저압 및 고압	인장강도 8.01(kN) 이상의 것 또는 지름 5(㎜) 이상의 경동선

㉮ 목주 풍압하중에 대한 안전율 : 1.5 이상

㉯ 목주의 굵기는 말구 지름 : 0.12(m) 이상

② 저 · 고압 보안공사시 경간

지지물의 종류	표준경간	저고압 보안공사
목주 · A종 철주 또는 A종 철근 콘크리트주	150(m) 이하	100(m) 이하
B종 철주 또는 B종 철근 콘크리트주	250(m) 이하	150(m) 이하
철 탑	600(m) 이하 (단주는 400 m 이하)	400(m) 이하 (단주는 300 m 이하)

단, 저압 보안공사에서 전선 인장강도 8.71(kN) 이상의 것 또는 단면적 22(㎟) 이상의 경동연선을 사용하는 경우. 또는 고압 보안공사에서 전선 인장강도 14.51(kN) 이상의 것. 또는 단면적 38(㎟) 이상의 경동연선을 사용하는 경우에는 지지물에 B종 철주 · B종 철근 콘크리트주 또는 철탑을 사용하는 때에는 그러하지 않는다.(위 표의 값 이상으로 할 수 있다).

(2) 특고압 보안공사

① 제1종 특고압 보안공사(35(kV) 초과 전선과 건조물과 제2차 접근상태)

㉮ 전선 굵기

사용전압의 구분	전 선
100(kV) 미만	인장강도 21.67(kN) 이상의 연선 또는 단면적 55(㎟) 이상의 경동연선 또는 동등 이상의 인장강도를 갖는 알루미늄 전선이나 절연전선
100(kV) 이상 300(kV) 미만	인장강도 58.84(kN) 이상의 연선 또는 단면적 150(㎟) 이상의 경동연선 또는 동등 이상의 인장강도를 갖는 알루미늄 전선이나 절연전선
300(kV) 이상	인장강도 77.47(kN) 이상의 연선 또는 단면적 200(㎟) 이상의 경동연선 또는 동등 이상의 인장강도를 갖는 알루미늄 전선이나 절연전선

㉯ 전선로 지지물에는 B종 철주, B종 철근 콘크리트주 또는 철탑 사용할 것. 단, 목주와 A종주는 사용하지 않는다.

㉰ 제1종 특고압 보안공사시 전선로 경간

지지물의 종류	표준경간	제1종 특고압 보안공사 경간
목주 · A종 철주 또는 A종 철근 콘크리트주	150(m) 이하	사용하지 않음
B종 철주 또는 B종 철근 콘크리트주	250(m) 이하	150(m) 이하
철 탑	600(m) 이하 (단주는 400 m 이하)	400(m) 이하 (단주는 300 m 이하)

단, 전선 인장강도 58.84(kN) 이상의 연선 또는 단면적이 150(㎟) 이상인 경동연선을 사용하는 경우에는 위 표의 적용을 받지 않는다.

㉱ 전선을 지지하는 현수애자 또는 장간애자를 사용하는 경우 50(%) 충격섬락 전압값

사용전압의 구분	50(%) 충격섬락 전압값
130(kV) 이하	애자장치값의 110(%) 이상
130(kV) 초과	애자장치값의 105(%) 이상

ⓐ 아크혼을 붙인 현수애자 · 장간애자 또는 라인포스트 애자 사용할 것.

ⓑ 2련 이상 현수애자, 장간애자, 핀애자 또는 라인포스트애자 사용할 것.

㉲ 특고압 가공전선에 지락 또는 단락이 생겼을 경우에 자동적으로 전로로부터 차단하는 장치를 시설할 것.

사용전압의 구분	자동 차단장치 동작 시간
100(kV) 미만	3초 이내
100(kV) 이상	2초 이내

② 제2종 특고압 보안공사(35(kV) 이하 전선이 건조물과 제2차 접근상태)

㉮ 특고압 가공전선은 연선일 것.

㉯ 목주의 풍압하중에 대한 안전율 : 2 이상.

㉰ 제2종 특고압 보안공사시 전선로 경간

지지물의 종류	표준경간	제2종 특고압 보안공사 경간
목주 · A종 철주 또는 A종 철근 콘크리트주	150(m) 이하	100(m) 이하
B종 철주 또는 B종 철근 콘크리트주	250(m) 이하	200(m) 이하
철 탑	600(m) 이하 (단주는 400(m) 이하)	400(m) 이하 (단주는 300(m) 이하)

단, 전선 안장강도 38.05(kN) 이상의 연선 또는 단면적이 95(㎟) 이상인 경동연선을 사용하고 지지물에 B종 철주 · B종 철근 콘크리트주 또는 철탑을 사용하는 경우에는 그러하지 않는다.

③ 제3종 특고압 보안공사(특고압 가공전선이 건조물 등과 1차 접근상태)

㉮ 특고압 가공전선은 연선일 것.

㉯ 제3종 특고압 보안공사시 경간은 표의 값 이하일 것.

지지물 종류	경 간
목주 · A종 철주 또는 A종 철근콘크리트주	100(m) (전선의 인장강도 14.51 kN 이상의 연선 또는 단면적이 38 ㎟ 이상인 경동연선을 사용하는 경우 150 m)
B종 철주 또는 B종 철근콘크리트주	200(m) (전선의 인장강도 21.67 kN 이상의 연선 또는 단면적이 55 ㎟ 이상인 경동연선을 사용하는 경우 250 m)
철 탑	400(m) (전선의 인장강도 21.67 kN 이상의 연선 또는 단면적이 55 ㎟ 이상인 경동연선을 사용하는 경우 600 m) 단, 단주의 경우에는 300(m)(전선의 인장강도 21.67 kN 이상의 연선 또는 단면적이 55 ㎟ 이상인 경동연선을 사용하는 경우 400 m)

단, 전선 인장강도 38.05(kN) 이상의 연선 또는 단면적이 95(㎟) 이상인 경동연선을 사용하고 지지물에 B종 철주 · B종 철근 콘크리트주 또는 철탑을 사용하는 경우에는 그러하지 않는다.

(3) 표준경간과 보안공사에 따른 경간 비교

지지물의 종류	경간					
	고압 : 지름 5(㎜) 이상 경동선 특고압 : 22(㎟) 이상인 경동연선 (표준 경간)	고압 : 22(㎟) 이상의 경동연선 특고압 : 50(㎟) 이상인 경동연선 (표준경간 2배)	저고압 보안공사 (지름 5(㎜) 이상) 25(kV) 중성점 다중접지	1종 특고압 보안공사	2종과 3종 특고압 보안공사	시가지
목주 · A종 철주 또는 A종 철근CP주	150(m) 이하	300(m) 이하	100(m) 이하	사용하지 않음	100(m) 이하	75 이하 (목주제외)
B종 철주 또는 B종 철근CP주	250(m) 이하	500(m) 이하	150(m) 이하	150(m) 이하	200(m) 이하	150 이하
철 탑	600(m) 이하 (단주인 경우에는 400 m 이하)	600(m) 이하 (단주인 경우에는 400 m 이하)	400(m) 이하	400(m) 이하 (단주인 경우에는 300 m 이하)	400(m) 이하 (단주인 경우에는 300 m 이하)	400 이하 전선 상호간 간격이 4(m) 미만인 때 250(m) 이하

注) 저압 보안공사 22(㎟), 고압 보안공사 38(㎟), 제1종 특고압 보안공사 150(㎟), 제2종 특고압 보안공사 95(㎟), 제3종 특고압 보안공사 목주와 A종주 사용시 38(㎟), B종주나 철탑 사용시 55(㎟) 이상의 경동선을 사용하는 경우 표준 경간에 의하여 시설할 수 있다.

21. 저고압 및 특고압 가공전선과 건조물의 접근

(1) 저고압 가공전선과 건조물의 접근

① 고압은 가공전선로는 고압 보안공사 할 것.

② 저 · 고압 가공전선과 건조물의 조영재 사이의 이격거리는 표의 값 이상일 것.

건조물 조영재의 구분 및 접근형태		이격거리	
		저압(m)	고압(m)
상부 조영재의 위쪽	일반적인 경우	2	2
	전선이 고압절연전선인 경우	1	2
	전선이 케이블인 경우	1	1
기타 조영재 또는 상부조영재의 옆쪽 또는 아래쪽	일반적인 경우	1.2	1.2
	전선이 고압절연전선인 경우	0.4	1.2
	전선이 케이블인 경우	0.4	0.4
	사람이 쉽게 접근할 수 없도록 시설하는 경우	0.8	0.8

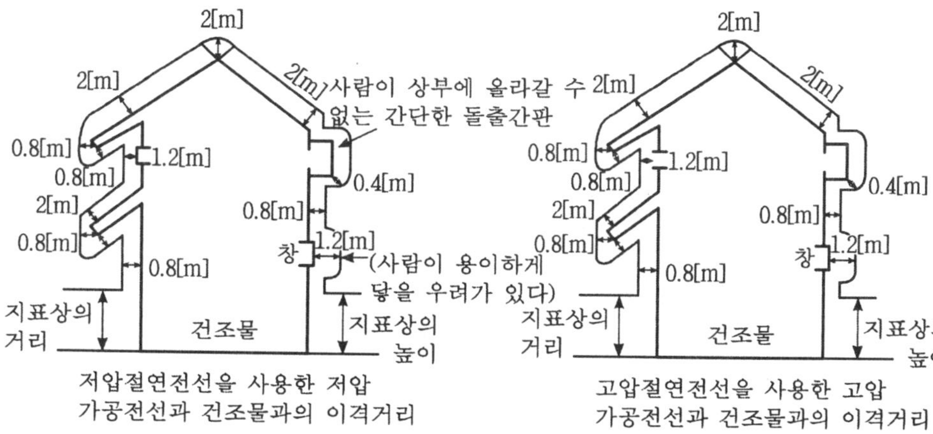

그림 3-9 저고압 가공전선로의 건조물 이격거리

(2) 특고압 가공전선과 건조물의 접근

① 특고압 가공전선이 건조물과 제1차 접근상태로 시설되는 경우

㉮ 특고압 가공전선로는 제3종 특고압 보안공사 및 목주 풍압하중에 대한 안전율 2 이상일 것.

㉯ 사용전압 35(kV) 이하인 특고압 가공전선과 건조물의 조영재와 이격거리는 표의 값 이상일 것.

건조물과 조영재의 구분	전선종류	접근형태	이격거리(m)
상부 조영재	특고압 절연전선	위쪽	2.5
		옆쪽 또는 아래쪽	1.5 (전선에 사람이 쉽게 접촉할 우려가 없도록 시설한 경우는 1 m)
	케이블 (특고압)	위쪽	1.2
		옆쪽 또는 아래쪽	0.5
	기타 전선		3
기타 조영재 (예 건조물, 교량)	특고압 절연전선		1.5 (전선에 사람이 쉽게 접촉할 우려가 없도록 시설한 경우는 1 m)
	케이블		0.5
	기타 전선		3

② 사용전압이 35(kV) 초과하는 특고압 가공전선과 건조물과의 이격거리

∴ 이격거리=주어진 35(kV)이하 이격거리 값 + $[(\frac{전압(kV)-35}{10})\times 0.15]$ 이상

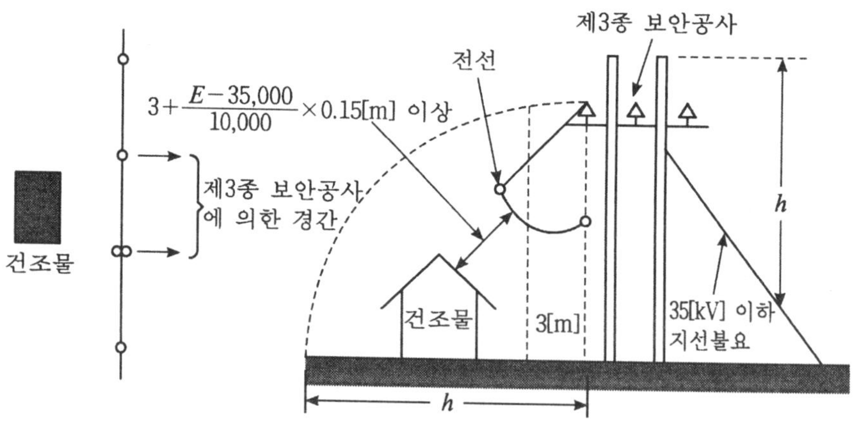

그림 3-10 35(kV) 초과 특고압 전선로와 건조물과 이격거리

③ 사용전압 35(kV) 이하인 특고압 가공전선이 건조물과 제2차 접근상태인 경우 제2종 특고압 보안공사에 의할 것.

④ 사용전압 35(kV) 초과 400(kV) 미만인 특고압 가공전선이 건조물과 제2차 접근상태에 있는 경우

㉮ 특고압 가공전선로는 제1종 특고압 보안공사에 의할 것.

㉯ 특고압 가공전선에 아마로드, 애자에 아크혼을 시설하거나 압축형 클램프 또는 쐐기형 클램프를 사용하여 전선을 인류할 것.

⑤ 사용전압이 400(kV) 이상의 특고압 전선이 건조물과 제2차 접근상태인 경우

㉮ 제1종 특고압 보안공사에 의할 것.

㉯ 전선 높이가 최저상태일 때 가공전선과 건조물 상부와의 수직거리가 28(m) 이상일 것.

㉰ 독립된 주거생활을 할 수 있는 단독주택, 공동주택이 아닐 것.

㉱ 건조물 지붕은 콘크리트, 철판 등 불에 잘 타지 않는 불연성 재료의 것일 것.

㉲ 폭연성 분진, 가연성 가스, 인화성물질, 석유류, 화약류 등 위험물질을 다루는 건조물이 아닐 것.

㉳ 건조물 최상부에서 전계(3.5 kV/m) 및 자계(83.3 μT)를 초과하지 말 것.

㉴ 특고압 가공전선의 단선 및 지지물 도괴의 우려가 없도록 시설할 것.

⑥ 특고압 가공전선이 건조물과 접근하는 경우에 특고압 가공전선이 건조물의 아래쪽에 시설될 때에는 상호간의 수평 이격거리는 3(m) 이상으로 시설.

⑦ 건조물의 금속제 상부조영재는 "접지 시스템"에 준하여 접지공사를 할 것.

22. 저고압 및 특고압 가공전선과 도로 등의 접근, 교차

(1) 저고압 가공전선과 도로 등의 접근, 교차

① 저 · 고압 가공전선이 도로 · 횡단보도교 · 철도 · 궤도 · 삭도 또는 저압 전차선과 접근상태로 시설되는 경우

㉮ 고압 가공전선로는 고압 보안공사 할 것.

㉯ 저 · 고압 가공전선과 도로 등의 이격거리는 표의 값 이상일 것.

구분		저압(m)	고압(m)
도로 · 횡단보도교 · 철도 또는 궤도		3	3
삭도나 그 지주 또는 저압 전차선	가공전선	0.6	0.8
	고압 및 특고압 절연전선	0.3	0.8
	케이블	0.3	0.4
저압 전차선로의 지지물	가공전선	0.3	0.6
	케이블	0.3	0.3

② 저압 또는 고압 가공전선이 삭도와 접근, 교차하는 경우에는 저압 또는 고압 가공전선은 삭도의 아래쪽에 수평거리로 삭도의 지주의 지표상의 높이에 상당하는 거리 안에 시설하여서는 아니 된다.

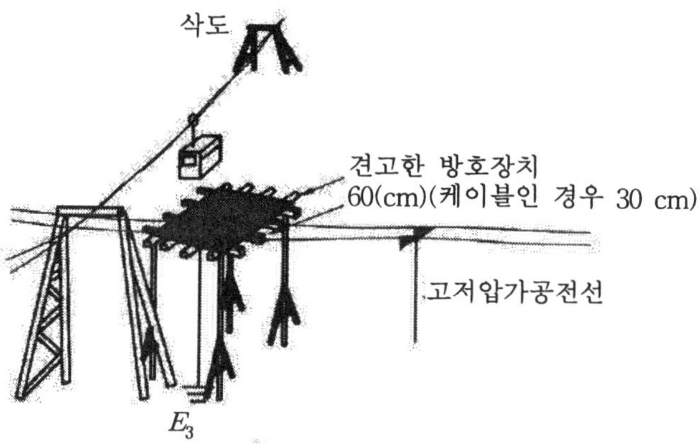

그림 3-11 방호장치

단, 가공전선과 삭도의 수평거리가 저압은 2(m) 이상, 고압은 2.5(m) 이상이고 또한 삭도의 지주의 도괴 등의 경우에 삭도가 가공전선에 접촉할 우려가 없는 경우 또는 가공전선이 삭도와 수평거리로 3(m) 미만에 접근하는 경우에 가공전선의 위쪽에 견고한 방호장치를 그 전선과 0.6(m)(전선이 케이블인 경우에는 0.3 m) 이상 떼어서 시설하고 또한 금속제 부분에 "접지 시스템" 규정에 준하여 접지공사를 한 때에는 시설하여도 된다.

(2) 특고압 가공전선과 도로 등의 접근, 교차

① 특고압 가공전선이 도로횡단보도교철도 또는 궤도와 제1차 접근상태로 시설되는 경우 특고압 가공전선로는 제3종 특고압 보안공사 할 것.

사용전압의 구분	이격거리
35(kV) 이하	3(m)
35(kV) 초과	3(m)에 사용전압이 35(kV)를 초과하는 10(kV) 또는 그 단수마다 0.15(m)를 더한 값 $3+(\frac{사용전압[kV]-35}{10})\times 0.15$

② 특고압 가공전선이 도로 등과 제2차 접근상태로 시설되는 경우

㉮ 특고압 가공전선로는 제2종 특고압 보안공사 할 것.

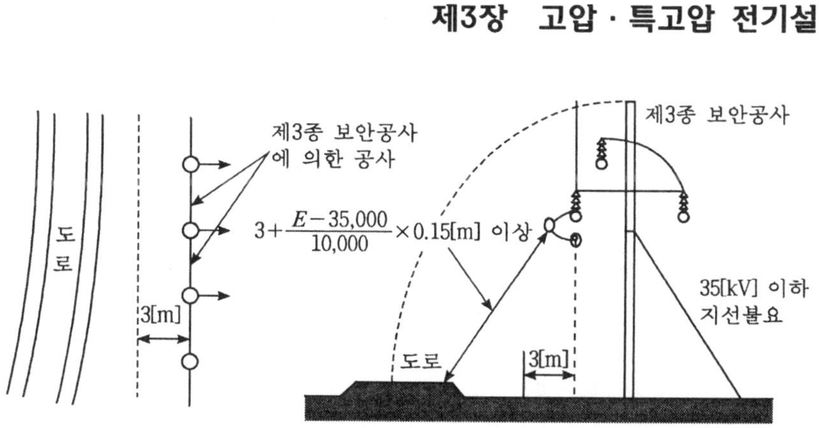

그림 3-12 특고압 전선로와 도로와의 이격거리(1차 접근상태)

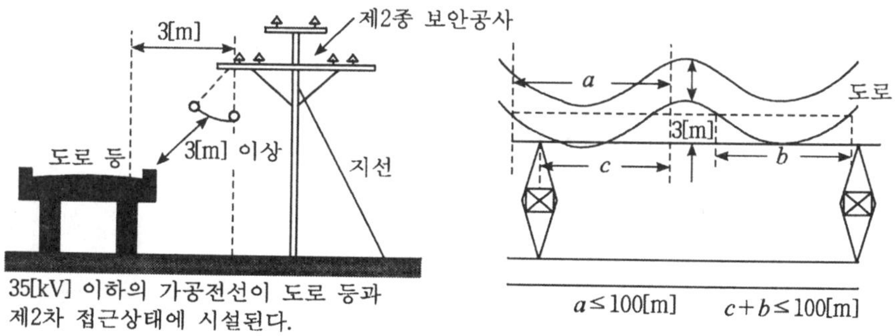

그림 3-13 특고압 전선로와 도로와의 이격거리(2차 접근상태)

㉯ 특고압 가공전선중 도로 등에서 수평거리 3(m) 미만으로 시설되는 부분의 길이가 연속하여 100(m) 이하이고 또한 1경간 안에서의 그 부분의 길이의 합계가 100(m) 이하일 것.

③ 특고압 가공전선이 도로 등과 교차하는 경우에 특고압 가공전선이 도로 등의 위에 시설되는 때에는 다음에 따라야 한다.

㉮ 특고압 가공전선로는 제2종 특고압 보안공사에 의할 것.
다만, 특고압 가공전선과 도로 등 사이에 다음에 의하여 보호망을 시설하는 경우에는 제2종 특고압 보안공사를 하지 않아도 된다.

ⓐ 보호망을 구성하는 금속선 굵기 및 간격

항목	금속선 굵기 및 간격
그 외주 및 특고압 가공전선의 직하	인장강도 8.01(kN) 이상의 것 또는 지름 5(㎜) 이상의 경동선 또는 쉽게 부식되지 않는 금속선
그 밖의 부분	인장강도 5.26(kN) 이상의 것 또는 지름 4(㎜) 이상의 경동선 또는 쉽게 부식되지 않는 금속선
금속선 상호 간격	가로, 세로 각 1.5(m) 이하

ⓑ 보호망은 "접지 시스템" 규정에 준하여 접지공사 할 것.

㉯ 특고압 가공전선이 도로 등과 수평거리로 3(m) 미만에 시설되는 부분의 길이는 100(m)을 넘지 말 것.

㉰ 보호망을 운전이 빈번한 철도선로의 위에 시설하는 경우에는 경동선 그 밖에 쉽게 부식되지 아니하는 금속선을 사용할 것.

23. 가공전선과 타전선과의 접근 또는 교차

(1) 저고압 가공전선과 가공약전류전선간 접근, 교차

저압 또는 고압 가공전선이 가공약전류 전선 또는 가공 광섬유 케이블(가공약전류 전선)과 접근상태로 시설되는 경우

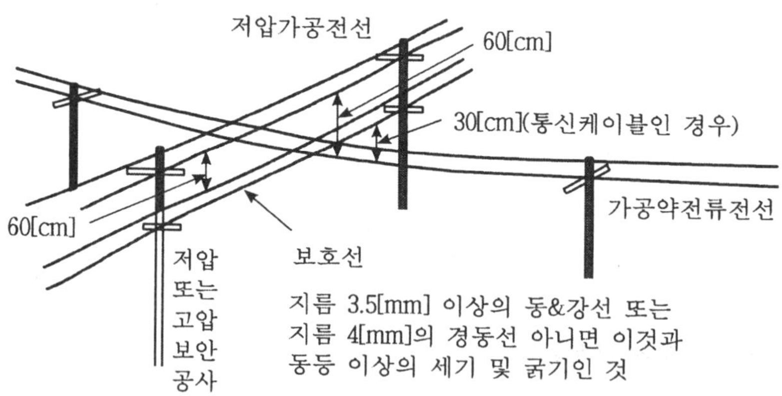

그림 3-14 저압 가공전선이 가공약전류 전선등과 교차시 이격거리

① 고압 가공전선은 고압 보안공사 할 것.

② 저·고압 가공전선과 가공 약전류전선 등 사이의 이격거리는 표의 값 이상일 것.

약전류전선 \ 가공전선	저압 가공전선		고압 가공전선	
	저압 절연전선	고압절연전선 또는 케이블	절연전선	케이블
일반	0.6(m)	0.3(m)	0.8(m)	0.4(m)
절연전선 또는 통신용 케이블인 경우	0.3(m)	0.15(m)	0.8(m)	0.4(m)
지지물	0.3(m)		0.6(m)	0.3(m)

(2) 저고압 가공전선과 안테나간 접근, 교차

① 고압 가공전선로는 고압 보안공사 할 것.

② 저 · 고압 가공전선과 안테나 사이의 이격거리는 표의 값 이상으로 시설할 것.

사용전압 부분 공작물의 종류		이격거리	
		저압(m)	고압(m)
안테나	일반적인 경우 (가섭선에 의한 시설 포함)	0.6 (저압 절연전선)	0.8
	전선이 고압절연전선인 경우	0.3	0.8
	전선이 케이블인 경우	0.3	0.4

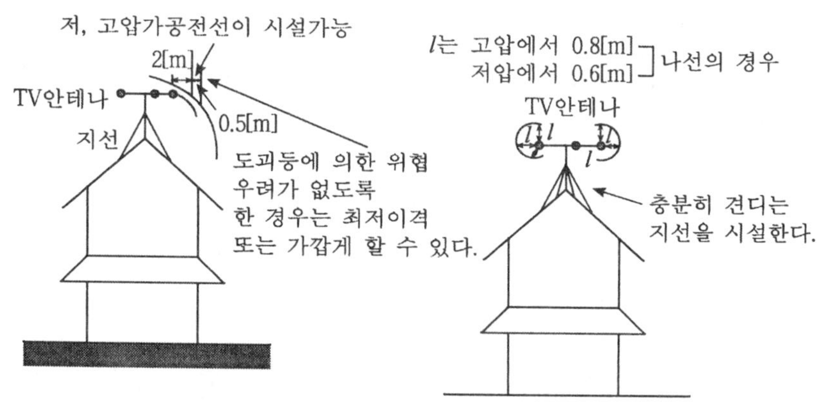

그림 3-15 저고압 전선로와 안테나간 수평 이격거리

(3) 저고압 가공전선과 교류 전차선 등의 접근, 교차

① 저압 또는 고압 가공전선이 교류 전차선 등과 접근하는 경우에 저압 또는 고압 가공전선은 교류 전차선의 위쪽에 시설하면 안 된다.

다만, 가공전선과 교류 전차선등의 수평거리가 3(m) 이상인 경우에는 가공전선로의 전선의 절단, 지지물의 도괴 등의 경우에 가공전선이 교류 전차선 등과 접촉할 우려가 없을 때 또는 다음에 따라 시설하는 때에는 그러하지 아니하다.

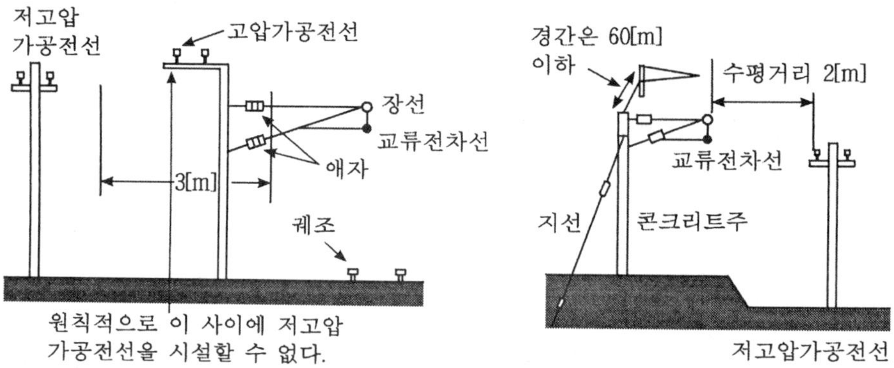

그림 3-16 저압 가공전선과 전차선과의 접근 또는 교차

㉮ 저압 및 고압 가공전선로는 저압 및 고압 보안공사에 의할 것.

㉯ 저·고압 가공전선 굵기

사용전압의 구분	전선 굵기
저압	인장강도 8.01(kN) 이상의 것 또는 지름 5(㎜) 이상의 경동선
고압	인장강도 14.51(kN) 이상의 것 또는 단면적 38(㎟) 이상의 경동연선

② 저압 가공전선 또는 고압 가공전선이 교류 전차선 등과 교차하는 경우에 저압 가공전선 또는 고압 가공전선이 교류 전차선 등의 위에 시설되는 때에는 다음에 따라야 한다.

㉮ 저고압 가공전선에 케이블을 사용할 경우 조가용선 굵기

사용전압의 구분	조가용선 굵기
저압	단면적 35(㎟) 이상인 아연도강연선, 인장강도 19.61(kN) 이상인 것으로 조가
고압	단면적 38(㎟) 이상인 아연도강연선, 인장강도 19.61(kN) 이상인 것으로 조가

㉯ 고압 가공전선 상호간의 간격 : 0.65(m) 이상.

㉰ 고압 가공전선로의 지지물은 전선이 케이블인 경우 이외에는 내장애자장치가 되어 있는 것일 것.

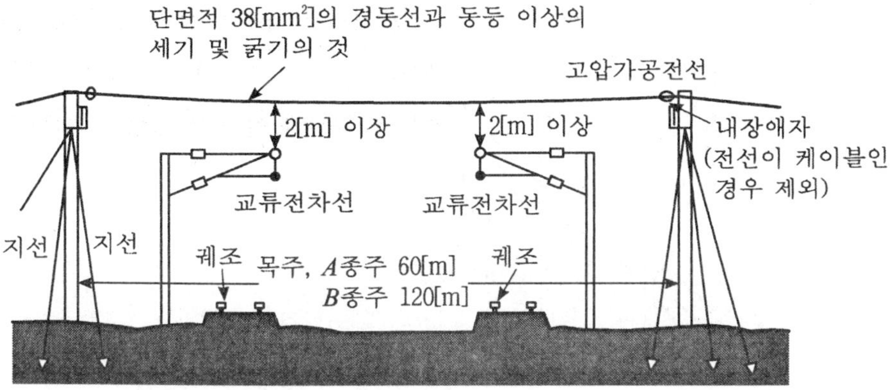

그림 3-17 고압 가공전선과 교류전차선과의 이격거리

㉱ 목주의 풍압하중 안전율 : 2 이상

㉲ 가공전선로 경간

지지물	경간
목주 · A종 철주 · A종 철근 콘크리트주	60(m) 이하
B종 철주 · B종 철근 콘크리트주	120(m) 이하

㉳ 가공전선로의 전선 · 완금류 · 지지물 · 지선 또는 지주와 교류 전차선 등 사이의 이격거리는 2(m) 이상일 것.

㉴ 금속제는 “접지 시스템” 규정에 준하여 접지공사 할 것.

24. 저고압, 특고압 가공전선 상호간 접근 또는 교차

(1) 저고압 가공전선 상호간 접근, 교차

고압 가공전선이 저압 가공전선 또는 고압 전차선 위에 시설하는 경우

① 저압 및 고압 가공전선로는 저압 및 고압 보안공사에 의할 것.

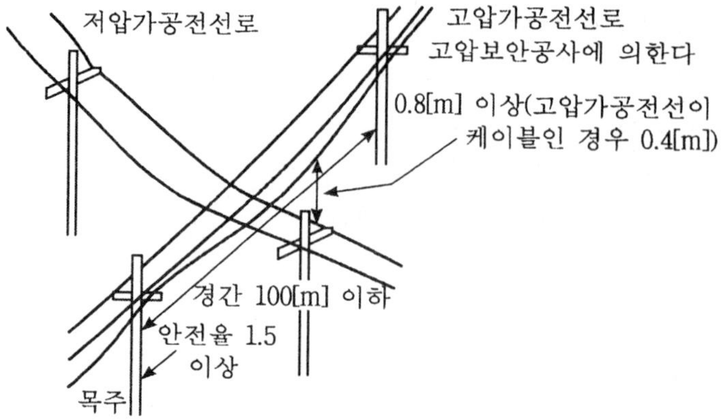

그림 3-18 고압 가공전선과 저압 가공전선의 접근 또는 교차

② 고압과 저압 가공전선 또는 그 지지물 사이 이격거리는 표의 값 이상일 것.

구분	저압 가공전선		고압 가공전선	
	일반	고압절연전선 또는 케이블	일반	케이블
저압 가공전선	0.6(m)	0.3(m)	0.8(m)	0.4(m)
저압 가공전선로의 지지물	0.3(m)	-	0.6(m)	0.3(m)
고압 전차선	-	-	1.2(m)	-
고압 가공전선	-	-	0.8(m)	0.4(m)
고압 가공전선로의 지지물	-	-	0.6(m)	0.3(m)

(2) 특고압과 저고압 가공전선간 접근, 교차

① 특고압 가공전선이 가공약전류전선, 저 · 고압 가공전선이나 전차선과 제1차 접근상태로 시설되는 경우

㉮ 특고압 가공전선로는 제3종 특고압 보안공사 할 것.

㉯ 특고압 가공전선과 저 · 고압 가공전선 또는 지지물과 지주 사이 이격거리는 표의 값 이상일 것.

사용전압의 구분	이격거리
60(kV) 이하	2(m)
60(kV) 초과	2(m)에 사용전압이 60(kV)를 초과하는 10(kV) 또는 그 단수마다 0.12(m)를 더한 값 $2+(\frac{\text{사용전압}[kV]-60}{10})\times 0.12$

㉰ 특고압 절연전선 또는 케이블을 사용하는 사용전압 35(㎸) 이하인 특고압 가공전선과 저 · 고압 가공전선 등 또는 이들 지지물과 지주 사이의 이격거리는 표의 값까지로 감할 수 있다.

저고압 가공전선 등 또는 이들의 지지물이나 지주의 구분	전선의 종류	이격거리
저압 가공전선 또는 저압이나 고압의 전차선	특고압 절연전선	1.5(m) (저압 가공전선이 절연전선 또는 케이블인 경우는 1 m)
	케이블	1.2(m) (저압 가공전선이 절연전선 또는 케이블인 경우는 0.5 m)
고압 가공전선	특고압 절연전선	1(m)
	케이블	0.5(m)
가공 약전류전선 등 또는 저고압 가공전선 등의 지지물이나 지주	특고압 절연전선	1(m)
	케이블	0.5(m)

② 특고압 가공전선이 저고압 가공전선 등과 제2차 접근상태로 시설되는 경우

㉮ 특고압 가공전선로는 제2종 특고압 보안공사 할 것.

㉯ 특고압과 저 · 고압 가공전선 등과의 수평 이격거리는 2(m) 이상일 것.

㉰ 특고압 가공전선 중 저 · 고압 가공전선 등에서 수평거리로 3(m) 미만으로 시설되는 부분의 길이가 연속 50(m) 이하이고 1경간 안에서 부분의 길이의 합계가 50(m) 이하일 것.

③ 특고압 가공전선이 저고압 가공전선 등과 교차하는 경우에 특고압 가공전선이 저고압 가공전선 등의 위에 시설할 경우

㉮ 특고압 가공전선로는 제2종 특고압 보안공사에 의할 것.

㉯ 특고압 가공전선이 가공약전류 전선이나 저압 또는 고압 가공전선과 교차하는 경우에는 특고압 가공전선의 양외선이 바로 아래에 "접지 시스템"의 규정에 준하여 접지공사를 한 인장강도 8.01(kN) 이상 또는 지름 5(㎜) 이상의 경동선을 약전류 전선이나 저압 또는 고압의 가공전선과 0.6(m) 이상의 이격거리를 유지하여 시설할 것.

(3) 특고압 가공전선 상호간의 접근, 교차

① 위쪽 또는 옆쪽에 시설되는 특고압 가공전선로는 제3종 특고압 보안공사에 의할 것.

② 다른 특고압가공전선 및 지지물 사이의 이격거리는 표의 값 이상으로 할 것.

사용전압의 구분	이격거리	
35(kV) 이하	가공전선(표준)	2(m)
	특고압 절연전선	1(m)
	케이블	0.5(m)
35(kV) 초과 60(kV) 이하	2(m)	
60(kV) 초과	2(m)에 사용전압이 60(kV)를 초과하는 10(kV) 또는 그 단수마다 0.12(m)를 더한 값 $2+(\frac{\text{사용전압}[kV]-60}{10})\times 0.12$	

25. 특고압 가공전선과 삭도의 접근 또는 교차

① 특고압 가공전선이 삭도와 제1차 접근상태로 시설되는 경우

㉮ 특고압 가공전선로는 제3종 특고압 보안공사 할 것.

㉯ 특고압 가공전선과 삭도 또는 삭도용 지주와 이격거리는 표의 값 이상

사용전압의 구분	이격거리	
35(kV) 이하	가공전선(표준)	2(m)
	특고압 절연전선 사용	1(m)
	케이블 사용	0.5(m)
35(kV) 초과 60(kV) 이하	2(m)	
60(kV) 초과	2(m)에 사용전압이 60(kV)를 초과하는 10(kV) 또는 그 단수마다 0.12(m)를 더한 값 $2+(\frac{\text{사용전압}[kV]-60}{10})\times 0.12$	

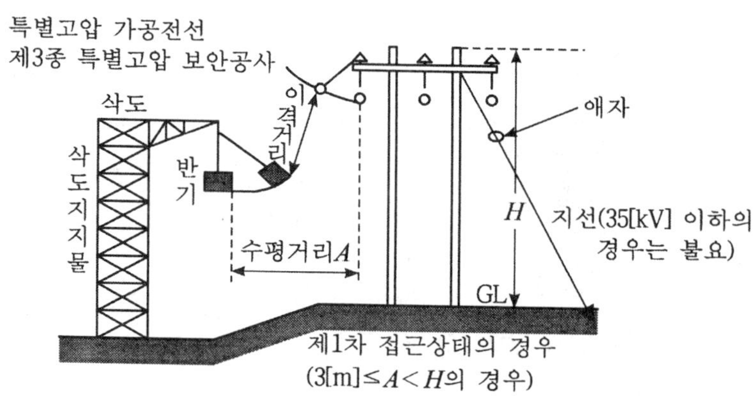

그림 3-19 특고압과 삭도와의 이격거리(1차 접근상태)

② 특고압 가공전선이 삭도와 제2차 접근상태 또는 삭도 위에 시설되는 경우

㉮ 특고압 가공전선로는 제2종 특고압 보안공사 할 것.

㉯ 특고압 가공전선 중 삭도에서 수평거리로 3(m) 미만으로 시설되는 부분의 길이가 연속 50(m) 이하이고 또한 1경간 안에서의 길이 합계가 50(m) 이하일 것.

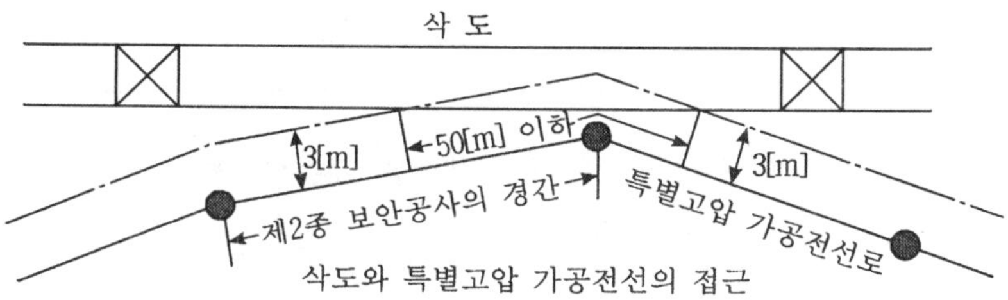

그림 3-20 특고압 전선로와 삭도와의 접근(2차 접근상태)

26. 가공전선과 식물의 이격거리

(1) 저고압 가공전선과 식물의 이격거리

저 · 고압 가공전선은 상시 부는 바람 등에 의하여 식물에 접촉하지 않도록 시설할 것.

단, 저 · 고압 가공절연전선을 방호구에 넣어 시설하거나 절연내력 및 내마모성이 있는 케이블을 시설하는 경우는 식물과 접촉해도 된다.

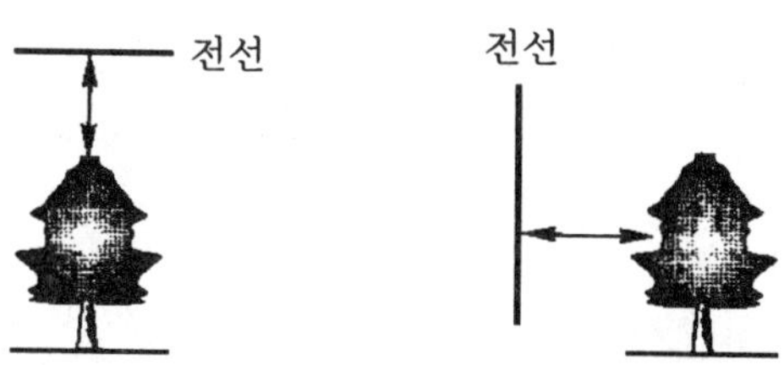

그림 3-21 가공전선과 식물 이격

(2) 특고압 가공전선과 식물의 이격거리

사용전압의 구분	이격거리	
35(kV) 이하	가공전선(표준)	2(m)
	고압 절연전선 사용	0.5(m)
35(kV) 초과 60(kV) 이하	2(m)	
60(kV) 초과	2(m)에 사용전압이 60(kV)를 초과하는 10(kV) 또는 그 단수마다 0.12(m)를 더한 값 $2+(\frac{\text{사용전압}[kV]-60}{10})\times 0.12$	

단, 사용전압 35(kV) 이하인 특고압 가공전선을 특고압 절연전선, 케이블 및 특고압 수밀형 케이블을 사용하는 경우 식물은 접촉하여도 된다.

27. 가공전선과 가공약전류전선 등의 공용설치(공가)

(1) 저고압 가공전선과 가공 약전류전선의 공용설치

저 · 고압 가공전선과 가공약전류전선 등을 동일 지지물에 시설하는 경우

① 목주의 풍압하중에 대한 안전율 : 1.5 이상.

② 가공전선을 가공약전류전선 등의 위로하고 별개의 완금류에 시설할 것.

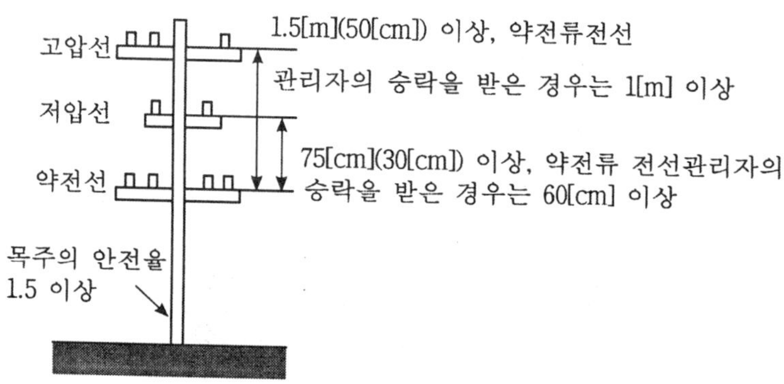

그림 3-22 저고압선과 약전류 전선을 동일 지지물에 공용설치

③ 가공전선과 가공약전류전선 등 사이 이격거리는 표의 값 이상으로 할 것.

사용전압의 구분	이격거리
저압	0.75(m) 단, 저압 가공전선이 고압 절연전선, 특고압 절연전선 또는 케이블인 경우 : 0.3(m) 가공 약전류 전선로 등의 관리자의 승낙을 얻은 경우 : 0.6(m)
고압	1.5(m) 단, 고압 가공전선이 케이블일 때 : 0.5(m) 가공 약전류 전선로 등의 관리자의 승낙을 얻은 경우 : 1(m)

④ 가공전선이 가공약전류전선에 대하여 유도작용에 의한 통신상의 장해를 줄 우려가 있는 경우

㉮ 가공전선과 가공약전류 전선간 이격거리를 증가시킬 것.

㉯ 교류식 가공전선로의 경우 가공전선을 적당한 거리에서 연가 할 것.

㉰ 가공전선과 가공약전류전선 사이에 인장강도 5.26(kN) 이상의 것 또는 지름 4(㎜) 이상인 경동선의 금속선 2가닥 이상을 시설하고, "접지 시스템"의 규정에 준하여 접지공사 할 것.

⑤ 가공전선로의 접지도체에는 절연전선 또는 케이블을 사용하고 또한 가공약전류 전선로 등의 접지도체 및 접지극과는 각각 별개로 시설할 것.

(2) 특고압 가공전선과 가공 약전류전선의 공용설치

① 사용전압 35(㎸) 이하인 특고압 가공전선과 가공약전류 전선 등을 동일 지지물에 시설하는 경우

㉮ 특고압 가공전선로는 제2종 특고압 보안공사 할 것.

㉯ 특고압 가공전선은 가공약전류전선의 위로하고, 별개의 완금류에 시설.

㉰ 특고압 가공전선 : 인장강도 21.67(kN) 이상의 연선 또는 단면적 50(㎟) 이상인 경동연선

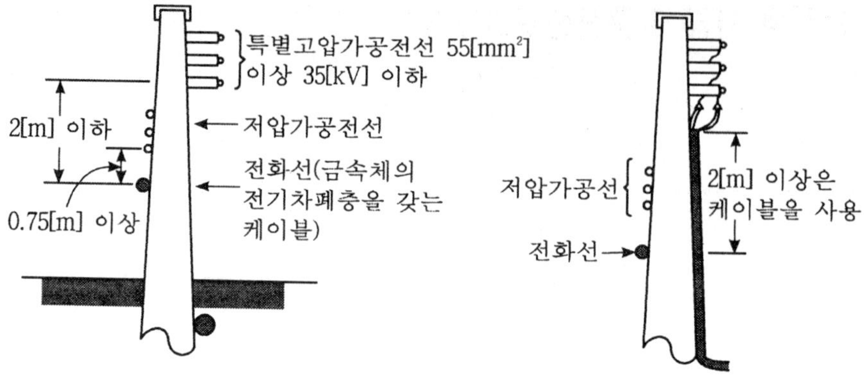

그림 3-23 특고압과 약전류 전선과 공용설치

㉣ 이격거리

항목	이격거리
특고압 가공전선과 가공약전류전선 등 사이	2(m) 이상
특고압 가공전선이 케이블인 경우	0.5(m) 이상

㉤ 가공약전류 전선을 특고압 가공전선이 케이블인 경우 이외에는 금속제의 전기적 차폐층이 있는 통신용 케이블일 것.

㉥ 특고압 가공전선로의 수직배선은 가공약전류 전선 등의 시설자가 지지물에 시설한 것의 2(m) 위에서부터 전선로의 수직배선의 맨 아래까지의 사이는 케이블을 사용할 것.

㉦ 특고압 가공전선로의 접지도체에는 절연전선 또는 케이블을 사용하고 또한 가공약전류 전선로 등의 접지도체 및 접지극은 각각 별개로 시설할 것.

② 사용전압 35(kV)를 초과하는 특고압 가공전선과 가공약전류 전선 등은 동일 지지물에 시설해서는 안 된다.(공가할 수 없다.)

28. 농사용 저압 가공전선로의 시설

① 농사용 전등·전동기 등에 공급하는 저압 가공전선로는 다음에 따라 시설할 것.

항목	조건
사용전압	저압
전선	인장강도 1.38(kN) 이상의 것 또는 지름 2(㎜) 이상의 경동선
지표상의 높이	3.5(m) 이상 단, 저압 가공전선을 사람이 쉽게 출입하지 않는 곳에 시설하는 경우 : 3(m)
목주 굵기는 말구 지름	0.09(m) 이상
전선로 경간	30(m) 이하

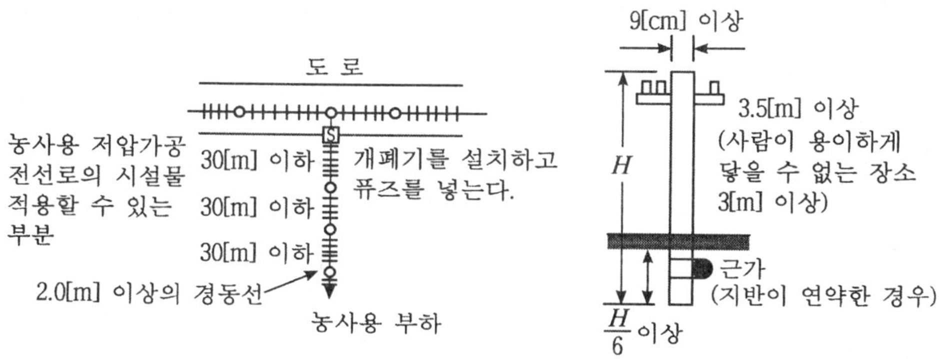

그림 3-24 농사형 저압선의 시설 방법

② 다른 전선로에 접속하는 곳 가까이에 전용의 개폐기 및 과전류 차단기를 각 극에 시설할 것.

29. 구내에 시설하는 저압 가공전선로

① 1구내에만 시설하는 사용전압 400(V) 이하인 저압 가공전선로의 전선이 건조물의 위에 시설되는 경우(도로 폭 5 m 초과하는 것에 한한다.)

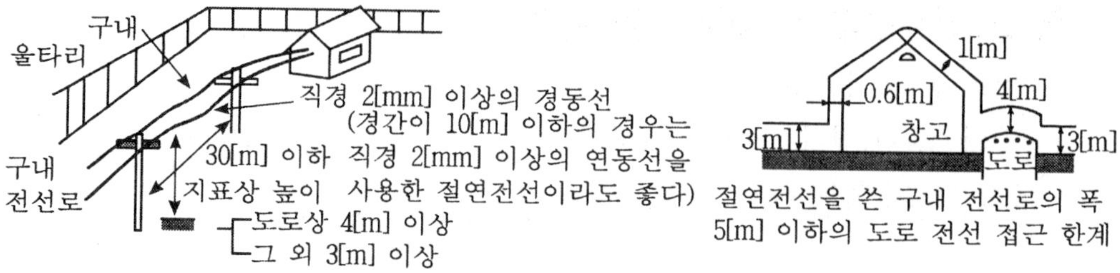

그림 3-25 구내전선로와 조영물간의 이격거리

㉮ 전선

경간	전선 굵기
10(m) 이하	공칭단면적 4(㎟) 이상의 연동 절연전선
10(m) 초과	지름 2(㎜) 이상의 경동선의 절연전선 또는 동등 이상의 세기 및 굵기의 절연전선

㉯ 전선로 경간 : 30(m) 이하.

㉰ 전선과 다른 시설물과의 이격거리

다른 시설물의 구분	접근형태	이격거리
조영물의 상부조영재	위쪽	1(m) 이상
	옆쪽 또는 아래쪽	0.6(m) 이상 (고압 절연전선, 특고압 절연전선 또는 케이블인 경우 0.3 m)
조영물의 상부조영재 이외의 부분 또는 조영물 이외의 시설물		0.6(m) 이상 (고압 절연전선, 특고압 절연전선 또는 케이블인 경우 0.3 m)

② 지표상 높이

구분	지표상 높이
도로 횡단하는 경우	4(m) 이상, 교통에 지장이 없는 높이일 것
도로 횡단하지 않는 경우	3(m) 이상

30. 저고압 및 특고압 옥측전선로의 시설

(1) 저압 옥측전선로의 시설

① 저압 옥측전선로는 다음의 공사방법에 의할 것.

㉮ 애자사용공사(전개된 장소)

㉯ 합성수지관공사(목조 조영물에 시설 가능)

㉰ 금속관공사(목조 이외의 조영물에 시설하는 경우)

㉱ 버스덕트공사(목조 이외의 조영물에 시설하는 경우)

㉲ 케이블공사(연피 케이블, 알루미늄피 케이블 또는 무기물절연 케이블을 사용하는 경우에는 목조 이외의 조영물에 시설하는 경우)

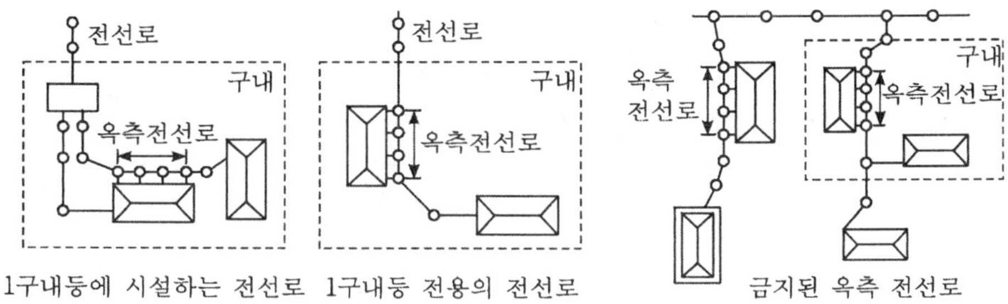

그림 3-26 저압 옥측전선로

② 애자사용공사에 의한 저압 옥측전선로

㉮ 전선 : 공칭단면적 4(㎟) 이상의 연동 절연전선.

단, 옥외용 비닐절연 전선(OW 전선)과 인입용 절연전선(DV 전선)은 사용하지 못 함.

㉯ 이격거리는 표의 값 이상일 것.

시설장소	전선 상호간의 간격		전선과 조영재 사이의 이격거리	
	사용전압이 400(V) 이하인 경우	사용전압이 400(V) 초과인 경우	사용전압이 400(V) 이하인 경우	사용전압이 400(V) 초과인 경우
비나 이슬에 젖지 않는 장소	0.06(m)	0.06(m)	0.025(m)	0.025(m)
비나 이슬에 젖는 장소	0.06(m)	0.12(m)	0.025(m)	0.045(m)

㉰ 전선의 지지점간의 거리는 2(m) 이하일 것.

㉱ 전선에 인장강도 1.38(kN) 이상의 것 또는 지름 2(㎜) 이상의 경동선을 사용하고 또한 전선 상호간의 간격을 0.2(m) 이상, 전선과 저압 옥측전선로를 시설한 조영재 사이의 이격거리를 0.3(m) 이상으로 하여 시설하는 경우에 한하여 옥외용 비닐절연전선을 사용하거나 지지점간의 거리를 2(m)를 초과하고 15(m) 이하로 할 수 있다.

㉲ 사용전압이 400(V) 이하인 경우에 다음에 의하여 시설할 것.

ⓐ 전선은 공칭단면적 4(㎟) 이상의 연동 절연전선 또는 지름 2(㎜) 이상의 인입용 비닐절연전선일 것.

ⓑ 전선을 접속하는 경우에는 각각의 선심의 접속점은 0.05(m) 이상 띄울 것.

ⓒ 전선과 그 저압 옥측전선로를 시설하는 조영재 사이의 이격거리는 0.03(m) 이상일 것.

③ 저압 옥측전선로와 다른 시설물 사이의 이격거리는 표의 값 이상일 것.

<table>
<tr><th>다른 시설물의 구분</th><th>접근형태</th><th>이격거리</th></tr>
<tr><td rowspan="2">조영물의 상부 조영재</td><td>위쪽</td><td>2(m)
(전선이 고압 절연전선, 특고압 절연전선 또는 케이블인 경우는 1 m)</td></tr>
<tr><td>옆쪽 또는 아래쪽</td><td>0.6(m)
(전선이 고압 절연전선, 특고압 절연전선 또는 케이블인 경우는 0.3 m)</td></tr>
<tr><td colspan="2">조영물의 상부 조영재 이외의 부분
또는 조영물 이외의 시설물</td><td>0.6(m)
(전선이 고압 절연전선, 특고압 절연전선 또는 케이블인 경우는 0.3 m)</td></tr>
</table>

④ 애자공사에 의한 저압 옥측전선과 식물 사이의 이격거리는 0.2(m) 이상일 것.

단, 저압 옥측전선이 고압 절연전선 또는 특고압 절연전선인 경우에 그 전선을 식물에 접촉하지 않도록 시설하는 경우에는 적용하지 않는다.

(2) 고압 옥측전선로의 시설

① 케이블, 견고한 관, 트라프에 넣거나 사람이 접촉할 우려가 없도록 시설

② 케이블을 조영재의 옆면 또는 아랫면에 붙일 경우 지지점간의 거리

구분	지지점간 거리
수평으로 붙일 경우	2(m) 이하
수직으로 붙일 경우	6(m) 이하

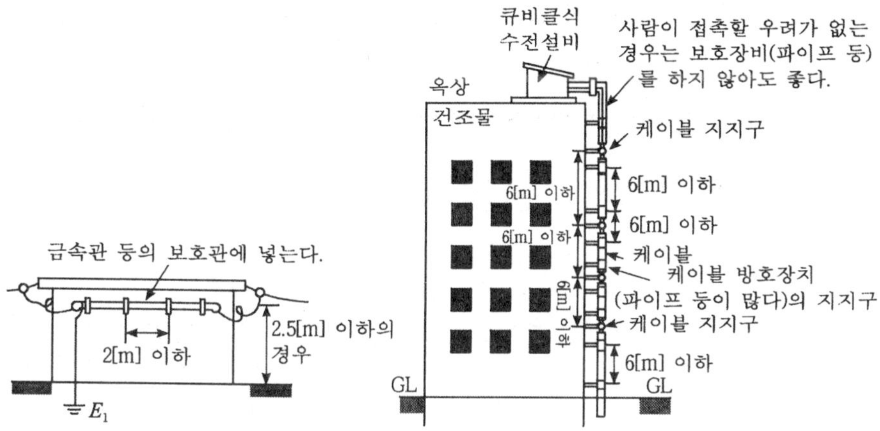

사람이 접촉할 우려가 있는 경우　　　　옥측전선로의 지지점간 거리

그림 3-27 고압 옥측전선로의 예

③ 이격거리

조건	이격거리
고압 옥측전선로를 시설하는 조영물에 시설하는 특고압 옥측전선 · 저압 옥측전선 · 관등회로의 배선 · 약전류전선 등이나 수관 · 가스관 또는 이와 유사한 것과 접근 및 교차	0.15(m) 이상
다른 시설물과 접근하는 경우	0.3(m) 이상

④ 금속제에는 "접지 시스템"의 규정에 준하여 접지공사를 할 것.

(3) 특고압 옥측전선로의 시설

사용전압 100(kV) 초과하는 특고압 옥측전선로는 시설하여서는 안 된다.(100 kV 이하에만 시설)

31. 저고압 및 특고압 옥상전선로의 시설

(1) 저압 옥상전선로의 시설

① 전선, 조영재 및 지지점간의 이격거리

전선 및 지지점		이격거리
전선	인장강도 2.30(kN) 이상의 것 또는 지름 2.6(㎜) 이상의 경동선의 절연전선(OW 전선을 포함) 또는 이와 동등 이상의 절연성능이 있는 것	2(m) 이상
	고압 절연전선, 특고압 절연전선, 케이블	1(m) 이상
지지점간의 거리		15(m) 이하

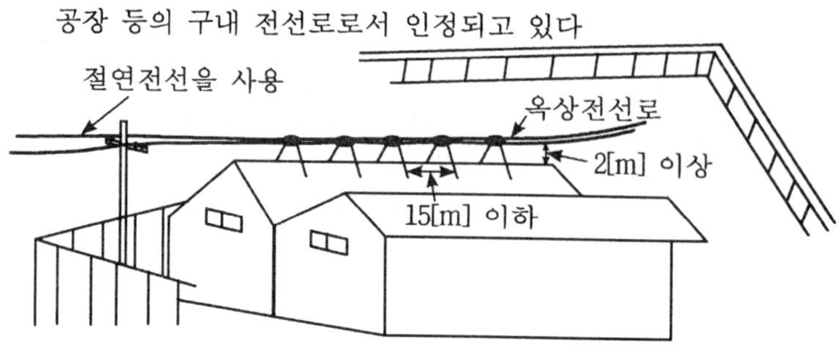

그림 3-28 저압 옥상전선로와 조영재와의 이격거리

② 전선이 케이블인 저압 옥상전선로는 조영재에 견고하게 붙인 지지주 또는 지지대에 의하여 지지하고 또한 조영재 사이의 이격거리를 1(m) 이상으로 하여 시설 및 견고하게 붙인 견고한 관 또는 트라프에 넣어 시설.

③ 저압 옥상전선로와 다른 시설물과 이격거리는 표의 값 이상일 것.

항목	전선 종류	이격거리
저 · 고압 옥측전선 · 특고압 옥측전선 · 다른 저압 옥상전선로의 전선 · 약전류 전선 등 · 안테나나 수관 · 가스관 또는 이들과 유사한 것과 접근 및 교차	절연전선	1(m)
	저압 방호구에 넣은 절연전선 등 · 고압 절연전선 · 특고압 절연전선 또는 케이블	0.3(m)
기타 시설물	절연전선	0.6(m)
	고압 절연전선, 특고압 절연전선 또는 케이블	0.3(m)

④ 저압 옥상전선로의 전선은 상시 부는 바람 등에 의하여 식물에 접촉하지 않도록 시설할 것.

(2) 고압 옥상전선로의 시설

① 전선 및 기타 시설물과 이격거리

항목	전선종류 및 이격거리
전선	케이블
전선과 조영재 사이 이격거리	1.2(m) 이상
고압 옥상전선로의 전선이 다른 시설물과 접근 교차하는 경우 이격거리	0.6(m) 이상

② 고압 옥상전선로의 전선은 상시 부는 바람 등에 의해 식물에 접촉하지 않도록 시설할 것.

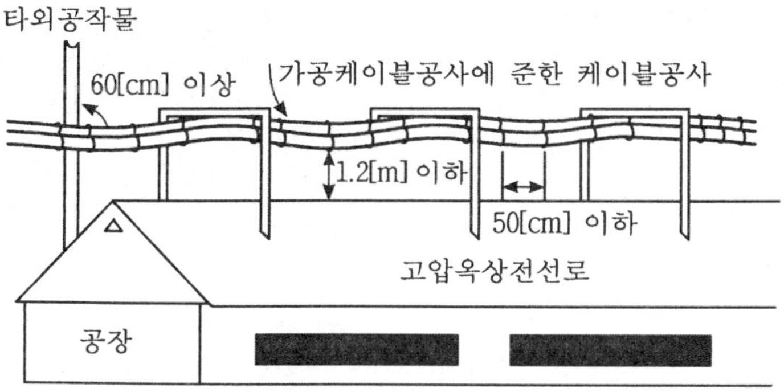

그림 3-29 고압 옥상전선로(케이블)

(3) 특고압 옥상전선로의 시설

특고압 옥상전선로는 시설하지 않는다.

32. 저고압 및 특고압 가공인입선의 시설

(1) 저압 인입선의 시설

① 전선은 절연전선 또는 케이블일 것.

② 경간에 따른 가공전선의 굵기

경간	가공전선 굵기
15(m) 이하	인장강도 1.25(kN) 이상의 것 또는 지름 2(㎜) 이상의 인입용 비닐절연전선
15(m) 초과	인장강도 2.30(kN) 이상의 것 또는 지름 2.6(㎜) 이상의 인입용 비닐절연전선

③ 전선이 옥외용 비닐절연전선인 경우에는 사람이 접촉할 우려가 없도록 시설할 것.

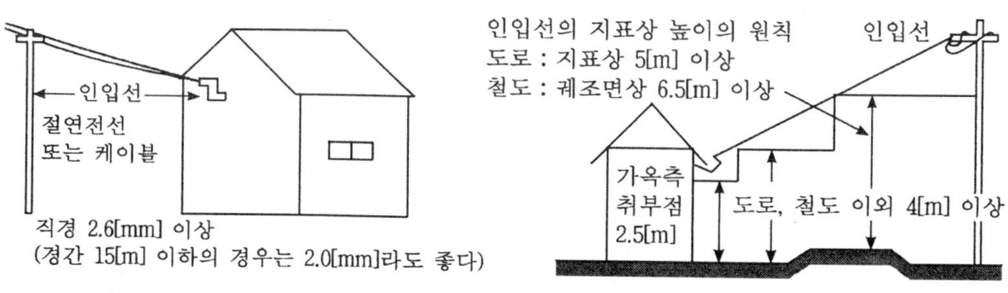

그림 3-30 저압 인입선

④ 가공 인입전선의 높이

설치장소	가공전선의 높이
도로횡단	노면상 5(m) 이상 (기술상 부득이한 경우에 교통에 지장이 없을 때에는 3 m 이상)
철도 또는 궤도횡단	레일면상 6.5(m) 이상
횡단보도교 위	노면상 3(m) 이상
기타 장소	지표상 4(m) 이상 (기술상 부득이한 경우에 교통에 지장이 없을 때에는 2.5 m 이상)

⑤ 저압 가공인입선과 다른 시설물(조영재) 사이 이격거리는 표의 값 이상일 것.

다른 시설물의 구분	접근형태	이격거리
조영물의 상부 조영재	위쪽	2(m) (전선이 옥외용 비닐절연전선 이외의 저압 절연전선인 경우는 1.0 m, 고압 절연전선, 특고압 절연전선 또는 케이블인 경우는 0.5 m)
	옆쪽 또는 아래쪽	0.3(m) (전선이 고압 절연전선, 특고압 절연전선 또는 케이블인 경우는 0.15 m)
조영물의 상부 조영재 이외의 부분 또는 조영물 이외의 시설물		0.3(m) (전선이 고압 절연전선, 특고압 절연전선 또는 케이블인 경우는 0.15 m)

(2) 고압 가공인입선의 시설

① 전선 : 인장강도 8.01(kN) 이상의 고압절연전선, 특고압 절연전선 또는 지름 5(㎜) 이상의 경동선의 고압 절연전선, 특고압 절연전선 또는 인하용 절연전선을 애자사용공사에 의해 시설하거나 케이블 사용시 케이블 시설 규정에 의해 시설.

② 고압 가공인입선 높이는 고압 가공전선 높이에 준하여 시설하더라도 지표상 3.5(m)까지 감할 수 있다. 이 경우에 그 고압 가공인입선이 케이블 이외의 것인 때에는 그 전선의 아래쪽에 위험 표시를 하여야 한다.

③ 고압 연접인입선은 시설하면 안 된다.

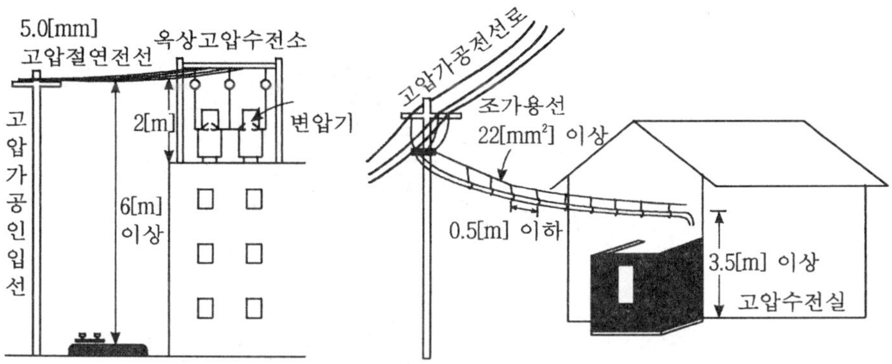

그림 3-31 고압 인입선의 시설

(3) 특고압 가공인입선의 시설

① 특고압 가공 인입선은 사용전압이 100(kV) 이하에만 시설할 것.(100 kV 초과시 시설할 수 없다)

② 지표상 높이는 표의 값 이상일 것.(특고압 가공전선의 높이와 같다.)

전압의 범위	일반장소	도로횡단	철도 또는 궤도횡단	도로 · 횡단보도교 · 철도 및 궤도를 횡단하는 이외의 경우
35(kV) 이하	5(m)	6(m)	6.5(m)	4(m) (특고압절연전선 또는 케이블만 사용)
35(kV) 초과 160(kV) 이하	6(m)	6(m)	6.5(m)	5(m) (케이블 사용)
	산지 등 사람이 쉽게 들어갈 수 없는 장소 : 5(m) 이상			

③ 특고압 연접인입선은 시설하면 안 된다.

33. 저압 연접 인입선의 시설

저압 연접(이웃 연결) 인입선은 "저압 인입선의 시설" 규정에 준하여 시설하는 이외에 다음에 따라 시설할 것.

① 인입선에서 분기하는 점으로부터 100(m)를 초과하는 지역에 미치지 아니할 것.

② 폭 5(m)를 초과하는 도로를 횡단하지 아니할 것.

③ 옥내를 통과하지 아니할 것.

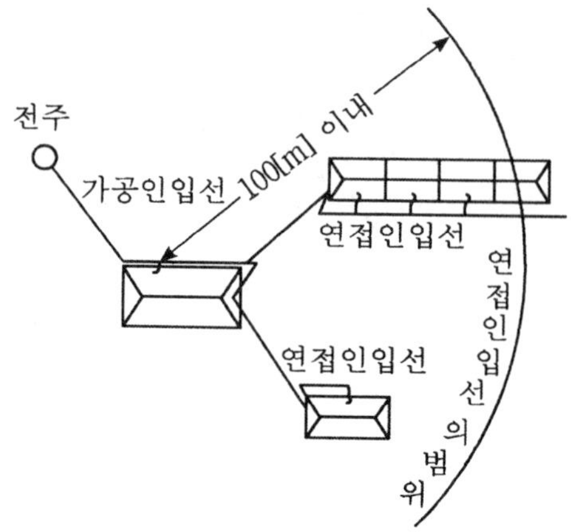

그림 3-32 저압 연접 인입선의 시설 범위

34. 시가지 등에서 특고압 가공전선로의 시설

① 사용전압이 170(kV) 이하인 전선로를 다음에 의하여 시설하는 경우

㉮ 특고압 가공전선을 지지하는 애자장치의 50(%) 충격섬락 전압값

사용전압의 구분	50(%) 충격섬락 전압값
130(kV) 이하	애자장치값의 110(%) 이상
130(kV) 초과	애자장치값의 105(%) 이상

㉯ 시가지에서 경간

지지물의 종류	경 간
A종 철주 또는 A종 철근 콘크리트주 (목주는 사용하지 않음)	75(m) 이하
B종 철주 또는 B종 철근 콘크리트주	150(m) 이하
철 탑	400(m) 이하 (단주인 경우 300(m)) 다만, 전선이 수평으로 2 이상 있는 경우에 전선 상호간 간격이 4(m) 미만인 때 250(m) 이하

㉰ 지지물에 철주·철근 콘크리트주 또는 철탑을 사용할 것.(목주는 사용하지 않는다).

㉱ 전선 단면적은 표의 값 이상일 것.

사용전압의 구분	전선의 단면적
100(kV) 미만	인장강도 21.67(kN) 이상의 연선 또는 단면적 55(㎟) 이상의 경동연선 또는 동등 이상의 인장강도를 갖는 알루미늄 전선이나 절연전선
100(kV) 이상	인장강도 58.84(kN) 이상의 연선 또는 단면적 150(㎟) 이상의 경동연선 또는 동등 이상의 인장강도를 갖는 알루미늄 전선이나 절연전선

㉤ 전선 지표상의 높이

사용전압의 구분	지표상의 높이
35(kV) 이하	10(m) 이상 단, 전선이 특고압 절연전선인 경우에는 8(m)
35(kV) 초과	10(m)에 35(kV)를 초과하는 10(kV) 또는 그 단수마다 0.12(m)를 더한 값 $10+(\frac{사용전압[kV]-35}{10})\times 0.12$ 이상

② 사용전압이 170(kV) 초과하는 전선로를 다음에 의하여 시설하는 경우.

항목	특성
경간	600(m) 이하
지지물	철탑
전선	단면적 240(㎟) 이상의 강심알루미늄선 또는 동등 이상의 인장강도 및 내아크 성능을 가지는 연선을 사용
전선의 지표상 높이	10(m)에 35(kV)을 초과하는 10(kV) 마다 0.12(m)을 더한 값 이상일 것 $10+(\frac{사용전압[kV]-35}{10})\times 0.12$ 이상

③ 2련 이상 및 아크 혼을 취부한 현수애자 또는 장간애자, 2개 이상의 핀애자 또는 라인포스트애자 사용.

④ 전선을 인류하는 경우 압축형 클램프, 쐐기형 클램프 또는 동등 이상의 성능을 가지는 클램프 및 전선 지지하는 부분은 아머로드를 사용할 것.

⑤ 사용전압 100(kV) 초과하는 특고압 가공전선에 지락 또는 단락이 생겼을 때에는 1초 이내에 자동적으로 차단하는 장치를 시설할 것.

35. 특고압 가공전선과 지지물 등의 이격거리

특고압 가공전선과 그 지지물·완금류·지주 또는 지선 사이 이격거리는 표의 값 이상으로 할 것.

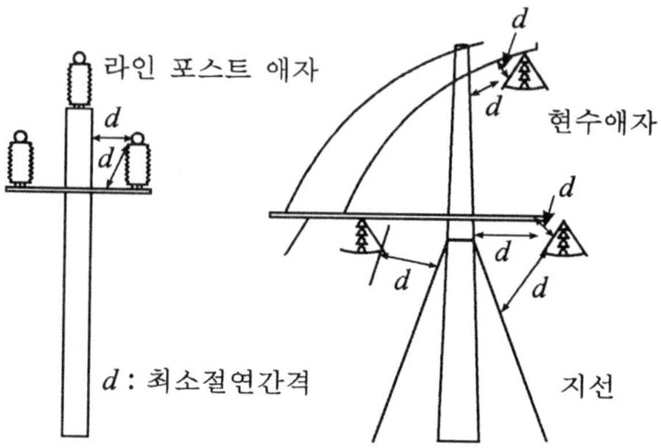

그림 3-33 특고압 가공전선과 지지물과의 이격거리

단, 기술상 부득이한 경우, 위험의 우려가 없도록 시설할 때 표에서 정한 값의 0.8배 까지 감할 수 있다.

사용전압	이격거리(m)
15(kV) 미만	0.15
15(kV) 이상 25(kV) 미만	0.20
25(kV) 이상 35(kV) 미만	0.25
35(kV) 이상 50(kV) 미만	0.30
50(kV) 이상 60(kV) 미만	0.35
60(kV) 이상 70(kV) 미만	0.40
70(kV) 이상 80(kV) 미만	0.45
80(kV) 이상 130(kV) 미만	0.65
130(kV) 이상 160(kV) 미만	0.90
160(kV) 이상 200(kV) 미만	1.10
200(kV) 이상 230(kV) 미만	1.30
230(kV) 이상	1.60

36. 특고압 가공전선로의 철주 · 철근 콘크리트주 또는 철탑의 종류

특고압 가공전선로 지지물로 사용하는 B종 철근 · B종 콘크리트주 또는 철탑

① 직선형(A형) : 전선로의 직선부분(3° 이하인 수평각도를 이루는 곳)에 사용하는 것.

② 각도형(B, C형) : 전선로 중 3°를 초과하는 수평각도를 이루는 곳에 사용하는 것.

③ 인류형(D형, 억류지지형) : 전가섭선을 인류하는 곳에 사용하는 것.

④ 내장형(E형) : 전선로의 지지물 양쪽의 경간의 차가 큰 곳에 사용하는 것.

⑤ 보강형 : 전선로의 직선부분에 그 보강을 위하여 사용하는 것.

※ 직선형의 철탑을 연속 10기 이상 사용하는 부분에는 10기 이하마다 내장 애자장치가 되어 있는 철탑 또는 동등 이상의 강도를 가지는 철탑 1기를 시설할 것.("특고압 가공전선로의 내장형 등의 지지물 시설" 규정)

37. 특고압 가공전선로의 철주 · 철근 콘크리트주 또는 철탑의 강도

① 특고압 가공전선로의 지지물로 사용하는 철주 또는 철근 콘크리트주의 강도는 고온계절이나 저온계절의 어느 계절에서도 상시 상정하중에 의하여 생기는 부재응력의 1배의 응력에 견디는 것일 것.

② 특고압 가공전선로의 지지물로 사용하는 철근 콘크리트주로서 A종 철근 콘크리트주는 풍압하중에, B종 철근 콘크리트주는 상시 상정하중에 견디는 강도의 것일 것.

③ 특고압 가공전선로의 지지물로 사용하는 철탑은 고온계절이나 저온계절의 어느 계절에서도 상시 상정하중 또는 이상시 상정하중의 3분의 2배(완금류에 대하여는 1배)의 하중 중 큰 것에 견디는 강도의 것일 것.

38. 상시 및 이상시 상정하중

① 철주 · 철근 콘크리트주 또는 철탑의 강도계산에 사용하는 상시 상정하중(직각 방향, 전선 방향 및 경사방향)은 풍압하중 중 그 부재에 큰 응력이 생기는 쪽의 하중을 채택한다.

㉮ 수직하중

㉯ 수평 횡하중

㉰ 수평 종하중

② 인류형・내장형 또는 보강형・직선형・각도형의 철주・철근 콘크리트주 또는 철탑의 경우는 표에 따라 가섭선의 불평균 장력에 의한 수평 종하중 가산.

항목	하중
인류형	각 가섭선의 상정 최대장력과 같은 불평균장력의 수평종분력에 의한 하중
내장형・보강형	각 가섭선의 상정 최대장력의 33(%)와 같은 불평균장력의 수평종분력에 의한 하중
직선형	각 가섭선의 상정 최대장력의 3(%)와 같은 불평균장력의 수평종분력에 의한 하중
각도형	각 가섭선의 상정 최대장력의 10(%)와 같은 불평균장력의 수평종분력에 의한 하중

39. 특고압 가공전선로의 내장형 등의 지지물 시설

① 목주・A종 철주・A종 철근콘크리트주를 사용하는 직선부분(5° 이하)

㉮ 5기 이하마다 지선을 전선로와 직각 방향 양쪽에 시설한 목주・A종 철주 또는 A종 철근 콘크리트주 1기

㉯ 연속 15기 이상으로 사용하는 경우는 15기 이하마다 지선을 전선로 방향으로 양쪽에 시설한 목주・A종 철주 또는 A종 철근 콘크리트주 1기

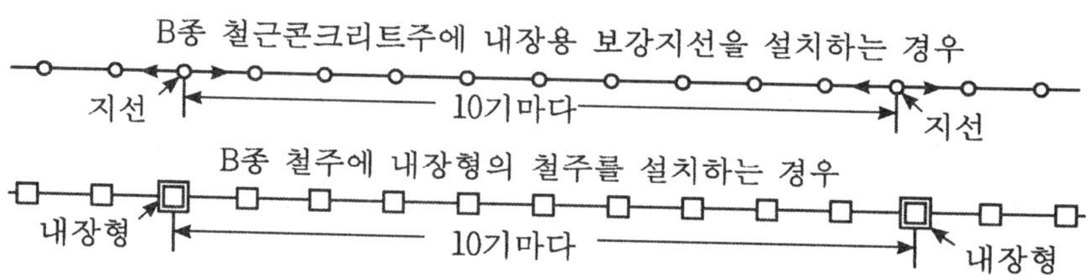

그림 3-34 내장형 철주 또는 철근 콘크리트의 보강 시설

② B종 철주 또는 B종 철근 콘크리트주를 연속하여 10기 이상 사용하는 부분에는 10기 이하마다 장력에 견디는 형태의 철주 또는 철근 콘크리트주 1기를 시설하거나 5기 이하마다 보강형의 철주 또는 철근 콘크리트주 1기를 시설할 것.

③ 직선형의 철탑을 연속하여 10기 이상 사용하는 부분에는 10기 이하마다 장력에 견디는 애자장치가 되어 있는 철탑 또는 이와 동등 이상의 강도를 가지는 철탑 1기를 시설할 것.

40. 특고압 가공전선로의 지지물에 시설하는 저압 기계기구 등의 시설

특고압 가공전선로의 전선 위쪽 지지물에 저압 기계기구(예, 항공장해등)를 시설하는 경우

① 절연변압기 사용하고 다른 부하를 접속하지 말 것.

② 절연 변압기 부하측의 1단자 또는 중성점 및 기계기구의 금속제 외함은 "접지 시스템"에 준하여 접지공사 할 것.

41. 25(kV) 이하인(중성점 다중접지) 특고압 가공전선로의 시설

① 사용전압 15(kV) 이하인 경우

㉮ 중성선 다중접지식의 것으로 전로에 지락이 생겼을 때 2초 이내에 자동적으로 차단하는 장치가 되어 있는 것.

㉯ 전선 : 고압 절연전선, 특고압 절연전선, 케이블

㉰ 접지도체 : 공칭단면적 6(mm^2) 이상의 연동선 또는 이와 동등 이상의 세기 및 굵기의 쉽게 부식하지 않는 금속선으로서 고장시에 흐르는 전류를 안전하게 통할 수 있는 것일 것.

㉱ 접지공사는 "접지 시스템"의 규정에 준하고 또한 접지한 곳 상호간의 거리는 전선로에 따라 300(m) 이하일 것.

㉲ 각 접지도체를 중성선으로부터 분리하였을 경우 대지 전기저항값과 1(km) 마다의 중성선과 대지사이 합성 전기저항값은 표의 값 이하일 것.

사용전압의 구분	각 접지점의 대지 전기저항값	1(km)마다의 합성 전기저항값
15(kV) 이하	300(Ω)	30(Ω)
15(kV) 초과 25(kV) 이하	300(Ω)	15(Ω)

㉳ 다중접지를 한 중성선은 저압 가공전선의 규정에 준해 시설할 것.

㉴ 다중접지한 중성선은 저압전로 접지측 전선 또는 중성선과 공용 가능.

㉵ 사용전압 15(kV) 이하의 특고압 전선과 저고압 가공전선을 동일 지지물에 시설하는 경우(병행설치, 병가)

ⓐ 특고압 가공전선과 저고압 가공전선 사이 이격거리 : 0.75(m) 이상.

ⓑ 특고압 가공전선은 저고압 가공전선의 위로하고 별개 완금류에 시설

② 사용전압 15(kV)를 초과하고 25(kV) 이하인 경우

㉮ 경간

지지물의 종류	경 간
목주 · A종 철주 또는 A종 철근 콘크리트주	100(m) 이하
B종 철주 또는 B종 철근 콘크리트주	150(m) 이하
철 탑	400(m) 이하

참고 : 경간은 저고압 보안공사에 준한다.

단, 특고압 가공전선이 인장강도 14.51(kN) 이상의 것 또는 지름 38(㎟) 이상의 경동연선으로 지지물 B종 철주 또는 B종 철근 콘크리트주 또는 철탑을 사용하는 때는 "고압 가공전선로 경간의 제한"의 규정에 의할 수 있다.

㉯ 특고압 가공전선과 건조물의 조영재 사이 이격거리는 표의 값 이상일 것.

건조물의 조영재	접근형태	전선의 종류	이격거리(m)
상부 조영재	위쪽	나전선(가공전선)	3
		특고압 절연전선	2.5
		케이블	1.2
	옆쪽 또는 아래쪽	나전선	1.5
		특고압 절연전선	1.0
		케이블	0.5
기타의 조영재 도로 아래		나전선	1.5
		특고압 절연전선	1.0
		케이블	0.5

㉰ 특고압 가공전선이 도로 등과 접근상태로 시설되는 경우 이격거리는 3(m) 이상일 것.

㉱ 특고압 가공전선이 도로 등의 아래쪽에서 접근하여 시설될 때에는 상호간의 이격거리는 표에서 정한 값 이상일 것.

전선의 종류	이격거리(m)
나전선	1.5
특고압 절연전선	1.0
케이블	0.5

㉲ 특고압 가공전선과 삭도 또는 지주 사이 이격거리는 표의 값 이상일 것.

전선의 종류	이격거리(m)
나전선	2.0
특고압 절연전선	1.0
케이블	0.5

㉥ 특고압 가공전선이 가공약전류 전선 등 · 저고압 가공전선 · 안테나, 저고압 전차선과 접근 또는 교차하는 경우 이격거리는 표의 값 이상일 것.

구 분	가공전선의 종류	이격(수평이격)거리
가공약전류전선 등 · 저압 또는 고압의 가공전선 · 저압 또는 고압의 전차선 · 안테나	나전선	2.0(m)
	특고압 절연전선	1.5(m)
	케이블	0.5(m)
가공약전류전선로 등 · 저압 또는 고압의 가공전선로 · 저압 또는 고압의 전차선로의 지지물	나전선	1.0(m)
	특고압 절연전선	0.75(m)
	케이블	0.5(m)

㉦ 특고압 가공전선이 교류 전차선의 위에 시설되는 경우

ⓐ 전선, 조가용선, 이격거리, 안전율, 접지공사

항목	특성
전선	인장강도 14.5(kN) 이상 또는 단면적 38(㎟) 이상의 경동선
케이블인 경우 조가용선	인장강도가 19.61(kN) 이상의 것 또는 단면적 38(㎟) 이상의 강연선
특고압 가공전선 상호간 간격	0.65(m) 이상
목주 풍압하중에 대한 안전율	2.0 이상
특고압 가공전선로의 전선, 완금류, 지지물, 지선 또는 지주와 교류 전차선 사이 이격거리	2.5(m) 이상
특고압 가공전선로의 완금류는 견고한 금속제	"접지 시스템" 규정

ⓑ 특고압 가공전선로의 경간

지지물의 종류	경 간
목주 · A종 철주 · A종 철근 콘크리트주	60(m) 이하
B종 철주 · B종 철근 콘크리트주	120(m) 이하

㉧ 특고압 가공전선로 상호간 접근 또는 교차하는 경우 및 지지물간 이격거리는 표의 값 이상일 것.

사용전선 및 지지물	이격거리(m)
어느 한쪽 또는 양쪽이 나전선인 경우	1.5
양쪽이 특고압 절연전선인 경우	1.0
한쪽이 케이블이고 다른 한쪽이 케이블이거나 특고압 절연전선인 경우	0.5
특고압 가공전선과 다른 특고압 가공전선로의 지지물 사이	1.0 단, 케이블인 경우 0.6

㉶ 특고압 가공전선로가 다른 시설물의 아래쪽에 시설되는 경우 상호간의 이격거리는 표에서 정한 값 이상 시설할 것.

전선의 종류	이격거리(m)
나전선	2.0
특고압 절연전선	1.0
케이블	0.5

㉷ 특고압 가공전선과 식물 사이 이격거리 : 1.5(m) 이상
단, 특고압 가공전선이 특고압 절연전선 또는 케이블인 경우는 식물에 접촉하지 않도록 시설하는 경우에는 그러하지 않는다.

㉸ 특고압 가공전선로의 중성선의 다중 접지는 다음에 의할 것.

ⓐ 접지도체 : 공칭단면적 6(㎟) 이상의 연동선 또는 이와 동등 이상의 세기 및 굵기의 쉽게 부식하지 않는 금속선으로서 고장시에 흐르는 전류가 안전하게 통할 수 있는 것일 것.

ⓑ 접지공사는 "접지 시스템"의 규정에 준하고 또한 각각 접지한 곳 상호간의 거리는 전선로에 따라 150(m) 이하일 것.

㉹ 특고압과 저고압 가공전선을 동일 지지물에 병가하여 시설하는 경우
단, 특고압 가공전선의 다중접지한 중성선은 저압선의 접지측 전선이나 중성선과 공용할 수 있다.

구분	이격거리
특고압 가공전선과 저고압 가공전선(일반)	1(m)
특고압 가공전선이 케이블이고 저압 가공전선이 저압 절연전선이거나 케이블인 때 또는 고압 가공전선이 고압 절연전선이거나 케이블인 경우	0.5(m)

42. 지중전선로의 시설

① 지중전선로에 사용하는 전선과 매설방법

구분	전선 및 매설방법
전선	케이블
공사법	관로식, 암거식, 직접매설식

② 관로식 의해 시설하는 경우

구분	매설깊이
차량 기타 중량물의 압력을 받을 우려가 있는 장소	1.0(m)
기타 장소	0.6(m)

③ 암거식에 의해 시설하는 경우 견고하고 차량 기타 중량물의 압력에 견디는 것을 사용할 것.

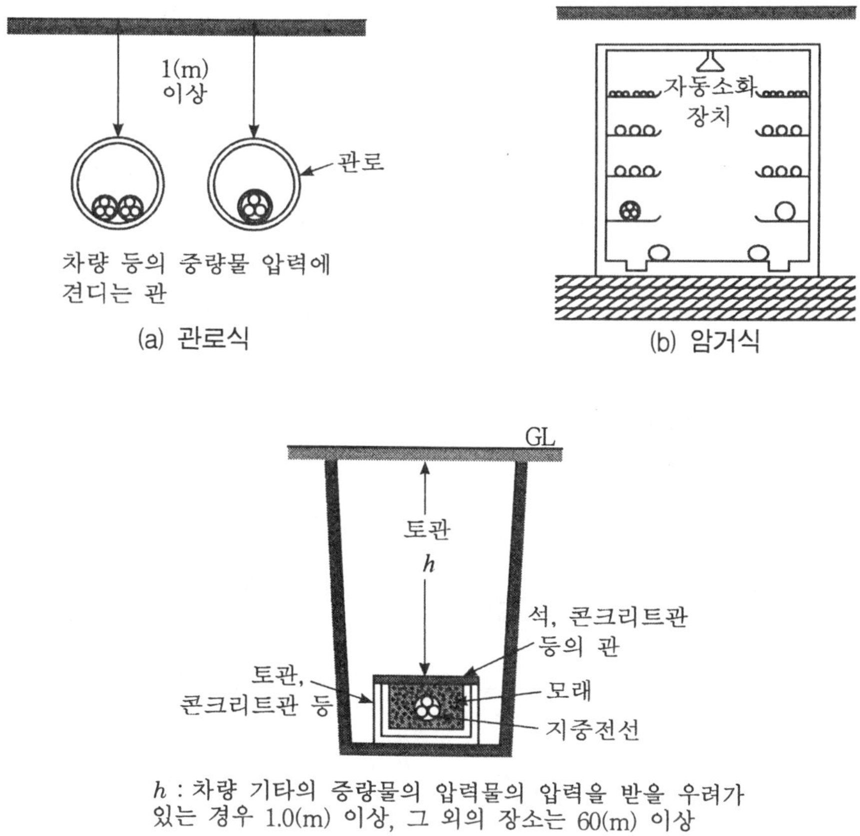

그림 3-35 지중전선로의 시설 방식

④ 직접매설식에 의해 시설하는 경우 매설깊이는 표의 값 이상으로 하고, 견고한 트라프 기타 방호물에 넣어 시설할 것.

구분	매설깊이
차량 기타 중량물의 압력을 받을 우려가 있는 장소	1.0(m)
기타 장소	0.6(m)

단, 다음의 어느 하나에 해당하는 경우 지중전선을 견고한 트라프 기타 방호물에 넣지 않아도 된다.

㉮ 저·고압 및 특고압 지중전선을 차량 기타 중량물의 압력을 받을 우려가 없는 경우 그 위를 견고한 판 또는 몰드로 덮어 시설하는 경우.

㉯ 저·고압 지중전선 : 콤바인덕트 케이블 또는 개장한 케이블을 사용하여 시설하는 경우.

㉰ 특고압 지중전선 : 파이프형 압력케이블을 사용하거나 최대 사용전압 60(kV)를 초과하는 연피케이블, 알루미늄피케이블 그 밖의 금속피복을 한 특고압 케이블을 사용하고, 지중전선의 위를 견고한 판 또는 몰드 등으로 덮어 시설하는 경우.

㉱ 개장 중 보호층에 겹쳐 감은 강대 또는 황동대를 사용하는 구조인 경우.

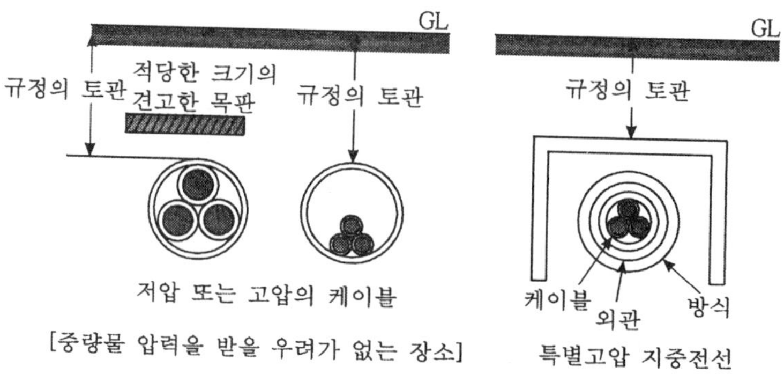

그림 3-36 특고압 및 저고압의 지중 직접매설 방식

⑤ 암거에 시설하는 지중전선은 다음의 난연조치를 하거나 암거내에 자동소화설비를 시설할 것.

㉮ 불연성 또는 자소성이 있는 난연성 피복이 된 지중전선, 연소방지 테이프, 연소방지 시트, 연소방지 도료 기타 이와 유사한 것으로 지중전선을 피복할 것.

㉯ 불연성 또는 자소성이 있는 난연성의 관 또는 트라프에 넣어 지중전선을 시설할 것.

43. 지중함의 시설

① 지중함은 견고하고 차량 기타 중량물의 압력에 견디는 구조일 것.
② 지중함은 안의 고인 물을 제거할 수 있는 구조로 되어 있을 것.
③ 폭발성 또는 연소성의 가스가 침입할 우려가 있는 것에 시설하는 지중함으로서 크기가 1(m^3) 이상인 것에는 통풍장치 기타 가스를 방산시키기 위한 적당한 장치를 시설할 것.
④ 지중함의 뚜껑은 시설자 이외의 자가 쉽게 열 수 없도록 시설할 것.
⑤ 지중함의 뚜껑은 규격에 적합하여야 하며, 저압지중함의 경우에는 절연성능이 있는 고무판을 주철(강)재의 뚜껑 아래에 설치할 것.
⑥ 차도 이외의 장소에 설치하는 저압 지중함은 절연성능이 있는 재질의 뚜껑을 사용할 수 있다.

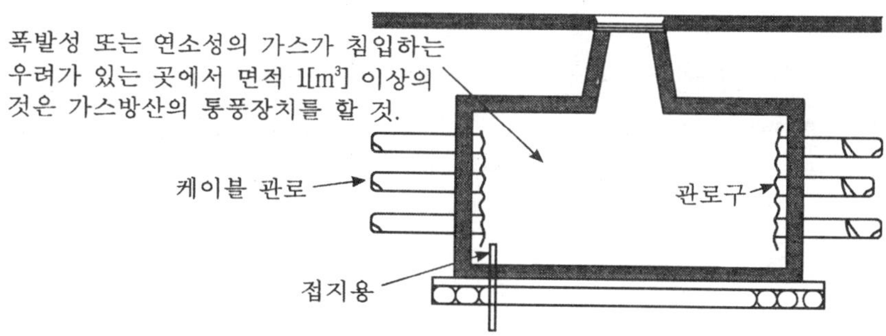

그림 3-37 지중함 시설

44. 케이블 가압장치의 시설

압축가스를 사용하여 케이블에 압력을 가하는 장치

① 압축가스 또는 압유를 통하는 관, 압축가스탱크 또는 압유탱크 및 압축기의 압력 시험

구분	시험 압력	시간	기타
유압 또는 수압	최대사용압력 1.5배	10분	파열 또는 새지 않을 것
기압	최대사용압력 1.25배		

② 압력탱크 및 압력관은 용접에 의하여 잔류응력(殘留應力)이 생기거나 나사조임에 의하여 무리한 하중이 걸리지 아니하도록 할 것.
③ 가압장치에는 압축가스 또는 유압의 압력 계측장치을 설치할 것.
④ 압축가스는 가연성 및 부식성의 것이 아닐 것.
⑤ 압력이 현저히 상승할 우려가 있는 곳에 안전밸브를 설치할 것.

45. 지중전선의 피복 금속체 접지

관·암거·기타 지중전선을 넣은 방호장치의 금속제부분·금속제의 전선 접속함 및 지중전선의 피복으로 사용하는 금속체는 "접지 시스템" 규정에 준하여 접지공사 할 것.

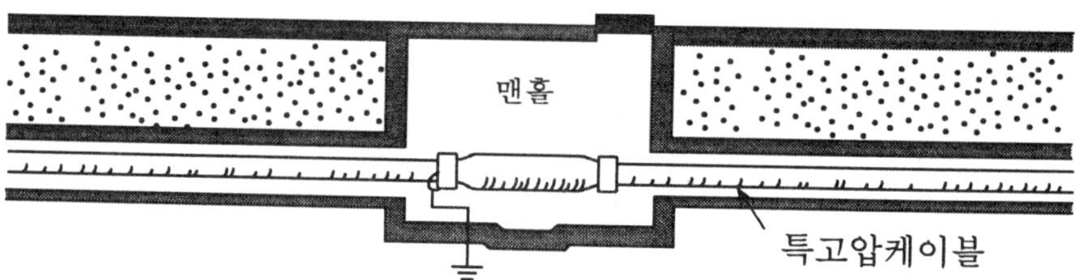

그림 3-38 지중전선의 접지

46. 지중 약전류전선에의 유도장해의 방지

지중전선로는 기설 지중 약전류전선로에 대한 누설전류 또는 유도작용에 의해 통신상 장해를 주지 않도록 기설 약전류전선로로부터 충분히 이격시키거나 기타 적당한 방법으로 시설할 것.

47. 지중전선과 지중 약전류전선 등 또는 관과의 접근 또는 교차

① 지중전선이 지중약전류 전선 등과 접근하거나 교차하는 경우에 상호간의 이격거리는 표의 값 이하로 하며, 지중전선과 지중약전류 전선 등 사이에 견고한 내화성의 격벽(隔壁)을 설치하는 경우 이외에는 지중전선을 견고한 불연성(不燃性) 또는 난연성(難燃性)의 관에 넣어 그 관이 지중약전류전선 등과 직

접 접촉하지 아니하도록 하여야 한다.

항목	전압	이격거리
지중 약전류전선과 접근 또는 교차하는 경우	저압 또는 고압	0.3(m) 이하
	특고압	0.6(m) 이하
가연성, 유독성 유체를 내포하는 관과 접근 또는 교차하는 경우	특고압	1(m) 이하
	25(kV) 이하 다중접지방식	0.5(m) 이하
기타의 관과 접근 또는 교차하는 경우	특고압	0.3(m) 이하

② 특고압 지중전선이 제①항에 규정하는 관 이외의 관과 접근하거나 교차하는 경우에 상호간의 이격거리가 0.3(m) 이하인 경우에는 견고한 불연성 또는 난연성의 관에 넣어 시설하여야 한다.

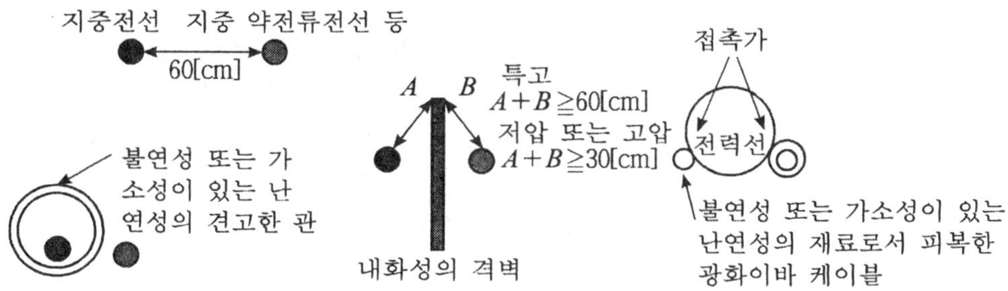

그림 3-39 지중전선과 지중 약전류전선 등과의 이격거리

48. 지중전선 상호간의 접근 또는 교차

지중전선이 다른 지중전선과 접근하거나 교차하는 경우에 상호간의 이격거리

구분	이격거리
저 · 고압 지중전선간	0.15(m) 이상
저 · 고압 지중전선과 특고압 지중전선	0.3(m) 이상
사용전압 25(kV) 이하인 다중접지방식 지중전선로를 관로식 또는 직접매설식으로 시공할 경우	0.1(m) 이상

49. 터널 안 전선로의 시설

① 철도·궤도 또는 자동차도 전용터널 안의 전선로

전압	전선의 굵기	시공방법	애자사용공사시 높이
저압	인장강도 2.30(kN) 이상의 절연전선 또는 지름 2.6(㎜) 이상의 경동선의 절연전선	·합성수지관공사 ·금속관공사 ·가요전선관공사 ·케이블공사 ·애자사용공사	노면상, 레일면상 2.5(m) 이상
고압	인장강도 5.26(kN) 이상 또는 지름 4(㎜) 이상의 경동선의 고압절연전선 또는 특고압절연전선	·케이블공사 ·애자사용공사	노면상, 레일면상 3(m) 이상

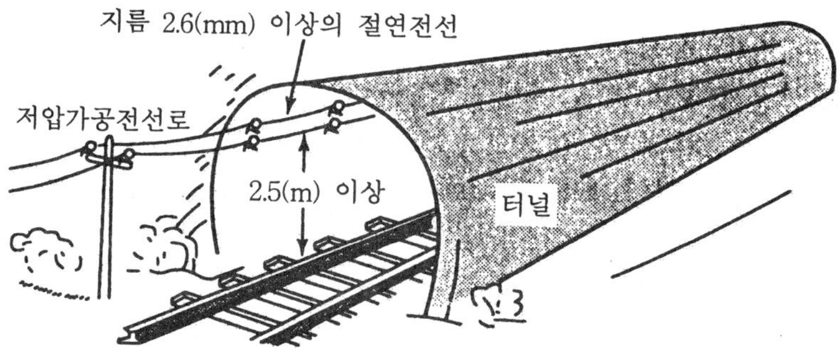

그림 3-40 터널 안의 전선로 시설

② 사람이 상시 통행하는 터널 안의 전선로

㉮ 저압

전압	전선의 굵기	시공방법	애자사용공사시 높이
저압	인장강도 2.30(kN)이상의 절연전선 또는 지름 2.6(㎜) 이상의 경동선의 절연전선 또는 2.5(㎟) 연동선	·합성수지관공사 ·금속관공사 ·가요전선관공사 ·케이블공사 ·애자사용공사	노면상 2.5(m) 이상

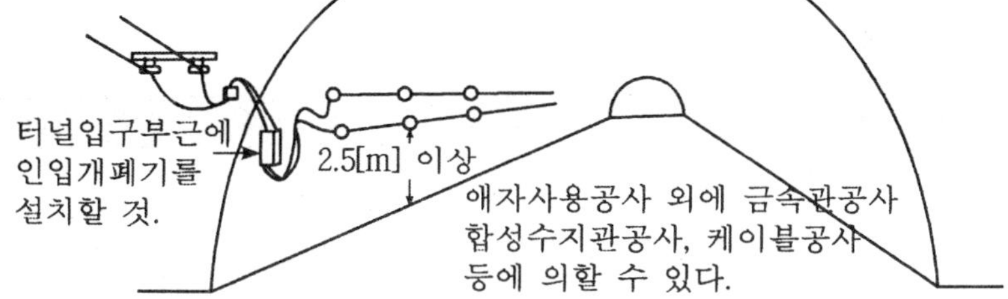

그림 3-41 사람이 상시 통행하는 터널 안의 전선로 시설

㉯ 고압 : 고압 옥측전선로의 규정에 준하여 시설

ⓐ 전선은 케이블일 것.

ⓑ 케이블은 견고한 관 또는 트라프에 넣어 시설할 것.

ⓒ 지지점간 거리

시설 방법	지지점간 거리
수평으로 붙여 시설	2(m) 이하
수직으로 붙여 시설	6(m) 이하

ⓓ 케이블을 조가용선에 조가하여 시설

ⓔ 금속제에는 "접지 시스템" 규정에 준하여 접지공사 할 것.

③ 특고압은 시설하지 않는다.

50. 터널 안 전선로의 전선과 약전류전선 등 또는 관 사이의 이격거리

① 터널 안의 저압 배선이 그 터널 안의 다른 저압배선, 약전류전선 등 또는 수관 · 가스관이나 이와 유사한 것과 접근하거나 교차하는 경우에 저압 배선을 애자공사에 의하여 시설하는 때에는 이격거리는 0.1(m)(전선이 나전선인 경우에 0.3 m) 이상이어야 한다.

② 터널 안의 고압 전선로와 특고압 옥측전선 · 저압 옥측전선 · 관등회로의 배선 · 약전류 전선 등이나 수관 · 가스관 또는 이와 유사한 것과 접근하거나 교차하는 경우에는 고압 전선로의 전선과 이들 사이의 이격거리는 0.15(m) 이상이어야 한다.

51. 수상전선로의 시설

① 사용전압 : 저압 또는 고압

사용전압의 구분	전선 종류
저압	클로로프렌 캡타이어 케이블
고압	캡타이어 케이블

② 수상전선로의 전선을 가공전선로의 전선과 접속하는 경우에는 그 부분의 전선은 접속점으로부터 전선의 절연 피복 안에 물이 스며들지 아니하도록 시설하고 또한 전선의 접속점은 다음의 높이로 지지물에 견고하게 붙일 것.

사용전압의 구분	접속점 위치	높이
저압	육상, 수면상	4(m) 이상
고압	육상, 수면상	5(m) 이상

㉮ 수상전선로 부대(浮臺)는 쇠사슬 등으로 견고하게 연결한 것일 것.

㉯ 수상전선로의 전선은 부대의 위에 지지하여 시설하고 또한 그 절연피복을 손상하지 아니하도록 시설할 것.

③ 수상전선로에는 이와 접속하는 가공전선로에 전용개폐기 및 과전류 차단기를 각 극에 시설할 것.

④ 고압인 경우는 전로에 지락이 생겼을 때에 자동적으로 차단하기 위한 장치 시설할 것.

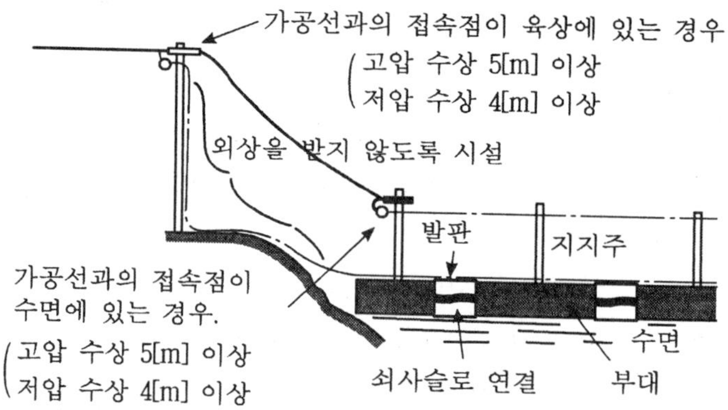

그림 3-42 부대를 이용한 수상 전선로

52. 물밑전선로의 시설

① 저 · 고압 물밑전선로 전선 : 물밑케이블 또는 개장한 케이블
다음 어느 하나에 의하여 시설하는 경우는 그러하지 않는다.
㉮ 전선에 케이블을 사용하고 견고한 관에 넣어서 시설하는 경우
㉯ 전선에 지름 4.5(㎜) 아연도철선 이상의 기계적 강도가 있는 금속선으로 개장한 케이블을 사용하고 또한 이를 물밑에 매설하는 경우
② 특고압 물밑전선로
㉮ 전선 : 케이블, 케이블은 견고한 관에 넣어 시설할 것.
㉯ 전선에 지름 6(㎜)의 아연도철선 이상의 기계적 강도가 있는 금속선으로 개장한 케이블을 사용하는 경우에는 관에 넣지 않아도 된다.

53. 지상에 시설하는 전선로

① 지상에 시설하는 저압 또는 고압의 전선로는 교통에 지장을 줄 우려가 없는 곳은 다음에 따라 위험의 우려가 없도록 시설하여야 한다.
㉮ 전선 : 케이블, 클로로프렌 캡타이어 케이블
㉯ 철근 콘크리트제의 견고한 개거 또는 트라프에 넣고, 뚜껑을 설치할 것.
㉰ 전선이 캡타이어 케이블인 경우
ⓐ 전선 도중에는 접속점을 만들지 말 것.
ⓑ 전선은 손상을 받을 우려가 없도록 개거 등에 넣을 것.
ⓒ 전원측 전로에는 전용 개폐기 및 과전류 차단기를 각극에 시설할 것.
ⓓ 사용전압 0.4(kV) 초과하는 저고압 전로 중에는 지락이 생겼을 때에 자동적으로 차단하는 장치를 시설할 것.
② 지상에 시설하는 특고압 전선로는 사용전압 100(kV) 이하인 경우 이외에는 시설하여서는 아니 된다.

54. 교량에 시설하는 전선로

교량에 시설하는 저·고압 전선로는 다음에 따라 시설할 것.

구분	저압	고압
전선	인장강도 2.30(kN) 이상의 것 또는 지름 2.6(㎜) 이상의 경동선의 절연전선	케이블 단, 철도 또는 궤도 전용 교량에는 인장강도 5.26(kN) 이상의 것 또는 지름 4(㎜) 이상의 경동선을 사용
교량 윗면에 시설 시 전선 높이	교량 노면상 5(m) 이상	
전선과 조영재와 이격거리	0.3(m) 이상 단, 케이블인 경우 0.15(m) 이상	0.3(m) 이상 단, 케이블 이외 경우 0.6(m) 이상

55. 급경사지에 시설하는 전선로의 시설

① 저 · 고압 전선로를 같은 벼랑에 시설하는 경우

구분	이격거리
저 · 고압전선 사이	0.5(m) 이상
전선 지지점간 거리	15(m) 이하

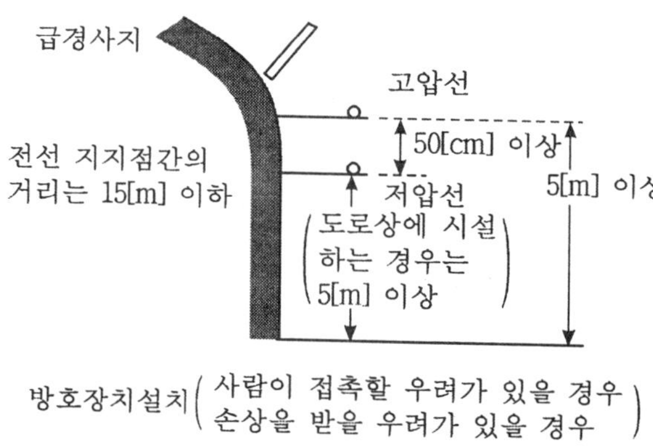

그림 3-43 급경사지에 시설하는 전선로

② 전선을 벼랑에 견고하게 붙인 금속제 완금류에 절연성 · 난연성 및 내수성의 애자로 지지할 것.

③ 적당한 방호장치를 시설할 것.

56. 저압 직류 가공전선로

사용전압 1.5(kV) 이하인 직류 가공전선로는 다음과 같이 시설할 것.

① 전로의 전선 상호간 및 전로와 대지 사이의 절연저항은(기술기준) 표에서 정한 값 이상일 것.

전로의 사용전압(V)	DC 시험전압(V)	절연저항값(MΩ)
SELV 및 PLEV	250	0.5
FELV, 500(V) 이하	500	1.0
500 초과	1,000	1.0

[주] 특별저압(extra low voltage : 2차 전압이 AC 50(V) DC 120(V) 이하)으로 SELV(비접지회로 구성) 및 PELV(접지회로 구성)은 1차와 2차가 전기적으로 절연된 회로, FELV는 1차와 2차가 전기적으로 절연되지 않은 회로

② 전로에 지락이 생겼을 때에는 자동으로 전선로를 차단하는 장치를 시설하여야 하며 IT 계통인 경우에는 다음에 따라 시설할 것.

㉮ 전로의 절연상태를 지속적으로 감시할 수 있는 장치를 설치하고 지락발생시 전로를 차단하거나 고장이 제거되기 전까지 관리자가 확인할 수 있는 음향 또는 시각적인 신호를 지속적으로 보낼 수 있도록 시설.

㉯ 한 극의 지락고장이 제거되지 않은 상태에서 다른 상의 전로에 지락이 발생했을 때에는 전로를 자동적으로 차단하는 장치 시설.

③ 전로에는 과전류차단기를 설치하여야 하고 이를 시설하는 곳을 통과하는 단락전류를 차단하는 능력을 가지는 것일 것.

④ 낙뢰 등의 서지로부터 전로 및 기기를 보호하기 위해 서지보호장치 설치.

⑤ 교류 전로와 동일한 지지물에 시설되는 경우 직류 전로를 구분하기 위한 표시를 하고, 모든 전로의 종단 및 접속점에서 극성을 식별하기 위한 표시(양극 –적색, 음극 - 백색, 중점선/중성선 - 청색)할 것.

57. 특고압전로의 상 및 접속 상태의 표시

① 발전소 · 변전소 또는 이에 준하는 곳의 특고압전로에는 그의 보기 쉬운 곳에 상별(相別) 표시할 것.

② 발전소 · 변전소 또는 이에 준하는 곳의 특고압전로에 대하여는 그 접속 상태를 모의모선(模擬母線)의 사용 기타의 방법에 의하여 표시할 것.

다만, 이러한 전로에 접속하는 특고압전선로의 회선수가 2 이하이고 또한 특고압의 모선이 단일모선인 경우에는 그러하지 아니하다.(즉, 2회선 단모선인 경우에는 상별 표시를 하지 않아도 된다.)

58. 발전기 등의 보호장치

① 발전기는 다음의 경우에 자동적으로 전로로부터 차단하는 장치를 시설할 것.

㉮ 발전기에 과전류나 과전압이 생긴 경우(용량과 무관)

㉯ 용량 500(kVA) 이상의 발전기를 구동하는 수차 압유장치의 유압, 전동식 가이드밴 제어장치, 전동식 니이들 제어장치, 전동식 디플렉터 제어장치의 전원전압이 현저히 저하한 경우

㉰ 용량 100(kVA) 이상의 발전기를 구동하는 풍차 압유장치의 유압, 압축 공기장치의 공기압, 전동식 브레이드 제어장치의 전원전압이 현저히 저하한 경우

㉱ 용량 2,000(kVA) 이상인 수차 발전기 스러스트 베어링의 온도가 현저히 상승한 경우

㉲ 용량 10,000(kVA) 이상인 발전기 내부에 고장이 생긴 경우

㉳ 정격출력 10,000(kW)를 초과하는 증기터빈 스러스트 베어링이 현저하게 마모되거나 온도가 현저히 상승한 경우

② 연료전지는 다음의 경우에 자동적으로 이를 전로에서 차단하고 연료전지에 연료가스 공급을 자동적으로 차단하며 연료전지내의 연료가스를 자동적으로 배제하는 장치를 시설할 것.

㉮ 연료전지에 과전류가 생긴 경우

㉯ 발전전압에 이상이 생겼을 경우 또는 연료가스 출구에서의 산소농도 또는 공기 출구에서의 연료가스 농도가 현저히 상승한 경우

㉰ 연료전지 온도가 현저하게 상승한 경우

③ 상용전원으로 쓰이는 축전지에 과전류가 생겼을 경우에 자동적으로 전로로부터 차단하는 장치를 시설할 것.

59. 특고압용 변압기의 보호장치

특고압용의 변압기에는 그 내부에 고장이 생겼을 경우에 보호장치를 시설하여야 한다.

뱅크용량의 구분	동작조건	장치의 종류
5,000(kVA) 이상 10,000(kVA) 미만	변압기 내부고장	자동차단장치 또는 경보장치
10,000(kVA) 이상	변압기 내부고장	자동차단장치
타냉식변압기 (변압기의 권선 및 철심을 직접 냉각시키기 위하여 봉입한 냉매를 강제 순환시키는 냉각 방식을 말한다.)	냉각장치에 고장이 생긴 경우 또는 변압기의 온도가 현저히 상승한 경우	경보장치

※ 타냉식변압기 : 수냉식, 송유풍냉식, 송유타냉식.

60. 조상설비의 보호장치

조상설비에는 그 내부에 고장이 생긴 경우에 보호하는 장치를 시설할 것.

설비종별	뱅크용량의 구분	자동적으로 전로로부터 차단하는 장치
전력용 커패시터 및 분로리액터	500(kVA) 초과 15,000(kVA) 미만	· 내부 고장이 생긴 경우에 동작하는 장치. · 과전류가 생긴 경우에 동작하는 장치.
	15,000(kVA) 이상	· 내부 고장이 생긴 경우에 동작하는 장치 · 과전류가 생긴 경우에 동작하는 장치 · 과전압이 생긴 경우에 동작하는 장치
조상기(調相機)	15,000(kVA) 이상	내부 고장이 생긴 경우에 동작하는 장치

61. 발전기 등의 기계적 강도

① 발전기, 변압기, 조상기, 모선 또는 이를 지지하는 애자는 단락전류에 의해 생기는 기계적 충격에 견딜 것.

② 수차 또는 풍차 발전기 회전부분은 무구속 속도에 견딜 것.

③ 증기터빈, 가스터빈, 내연기관은 비상속도에 견딜 것.

62. 계측장치

① 발전소, 변전소 또는 이에 준하는 곳 및 동기조상기에는 다음 사항을 계측하는 장치를 시설할 것.

㉮ 발전기, 동기조상기, 연료전지, 태양전지 모듈의 전압, 전류, 전력

㉯ 발전기, 동기조상기의 베어링 및 고정자 온도

㉰ 정격출력 10,000(㎾) 초과하는 증기터빈에 접속하는 발전기 진동 진폭

㉱ 주요 특고압 변압기의 전압, 전류 또는 전력 및 온도(유온)

단, 전기철도용 변전소는 주요 변압기의 전압을 계측하는 장치를 시설하지 않아도 된다.

② 동기발전기, 동기조상기를 시설하는 경우는 동기검정장치를 시설할 것.

단, 동기발전기를 연계하는 전력계통에 동기발전기 이외의 전원이 없는 경우 또는 동기발전기, 동기조상기의 용량이 연계하는 전력계통의 용량과 비교하여 현저히 적은 경우에는 설치하지 않아도 된다.

63. 상주 감시를 하지 아니하는 발전소의 시설

① 발전소의 운전에 필요한 지식 및 기능을 가진 자(이하 "기술원"이라 한다)가 그 발전소에서 상주 감시를 하지 아니하는 발전소는 다음의 어느 하나에 의하여 시설하여야 한다.

㉮ 원동기 및 발전기 또는 연료전지에 자동부하조정장치 또는 부하제한장치를 시설하는 수력발전소, 풍력발전소, 내연력발전소, 연료전지발전소(출력 500 kW 미만으로서 연료개질계통설비의 압력이 100 kPa 미만의 인산형의 것에 한한다.) 및 태양전지발전소로서 전기공급에 지장을 주지 아니하고 또한 기술원이 그 발전소를 수시 순회하는 경우

㉯ 수력발전소, 풍력발전소, 내연력발전소, 연료전지발전소 및 태양전지발전소로서 그 발전소를 원격감시 제어하는 제어소(이하 "발전제어소")에 기술원이 상주하여 감시하는 경우

② 발전소는 비상용 예비 전원을 얻을 목적으로 시설하는 것 이외에는 다음에 따라 시설하여야 한다.

㉮ 다음과 같은 경우에는 발전기를 전로에서 자동적으로 차단하고 또한 수차

또는 풍차를 자동적으로 정지하는 장치 또는 내연기관에 연료 유입을 자동적으로 차단하는 장치를 시설할 것.

ⓐ 원동기 제어용의 압유장치의 유압, 압축 공기장치의 공기압 또는 전동 제어 장치의 전원 전압이 현저히 저하한 경우

ⓑ 원동기의 회전속도가 현저히 상승한 경우

ⓒ 발전기에 과전류가 생긴 경우

ⓓ 정격 출력이 500(kW) 이상의 원동기(풍차를 시가지 그 밖에 인가가 밀집된 지역에 시설하는 경우에는 100 kW 이상) 또는 그 발전기의 베어링의 온도가 현저히 상승한 경우

ⓔ 용량이 2,000(kVA) 이상의 발전기의 내부에 고장이 생긴 경우

ⓕ 내연기관의 냉각수 온도가 현저히 상승한 경우 또는 냉각수의 공급이 정지된 경우

ⓖ 내연기관의 윤활유 압력이 현저히 저하한 경우

ⓗ 내연력 발전소의 제어회로 전압이 현저히 저하한 경우

ⓘ 시가지 그 밖에 인가 밀집지역에 시설하는 것으로서 정격 출력이 10(kW) 이상의 풍차의 중요한 베어링 또는 그 부근의 축에서 회전중에 발생하는 진동의 진폭이 현저히 증대된 경우

㉯ 다음의 경우에 연료전지를 자동적으로 전로로부터 차단하여 연료전지, 연료 개질계통 설비 및 연료기화기에 연료의 공급을 자동적으로 차단하고 또한 연료전지 및 연료 개질계통 설비의 내부의 연료가스를 자동적으로 배제하는 장치를 시설할 것.

ⓐ 발전소의 운전 제어 장치에 이상이 생긴 경우

ⓑ 발전소의 제어용 압유장치의 유압, 압축 공기 장치의 공기압 또는 전동식 제어장치의 전원전압이 현저히 저하한 경우

ⓒ 설비내의 연료가스를 배제하기 위한 불활성 가스 등의 공급 압력이 현저히 저하한 경우

㉰ 다음의 경우에 발전소에서는 발전 제어소에 경보하는 장치를 시설할 것. 다만, 수력발전소 또는 풍력발전소의 발전기 및 변압기를 전로에서 자동적으로 차단하고 또한 수차 또는 풍차를 자동적으로 정지하는 장치를 시설하는 경우에는 발전 제어소에 경보하는 장치의 시설을 하지 아니하여도 된다.

ⓐ 원동기가 자동정지한 경우

ⓑ 운전조작에 필요한 차단기가 자동적으로 차단된 경우(차단기가 자동적으로 재폐로 된 경우 제외)

ⓒ 수력발전소 또는 풍력발전소의 제어회로 전압이 현저히 저하한 경우

ⓓ 특고압용의 타냉식 변압기(他冷式變壓器)의 온도가 현저히 상승한 경우 또는 냉각장치가 고장인 경우

ⓔ 발전소 안에 화재가 발생한 경우

ⓕ 내연기관의 연료유면(燃料油面)이 이상 저하된 경우

ⓖ 가스절연기기(압력의 저하에 따라 절연파괴 등이 생길 우려가 없는 것을 제외한다)의 절연가스의 압력이 현저히 저하한 경우

㉱ 발전소에 대하여는 발전 제어소에 다음의 장치를 시설할 것.
다만, 차단기 중 자동재폐로 장치를 한 고압 또는 25(kV) 이하인 특고압의 배전선로용의 것은 이를 조작하는 장치의 시설을 하지 아니하여도 된다.

ⓐ 원동기 및 발전기, 연료전지의 부하를 조정하는 장치

ⓑ 운전 및 정지를 조작하는 장치 및 감시하는 장치

ⓒ 운전 조작에 상시 필요한 차단기를 조작하는 장치 및 개폐상태를 감시하는 장치

ⓓ 고압 또는 특고압의 배전선로용 차단기를 조작하는 장치 및 개폐를 감시하는 장치

64. 상주 감시를 하지 아니하는 변전소의 시설

① 변전소(이에 준하는 곳으로서 50 kV를 초과하는 특고압의 전기를 변성하기 위한 것을 포함)의 운전에 필요한 지식 및 기능을 가진 자(이하 "기술원")가 그 변전소에 상주하여 감시를 하지 아니하는 변전소는 다음에 따라 시설하는 경우에 한한다.

㉮ 사용전압이 170(kV) 이하의 변압기를 시설하는 변전소로서 기술원이 수시로 순회하거나 그 변전소를 원격감시 제어하는 제어소(이하에서 "변전제어소")에서 상시 감시하는 경우

㉯ 사용전압이 170(kV)를 초과하는 변압기를 시설하는 변전소로서 변전제어소에서 상시 감시하는 경우

② 다음의 경우에는 변전제어소 또는 기술원이 상주하는 장소에 경보장치를 시

설할 것.

㉮ 운전조작에 필요한 차단기가 자동적으로 차단한 경우(차단기가 재폐로한 경우를 제외)

㉯ 주요 변압기의 전원측 전로가 무전압으로 된 경우

㉰ 제어 회로의 전압이 현저히 저하한 경우

㉱ 옥내변전소에 화재가 발생한 경우

㉲ 출력 3,000(kVA)를 초과하는 특고압용변압기는 그 온도가 현저히 상승한 경우

㉳ 특고압용 타냉식변압기는 그 냉각장치가 고장난 경우

㉴ 조상기는 내부에 고장이 생긴 경우

㉵ 수소냉각식 조상기는 그 조상기 안의 수소의 순도가 90(%) 이하로 저하한 경우, 수소의 압력이 현저히 변동한 경우 또는 수소의 온도가 현저히 상승한 경우

㉶ 가스절연기기(압력의 저하에 의하여 절연파괴 등이 생길 우려가 없는 경우를 제외)의 절연가스의 압력이 현저히 저하한 경우

③ 수소냉각식 조상기를 시설하는 변전소는 그 조상기 안의 수소의 순도가 85(%) 이하로 저하한 경우에 그 조상기를 전로로부터 자동적으로 차단하는 장치를 시설할 것.

④ 전기철도용 변전소는 주요 변성기기에 고장이 생긴 경우 또는 전원측 전로의 전압이 현저히 저하한 경우에 그 변성기기를 자동적으로 전로로부터 차단하는 장치를 할 것.

65. 수소냉각식 발전기 등의 시설

① 발전기 또는 조상기는 기밀구조(氣密構造)의 것이고 또한 수소가 대기압에서 폭발하는 경우에 생기는 압력에 견디는 강도를 가지는 것일 것.

② 발전기축의 밀봉부에는 질소 가스를 봉입할 수 있는 장치 또는 발전기축의 밀봉부로부터 누설된 수소가스를 안전하게 외부에 방출할 수 있는 장치를 설치할 것.

③ 발전기안 또는 조상기안의 수소의 순도가 85(%) 이하로 저하한 경우에 이를 경보하는 장치를 시설할 것.

④ 수소 압력을 계측하는 장치 및 압력이 현저히 변동한 경우 경보장치 시설.
⑤ 발전기안 또는 조상기안의 수소의 온도를 계측하는 장치를 시설할 것.
⑥ 발전기안 또는 조상기안으로 수소를 안전하게 도입할 수 있는 장치 및 발전기안 또는 조상기안의 수소를 안전하게 외부로 방출할 수 있는 장치를 시설할 것.
⑦ 수소를 통하는 관은 동관 또는 이음매 없는 강판이어야 하며 또한 수소가 대기압에서 폭발하는 경우에 생기는 압력에 견디는 강도의 것일 것.
⑧ 수소를 통하는 관·밸브 등은 수소가 새지 아니하는 구조로 되어 있을 것.
⑨ 유리제의 점검 창 등은 쉽게 파손되지 아니하는 구조로 되어 있을 것

66. 절연가스 취급설비 및 압축공기계통

① 발전소·변전소·개폐소 또는 이에 준하는 곳에 시설하는 100(㎪) 초과하는 절연가스의 압력을 받는 부분 및 공기압축기 압력시험

시험 항목	시험 압력	시간	기타
수압(유압)	최대사용압력 1.5배	10분	파열 또는 새지 않을 것
기압	최대사용압력 1.25배		

② 정격전압이 52(㎸)를 초과하는 가스절연기기로서 용접된 알루미늄 및 용접된 강판 구조일 경우는 설계압력의 1.3배, 주물형 알루미늄 및 복합 알루미늄 구조일 경우는 설계압력의 2배를 1분 이상 가하였을 때 파열이나 변형이 나타나지 않을 것.
③ 절연가스는 가연성·부식성 또는 유독성의 것이 아닐 것.
④ 절연가스의 압력저하를 경보하는 장치 또는 절연가스의 압력을 계측하는 장치를 설치할 것.
⑤ 가스 및 공기압축기는 최고사용압력 이하의 압력으로 동작하고 또한 적합한 안전밸브를 설치할 것.
⑥ 사용압력에서 공기의 보급이 없는 상태로 개폐기 또는 차단기의 투입 및 차단을 연속 1회 이상 할 수 있는 용량을 가질 것.
⑦ 외면에 산화방지를 위한 도장을 할 것.
⑧ 주 공기탱크의 압력이 저하한 경우에 자동적으로 압력 회복하는 장치를 시설
⑨ 사용압력의 1.5배 이상 3배 이하의 최고 눈금이 있는 압력계를 시설할 것.

67. 전력보안 통신설비의 시설

① 전력보안통신설비의 시설 장소는 다음에 따른다.

㉮ 원격감시제어가 되지 아니하는 발전소 · 원격 감시제어가 되지 아니하는 변전소 · 개폐소, 전선로 및 이를 운용하는 급전소 및 급전분소간

㉯ 2개 이상의 급전소(분소) 상호간과 이들을 통합 운용하는 급전소(분소)간

㉰ 수력설비 중 필요한 곳, 수력설비의 안전상 필요한 양수소(量水所) 및 강수량 관측소와 수력발전소간

㉱ 동일 수계에 속하고 보안상 긴급연락 필요가 있는 수력발전소 상호간

㉲ 동일 전력계통에 속하고 또한 안전상 긴급연락의 필요가 있는 발전소 · 변전소 및 개폐소 상호간

㉳ 발전소 · 변전소 및 개폐소와 기술원 주재소간

㉴ 배전자동화 주장치가 시설되어 있는 배전센터, 전력수급조절을 총괄하는 중앙급전사령실

㉵ 발전소 · 변전소 · 개폐소 · 급전소 및 기술원 주재소와 전기설비의 안전상 긴급 연락의 필요가 있는 기상대 · 측후소 · 소방서 및 방사선 감시계측 시설물 등의 사이

㉶ 전력보안통신 데이터를 중계하거나, 교환장치가 설치된 정보통신실

② 정전시에도 그 기능을 잃지 않도록 비상용 예비전원을 구비할 것.

68. 통신선의 시설

① 전력보안통신선 시설기준은 다음에 따른다.(독립통신선)

㉮ 통신선의 종류는 광섬유케이블, 동축케이블 및 차폐용 실드케이블(STP)

㉯ 전력보안 가공통신선(가공통신선)은 반드시 조가선에 시설.

㉰ 조가선 시설기준은 다음에 따른다.

ⓐ 조가선은 단면적 38(㎟) 이상의 아연도강연선을 사용할 것.

ⓑ 과도한 장력에 의한 전주손상을 방지하기 위하여 전주경간 50(m) 기준 0.4(m) 정도의 이도를 반드시 유지

ⓒ 조가선 2개가 시설될 경우에 이격거리는 0.3(m)를 유지

ⓓ 조가선은 매 500(m) 마다 또는 증폭기, 옥외형 광송수신기 및 전력공급

기 등이 시설된 위치에서 연선의 경우 단면적 16(㎟)(단선 지름 4 ㎜) 이상의 연동선과 접지도체 서비스 커넥터 등을 이용하여 접지할 것.

ⓔ 접지극은 지표면에서 0.75(m) 이상의 깊이에 타 접지극과 1(m) 이상 이격하여 시설하고 "접지 시스템" 규정에 따라 접지할 것.

② 가공전선로의 지지물에 시설하는 가공통신선에 직접 접속하는 통신선(첨가통신선)은 절연전선, 일반통신용 케이블 이외의 케이블 또는 광섬유케이블일 것.

③ 전력구에 시설하는 경우 통신선에는 난연조치를 할 것.

69. 전력유도의 방지

전력보안통신설비는 가공전선로로부터의 정전유도작용 또는 전자유도작용에 의하여 사람에게 위험을 줄 우려가 없도록 시설하여야 하며, 다음의 제한값을 초과하거나 초과할 우려가 있는 경우에는 이에 대한 방지 조치 할 것.

① 이상시 유도위험전압 : 650(V)
단, 고장시 전류제거시간이 0.1초 이상인 경우에는 430(V)로 한다.

② 상시 유도위험종전압 : 60(V)

③ 기기 오동작 유도종전압 : 15(V)

④ 잡음전압 : 0.5(mV)

70. 가공전선과 첨가 통신선과의 이격거리

가공전선로의 지지물에 시설하는 통신선은 다음에 따른다.

① 통신선은 가공전선의 아래에 시설할 것.

② 통신선과 저·고압 및 특고압 가공전선로와 이격거리는 표의 값 이상일 것.

사용전압 및 전선	전력선 종류	통신선 종류	이격거리
저압 및 중성선	나전선	나전선, 절연전선, 케이블	0.6(m)
	절연전선, 케이블	절연전선, 케이블	0.3(m)
	저압가공인입선	첨가 통신용 제2종 케이블 또는 광섬유 케이블	0.15(m)
고압	나전선, 절연전선	나전선, 절연전선, 케이블	0.6(m)
	케이블	절연전선, 첨가 통신용 제1종 케이블이나 첨가통신용 제2종 케이블	0.3(m)
특고압 (중성선 다중접지 이외)	나전선, 절연전선	나전선, 절연전선, 케이블	1.2(m)
	케이블	절연전선, 케이블	0.3(m)
22.9(kV-Y) (중성선 다중접지, 2초이내 자동전로 차단장치 시설됨)	나전선, 절연전선	나전선, 절연전선, 케이블	0.75(m)

71. 전력보안통신선의 시설 높이

전력 보안 가공통신선의 지표상 높이는 표의 값 이상일 것.

시설장소		가공통신선 (독립통신선) (m)	가공전선지지물에 시설 또는 직접 접속하는 가공통신선 (첨가통신선)	
			저고압(m)	특고압(m)
도로(차도) 위	일반적인 경우	5	6	6
	교통에 지장이 없는 경우	4.5	5	5
철도 횡단(레인면상)		6.5	6.5	6.5
횡단보도교 위 (노면상)	일반	3	3.5	5
	저고압 : 통신선이 절연전선 또는 절연효력이 있는 것 특고압 : 광섬유 케이블 사용	-	3	4
횡단보도교 하부 도로 이외의 곳	일반	3.5	4 (절연전선)	5
	광섬유 케이블	-	3.5	-

72. 특고압전선로 첨가통신선과 도로, 횡단보도교, 철도 및 다른 전선로와의 접근 또는 교차

특고압 가공전선로의 지지물에 시설하는 통신선 또는 이에 직접 접속하는 통신선이 도로·횡단보도교·철도의 레일·삭도·가공전선·다른 가공약전류 전선 등 또는 교류 전차선 등과 교차하는 경우에는 다음에 따라 시설할 것.

① 통신선 및 이격거리

통신선	㉮ 연선의 경우 단면적 16(㎟)(단선의 경우 지름 4 ㎜)의 절연전선과 동등 이상의 절연 효력이 있는 것 ㉯ 인장강도 8.01(kN) 이상의 것 또는 연선의 경우 단면적 25(㎟)(단선의 경우 지름 5 ㎜)의 경동선
이격거리	통신선과 삭도 또는 다른 가공약전류전선 등 사이 : 0.8(m) 이상 단, 통신선이 케이블 또는 광섬유 케이블일 때 : 0.4(m) 이상

② 통신선이 저압 가공전선 또는 다른 가공약전류 전선 등과 교차하는 경우에는 그 위에 시설할 것.
단, 저압 가공전선 또는 다른 가공약전류 전선 등이 절연전선과 동등 이상의 절연 효력이 있는 것, 인장강도 8.01(kN) 이상의 것 또는 연선의 경우 단면적 25(㎟)(단선 지름 5 ㎜)의 경동선인 경우에는 통신선을 그 아래에 시설할 수 있다.

③ 통신선이 교류전차선 등과 교차하는 경우에 "고압 가공전선"의 규정에 준해 시설할 것.

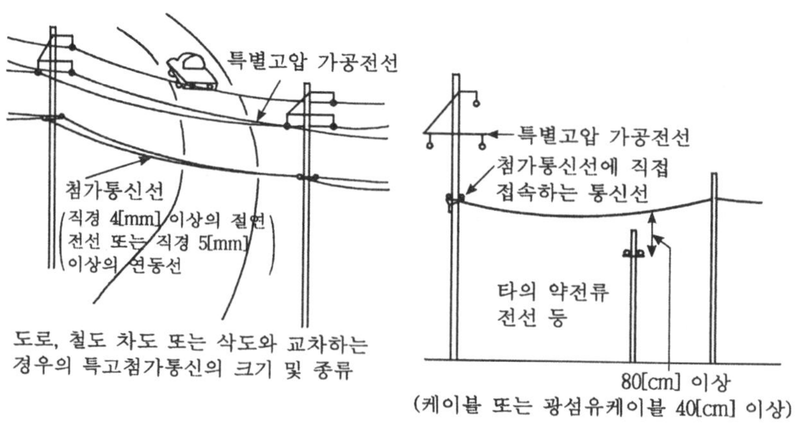

그림 3-44 특고압 가공전선과 첨가통신선의 높이

73. 특고압 가공전선로 첨가설치 통신선의 시가지 인입 제한

① 특고압 가공전선로(25 kV 이하 포함)의 지지물에 첨가 설치하는 통신선 또는 이에 직접 접속하는 통신선은 시가지에 시설하는 통신선(시가지의 통신선)에 접속하여서는 아니 된다.

다만, 다음에 해당하는 경우에는 접속해도 된다.

㉮ 특고압용 제1종, 제2종 보안장치 또는 이에 준하는 보안장치 시설하고 또한 중계선륜 또는 배류 중계선륜의 2차측에 시가지의 통신선을 접속한 경우

㉯ 통신선이 절연전선과 동등 이상의 절연성능이 있고 인장강도 5.26(kN) 이상의 것. 또는 연선의 경우 단면적 16(㎟)(단선의 경우 지름 4 ㎜) 이상의 절연전선 또는 광섬유 케이블인 경우

② 보안장치의 표준

㉮ 급전선용 통신선용 보안장치일 것.

㉯ 저압 가공전선로 지지물에 시설하는 통신선 또는 이것에 직접 접속하는 통신선인 경우 저압용 보안장치일 것.

㉰ 고압 : 고압용 제1종 보안장치, 고압용 제2종 보안장치일 것.

㉱ 특고압 : 특고압용 제1종 보안장치, 특고압용 제2종 보안장치일 것.

ⓐ 특고압용 제1종 보안장치 ⓑ 특고압용 제2종 보안장치

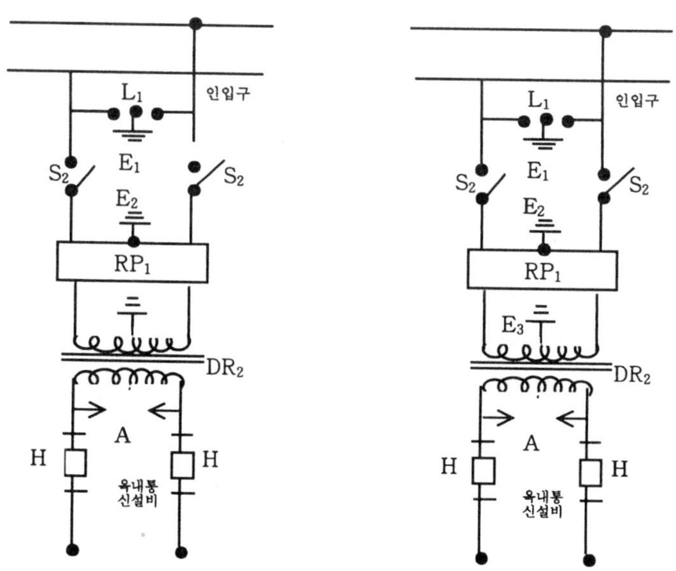

그림 3-45 보안장치

S_2 : 인입용 고압개폐기

DR_2 : 특고압용 배류 중계 코일(선로측 코일과 옥내측 코일 사이 및 선로측 코일과 대지사이의 절연내력은 교류 6(㎸)의 시험전압으로 시험하였을 때 연속하여 1분간 이에 견디는 것일 것)

E : 접지

RP_1 : 교류 300(V) 이하에서 동작하고, 최소 감도 전류가 3(A) 이하로서 최소 감도전류 때의 응동시간이 1사이클 이하이고 또한 전류 용량이 50(A), 20초 이상인 자복성(自復性)이 있는 릴레이 보안기

L_1 : 교류 1(㎸) 이하에서 동작하는 피뢰기

H : 250(㎃) 이하에서 동작하는 열 코일.

A : 교류 300(V) 이하에서 동작하는 방전갭

74. 특고압 가공전선로 첨가설치 통신선에 직접 접속하는 옥내 통신선의 시설

① 특고압 가공전선로 지지물에 시설하는 통신선 또는 이에 직접 접속하는 통신선 중 옥내에 시설하는 부분은 400(V) 초과의 저압 옥내배선의 규정에 준해 시설할 것.

② 옥내에 시설하는 통신선(광섬유 케이블 포함)에는 식별 인식표를 부착하여 오인 절단 또는 충격을 받지 않도록 할 것.

75. 통신기기류 시설

① 배전주에 시설되는 광전송장치, 동축장치(수동소자 포함) 등의 기기는 전주로부터 0.5(m) 이상(1.5 m 이내) 이격하여 승주작업에 장애가 되지 않도록 조가선에 견고하게 고정하여야 한다.

② 조가선에 시설되는 모든 기기는 케이블의 추가시설, 철거 및 이설 등에 장애가 되지 않도록 적당한 금구류를 사용하여 견고하게 시설하여야 한다.

③ 전주 1본에 시설할 수 있는 기기 수량은 조가선 1조당 좌우 각각 1대를(수동소자 제외)를 한도로 하되 불가피한 경우는 예외로 시설할 수 있다.

④ 전주에 시설하는 집중장치(DCU) 및 전력량계에 시설하는 모뎀이 전력선통신(PLC) 방식을 사용할 경우 ISO/IEC 12139-1을 사용한 방식이어야 한다.

76. 전원공급기의 시설

① 전원공급기는 다음에 따라 시설하여야 한다.

㉮ 지상에서 4(m) 이상 유지할 것.

㉯ 누전차단기를 내장할 것.

㉰ 시설방향은 인도측으로 시설하며 외함은 접지를 시행할 것.

② 기기주, 변대주 및 분기주 등 설비 복잡개소에는 전원공급기를 시설할 수 없다.

다만, 현장 여건상 부득이한 경우에는 예외적으로 전원공급기를 시설할 수 있다.

③ 전원공급기 시설시 통신사업자는 기기 전면에 명판을 부착하여야 한다.

77. 전력반송 통신용 결합장치의 보안장치

전력선 반송통신용 결합 커패시터에 접속하는 회로에는 보안장치 또는 이에 준하는 보안장치를 시설할 것.

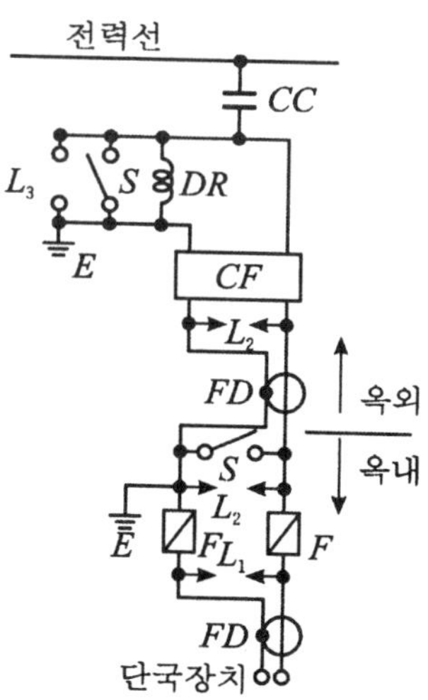

FD : 동축케이블
F : 정격전류 10(A) 이하의 포장 퓨즈
DR : 전류 용량 2(A) 이상의 배류 선륜
L_1 : 교류 300(V) 이하에서 동작하는 피뢰기
L_2 : 동작 전압이 교류 1.3(kV)를 초과하고 1.6(kV) 이하로 조정된 방전갭
L_3 : 동작 전압이 교류 2(kV)를 초과하고 3(kV) 이하로 조정된 구상 방전갭
S : 접지용 개폐기
CF : 결합 필타
CC : 결합 콘덴서(결합 안테나를 포함)
E : 접지

그림 3-46 전력선 반송 통신용 결합장치의 보안장치

78. 가공통신 인입선 시설

항목		높이
독립 통신선	교통에 지장을 줄 우려가 없을 때	노면상 높이 4.5(m) 이상
	조영물의 붙임점에서	지표상 높이 2.5(m) 이상
첨가 통신선	교통에 지장 및 위험 우려가 없을 때	노면상 높이 5(m) 이상
	조영물의 붙임점에서	지표상 높이 3.5(m) 이상
	다른 가공 약전류전선 등 사이 이격거리	0.6(m) 이상

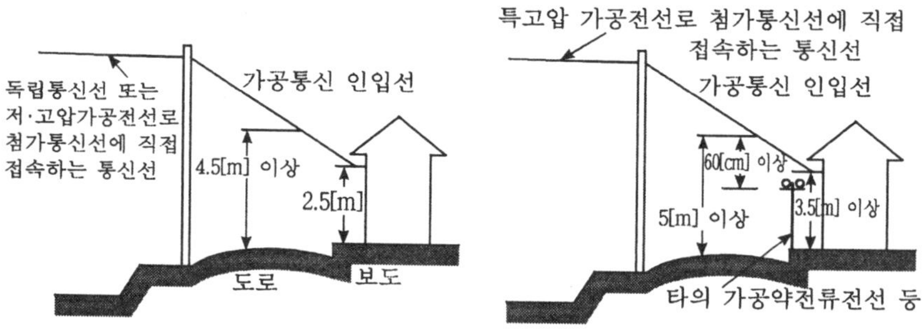

그림 3-47 가공통신 인입선의 높이

79. 지중통신선로설비 시설

① 통신선은 지중 공가설비로 사용하는 광섬유 케이블 및 동축케이블은 지름 22(㎜) 이하일 것.

② 전력구내 통신선의 시설

㉮ 전력구내에서 통신용 행거는 최상단에 시설할 것.

㉯ 전력구의 통신선은 반드시 내관 속에 시설하고 그 내관을 행거 위에 시설할 것.

㉰ 전력구에 시설하는 비난연재질인 통신선 및 내관은 난연 조치할 것.

㉱ 전력구에서는 통신선을 고정시키기 위해 매 행거마다 내관과 행거를 견고하게 고정할 것.

㉲ 통신용으로 시설하는 행거의 표준은 그 전력구 전력용 행거의 표준을 초과하지 않을 것.

㉳ 통신용 행거 끝에는 행거 안전캡(야광)을 씌울 것.

㉴ 전력케이블이 시설된 행거에는 통신선을 시설하지 말 것.

㉴ 전력구에 시설하는 통신용 관로구와 내관은 누수가 되지 않도록 철저히 방수처리할 것.

③ 맨홀 또는 관로에서 통신선의 시설

㉮ 맨홀 내 통신선은 보호장치를 활용하여 맨홀 측벽으로 정리할 것.

㉯ 맨홀 내에서는 통신선이 시설된 매 행거마다 통신케이블을 고정할 것.

㉰ 맨홀 내에서는 통신선을 전력선위에 얹어 놓는 경우가 없도록 처리할 것.

㉱ 배전케이블이 시설되어 있는 관로에 통신선을 시설하지 말 것.

㉲ 맨홀 내 통신선을 시설하는 관로구와 내관은 누수가 되지 않도록 철저히 방수처리할 것.

80. 무선용 안테나 등을 지지하는 철탑 등의 시설

전력보안 통신설비인 무선통신용 안테나 또는 반사판(무선용 안테나)을 지지하는 목주 · 철근 · 철근 콘크리트주 또는 철탑은 다음에 따라 시설할 것.

다만, 무선용 안테나 등이 전선로의 주위상태를 감시할 목적으로 시설되는 것일 경우에는 그러하지 아니하다.

① 목주 · 철주 · 철근 콘크리트주 또는 철탑의 기초 안전율 : 1.5 이상.

② 철주 · 철근 콘크리트주 또는 철탑은 수직하중 및 수평하중의 3분의 2배의 하중에 견디는 강도를 가지는 것일 것.

③ 목주 · 철주 · 철근 콘크리트주 또는 철탑과 가섭선 · 애자장치 및 완금류에 관하여는 2.25배 풍압

④ 파라보라 안테나 또는 반사판에 관해 수직 투영면적 1(㎡)당 풍압

항목	풍압
파라보라 안테나	4511(Pa) 단, 레이도움이 붙은 것 : 2745(Pa)
반사판	3922(Pa)

81. 무선용 안테나 등의 시설 제한

무선용 안테나 등은 전선로의 주위 상태를 감시하거나 배전자동화, 원격검침 등 지능형 전력망을 목적으로 시설하는 것 이외에는 가공전선로의 지지물에 시설하여서는 안된다.

연습문제

001 가공전선로의 지지물에 취급자가 오르고 내리는 데 사용하는 발판 볼트 등은 일반적으로 지표상 몇(m) 미만에 시설하여서는 아니 되는가?

① 1.2 ② 1.5
③ 1.8 ④ 2.0

(가공전선로의 지지물의 승탑 및 승주방지)
가공전선로의 지지물에 취급자가 오르고 내리는데 사용하는 발판볼트 등을 지표상 1.8(m) 미만에 시설하여서는 아니 된다.

002 빙설이 많은 지방의 저온 계절에는 어떤 종류의 풍압하중을 적용하는가?

① 갑종 풍압하중
② 을종 풍압하중
③ 병종 풍압하중
④ 갑종 풍압하중과 을종 풍압하중 중 큰 것

(풍압하중의 종별과 적용)

지 역		고온계절	저온계절
빙설이 많은 지방이외의 지방		갑종	병종
빙설이 많은 지방	일반지역	갑종	을종
	해안지방, 기타 저온계절에 최대 풍압이 생기는 지역	갑종	갑종과 을종 중 큰 값 적용
인가가 많이 연접되어 있는 장소		병종(저·고온계절 모두)	

003 인가가 많이 연접되어 있는 장소에 시설하는 가공전선로의 구성재 중 고압 가공전선로의 지지물 또는 가섭선에 적용하는 풍압하중에 대한 설명으로 옳은 것은?

① 갑종 풍압하중의 1.5배를 적용시켜야 한다.
② 을종 풍압하중의 2배를 적용시켜야 한다.
③ 병종 풍압하중 적용시킬 수 있다.
④ 갑종 풍압하중과 을종 풍압하중 중 큰 것만 적용시킨다.

(풍압하중의 종별과 적용)

지 역	고온계절	저온계절
인가가 많이 연접되어 있는 장소	병종(저·고온계절 모두)	

004 가공전선로에 사용하는 지지물의 강도 계산에 적용하는 풍압하중의 종류는?

① 갑종, 을종, 병종 ② A종, B종, C종
③ 1종, 2종, 3종 ④ 수평, 수직, 각도

(풍압하중의 종별과 적용)
① 갑종 풍압하중 : 구성재의 수직 투영 면적 1(m^2)에 대한 풍압을 기초로 하여 계산한 것
② 을종 풍압하중 : 전선 기타 가섭선의 주위에 두께 6(mm), 비중 0.9의 빙설이 부착한 상태에서 갑종 풍압하중의 1/2을 기초로 한 것
③ 병종 풍압하중 : 갑종 풍압하중의 1/2의 값을 기초로 한 것

005 가공전선로에 사용하는 지지물의 강도 계산에 적용하는 풍압하중 중 병종 풍압하중은 갑종 풍압하중에 대한 얼마를 기초로 하여 계산한 것인가?

① $\frac{1}{2}$ ② $\frac{1}{3}$
③ $\frac{2}{3}$ ④ $\frac{1}{4}$

(풍압하중의 종별과 적용)
병종 풍압하중 : 갑종 풍압하중의 1/2의 값 또는 50(%)를 기초로 한 것

정답 001 ③ 002 ② 003 ③ 004 ① 005 ①

006 가공전선로에 사용하는 지지물의 강도 계산에 적용하는 병종풍압하중은 갑종풍압하중의 몇 (%)를 기초로 하여 계산한 것인가?

① 30 ② 50
③ 80 ④ 110

(풍압하중의 종별과 적용)
병종 풍압하중 : 갑종 풍압하중의 1/2의 값 또는 50(%)를 기초로 한 것

007 빙설이 많은 지방의 특고압 가공전선 주위에 부착되는 빙설의 두께(mm)와 비중은?

① 6(mm), 0.9 ② 6(mm), 1.0
③ 8(mm), 0.9 ④ 8(mm), 1.0

(풍압하중의 종별과 적용)
전선 기타 가섭선의 주위에 두께 6(mm), 비중 0.9의 빙설이 부착한 상태

008 전선 기타의 가섭선 주위에 두께 6(mm), 비중 0.9의 빙설이 부착된 상태에서 을종풍압하중의 구성재의 수직 투영면적 1(m^2)당 몇 (Pa)을 기초로 하여 계산하는가?

① 333(Pa) ② 372(Pa)
③ 588(Pa) ④ 666(Pa)

(풍압하중의 종별과 적용)
을종 풍압하중은 갑종의 1/2이므로 666/2=333

009 가공전선로에 사용하는 지지물의 강도 계산에 적용하는 갑종 풍압하중을 계산할 때 구성재의 수직 투영 면적 1(m^2)에 대한 풍압의 기준이 잘못된 것은?

① 목주 : 588(Pa)
② 원형 철주 : 588(Pa)
③ 원형 철근 콘크리트 주 : 882(Pa)
④ 강관으로 구성(단주는 제외)된 철탑 : 1255(Pa)

(풍압하중의 종별과 적용)
목주, 원형 철주, 철근 콘크리트주는 588(Pa)

010 강관으로 구성된 철탑의 갑종 풍압하중은 수직 투영면적 1(m^2)에 대한 풍압을 기초로 하여 계산한 값이 몇 (Pa)인가?

① 1255 ② 588
③ 1117 ④ 2157

(풍압하중의 종별과 적용)
강관으로 구성된 철탑의 갑종 풍압하중 : 1,255(Pa)

011 전선 기타의 가섭선(架涉線) 주위에 두께 6(mm), 비중 0.9의 빙설이 부착된 상태에서 을종풍압하중은 구성재의 수직 투영면적 1(m^2)당 몇 (Pa)을 기초로 하여 계산하는가?(단, 다도체를 구성하는 전선이 아니라고 한다.)

① 333(Pa) ② 372(Pa)
③ 599(Pa) ④ 666(Pa)

(풍압하중의 종별과 적용)

풍압을 받는 구분		구성재의 수직 투영면적 1(m^2)에 대한 풍압
전선 기타 가섭선	다도체(구성하는 전선이 2가닥마다 수평으로 배열되고 또한 그 전선 상호간의 거리가 전선의 바깥지름의 20배 이하인 것에 한한다. 이하 같다)를 구성하는 전선	666(Pa)
	기타의 것(단도체)	745(Pa)

다도체가 아니라고 하였으므로 기타의 것, 즉 단도체의 갑종풍압이 745(Pa)이므로 을종풍압 하중은 갑종풍압 하중의 1/2이다. 따라서 745/2=372.5(Pa)

012 원형 콘크리트주의 갑종 풍압하중(Pa)은 수직 투영면적 1(m^2)당 얼마인가?

① 588 ② 745
③ 882 ④ 1117

정답 006 ② 007 ① 008 ① 009 ③ 010 ① 011 ② 012 ①

(풍압하중의 종별과 적용)

풍압을 받는 구분			구성재의 수직 투영면적 1(㎡)에 대한 풍압
지지물	철근 콘크리트 주	원형의 것	588(Pa)
		기타의 것	882(Pa)

013 가공전선로의 지지물을 구성재가 강관으로 구성되는 철탑으로 할 경우의 병종 풍압하중은 몇 (Pa)를 기초로 하여 계산한 것인가?

① 588　② 627
③ 558　④ 1078

(풍압하중의 종별과 적용)
병종 풍압하중은 갑종 풍압하중의 2분의 1을 기초로 계산한다. ∴ 1255/2=627(Pa)

014 빙설이 많고 인가가 많이 연접된 장소에 시설하는 가공전선로의 구성재 중 병종 풍압하중의 적용을 할 수 있는 것은?

① 특고압 가공전선로의 가섭선
② 사용전압이 45000(V) 이상인 특고압 가공전선로의 지지물에 시설하는 고압 가공전선
③ 저압 가공전선로의 가섭선
④ 사용전압이 45000(V) 이상인 특고압 가공전선로에 사용하는 케이블

(풍압하중의 종별과 적용)
인가가 많이 연접되어 있는 장소에 시설하는 가공전선로의 구성재 중 다음 각호의 풍압하중에 대하여는 갑종 풍압하중 또는 을종 풍압하중 대신에 병종 풍압하중을 적용할 수 있다.
① 저고압 가공전선로의 지지물 또는 가섭선
② 사용전압이 35(kV) 이하의 전선에 특고압 절연전선 또는 케이블을 사용하는 특고압 가공전선로의 지지물, 가섭선 및 특고압 가공전선을 지지하는 애자장치 및 완금류

015 철탑의 강도 계산에 사용하는 이상시 상정하중을 계산하는데 사용되는 것은?

① 미진에 의한 요동과 철 구조물의 인장하중
② 풍압이 전선로에 직각방향으로 가하여지는 경우의 하중
③ 이상전압이 전선로에 내습하였을 때 생기는 충격 하중
④ 뇌가 철탑에 가하여졌을 경우의 충격하중

(이상시 상정하중)
철탑의 강도계산에 사용하는 이상시 상정하중은 풍압이 전선로에 직각방향으로 가하여지는 경우의 하중과 전선로의 방향으로 가하여지는 경우의 하중을 각각 계산하여 각 부재에 대한 이들의 하중 중 그 부재에 큰 응력이 생기는 쪽의 하중을 채택한다.

016 가공전선로의 지지물에 하중이 가하여지는 경우에 그 하중을 받는 지지물의 기초 안전율은 일반적인 경우에 얼마 이상이어야 하는가?

① 1.5　② 2.0
③ 2.5　④ 3.0

(가공전선로 지지물의 기초의 안전율)
가공전선로의 지지물에 하중이 가하여지는 경우에 그 하중을 받는 지지물의 기초의 안전율은 2 이상(단, 이상시 상정하중에 대한 철탑의 기초에 대하여는 1.33)이어야 한다.

017 가공전선로의 지지물로 사용되는 철탑 기초 강도의 안전율은 얼마인가?

① 1.5　② 2
③ 2.5　④ 3

(가공전선로 지지물의 기초의 안전율)
가공전선로의 지지물에 하중이 가하여지는 경우에 그 하중을 받는 지지물의 기초의 안전율은 2 이상(단, 이상시 상정하중에 대한 철탑의 기초에 대하여는 1.33)이어야 한다.

정답 013 ② 014 ③ 015 ② 016 ② 017 ②

018 이상시 상정 하중에 대한 철탑의 기초에 대한 안전율은?

① 1.33　　② 1.5
③ 2　　④ 2.5

(가공전선로 지지물의 기초의 안전율)
가공전선로의 지지물에 하중이 가하여지는 경우에 그 하중을 받는 지지물의 기초의 안전율은 2 이상(단, 이상시 상정하중에 대한 철탑의 기초에 대하여는 1.33)이어야 한다.

019 전체의 길이가 18(m)이고 설계하중 6.8(kN)인 철근 콘크리트주를 지반이 튼튼한 곳에 시설하려고 한다. 기초 안전율을 고려하지 않기 위해서는 묻히는 깊이를 몇 (m) 이상으로 시설하여야 하는가?

① 2.5(m)　　② 2.8(m)
③ 3.0(m)　　④ 3.2(m)

(가공전선로 지지물의 기초의 안전율)
매설깊이는 표의 값 이상일 것

설계하중 / 전장	6.8(kN) 이하	6.8초과 9.8(kN)이하
15(m) 이하	$\frac{전장}{6}$(m)	$\frac{전장}{6}+0.3$(m)
15(m) 초과	2.5(m)	2.8(m)
16(m) 초과 20(m) 이하	2.8(m) 이상 (철근CP주)	-

020 가공전선로의 지지물로서 길이 9(m), 설계하중 6.8(kN) 이하인 철근 콘크리트주를 시설할 때 땅에 묻히는 깊이는 몇 (m) 이상으로 하여야 하는가?

① 1.2　　② 1.5
③ 2　　④ 2.5

(가공전선로 지지물의 기초의 안전율)
매설깊이는 표의 값 이상일 것

설계하중 / 전장	6.8(kN) 이하	6.8초과 9.8(kN)이하
15(m) 이하	$\frac{전장}{6}$(m)	$\frac{전장}{6}+0.3$(m)

$9\times\frac{1}{6} = 1.5$(m)

021 전체의 길이가 16(m)이고 설계하중이 6.8(kN) 초과 9.8(kN) 이하인 철근 콘크리트주를 논, 기타 지반 연약한 곳 이외의 곳에 시설할 때, 묻히는 깊이를 2.5(m)보다 몇 (cm) 가산하여 시설하는 경우에는 기초의 안전율에 대한 고려없이 시설하여도 되는가?

① 10　　② 20
③ 30　　④ 40

(가공전선로 지지물의 기초의 안전율)
철근 콘크리트주로서 전체의 길이가 14(m) 이상 20(m) 이하이고, 설계하중이 6.8(kN) 초과 9.8 (kN) 이하의 것을 논이나 그 밖의 지반이 연약한 곳. 이외에 시설하는 경우 그 묻히는 깊이는 2.5(m)에 의한 기준보다 30(cm)를 가산하여 시설하는 경우

022 고압 가공전선로의 지지물로서 사용하는 목주의 풍압하중에 대한 안전율은?

① 1.1 이상　　② 1.2 이상
③ 1.3 이상　　④ 1.5 이상

(가공전선로 지지물의 강도 등)
① 풍압하중에 대한 안전율은 1.3 이상일 것
② 목주는 말구 지름 12(cm) 이상일 것

023 다음 중에서 이상시 상정하중에 속하는 것은?

① 태풍에 의한 풍압하중
② 단선으로 인한 불평균 장력
③ 각도주에 있어서의 수평 횡하중
④ 양측 경간의 차에 의한 불평균 장력

(이상시 상정하중)
가섭선의 절단에 의하여 생기는 불평균장력은 가섭전선의 상(회선마다의 상을 말한다)의 총 수에 따라 가섭선이 절단되는 것으로 하고 또한 그 가섭선의 절단에 의하여 생기는 각 부재에 대한 불평균장력의 크기는 가섭선의 상정 최대장력과 같은 값(가섭선을 붙이는 방법 때문에 가섭선이 절단된 때에 그 지지점이 이동하거나 가섭선이 지지점에서 미끄러지는 경우에는 상정 최대장력의 0.6배의 값)으로 계산

정답 018 ①　019 ②　020 ②　021 ③　022 ③　023 ②

한다.

024 가공전선로의 지지물에 시설하는 지선은 소선이 최소 몇 가닥 이상의 연선이어야 하는가?

① 3 ② 5
③ 7 ④ 9

(지선의 시설)
가공전선로의 지지물에 시설하는 지선은 다음에 따라야 한다.
① 지선의 안전율은 2.5 이상일 것. 이 경우에 허용 인장하중의 최저는 4.31(kN)으로 한다.
② 소선 3가닥 이상의 연선으로 소선의 지름이 2.6(mm) 이상의 금속선을 사용한 것일 것. 다만, 소선의 지름이 2(mm) 이상인 아연도강연선으로서 소선의 인장강도가 0.68(kN/mm^2) 이상인 것을 사용하는 경우에는 그러하지 아니하다.

025 가공전선로의 지지물이 아닌 것은?

① 목주 ② 지선
③ 철탑 ④ 철근 콘크리트주

(철주, 철탑 및 철근 콘크리트주의 구성 등)
가공전선로의 지지물로 사용하는 철주 또는 철탑, 철근 콘크리트주, 목주로 규정, 따라서 지선은 지지물이 아니다.

026 지선의 전선로에서 지지물에 시설하는 지선의 안전율 최소값은?

① 1.5 ② 2.2
③ 2.5 ④ 2.7

(지선의 시설)
지선의 안전율은 2.5(고압, 특고압 지지물에 시설하는 지선은 1.5) 이상일 것. 이 경우에 허용 인장하중의 최저는 4.31(kN)으로 한다.

027 지선의 시설 목적으로 합당하지 않은 것은?

① 유도장해를 방지하기 위하여
② 지지물의 강도를 보강하기 위하여
③ 전선로의 안전성을 증가시키기 위하여
④ 불평형 장력을 줄이기 위하여

판단기준 제67조(지선의 시설)
지선은 지지물의 강도를 보강하고, 전선로의 안전성을 증가시키며, 불평형 장력을 줄이기 위해 시설한다(지선 설치의 목적).

028 가공전선로의 지지물에 지선을 시설하려고 한다. 이 지선의 최저 기준으로 옳은 것은?

① 소선 굵기 : 2.0(mm), 안전율 : 3.0, 허용 인장 하중 : 2.15(kN)
② 소선 굵기 : 2.6(mm), 안전율 : 2.5, 허용 인장 하중 : 4.31(kN)
③ 소선 굵기 : 1.6(mm), 안전율 : 2.0, 허용 인장 하중 : 4.31(kN)
④ 소선 굵기 : 2.6(mm), 안전율 : 1.5, 허용 인장 하중 : 3.23(kN)

(지선의 시설)
가공전선로의 지지물에 시설하는 지선은 다음에 따라야 한다.
① 지선의 안전율은 2.5 이상일 것. 이 경우에 허용 인장하중의 최저는 4.31(kN)으로 한다.
② 소선 3가닥 이상의 연선으로 소선의 지름이 2.6(mm) 이상의 금속선을 사용한 것일 것.

029 가공전선로의 지지물에 시설하는 지선의 시설기준에 대한 설명 중 옳은 것은?

① 지선의 안전율은 2.5 이상일 것.
② 소선 4조 이상의 연선일 것.
③ 지중 부분 및 지표상 100(cm)까지의 부분은 철봉을 사용할 것.
④ 도로를 횡단하여 시설하는 지선의 높이는 지표상 4.5(m) 이상으로 할 것.

(지선의 시설)
가공전선로의 지지물에 시설하는 지선은 다음에 따라야 한다.
① 지선의 안전율은 2.5 이상일 것. 이 경우에 허용 인장하중의 최저는 4.31(kN)으로 한다.

정답 024 ① 025 ② 026 ③ 027 ① 028 ② 029 ①

② 소선 3가닥 이상의 연선으로 소선의 지름이 2.6(mm) 이상의 금속선을 사용한 것일 것.
③ 지중부분 및 지표상 30(cm)까지의 부분에는 내식성이 있는 것 또는 아연도금을 한 철봉을 사용하고 쉽게 부식되지 아니하는 근가에 견고하게 붙일 것. 단, 목주에 시설하는 지선에 대해서는 그러하지 아니하다.
④ 도로를 횡단하여 시설하는 지선의 높이는 지표상 5(m) 이상. 단, 기술상 부득이한 경우로서 교통에 지장을 초래할 우려가 없는 경우 지표상 4.5(m) 이상, 보도의 경우 2.5(m) 이상으로 할 수 있다.

030 도로를 횡단하여 시설하는 지선의 높이는 특별한 경우를 제외하고 지표상 몇(m) 이상으로 하여야 하는가?

① 5 ② 5.5
③ 6 ④ 6.5

(지선의 시설)
도로를 횡단하여 시설하는 지선의 높이는 지표상 5(m) 이상. 다만, 기술상 부득이한 경우로서 교통에 지장을 초래할 우려가 없는 경우 지표상 4.5(m) 이상, 보도의 경우 2.5(m) 이상으로 할 수 있다.

031 가공 전선로의 지지물에 시설하는 지선의 시설 기준에 대한 설명 중 맞는 것은?

① 지선의 안전율은 2.0 이상일 것
② 소선 5조 이상의 연선일 것
③ 지중 부분 및 지표상 60(cm)까지의 부분은 아연 도금 철봉 등 부식하기 어려운 재료를 사용할 것
④ 자동차 왕래가 많은 도로를 횡단하여 시설하는 지선의 높이는 지표상 5(m) 이상으로 할 것

(지선의 시설)
가공전선로의 지지물에 시설하는 지선은 다음에 따라야 한다.
① 지선의 안전율은 2.5 이상일 것. 이 경우에 허용 인장하중의 최저는 4.31(kN)으로 한다.
② 소선 3가닥 이상의 연선으로 소선의 지름이 2.6(mm) 이상의 금속선을 사용한 것일 것.
③ 지중부분 및 지표상 30(cm)까지의 부분에는 내식성이 있는 것 또는 아연도금을 한 철봉을 사용하고 쉽게 부식되지 아니하는 근가에 견고하게 붙일 것. 단, 목주에 시설하는 지선에 대해서는 그러하지 아니하다.
④ 도로를 횡단하여 시설하는 지선의 높이는 지표상 5(m) 이상. 단, 기술상 부득이한 경우로서 교통에 지장을 초래할 우려가 없는 경우 지표상 4.5(m) 이상, 보도의 경우 2.5(m) 이상으로 할 수 있다.

032 고압 가공전선로와 기설 가공 약전류전선로가 병행되는 경우 유도작용에 의한 통신상의 장해가 발생하지 않도록 전선과 기설 가공 약전류전선간의 이격거리는 최소 몇(m) 이상으로 하여야 하는가?

① 0.5(m) ② 1(m)
③ 1.5(m) ④ 2(m)

(가공 약전류전선로의 유도장해 방지)
저압 가공전선로(전기철도용 급전선로는 제외한다) 또는 고압 가공전선로와 기설 가공약전류 전선로가 병행하는 경우에는 유도작용에 의하여 통신상의 장해가 생기지 아니하도록 전선과 기설 약전류 전선간의 이격거리는 2(m) 이상이어야 한다.

033 전력보안 통신설비는 가공전선로로부터의 어떤 작용에 의하여 사람에 위험을 주지 않도록 시설해야 하는가?

① 정전유도작용 또는 전자유도작용
② 표피작용 또는 부식작용
③ 부식작용 또는 정전유도작용
④ 전압강하작용 또는 전자유도작용

(기술기준 : 유도장해 방지)
전력보안 통신설비는 가공전선로로부터의 정전유도작용 또는 전자유도작용에 의하여 사람에 위험을 줄 우려가 없도록 시설하여야 한다.

정답 030 ① 031 ④ 032 ④ 033 ①

034 저압 또는 고압 가공전선로(귀선선로를 제외)와 기설 가공 약전류전선로(다선식 전화선로 제외)가 병행할 때 유도작용에 의한 통신상의 장해가 생기지 아니하도록 하려면 양자의 이격거리는 최소 몇(m) 이상으로 하여야 하는가?

① 2 ② 4
③ 6 ④ 8

(가공 약전류전선로의 유도장해 방지)
저압 가공전선로(전기철도용 급전선로는 제외한다) 또는 고압 가공전선로와 기설 가공약전류전선로가 병행하는 경우에는 유도작용에 의하여 통신상의 장해가 생기지 아니하도록 전선과 기설 약전류전선간의 이격거리는 2(m) 이상이어야 한다.

035 사용전압이 60,000(V)를 넘는 특고압 가공전선로에서 상시 정전유도는 전화선로의 길이 40(km)마다 유도전류(μA)가 얼마를 넘지 아니하여야 하는가?

① 1 ② 2
③ 3 ④ 4

(유도장해의 방지)
① 사용전압 60(kV) 이하인 경우 전화선로 길이 12(km)마다 유도전류가 2(μA)를 넘지 아니할 것.
② 사용전압 60(kV)를 초과하는 경우 전화선로 길이 40(km)마다 유도전류가 3(μA)를 넘지 아니할 것

036 사용전압이 25000(V) 이하의 특고압 가공선로에 전화선로서 유도되는 유도전류는 전화선로의 길이 12(km)마다 몇(μA) 이하의 값이어야 하는가?

① 1 ② 2
③ 3 ④ 5

(유도장해의 방지)
사용전압이 60(kV) 이하인 경우 전화선로의 길이 12(km)마다 유도전류가 2(μA)를 넘지 아니할 것.

037 10경간의 고압 가공전선으로 케이블을 사용할 때 이용되는 조가용선에 대한 설명으로 옳은 것은?

① 조가용선은 아연도 철연선으로 14(mm^2) 이상으로 하여야 한다.
② 조가용선은 아연도 철연선으로 30(mm^2) 이상으로 하여야 한다.
③ 조가용선은 아연도 철연선으로 22(mm^2) 이상으로 하여야 한다.
④ 조가용선은 아연도 철연선으로 8(mm^2) 이상으로 하여야 한다.

(저고압 가공케이블의 시설)
조가용선은 인장강도 13.93(kN)(고압일 때 인장 강도 5.93(kN) 이상) 이상의 연선 또는 단면적 22(mm^2) 이상의 아연도강연선일 것.

038 특고압 가공전선로를 가공 케이블로 시설하는 경우 잘못된 것은?

① 조가용선에 행거의 간격은 1(m)로 시설하였다.
② 조가용선을 케이블의 외장에 견고하게 붙여 시설하였다.
③ 조가용선 단면적 22(mm^2)의 아연도 강연선을 사용하였다.
④ 조가용선에 접촉시켜 금속 테이프 간격 20(㎝) 이하의 간격을 유지시켜 나선형으로 감아 붙였다.

(특고압 가공케이블의 시설)
① 조가용선에 행거에 의하여 시설할 것. 이 경우에 행거의 간격은 50(㎝) 이하로 하여 시설.
② 조가용선에 접촉시키고 그 위에 쉽게 부식되지 아니하는 금속 테이프 등을 20(㎝) 이하의 간격을 유지시켜 나선형으로 감아 붙일 것.
③ 조가용선은 인장강도 13.93(kN)(고압일 때 인장 강도 5.93(kN) 이상) 이상의 연선 또는 단면적 22(mm^2) 이상의 아연도강연선일 것.

정답 034 ① 035 ③ 036 ② 037 ③ 038 ①

039 특고압 가공 전선로의 전선에 케이블을 사용하는 경우 케이블은 조가용선의 행거에 의하여 시설하는데, 이때 행거의 간격은 몇 (cm) 이하인가?

① 30 ② 50
③ 75 ④ 100

(저고압 가공케이블의 시설)
조가용선에 행거에 의하여 시설할 것. 이 경우에 행거의 간격은 50(cm) 이하로 하여 시설하여야 한다.

040 고압 가공전선에 경알루미늄선을 사용하는 경우 안전율의 최소값은 얼마인가?

① 2.0 ② 2.2
③ 2.5 ④ 4.0

(저고압 가공전선의 안전율)
고압 가공전선은 케이블인 경우 이외에는 그 안전율이 경동선 또는 내열 동합금선은 2.2 이상, 그 밖의 전선(알루미늄선)은 2.5 이상이 되는 이도(弛度)로 시설할 것

041 고압 가공전선의 안전율이 경동선인 경우, 얼마 이상의 이도(弛度)로 시설하여야 하는가?

① 2.0 ② 2.2
③ 2.5 ④ 3.0

(저고압 가공전선의 안전율)
고압 가공전선은 케이블인 경우 이외에는 그 안전율이 경동선 또는 내열 동합금선은 2.2 이상, 그 밖의 전선(알루미늄선)은 2.5 이상이 되는 이도(弛度)로 시설하여야 한다.

042 사용전압이 400(V) 이하인 저압 가공전선으로 절연전선을 사용하는 경우, 지름 몇 (mm) 이상의 경동선을 사용하여야 하는가?

① 2.0 ② 2.6
③ 3.2 ④ 3.8

(저고압 가공전선의 굵기 및 종류)

전압	조건	전선굵기 및 인장강도
400(V) 이하 저압 (시내, 시외시설)	절연전선	인장강도 2.3(kN) 이상의 것 또는 지름 2.6(mm) 이상의 경동선
	절연전선 이외	인장강도 3.43(kN) 이상의 것 또는 지름 3.2(mm) 이상의 경동선
400(V) 초과 저압 또는 고압	시가지에 시설	인장강도 8.01(kN) 이상의 것 또는 지름 5(mm) 이상의 경동선
	시가지 외에 시설	인장강도 5.26(kN) 이상의 것 또는 지름 4(mm) 이상의 경동선
특고압		인장강도 8.71(kN) 이상의 연선 또는 단면적 22 (mm^2) 이상의 경동연선

043 인도교 위에 시설하는 조명용 가공 저압 전선로의 경동선 최소 굵기(mm)는?

① 1.6 ② 2.0
③ 2.3 ④ 2.6

(저고압 가공전선의 굵기 및 종류)
① 저압 가공전선은 나전선(중성선 또는 다중 접지된 접지측 전선으로 사용하는 전선에 한한다), 절연전선, 다심형 전선 또는 케이블을, 고압 가공전선은 고압 절연전선, 특고압 절연전선, 또는 케이블을 사용하여야 한다.
② 사용전압이 400(V) 이하인 저압 가공전선은 케이블인 경우를 제외하고는 인장강도 3.43(kN) 이상의 것 또는 지름 3.2(mm) (절연전선인 경우 인장강도 2.3(kN) 이상의 것 또는 지름 2.6(mm) 이상의 경동선) 이상의 것이어야 한다.

044 시가지에 시설하는 고압 가공전선으로 경동선을 사용하려면 그 지름은 최소 (mm) 이어야 하는가?

① 1.6 ② 2.0
③ 4.0 ④ 5.0

(저고압 가공전선의 굵기 및 종류)
사용전압이 400(V) 초과인 저압 가공전선 또는 고압 가공전선은 케이블인 경우 이외에는

정답 039 ② 040 ③ 041 ② 042 ② 043 ④ 044 ④

① 시가지에 시설하는 것은 인장강도 8.01(kN) 이상의 것 또는 지름 5(mm) 이상의 경동선,
② 시가지 외에 시설하는 것은 인장강도 5.26(kN) 이상의 것 또는 지름 4(mm) 이상의 경동선

045 시가지 외에 시설하는 고압 가공전선로에 사용하는 경동선의 최소 굵기(mm)는?

① 2.6 ② 3.2
③ 4.0 ④ 5.0

(저고압 가공전선의 굵기 및 종류)
사용전압이 400(V) 초과인 저압 가공전선 또는 고압 가공전선은 케이블인 경우 이외에는
① 시가지에 시설하는 것은 인장강도 8.01(kN) 이상의 것 또는 지름 5(mm) 이상의 경동선,
② 시가지 외에 시설하는 것은 인장강도 5.26(kN) 이상의 것 또는 지름 4(mm) 이상의 경동선

046 옥외용 비닐 절연전선을 사용한 저압 가공전선이 횡단보도교에 시설하는 경우에 그 전선의 노면상 높이는 몇(m) 이상이어야 하는가?

① 2.5 ② 3
③ 3.5 ④ 4

(저고압 가공전선의 높이)

설치장소		가공전선의 높이
횡단보도교위	저압	노면상 3.5(m) 이상 단, 저압가공전선이 절연전선, 케이블 : 3(m) 이상
	고압	노면상 3.5(m) 이상

047 고저압 가공전선이 도로를 횡단할 때의 지표상의 높이의 최저값은 얼마인가?

① 4(m) ② 5(m)
③ 6(m) ④ 7(m)

(저고압 가공전선의 높이)
도로횡단시 : 지표상 6(m) 이상

048 저・고압 가공전선의 높이는 철도 또는 궤도를 횡단하는 경우에 레일면상 몇 (m) 이상이어야 하는가?

① 5 ② 5.5
③ 6 ④ 6.5

(저고압 가공전선의 높이)
철도 또는 궤도횡단 : 레일면상 6.5(m) 이상

049 사용전압이 35(kV) 이하인 특고압 가공전선을 일반도로에 시설할 때 지표상의 높이는 몇 (m) 이상으로 하여야 하는가?

① 3.5 ② 4
③ 4.5 ④ 5

(특고압 가공전선의 높이)
지표상 높이는 표의 값 이상일 것

전압의 범위	일반장소	도로횡단	철도 또는 궤도횡단	횡단보도교
35(kV) 이하	5(m)	6(m)	6.5(m)	4(m) (특고압절연전선 또는 케이블 사용)

050 345(kV) 초고압 가공 송전선로를 평야에 건설할 경우 지표상 높이는 몇(m) 이상인가?

① 5.5 ② 6
③ 7.5 ④ 8.28

(특고압 가공전선의 높이)
지표상 높이는 표의 값 이상일 것

전압의 범위	일반장소	도로횡단	철도 또는 궤도횡단	횡단보도교
160(kV) 초과	일반장소, 도로횡단		가공전선의 높이 =6+단수×0.12(m)	
	철도궤도횡단		가공전선의 높이 =6.5+단수×0.12(m)	
	산지		가공전선의 높이 =5+단수×0.12(m)	

단수 : $\frac{345-160}{10}=18.5 \rightarrow 19$단,
지표상 높이 : $6+(19\times0.12)=8.28$(m)

정답 045 ③ 046 ② 047 ③ 048 ④ 049 ④ 050 ④

051 154(kV) 가공 송전선을 산 중에 건설하는 경우 지표상의 최소 높이(m)는?

① 5 ② 6
③ 7 ④ 8

(특고압 가공전선의 높이)
지표상 높이는 표의 값 이상일 것

전압의 범위	일반장소	도로횡단	철도 또는 궤도횡단	횡단보도교
35(kV)초과 160(kV) 이하	6(m)	6(m)	6,5(m)	5(m) (케이블사용)
	산지 등에서 사람이 쉽게 들어갈 수 없는 장소 : 5(m)이상			

052 사용전압이 22.9(kV)인 특고압 가공전선이 도로를 횡단하는 경우 지표상의 높이는 몇 (m) 이상이어야 하는가?

① 4.5(m) ② 5(m)
③ 5.5(m) ④ 6(m)

(특고압 가공전선의 높이)
지표상 높이는 표의 값 이상일 것

전압의 범위	일반 장소	도로 횡단	철도 또는 궤도횡단	횡단보도교
35(kV) 이하	5(m)	6(m)	6.5(m)	4(m) (특고압절연전선 또는 케이블 사용)

053 35(kV) 특고압 가공전선로가 도로를 횡단할 때의 지표상 최저 높이(m)는?

① 5 ② 5.5
③ 6 ④ 6.5

(특고압 가공전선의 높이)
지표상 높이는 표의 값 이상일 것

전압의 범위	일반장소	도로횡단	철도 또는 궤도횡단	횡단보도교
35(kV)초과 160(kV) 이하	6(m)	6(m)	6.5(m)	5(m) (케이블사용)
	산지 등에서 사람이 쉽게 들어갈 수 없는 장소 : 5(m) 이상			

054 저고압 가공전선(다중접지된 중성선은 제외)을 병가하는 방법 중 옳지 않은 것은?

① 저압 가공전선과 고압 가공전선을 동일 지지물에 시설하는 경우 저압 가공전선을 아래에 둔다.
② 저압 가공전선과 고압 가공전선을 동일 지지물에 시설하는 경우 별개의 완금류에 시설해야 한다.
③ 저압가공전선과 고압가공전선 사이의 이격거리는 50(㎝) 이상이어야 한다.
④ 저압 가공 인입선을 분기하기 위한 목적으로 저압 가공전선을 고압용의 완금류에 시설할 수 없다.

(저고압 가공전선 등의 병행설치)
① 저압 가공전선을 고압 가공전선의 아래로 하고 별개의 완금류에 시설할 것
② 저압 가공전선과 고압 가공전선 사이의 이격거리는 50(㎝) 이상.
③ 고압 가공전선에 케이블을 사용하고 또한 그 케이블과 저압 가공전선 사이의 이격거리를 30(㎝) 이상으로 하여 시설할 것.
④ 저압 가공 인입선을 분기하기 위하여 저압 가공전선을 고압용의 완금류에 견고하게 시설할 수 있다.

055 동일 지지물에 저압 가공전선(다중접지된 중성선은 제외)과 고압 가공전선을 동일 지지물에 시설하는 경우 저압 가공전선은?

① 고압 가공전선의 위로 하고 동일 완금류에 시설
② 고압 가공전선과 나란하게 하고 동일 완금류에 시설
③ 고압 가공전선의 아래로 하고 별개의 완금류에 시설
④ 고압 가공전선과 나란하게 하고 별개의 완금류에 시설

(저고압 가공전선 등의 병행설치)
저압 가공전선을 고압 가공전선의 아래로 하고 별개의 완금류에 시설.

정답 051 ① 052 ④ 053 ③ 054 ④ 055 ③

056 저압 가공전선과 고압 가공전선을 동일 지지물에 시설하는 경우 저압 가공전선과 고압 가공전선과의 이격거리는 몇 (㎝) 이상이어야 하는가?

① 40　② 50
③ 60　④ 70

(저고압 가공전선 등의 병행설치)
① 저압 가공전선과 고압 가공전선 사이의 이격거리는 50(㎝) 이상.
② 고압 가공전선에 케이블을 사용하고 또한 그 케이블과 저압 가공전선 사이의 이격거리를 30(㎝) 이상으로 하여 시설.

057 저압 가공전선과 고압 가공전선을 동일 지지물에 병가하는 경우 고압 가공전선에 케이블을 사용하면 그 케이블과 저압 가공전선의 최소 이격거리는 얼마인가?

① 30(㎝)　② 50(㎝)
③ 60(㎝)　④ 75(㎝)

(저고압 가공전선 등의 병행설치)
① 저압 가공전선과 고압 가공전선 사이의 이격거리는 50(㎝) 이상.
② 고압 가공전선에 케이블을 사용하고 또한 그 케이블과 저압 가공전선 사이의 이격거리를 30(㎝) 이상으로 하여 시설.

058 35(kV) 넘고 100(kV) 미만의 특고압 가공전선로의 지지물에 고·저압선을 병가할 수 있는 조건으로 틀린 것은?

① 특고압 가공전선로는 제2종 특고압 보안공사에 의한다.
② 특고압 가공전선과 고·저압선과의 이격거리는 1.2(m) 이상으로 한다.
③ 특고압 가공전선은 55(mm^2) 경동연선 또는 이외 동등 이상의 세기 및 굵기의 연선을 사용한다.
④ 지지물에는 강관 조립주를 제외한 철주, 철근 콘크리트주 또는 철탑을 사용한다.

(특고압 가공전선과 저고압 가공전선의 병가)
① 35(kV) 이하 : 1.2(m) 이상
② 35(kV)~100(kV) 이하 : 2(m) 이상

059 사용전압 66(kV) 가공전선과 6(kV) 가공전선을 동일 지지물에 병가하는 경우에 특고압 가공전선의 굵기는 몇 (mm^2) 이상의 경동연선을 사용하여야 하는가?

① 22　② 38
③ 55　④ 100

(특고압 가공전선과 저고압 가공전선의 병가)
① 사용전압이 35(kV) 이하인 특고압 가공전선과 저고압 가공전선을 동일 지지물에 시설하는 경우
㉮ 가공전선로의 경간이 50(m) 이하인 경우에는 인장강도 5.26(kN) 이상의 것 또는 지름 4(mm) 이상의 경동선
㉯ 가공전선로의 경간이 50(m) 을 초과하는 경우에는 인장강도 8.01(kN) 이상의 것 또는 지름 5(mm) 이상의 경동선
② 사용전압이 35(kV)을 초과하고 100(kV) 미만인 특고압 가공전선과 저고압 가공전선을 동일 지지물에 시설하는 경우 특고압 가공전선은 케이블인 경우를 제외하고는 인장강도 21.67(kN) 이상의 연선 또는 단면적이 55(mm^2) 이상인 경동연선일 것.

060 중성점 접지식 22.9(kV) 가공전선과 직류 1500(V) 전차선을 동일 지지물에 병가하는 경우의 상호 이격거리는 얼마 이상인가?

① 1(m)　② 1.2(m)
③ 1.5(m)　④ 2(m)

(특고압 가공전선과 저고압 전차선의 병가)
① 35(kV) 이하 : 1.2(m)
② 35(kV) 초과 100(kV) 미만 : 2(m) 이상

061 사용전압이 66(kV)인 특고압 가공전선과 고압 전차선이 병가하는 경우 상호 이격거리는 최소 몇 (m) 인가?

① 0.5　② 1.0
③ 2.0　④ 2.5

(특고압 가공전선과 저고압 전차선의 병가)
① 35(kV) 이하 : 1.2(m)
② 35(kV) 초과 100(kV) 미만 : 2(m) 이상

정답 056 ② 057 ① 058 ② 059 ③ 060 ② 061 ③

062 22.9(kV-Y) 배전선에 3300(V) 고압선을 병가할 경우 상호의 최소 이격 거리는 몇 (m)인가?

① 1 ② 1.2
③ 1.5 ④ 2

(25(kV) 이하인 특고압 가공전선로의 시설)
특고압 가공전선과 저고압 가공전선을 동일 지지물에 병가하여 시설하는 경우로서 특고압 가공전선의 다중접지한 중성선은 저압전선의 접지측 전선이나 중성선과 공용할 수 있다.
① 특고압 가공전선과 저고압 가공전선 사이의 이격거리는 1(m) 이상일 것.
② 다만, 특고압 가공전선이 케이블이고 저압 가공전선이 저압 절연전선이거나 케이블인 때 또는 고압 가공전선이 고압 절연전선이거나 케이블인 때에는 50(cm)까지 감할 수 있다.

063 고압 가공전선과 가공 약전류전선이 공가할 경우 최소 이격거리(m)는?

① 50 ② 75
③ 1.5 ④ 2.0

(저고압 전선과 가공 약전류전선 등의 공용설치)
가공전선과 가공약전류전선 등 사이의 이격거리
① 저압 : 75(cm) 이상
② 고압 : 1.5(m) 이상

064 저압 보안공사시에 사용되는 전선으로 경동선을 사용할 경우 그 지름은 몇(mm)의 것을 사용하여야 하는가?(단, 400(V) 이하임)

① 4 ② 3.5
③ 2.6 ④ 1.2

(저압 보안공사)
① 사용전압이 400(V) 초과인 경우 전선은 케이블인 경우 이외에는 인장강도 8.01(kN) 이상의 것 또는 지름 5(mm) 이상의 경동선이어야 한다.
② 단, 사용전압이 400(V) 이하인 경우에는 인장강도 5.26(kN) 이상의 것 또는 지름 4(mm) 이상의 경동선이어야 한다.

065 다음 중 고압 보안공사에 사용되는 전선의 기준으로 옳은 것은?

① 케이블인 경우 이외에는 인장강도 8.01(kN) 이상의 것 또는 지름 5(mm) 이상의 경동선일 것
② 케이블인 경우 이외에는 인장강도 8.01(kN) 이상의 것 또는 지름 4(mm) 이상의 경동선일 것
③ 케이블인 경우 이외에는 인장강도 8.71(kN) 이상의 것 또는 지름 5(mm) 이상의 경동선일 것
④ 케이블인 경우 이외에는 인장강도 8.71(kN) 이상의 것 또는 지름 4(mm) 이상의 경동선일 것

(고압 보안공사)
① 전선은 케이블인 경우 이외는 인장강도 8.01(kN) 이상의 것 또는 지름 5(mm) 이상의 경동선일 것.
② 목주의 풍압하중에 대한 안전율은 1.5 이상일 것.

066 154(kV) 가공송전선로를 제1종 특고압 보안공사에 의할 때 사용되는 경동연선의 굵기는 몇 (mm^2) 이상이어야 하는가?

① 100 ② 150
③ 200 ④ 250

(특고압 보안공사)

사용전압	전선
100(kV) 미만	인장강도 21.67(kN) 이상의 연선 또는 단면적 55(mm^2) 이상의 경동연선
100(kV) 이상 300(kV) 미만	인장강도 58.84(kN) 이상의 연선 또는 단면적 150(mm^2) 이상의 경동연선
300(kV) 이상	인장강도 77.47(kN) 이상의 연선 또는 단면적 200(mm^2) 이상의 경동연선

067 제1종 특고압 보안공사에 의해서 시설하는 전선로의 지지물로 사용할 수 없는 것은?

정답 062 ① 063 ③ 064 ① 065 ① 066 ② 067 ④

① 철탑
② B종 철주
③ B종 철근 콘크리트주
④ A종 철근 콘크리트주

(특고압 보안공사)
제1종 특고압 보안공사의 지지물에는 B종 철주, B종 철근 콘크리트주 또는 철탑을 사용할 것(목주와 A종 사용 못함).

068 다음 중에서 목주, A종 철주 또는 A종 철근 콘크리트주를 전선로의 지지물로 사용할 수 없는 보안공사는?

① 고압 보안공사
② 제1종 특고압 보안공사
③ 제2종 특고압 보안공사
④ 제3종 특고압 보안공사

(특고압 보안공사)
제1종 특고압 보안공사의 지지물에는 B종 철주, B종 철근 콘크리트주 또는 철탑을 사용할 것(목주와 A종 사용 못함).

069 제1종 특고압 보안공사에 의하여 시설한 154(kV) 가공 송전 선로는 전선에 지락 또는 단락이 생긴 경우에 몇 초 안에 자동적으로 이를 전로로부터 차단하는 장치를 시설하는가?

① 0.5 ② 1.0
③ 2.0 ④ 3.0

(특고압 보안공사)
사용전압이 100(kV) 미만인 경우 특고압 가공전선에 지락 또는 단락이 생긴 경우 또는 단락한 경우에 3초(사용전압이 100(kV) 이상인 경우 2초) 이내에 자동적으로 차단하는 장치를 시설할 것.

070 특고압 가공 전선이 삭도와 제2차 접근 상태로 시설할 경우에 특고압 가공 전선로는 어느 보안공사를 하여야 하는가?

① 고압 보안공사
② 제1종 특고압 보안공사
③ 제2종 특고압 보안공사
④ 제3종 특고압 보안공사

(특고압 가공전선과 삭도의 접근 또는 교차)
① 제1차 접근 상태 : 제3종 특고압 보안공사
② 제2차 접근 상태 : 제2종 특고압 보안공사

071 특고압 가공전선이 도로, 횡단보도교, 철도와 제1차 접근상태로 시설되는 경우에 특고압 가공전선로는 몇 종 보안공사를 하여야 하는가?

① 제1종 특고압 보안공사
② 제2종 특고압 보안공사
③ 제3종 특고압 보안공사
④ 제4종 특고압 보안공사

(특고압 가공전선과 도로 등의 접근 교차)
특고압 가공전선이 도로·횡단보도교·철도 또는 궤도("도로 등"이라 한다)와 제1차 접근상태로 시설되는 경우에는 특고압 가공전선로는 제3종 특고압 보안공사에 의할 것

072 사용전압이 35,000(V) 이하인 특고압 가공전선이 건조물과 제2차 접근상태로 시설된 경우 규정에 맞지 않는 것은?

① 특고압 가공전선은 제2종 특고압 보안공사로 시설한다.
② 특고압 가공전선과 건조물과의 이격거리는 3(m) 이상으로 시설한다.
③ 특고압 가공전선에 케이블을 사용하여 건조물의 상부 조영재에서 위쪽인 경우 1.2(m) 이상으로 시설한다.
④ 지지물로 사용하는 목주의 풍압하중에 대한 안전율은 1.5 이상으로 한다.

(특고압 가공전선과 건조물의 접근)
사용전압이 35(kV) 이하인 특고압 가공전선이 건조물과 제2차 접근상태로 시설되는 경우에는 다음에 의하여야 한다.
① 특고압 가공전선로는 제2종 특고압 보안공사에 의할 것.
② 건조물과의 이격거리는 3(m) 이상.
③ 케이블을 사용하는 경우 상부 조영재 위쪽에서는 1.2(m) 이상, 옆쪽, 아래쪽에는 50

정답 068 ② 069 ③ 070 ③ 071 ③ 072 ④

(cm) 이상일 것.
④ 목주의 안전율은 2 이상이어야 한다.

073 고압 보안공사에 의하여 시설하는 B종 철주 사용 고압 가공전선로의 경간을 250(m)로 하려면 전선에는 굵기가 얼마 이상의 경동선을 사용하여야 하는가?

① 5(mm²) ② 22(mm²)
③ 38(mm²) ④ 55(mm²)

(고압 보안공사)
① 전선은 케이블인 경우를 제외하고 지름 5(mm)의 경동선을 사용하여야 하며, 고압 보안공사에서 경간은 목주, A종은 100(m) 이하이어야 한다.
② 경간은 표에서 정한 값(m) 이하일 것.

지지물의 종류	표준경간	저·고압 보안공사		1종 특고 보안공사	2,3종 특고 보안공사
목주, A종	150	100	38 (mm²) 100	목주, A종 사용안함	100
B종	250	150	250	150	200
철 탑	600 (단주 400)	400	400	400	400 (단주 300)

고압 보안공사에서 전선에 인장강도 14.51(kN) 이상의 것 또는 단면적 38(mm²) 이상의 경동연선을 사용하는 경우로서 지지물에 B종 철주·B종 철근 콘크리트주 또는 철탑을 사용하는 때에는 그러하지 아니하다(위 표의 값 이상으로 할 수 있다).

074 사용 전압 22,900(V) 이하인 특고압 가공전선이 건조물과 제2차 접근 상태에 시설되는 경우에 22,900(V) 가공 전선로의 보안 공사 종류는?

① 고압 보안공사
② 제1종 특고압 보안공사
③ 제2종 특고압 보안공사
④ 제3종 특고압 보안공사

(특고압 가공전선과 건조물의 접근)
① 제1차 접근 상태 : 제3종 특고압 보안공사
② 제2차 접근 상태(35(kV) 이하) : 제2종 특고압 보안공사
③ 제2차 접근상태(35(kV) 초과 400(kV) 미만) : 제1종 특고압 보안공사

075 특고압 가공전선이 건조물과 제1차 접근 상태에 시설되는 경우에 특고압 가공전선로는 몇 종 특고압 보안공사를 하여야 하는가?

① 제1종 ② 제2종
③ 제3종 ④ 제4종

(특고압 가공전선과 건조물의 접근)
특고 가공전선이 건조물 등과 제1차 접근상태인 경우는 제3종 특고압 보안공사에 의할 것.

076 중성점 다중 접지식 22.9(kV) 3상 4선식 가공전선로를 건물 등에 접근상태에 시설하는 경우 선로의 경간 공사는 어떤 보안공사에 의하는가?

① 제1종 특고압 보안공사
② 제2종 특고압 보안공사
③ 제3종 특고압 보안공사
④ 고압 보안공사

(25(kV) 이하인 특고압 가공전선로의 시설)
25(kV) 이하 중성점 다중접지식 가공전선로가 건조물 등과 접근상태로 시설될 때 선로의 경간은 고압 보안공사에 의한다.

077 고압 가공전선로의 지지물로 철탑을 사용하는 경우 최대 경간은 몇 (m)인가?

① 150 ② 200
③ 250 ④ 600

(고압 가공전선로 경간의 제한)
경간은 표에서 정한 값(m) 이하일 것.

지지물의 종류	표준 경간
목주, A종 철주, A종 철근 콘크리트주	150
B종 철주, B종 철근 콘크리트주	250
철 탑	600

정답 073 ③ 074 ③ 075 ③ 076 ④ 077 ④

078 고압 보안공사에 의하여 시설하는 A종 철근 콘크리트주를 지지물로 사용하는 고압 가공전선로의 경간의 최대 한도는?

① 100(m) ② 150(m)
③ 250(m) ④ 400(m)

(고압 보안공사)
경간은 표에서 정한 값(m) 이하일 것.

지지물의 종류	표준경간	저고압 보안공사
목주·A종 철주 또는 철근 콘크리트주	150(m)	100(m)
B종 철주 또는 철근 콘크리트주	250(m)	150(m)
철 탑	600(m) (단주 : 400m)	400(m)

목주, A종 철주 또는 A종 철근 콘크리트주 : 100(m)

079 특고압 가공전선이 교류전차선과 교차하고 교류전차선의 위에 시설하는 경우, 지지물로 A종 철근 콘크리트주를 사용한다면 특고압 가공전선로의 경간은 몇 (m) 이하로 하여야 하는가?

① 30 ② 40
③ 50 ④ 60

(25(kV) 이하인 특고압 가공전선로의 시설)
특고압 가공전선이 교류 전차선과 교차하는 경우에 특고압 가공전선이 교류 전차선의 위에 시설되는 경우에는 다음에 의하여야 한다.
특고압 가공전선로의 경간은 표에서 정한 값 이하일 것.

지지물의 종류	경 간
목주·A종 철주·A종 철근 콘크리트주	60(m)
B종 철주·B종 철근 콘크리트주	120(m)

080 전선의 단면적 55(mm²)인 경동연선을 사용하는 B종(내장형) 특고압 가공전선로의 경간의 최대 한도는 얼마인가?

① 250(m) ② 400(m)
③ 500(m) ④ 600(m)

(고압 및 특고압 가공전선로의 경간 제한)

<table>
<tr><th rowspan="3">지지물의 종류</th><th colspan="3">경간</th></tr>
<tr><td>고압</td><td>인강강도 8.01(kN) 이상의 것 또는 지름 5 (mm) 이상의 경동선</td><td>인장강도 8.71(kN) 이상의 것 또는 단면적 22(mm²) 이상의 경동연선</td></tr>
<tr><td>특고압</td><td>인장강도 8.71(kN) 이상의 것 또는 단면적 22(mm²) 이상의 경동연선(표준경간)</td><td>인장강도 21.67(kN) 이상의 것 또는 단면적 50(mm²) 이상의 경동연선</td></tr>
<tr><td colspan="2">B종</td><td>250(m) 이하</td><td>500(m) 이하</td></tr>
</table>

081 단면적 38(mm²)의 경동연선을 사용한 A종 철주 콘크리트주 66(kV) 가공전선로의 경간의 한도는 몇(m)인가?

① 100 ② 150
③ 200 ④ 250

(고압 및 특고압 가공전선로의 경간 제한)

<table>
<tr><th rowspan="3">지지물의 종류</th><th colspan="3">경 간</th></tr>
<tr><td>고압</td><td>인강강도 8.01(kN) 이상의 것 또는 지름 5 (mm) 이상의 경동선</td><td>인장강도 8.71(kN) 이상의 것 또는 단면적 22(mm²) 이상의 경동연선</td></tr>
<tr><td>특고압</td><td>인장강도 8.71(kN) 이상의 것 또는 단면적 22(mm²) 이상의 경동연선(표준경간)</td><td>인장강도 21.67(kN) 이상의 것 또는 단면적 50(mm²) 이상의 경동연선</td></tr>
<tr><td colspan="2">목주, A종</td><td>150(m) 이하</td><td>300(m) 이하</td></tr>
<tr><td colspan="2">B종</td><td>250(m) 이하</td><td>500(m) 이하</td></tr>
</table>

082 특고압 가공전선로의 철탑의 경간은 얼마 이하로 하여야 하는가?

① 400(m) ② 500(m)
③ 600(m) ④ 800(m)

(특고압 가공전선로의 경간 제한)
① 목주, A종 철주 또는 A종 철근 콘크리트주 : 150(m)
② B종 철주 또는 B종 철근 콘크리트주 : 250(m)
③ 철탑 : 600(m)

정답 078 ① 079 ④ 080 ③ 081 ② 082 ③

083 전선의 단면적이 38(mm^2)인 경동연선을 사용하고 지지물로 B종 철주 또는 B종 철근 콘크리트주를 사용하는 특고압 가공전선로를 제3종 특고압 보안공사에 의하여 시설하는 경우의 경간은 몇 (m) 이하이어야 하는가?

① 100(m) ② 150(m)
③ 200(m) ④ 250(m)

(특고압 보안공사)
제3종 특고압 보안공사 경간은 표에서 정한 값(m) 이하일 것.

지지물	경 간
B종	200(m) (전선의 인장강도 21.67(kN) 이상의 연선 또는 단면적 55(mm^2) 이상의 경동연선을 사용하는 경우에는 250(m))

084 특고압 가공전선이 도로 · 횡단보도교 · 철도 또는 궤도와 제1차 접근상태로 시설되는 경우에 시행하는 보안공사는?

① 제1종 특고압 보안공사
② 제2종 특고압 보안공사
③ 제3종 특고압 보안공사
④ 제4종 특고압 보안공사

(특고압 전선과 도로 등의 접근 또는 교차)
특고압 가공전선이 도로 · 횡단보도교 · 철도 또는 궤도와 제1차 접근 상태로 시설되는 경우는 제3종 특고압 보안공사에 의할 것.

085 사용전압이 22,900(V)인 특고압 가공전선이 건조물 등과 접근상태로 시설되는 경우 지지물로 A종 철근 콘크리트주를 사용하면 그 경간은 몇 (m) 이하이어야 하는가? (단, 중성선 다중접지식으로 전로에 단락이 생겼을 때에 2초 이내에 자동적으로 이들 전로로부터 차단하는 장치가 되어 있는 경우)

① 100 ② 150
③ 200 ④ 250

(25(kV) 이하인 특고압 가공전선로의 시설)
경간은 표에서 정한 값(m) 이하일 것.

지지물의 종류	경 간
목주 · A종 철주 또는 A종 철근 콘크리트주	100(m)
B종 철주 또는 B종 철근 콘크리트주	150(m)
철 탑	400(m)

086 B종 철근 콘크리트주를 사용하는 특고압 가공 전선로의 표준 경간(m)의 한도는?

① 100 ② 150
③ 250 ④ 300

(고압 및 특고압 가공전선로의 경간 제한)

지지물의 종류	경 간	
고압	인강강도 8.01(kN) 이상의 것 또는 지름 5 (mm) 이상의 경동선	인장강도 8.71(kN) 이상의 것 또는 단면적 22(mm^2) 이상의 경동연선
특고압	인장강도 8.71(kN) 이상의 것 또는 단면적 22(mm^2) 이상의 경동연선(표준경간)	인장강도 21.67(kN) 이상의 것 또는 단면적 50(mm^2) 이상의 경동연선
목주, A종	150(m) 이하	300(m) 이하
B종	250(m) 이하	500(m) 이하
철탑	600(m) 이하 (단주 400(m) 이하)	600(m) 이하 (단주 400(m) 이하)

087 제2종 특고압 보안공사에 있어서 B종 철근 콘크리트주를 사용하는 경우에 최대 경간은 몇(m)인가?

① 100(m) ② 150(m)
③ 200(m) ④ 400(m)

(특고압 보안공사)
제2종 특고압 보안공사는 다음에 의할 것.
① 특고압 가공전선은 연선일 것.
② 지지물로 사용하는 목주의 풍압하중에 대한 안전율은 2 이상일 것.
③ 경간
㉮ 목주, A종 철주 또는 A종 철근 콘크리트주 : 100(m)
㉯ B종 철주 또는 B종 철근 콘크리트주 :

정답 083 ③ 084 ③ 085 ① 086 ③ 087 ③

200(m)
㉰ 철탑 : 400(m)

088 특고압 가공 전선이 건조물 등과 접근 상태로 시설되는 경우에 지지물에 A종 철근 콘크리트주를 사용하면 그 경간(m)의 최대값은?

① 100　　② 150
③ 200　　④ 250

(특고압 보안공사)
제3종 특고압 보안공사 경간

지지물의 종류	경 간
목주 · A종	100(m) (전선의 인장강도 14.51(kN) 이상의 연선 또는 단면적 38(mm^2) 이상의 경동연선을 사용하는 경우에는 150(m))
B종	200(m) (전선의 인장강도 21.67(kN) 이상의 연선 또는 단면적 55(mm^2) 이상의 경동연선을 사용하는 경우에는 250(m))

089 저압 가공전선이 상부 조영재 위쪽에서 접근하는 경우 전선과 상부 조영재간의 이격거리는 얼마 이상이어야 하는가?(단, 특고압 절연전선 또는 케이블인 경우이다.)

① 0.8(m)　　② 1.0(m)
③ 1.2(m)　　④ 2.0(m)

(저고압 가공전선과 건조물의 접근)

건조물 조영재의 구분 및 접근형태		이격거리	
		저압(m)	고압(m)
상부 조영재의 위쪽	일반적인 경우	2	2
	전선이 고압절연전선인 경우	1	2
	전선이 케이블인 경우	1	1
기타 조영재 또는 상부조영재의 옆쪽 또는 아래쪽	일반적인 경우	1.2	1.2
	전선이 고압절연전선인 경우	0.4	1.2
	전선이 케이블인 경우	0.4	0.4
	사람이 쉽게 접근할 수 없도록 시설하는 경우	0.8	0.8

090 고압 가공전선과 건조물의 상부 조영재와 옆쪽 이격거리는 몇 (m) 이상이어야 하는가? (단, 전선에 사람이 쉽게 접촉할 우려가 있고 케이블이 아닌 경우)

① 1.0　　② 1.2
③ 1.5　　④ 2.0

(저고압 가공전선과 건조물의 접근)
이격거리는 표의 값 이상일 것.

조영재의 구분	접근 형태	이격거리
상부 조영재 (지붕 · 챙 · 옷말리는 곳 기타 사람이 올라갈 우려가 있는 조영재를 말한다)	위쪽	2(m) (전선이 고압 절연전선, 특고압 절연전선 또는 케이블인 경우는 1(m))
	옆쪽 또는 아래쪽	1.2(m) (전선에 사람이 쉽게 접촉할 우려가 없도록 시설한 경우에는 80(㎝), 고압절연전선, 특고압 절연전선 또는 케이블인 경우에는 40(㎝))

091 전압 22900(V)의 특고압 가공전선이 건조물과 제1차 접근상태로 시설되는 경우 특고압 가공전선과 건조물 사이의 이격거리는 몇(m) 이상이야 하는가?

① 3　　② 6
③ 9　　④ 12

(특고압 가공전선과 건조물의 접근)
이격거리는 표의 값 이상일 것.

조영재의 구분	전선 종류	접근형태	이격거리
상부 조영재	특고압 절연전선	위쪽	2.5(m)
		옆쪽 또는 아래쪽	1.5(m) (전선에 사람이 쉽게 접촉할 우려가 없도록 시설한 경우는 1(m))
	케이블	위쪽	1.2(m)
		옆쪽 또는 아래쪽	0.5(m)
	기타전선		3(m)

정답 088 ① 089 ② 090 ② 091 ①

092 66(kV) 가공 송전선과 건조물이 제1차 접근상태로 시설하는 경우 전선과 건조물간의 최소 이격거리는?

① 3.2　② 3.4
③ 3.6　④ 3.8

(특고압 가공전선과 건조물의 접근)
① 35(kV) 이하인 경우 : 3(m)
② 35(kV) 초과하는 것은 3(m)에 10(kV)마다 0.15(m)를 더 가산한 값.
단수 : $\frac{66-35}{10}=3.1 \rightarrow 4$단,
∴ 이격거리 : 3+(4×0.15)=3.6(m)

093 345(kV) 가공전선이 건조물과 제1차 접근상태로 시설되는 경우 양자간의 최소 이격거리는 얼마이어야 하는가?

① 6.75(m)　② 7.65(m)
③ 7.80(m)　④ 9.48(m)

(특고압 가공전선과 건조물의 접근)
35(kV)를 초과하는 것은 3(m)에 10(kV)마다 0.15(m)를 더 가산한 값.
단수 : $\frac{345-35}{10}=31 \rightarrow 31$단,
∴ 이격거리 : 3+(31×0.15)=7.65(m)

094 최대 사용전압이 360(kV) 가공전선이 교량과 제1차 접근상태로 시설되는 경우에 전선과 교량과의 최소 이격거리는 몇(m)인가?

① 5.96　② 6.96
③ 7.95　④ 8.95

(특고압 가공전선과 건조물의 접근)
35(kV)를 초과하는 것은 3(m)에 10(kV)마다 0.15(m)를 더 가산한 값.
단수 : $\frac{360-35}{10}=32.5 \rightarrow 33$단,
∴ 이격거리 : 3+(33×0.15)=7.95(m)

095 사용전압이 154(kV)의 가공전선과 식물과의 최소 이격거리는 몇 (m)인가?

① 3.0　② 3.12
③ 3.2　④ 3.4

(특고압 가공전선과 식물의 이격거리)
① 60(kV) 이하는 2(m) 이상
② 60(kV)를 초과하는 것은 2(m)에 60(kV)를 초과하는 10(kV) 또는 그 단수마다 0.12(m)를 가산한 값 이상 이격시킨다.
단수 : $\frac{154-60}{10}=9.4 \rightarrow 10$단,
∴ 이격거리 : 2+(10×0.12)=3.2(m)

096 저압 가공전선과 식물과의 이격거리는 저압 가공전선에 있어서는 몇(cm) 이상이어야 하는가?

① 20
② 30
③ 60
④ 상시불고 있는 바람에 접촉하지 않도록

(저고압 가공전선과 식물의 이격거리)
① 저고압 : 상시불고 있는 바람에 접촉하지 않도록 한다.
② 특고압(60(kV) 이하) : 2(m)
③ 25(kV) 이하 중성점 다중접지한 특고압 : 1.5(m)

097 275(kV)의 가공 전선과 수목과의 접근 거리(m)의 최소값은?

① 4.4　② 4.64
③ 5.3　④ 6.4

(특고압 가공전선과 식물의 이격거리)
① 60(kV) 이하는 2(m) 이상
② 60(kV)를 초과하는 것은 2(m)에 60(kV)를 초과하는 10(kV) 또는 그 단수마다 0.12(m)를 가산한 값 이상 이격시킨다.
단수 : $\frac{275-60}{10}=22$단,
∴ 이격거리 : 2+(22×0.12)=4.64(m)

098 저압 가공전선 상호간을 접근 또는 교차하여 시설하는 경우 전선 상호간 이격거리 및 하나의 저압 가공전선과 다른 저압 가공전선로의 지지물 사이의 이격거리는 각각 몇 (cm) 이상이어야 하는가?(단, 어느 한 쪽의 전선이 고압 절연전선, 특고압 절

정답 092 ③ 093 ② 094 ③ 095 ③ 096 ④ 097 ② 098 ③

연전선 또는 케이블이 아닌 경우이다.)

① 전선 상호간 : 30(cm), 전선과 지지물 간 : 30(cm)
② 전선 상호간 : 30(cm), 전선과 지지물 간 : 60(cm)
③ 전선 상호간 : 60(cm), 전선과 지지물 간 : 30(cm)
④ 전선 상호간 : 60(cm), 전선과 지지물 간 : 60(cm)

(가공전선 상호간 접근 또는 교차)
이격거리는 표의 값 이상일 것.

구분	저압 가공전선		고압 가공전선	
	일반	고압절연전선 또는 케이블	일반	케이블
저압 및 약전류 가공전선	0.6(m)	0.3(m)	0.8(m)	0.4(m)
저압 및 약전류 가공전선로의 지지물	0.3(m)	-	0.6(m)	0.3(m)

099 저압 가공전선이 다른 저압 가공전선과 접근상태로 시설되거나 교차하여 시설되는 경우 저압 가공전선 상호간의 이격거리는 몇 (cm) 이상이어야 하는가? (단, 한쪽의 전선이 고압 절연전선이라고 한다.)

① 30 ② 60
③ 80 ④ 100

(가공전선 상호간 접근 또는 교차)
이격거리는 표의 값 이상일 것.

구분	저압 가공전선		고압 가공전선	
	일반	고압절연전선 또는 케이블	일반	케이블
저압 및 약전류 가공전선	0.6(m)	0.3(m)	0.8(m)	0.4(m)
저압 및 약전류 가공전선로의 지지물	0.3(m)	-	0.6(m)	0.3(m)

100 사용전압 22.9(kV) 특고압 가공전선과 저고압 가공전선 등 또는 이들의 지지물이나 지주 사이의 이격거리는 최소 몇 (m) 이상이어야 하는가?

① 1.5 ② 2
③ 2.5 ④ 3

(특고압과 저고압 가공전선간 접근, 교차)
표에서 정한 값 이상일 것.

사용전압의 구분	이격거리
60(kV) 이하	2(m)
60(kV) 초과	2(m)에 사용전압이 60(kV)를 초과하는 10(kV) 또는 그 단수마다 0.12(m)를 더한 값 $2+(\frac{\text{사용전압}[kV]-60}{10})\times 0.12$

101 특고압 가공전선이 저고압 가공전선과 제1차 접근상태로 시설하는 경우, 66(kV) 특고압 가공전선과 저고압 가공전선 사이의 이격거리는 몇 (m) 이상이어야 하는가?

① 2.0(m) ② 2.12(m)
③ 2.2(m) ④ 2.5(m)

(특고압과 저고압 가공전선간 접근, 교차)
60(kV)를 초과하는 것은 2(m)에, 60(kV)를 초과하는 10(kV) 또는 그 단수마다 0.12(m)를 가산한 값 이상으로 이격시킨다.

단수 : $\frac{66-60}{10}=0.6 \rightarrow$ 1단,

∴ 이격거리 : 2+(1×0.12)=2.122(m)

102 특고압 가공전선이 저고압 가공전선 등과 제2차 접근상태로 시설되는 경우에 특고압 가공전선로는 어떤 보안공사에 의하여야 하는가?

① 고압 보안공사
② 제1종 특고압 보안공사
③ 제2종 특고압 보안공사
④ 제3종 특고압 보안공사

(특고압과 저고압 가공전선간 접근, 교차)

정답 099 ① 100 ② 101 ② 102 ③

① 특고압 가공전선이 가공약전류전선 등 저고압 가공전선이나 저고압 전차선과 제1차 접근상태로 시설되는 경우에는 특고압 가공전선로는 제3종 특고압 보안공사할 것.
② 특고압 가공전선이 저고압 가공전선 등과 제2차 접근상태로 시설되는 경우에는 특고압 가공전선로는 제2종 특고압 보안공사에 의할 것.
③ 특고압 가공전선이 저고압 가공전선 등과 교차하는 경우에 특고압 가공전선이 저고압 가공전선 등의 위에 시설되는 때에는 특고압 가공전선로는 제2종 특고압 보안공사에 의할 것.

103 154(kV) 가공 송전선이 66(kV) 가공 송전선의 상방에 교차되어 시설되는 경우, 154(kV) 가공 송전선로는 제 몇 종 특고압 보안공사에 의하여야 하는가?

① 1　　② 2
③ 3　　④ 4

(특고압 가공전선 상호간의 접근 또는 교차) 60(kV)를 초과하는 것은 2(m)에, 60(kV)를 초과하는 10(kV) 또는 그 단수마다 0.12(m)를 가산한 값 이상으로 이격시킨다.

단수 : $\frac{154-60}{10}=9.4 \to 10$단,

∴ 이격거리 : $2+(10\times0.12)=3.2$(m)

3(m) 초과하므로 1차접근상태로 제3종 특고 보안공사할 것

104 사용전압이 22.9(kV)인 가공전선이 삭도와 제1차 접근상태로 시설되는 경우, 가공전선과 삭도 또는 삭도용 지주 사이의 이격거리는 최소 몇 (m) 이상이어야 하는가?(단, 특고압 절연전선을 사용한다고 한다.)

① 0.5(m)　　② 1(m)
③ 2(m)　　④ 2.12(m)

(특고압 가공전선과 삭도의 접근 또는 교차) 이격거리는 표의 값 이상일 것.

사용전압	전선의 종류	이격거리
35(kV) 이하	표준	2(m)
	특고압 절연전선	1(m)
	케이블	0.5(m)

105 고압 절연전선을 사용한 6600(V) 배전선이 안테나와 접근상태로 시설되는 경우, 그 이격거리(cm)는?

① 60 이상　　② 80 이상
③ 100 이상　　④ 120 이상

(저고압 전선과 안테나의 접근 또는 교차) 이격거리는 표의 값 이상일 것.

사용전압 부분 공작물의 종류		이격거리	
		저압(cm)	고압(cm)
안테나	일반적인 경우 (가섭선에 의한 시설 포함)	60 (저압절연전선)	80
	전선이 고압절연전선인 경우	30	80
	전선이 케이블인 경우	30	40

106 전선에 저압 절연전선을 사용한 220(V) 저압 가공전선이 안테나와 접근상태로 시설되는 경우의 이격거리는 몇(cm) 이상이어야 하는가?

① 30　　② 60
③ 100　　④ 120

(저고압 전선과 안테나의 접근 또는 교차) 이격거리는 표의 값 이상일 것.

사용전압 부분 공작물의 종류		이격거리	
		저압(cm)	고압(cm)
안테나	일반적인 경우 (가섭선에 의한 시설 포함)	60 (저압절연전선)	80
	전선이 고압절연전선인 경우	30	80
	전선이 케이블인 경우	30	40

정답 103 ③ 104 ② 105 ② 106 ②

107 농사용 저압 가공전선로의 최대 경간은 몇 (m)인가?

① 30 ② 50
③ 60 ④ 100

(농사용 저압 가공전선로의 시설)
① 농사용 저압 가공전선로의 경간은 30(m) 이하일 것.
② 목주 말구 지름은 9(cm) 이상.
③ 전선은 인장강도 1.38(kN) 이상의 것 또는 지름 2(mm) 이상의 경동선 이상일 것.

108 다음 중 농사용 저압 가공전선로의 시설 기준으로 옳지 않은 것은?

① 사용전압이 저압일 것
② 저압 가공전선의 인장강도는 1.38(kN) 이상일 것
③ 저압 가공전선의 지표상 높이는 3.5(m) 이상일 것
④ 전선로의 경간은 40(m) 이하일 것

(농사용 저압 가공전선로의 시설)
① 사용전압은 저압일 것
② 저압 가공전선은 인장강도 1.38(kN) 이상의 것 또는 지름 2(mm) 이상의 경동선일 것.
③ 저압 가공전선의 지표상의 높이는 3.5(m) 이상일 것.
다만, 저압 가공전선을 사람이 쉽게 출입하지 아니하는 곳에 시설하는 경우에는 3(m)까지로 감할 수 있다.
④ 목주의 굵기는 말구 지름이 9(cm) 이상.
⑤ 전선로의 경간은 30(m) 이하일 것.

109 저압 옥측 전선로를 시설하는 경우 옳지 않은 공사는? (단, 전개된 장소로서 목조 이외의 조영물에 시설하는 경우이다.)

① 애자사용공사 ② 합성수지관공사
③ 케이블공사 ④ 금속몰드공사

(저압 옥측전선로의 시설)
저압 옥측전선로는 다음의 어느 하나에 의할 것.
① 애자사용공사(전개된 장소에 한한다)
② 합성수지관공사(목조 조형물에 시설 가능)
③ 금속관공사(목조 이외의 조영물에 시설하는 경우에 한한다)
④ 버스덕트공사(목조 이외의 조영물(점검할 수 없는 은폐된 장소를 제외)에 시설하는 경우에 한한다)
⑤ 케이블공사(연피 케이블·알루미늄피 케이블 또는 미네럴인슈레이션케이블을 사용하는 경우에는 목조 이외의 조영물에 시설하는 경우에 한한다)

110 고압 옥측전선로의 전선으로 사용할 수 있는 것은?

① 케이블 ② 절연전선
③ 다심형 전선 ④ 나경동선

(고압 옥측전선로의 시설)
고압 옥측전선로는 전개된 장소는 다음에 따라 시설하여야 한다.
① 전선은 케이블일 것.
② 케이블은 견고한 관 또는 트라프에 넣거나 사람이 접촉할 우려가 없도록 시설할 것.

111 특고압 전로와 비접지식 저압전로를 결합하는 변압기로서 그 특고압 권선과 저압 권선 간에 혼촉 방지판이 있는 변압기에 접속하는 저압 옥상전선로의 전선으로 사용할 수 있는 것은?

① 절연전선 ② 케이블
③ 경동 연선 ④ 강심 알루미늄선

(혼촉방지판이 있는 변압기에 접속하는 저압 옥외전선의 시설 등)
① 저압전선은 1구내에만 시설할 것
② 저압 가공전선로 또는 저압 옥상전선로의 전선은 케이블일 것
③ 저압 가공전선과 고압 또는 특고압의 가공전선을 동일 지지물에 시설하지 아니할 것. 다만, 고압 가공전선로 또는 특고압 가공전선로의 전선이 케이블인 경우에는 그러하지 아니한다.

112 고압 옥상 전선로의 전선이 다른 시설물과 접근하거나 교차하는 경우에는 고압 옥상 전선로의 전선과 이들 사이의 이격거리는 몇 (cm) 이상이어야 하는가?

정답 107 ① 108 ④ 109 ④ 110 ① 111 ② 112 ④

① 30 ② 40
③ 50 ④ 60

(고압 옥상전선로의 시설)
고압 옥상 전선로의 전선이 다른 시설물(가공전선을 제외)과 접근하거나 교차하는 경우에는 고압 옥상 전선로의 전선과 이들 사이의 이격거리는 60(㎝) 이상이어야 한다.

113 저압 옥상전선로의 시설에 대한 설명으로 옳지 않은 것은?

① 전선과 옥상전선로를 시설하는 조영재와 이격거리를 0.5(m)로 하였다.
② 전선은 상시 부는 바람 등에 의하여 식물에 접촉하지 않도록 시설하였다.
③ 전선은 절연전선을 사용하였다.
④ 전선은 지름 2.6(mm)의 경동선을 사용하였다.

(저압 옥상전선로의 시설)
① 저압 옥상전선로는 전개된 장소에 다음에 따르고 또한 위험의 우려가 없도록 시설하여야 한다.
㉮ 전선은 인장강도 2.30(kN) 이상의 것 또는 지름 2.6(mm) 이상의 경동선.
㉯ 전선은 절연전선일 것.
㉰ 전선은 조영재에 견고하게 붙인 지지주 또는 지지대에 절연성 · 난연성 및 내수성이 있는 애자를 사용하여 지지하고 또한 그 지지점 간의 거리는 15(m) 이하일 것.
㉱ 저압 옥상전선과 조영재(造營材)의 이격거리는 표의 값 이상일 것.

전선의 종류	이격거리
OW(옥외용 비닐절연전선)전선, DV(인입용 비닐절연전선)전선, 450/750(V) 일반용 단심 비닐절연전선(NR 전선)	2(m) 이상
고압 절연전선, 특고압 절연전선, 케이블	1(m) 이상

② 저압 옥상전선로의 전선은 상시 부는 바람 등에 의하여 식물에 접촉하지 아니하도록 시설하여야 한다.

114 저압 가공인입선의 시설에 대한 설명으로 틀린 것은?

① 전선은 절연전선, 다심형 전선 또는 케이블일 것
② 전선은 지름 1.6(mm)의 경동선 또는 이와 동등 이상의 세기 및 굵기일 것
③ 전선의 높이는 철도 및 궤도를 횡단하는 경우에는 궤조면상 6.5(m) 이상일 것
④ 전선의 높이는 횡단 보도교의 위에 시설하는 경우에는 노면상 3(m) 이상일 것

(저압 인입선의 시설)
① 경간이 15(m) 초과인 경우는 전선이 케이블인 경우 이외에는 인장강도 2.30(kN) 이상의 것 또는 지름 2.6 (mm) 이상의 인입용 비닐절연전선일 것.
다만, 경간이 15(m) 이하인 경우는 인장강도 1.25(kN) 이상의 것 또는 지름 2(mm) 이상의 인입용 비닐절연전선일 것.
② 전선은 절연전선, 다심형 전선 또는 케이블일 것.
③ 전선이 옥외용 비닐절연전선인 경우에는 사람이 접촉할 우려가 없도록 시설할 것
④ 철도 또는 궤도를 횡단하는 경우에는 레일면상 6.5(m) 이상
⑤ 횡단보도교의 위에 시설하는 경우에는 노면상 3(m) 이상

115 고압 가공인입선은 그 아래에 위험 표시를 하였을 경우에는 전선의 지표상 높이(m)를 얼마까지 낮출 수 있는가?

① 5.5 ② 4.5
③ 3.5 ④ 2.5

(고압 인입선 등의 시설)
고압 가공인입선의 높이는 지표상 3.5(m) 까지로 감할 수 있다. 이 경우에 그 고압 가공인입선이 케이블 이외의 것인 때에는 그 전선의 아래쪽에 위험 표시를 하여야 한다.

116 사용전압이 35,000(V) 이하이고 케이블을 사용하는 특고압 가공인입선이 도로, 횡단보도교 등을 횡단하지 않으면 지표상 몇 (m)까지 시설할 수 있는가?

① 3 ② 4
③ 5 ④ 6

정답 113 ① 114 ② 115 ③ 116 ②

(특고압 인입선 등의 시설)
도로, 횡단보도교, 철도 및 궤도를 횡단하는 이외 경우 특고압 절연전선 또는 케이블 사용 시 : 4(m)

117 다음 저압 연접인입선의 시설 규정 중 틀린 것은?

① 경간이 20(m)인 곳에 직경 2(mm) DV 전선을 사용하였다.
② 인입선에서 분기하는 점으로부터 100(m)를 넘지 않았다.
③ 폭 4.5(m)의 도로를 횡단하였다.
④ 옥내를 통과하지 않도록 했다.

(저압 연접 인입선의 시설)
① 저압 연접인입선은 "저압 인입선의 시설" 규정에 준하여 시설 : 경간이 15(m) 초과인 경우는 전선이 케이블인 경우 이외에는 인장강도 2.30 (kN) 이상의 것 또는 지름 2.6(mm) 이상의 인입용 비닐절연전선일 것. 다만, 경간이 15(m) 이하인 경우는 인장강도 1.25(kN) 이상의 것 또는 지름 2(mm) 이상의 인입용 비닐절연전선일 것. 또는 절연전선, 다심형 전선 또는 케이블.
② 저압 연접 인입선은 다음에 의하여 시설한다.
㉮ 인입선에서 분기하는 점으로부터 100(m)을 초과하는 지역에 미치지 아니할 것.
㉯ 폭 5(m)을 초과하는 도로를 횡단하지 아니할 것.
㉰ 옥내를 통과하지 아니할 것.

118 고압 가공인입선의 전선으로는 지름 몇 (mm)의 경동선을 사용하는가?

① 1.6 ② 2.6
③ 3.5 ④ 5.0

(고압 인입선 등의 시설)
고압 가공인입선은 전선에는 인장강도 8.01(kN) 이상의 고압절연전선, 특고압 절연전선 또는 지름 5(mm) 이상의 경동선의 고압 절연전선, 특고압 절연전선 또는 규정하는 인하용 절연전선을 애자사용공사에 의하여 시설하거나 케이블 규정에 준하여 시설하여야 한다.

119 특고압 가공전선로를 시가지에서 A종 철주를 사용하여 시설하는 경우 경간의 최대는 몇(m)인가?

① 50 ② 75
③ 150 ④ 200

(시가지 등에서 특고압 가공전선로의 시설)
경간은 표에서 정한 값(m) 이하일 것.

지지물 종류	경 간
A종	75(m) (목주 사용 안함)
B종	150(m)
철 탑	400(m) (단주인 경우에는 300 m) 다만, 전선이 수평으로 2이상 있는 경우에 전선 상호간의 간격이 4(m) 미만인 때에는 250(m)

120 154(kV) 특고압 가공전선로를 경동연선으로 시가지에 시설하려고 한다. 애자 장치는 50(%) 충격섬락전압의 값이 다른 부분은 몇 (%) 이상으로 되어야 하는가?

① 100 ② 115
③ 110 ④ 105

(시가지 등에서 특고압 가공전선로의시설)
특고압 가공전선을 지지하는 애자장치는 다음에 의할 것.
① 50(%) 충격섬락전압값이 그 전선의 근접한 다른 부분을 지지하는 애자장치 값이 130(kV) 이하인 경우는 110(%)(사용전압이 130(kV)를 초과하는 경우는 105(%)) 이상인 것.
② 아크 혼을 붙인 현수애자 · 장간애자(長幹碍子) 또는 라인포스트애자를 사용하는 것.
③ 2련 이상의 현수애자 또는 장간애자를 사용하는 것.
④ 2개 이상의 핀애자 또는 라인포스트애자를 사용하는 것

121 154(kV) 가공전선을 시가지에 시설할 경우의 경동연선의 최소 단면적(mm^2)은?

① 22 ② 38
③ 55 ④ 150

(시가지 등에서 특고압 가공전선로의 시설)

정답 117 ① 118 ④ 119 ② 120 ④ 121 ④

사용전압의 구분	전선의 단면적
100(kV) 미만	인장강도 21.67(kN) 이상의 연선 또는 단면적 55(mm^2) 이상의 경동연선
100(kV) 이상	인장강도 58.84(kN) 이상의 연선 또는 단면적 150(mm^2) 이상의 경동연선

122 시가지에 시설하는 철탑 사용 특고압 가공전선로의 전선이 수평 배치이고, 또한 전선 상호간의 간격이 4(m) 미만이면 전선로의 경간(m)은 얼마 이하이어야 하는가?

① 400 ② 350
③ 300 ④ 250

(시가지 등에서 특고압 가공전선로의 시설)
철탑 : 400(m) (단주인 경우에는 300(m))
다만, 전선이 수평으로 2이상 있는 경우에 전선 상호간의 간격이 4(m) 미만인 때에는 250(m)

123 사용전압 154000(V)의 가공전선을 시가지에 시설하는 경우에 케이블인 경우를 제외하고 전선의 지표상의 최소 높이는 얼마인가?

① 7.44(m) ② 7.80(m)
③ 9.44(m) ④ 11.44(m)

(시가지 등에서 특고압 가공전선로의 시설)
35(kV) 초과 : 10(m)에 35(kV)를 초과하는 10(kV) 또는 그 단수마다 0.12(m)를 더한 값
단수 : $\frac{154-35}{10}=11.9 \rightarrow 12$단,
이격거리 : $10(m)+(12\times0.12)=11.44(m)$

124 22.9(kV)의 특고압 가공 절연 전선로를 시가지에 시설할 경우 지표상의 최저 높이는 몇 (m)이어야 하는가?

① 4 ② 5
③ 6 ④ 8

(시가지 등에서 특고압 가공전선로의 시설)
지표상 높이는 표의 값 이상일 것

사용전압	지표상의 높이
35(kV)이하	10(m) (전선이 특고압 절연전선인 경우에는 8(m))
35(kV)초과	10(m)에 그 단수마다 0.12(m)를 더한 값

125 60(kV) 특고압 가공 전선로를 시가지 등에 시설하는 경우 전선의 지표상 최소 높이(m)는?

① 10 ② 10.12
③ 10.3 ④ 10.36

(시가지 등에서 특고압 가공전선로의 시설)
지표상 높이는 표의 값 이상일 것

사용전압	지표상의 높이
35(kV)이하	10(m) (전선이 특고압 절연전선인 경우에는 8(m))
35(kV)초과	10(m)에 그 단수마다 0.12(m)를 곱하여 더한 값

단수 : $\frac{60-35}{10}=2.5 \rightarrow 3$단,
이격거리 : $10(m)+(3\times0.12)=10.36(m)$

126 22.9(kV) 3상 4선식 중성선 다중 접지식 가공전선로에서 각 접지도체를 중성선으로부터 분리하였을 경우 매 1(km)마다의 중성선과 대지 사이의 합성 전기 저항값은 몇 (Ω) 이하 이어야 하는가?

① 15 ② 20
③ 25 ④ 30

(25(kV) 이하인 특고압 가공전선로의 시설)
15(kV) 초과 25(kV) 이하 : 1(km) 마다의 합성 전기저항값은 15(Ω)

127 중성선 다중접지식의 것으로 전로에 지락이 생겼을 때에 2초 이내에 자동적으로 이를 전로로부터 차단하는 장치가 되어 있는 22.9(kV) 가공전선로를 상부 조영재의 위쪽에서 접근상태로 시설하는 경우, 가공전선과 건조물과의 이격거리는 몇 (m) 이상이어야 하는가?(단, 전선으로는 나전선

정답 122 ④ 123 ④ 124 ④ 125 ④ 126 ① 127 ④

을 사용한다고 한다.)

① 1.2 ② 1.5
③ 2.5 ④ 3.0

(25(kV) 이하인 특고압 가공전선로의 시설)
이격거리는 표의 값 이상일 것.

건조물의 조영재	접근 형태	전선의 종류	이격거리(m)
상부 조영재	위쪽	나전선	3
		특고압 절연전선	2.5
		케이블	1.2

128 22.9(kV) 특고압 가공전선로의 시설에 있어서 중성선을 다중접지하는 경우에 각 접지점한 곳 상호 간의 거리는 전선로에 따라 몇 (m) 이하이어야 하는가?

① 100 ② 150
③ 250 ④ 300

(25(kV) 이하인 특고압 가공전선로의 시설)
① 15(kV) 이하인 경우 : 접지공사는 각각 접지한 곳 상호간의 거리는 전선로에 따라 300(m) 이하일 것.
② 15~25(kV)인 경우 : 접지공사는 각각 접지한 곳 상호 간 거리는 전선로에 따라 150(m) 이하로 할 것.

129 사용 전압 22,000(V)의 특고압 가공전선과 그 지지물과의 최소값(cm)은?

① 15 ② 20
③ 25 ④ 30

(특고압 가공전선과 지지물 등의 이격거리)
이격거리는 표의 값 이상일 것.

사용전압	이격거리(cm)
15(kV) 미만	15
15(kV) 이상 25(kV) 미만	20
25(kV) 이상 35(kV) 미만	25
35(kV) 이상 50(kV) 미만	30
50(kV) 이상 60(kV) 미만	35
60(kV) 이상 70(kV) 미만	40

130 특고압 가공전선로의 지지물로 사용하는 철탑의 종류 중 인류형은?

① 전선로의 이완이 없도록 사용하는 것
② 지지물 양쪽 상호간을 이도를 주기 위하여 사용하는 것
③ 풍압에 의한 하중을 인류하기 위하여 사용하는 것
④ 전가섭선을 인류하는 곳에 사용하는 것

(특고압 가공전선로의 철주·철근 콘크리트주 또는 철탑의 종류)
특고압 가공전선로의 지지물로 사용하는 B종 철근·B종 콘크리트주 또는 철탑의 종류는 다음과 같다.
① 직선형 : 전선로의 직선부분(3° 이하인 수평각도를 이루는 곳을 포함한다.) 에 사용하는 것. 다만, 내장형 및 보강형에 속하는 것을 제외한다.
② 각도형 : 전선로 중 3°를 초과하는 수평각도를 이루는 곳에 사용하는 것.
③ 인류형 : 전가섭선을 인류하는 곳에 사용하는 것.
④ 내장형 : 전선로의 지지물 양쪽의 경간의 차가 큰 곳에 사용하는 것.
⑤ 보강형 : 전선로의 직선부분에 그 보강을 위하여 사용하는 것.

131 특고압 가공전선로의 B종 철주 중 각도형은 전선로 중 몇(°)를 넘는 수평 각도를 이루는 곳에 사용되는가?

① 1° ② 2°
③ 3° ④ 5°

(특고압 가공전선로의 철주·철근 콘크리트주 또는 철탑의 종류)
· 직선형 : 전선로의 직선부분(3°이하의 수평각도 이루는 곳 포함)에 사용되는 것.

132 철주, 철근 콘크리트주 또는 철탑을 사용한 전선로에서 지지물 양측의 경간의 차가 큰 곳에 사용하는 지지물은?

① 직선형 ② 인류형
③ 내장형 ④ 보강형

(특고압 가공전선로의 철주·철근 콘크리트

정답 128 ② 129 ② 130 ④ 131 ③ 132 ③

주 또는 철탑의 종류)
· 내장형 : 전선로 지지물 양측의 경간차가 큰 곳에 사용하는 것.

133 철탑의 강도 계산을 하려고 한다. 이상시 상정하중의 계산에 사용되는 풍압에 의한 하중의 종류가 아닌 것은?

① 수직하중 ② 좌굴하중
③ 수평횡하중 ④ 수평종하중

(이상시 상정하중)
풍압이 전선로의 방향으로 가하여지는 경우의 하중은 각 부재에 대하여 그 부재가 부담하는 다음 하중이 동시에 가하여지는 것으로 하여 계산할 것.
① 수직하중, ② 수평 횡하중, ③ 수평 종하중

134 보강형 철탑은 전가섭선에 관하여 각 가섭선의 상정 최대 장력의 얼마와 같은 불평균 장력의 수평 종분력에 의한 하중을 가산하여야 하는가?

① 3(%) ② 10(%)
③ 25(%) ④ 33(%)

(상시 상정하중)
인류형 · 내장형 또는 보강형의 철주 · 철근 콘크리트주 또는 철탑의 경우에는 가섭선의 불평균 장력에 의한 수평종하중을 가산한다.
① 내장형·보강형의 경우에는 전가섭선에 관하여 각 가섭선의 상정 최대장력의 33(%)와 같은 불평균 장력의 수평 종분력에 의한 하중
② 직선형의 경우에는 전가섭선에 관하여 각 가섭선의 상정 최대장력의 3(%)와 같은 불평균 장력의 수평종분력에 의한 하중

135 특고압 가공전선이 저고압 가공전선 등과 제2차 접근상태로 시설되는 경우 사용전압이 35000 (V) 이하인 특고압 가공전선과 저고압 가공전선 등 사이에 무엇을 시설하는 경우에 특고압 가공전선로를 제2종 특고압 보안공사에 의하지 아니하여도 되는가?(단, 애자장치에 관한 부분에 한한다.)

① 접지설비 ② 보호망
③ 차폐장치 ④ 전류제한장치

(특고압 전선과 도로 등의 접근 또는 교차)
특고압 가공전선로는 제2종 특고압 보안공사에 의할 것. 다만, 특고압 가공전선과 도로 등 사이에 보호망을 시설하는 경우에는 제2종 특고압 보안공사에 의하지 아니할 수 있다.

136 특고압 가공전선과 가공약전류전선 사이에 사용하는 보호망에 있어서 구성하는 금속선의 상호 간격(m)은 얼마 이하로 시설하여야 하는가?

① 60 ② 75
③ 1.2 ④ 1.5

(특고압 전선과 도로 등의 접근 또는 교차)
보호망을 구성하는 금속선 상호의 간격은 가로, 세로 각 1.5(m) 이하.

137 154(kV) 가공전선과 가공 약전류전선이 교차하는 경우에 시설하는 보호망을 보호하는 금속선 중 가공전선의 직하에 시설되는 것 이외의 다른 부분에 시설되는 금속선은 굵기 몇(mm) 이상의 경동선 이어야 하는가?

① 2.6 ② 3.2
③ 4.0 ④ 5.0

(특고압 전선과 도로 등의 접근 또는 교차)
① 그 외주 및 특고압 가공전선의 직하에 시설하는 금속선에 인장강도 8.01(kN) 이상의 것 또는 지름 5(mm) 이상의 경동선을 사용하고,
② 그 밖의 부분에 시설하는 금속선에는 인장강도 5.26(kN) 이상의 것 또는 지름 4(mm) 이상의 경동선을 사용한다.

138 지중전선로에 사용되는 전선은?

① 절연전선 ② 동복강선
③ 케이블 ④ 나경동선

(지중전선로의 시설)
지중전선로는 전선에 케이블을 사용하고 직접 매설식, 관로식, 암거식에 의하여 시설하여야 한다.

정답 133 ② 134 ④ 135 ② 136 ④ 137 ③ 138 ③

139 지중전선로의 시설에 관한 사항으로 옳은 것은?

① 전선은 케이블을 사용하고 관로식, 암거식 또는 직접 매설식에 의하여 시설한다.
② 전선은 절연전선을 사용하고 관로식, 암거식 또는 직접 매설식에 의하여 시설한다.
③ 전선은 케이블을 사용하고 내화성능이 있는 비닐관에 인입하여 시설한다.
④ 전선은 절연전선을 사용하고 내화성능이 있는 비닐관에 인입하여 시설한다.

(지중전선로의 시설)
전선은 케이블을 사용하고 관로식, 암거식 또는 직접 매설식에 의하여 시설한다.

140 지중전선로의 시설 방식이 아닌 것은?

① 직접 매설식 ② 관로식
③ 압착식 ④ 암거식

(지중전선로의 시설)
전선에 케이블을 사용, 직접매설식, 관로식, 암거식에 의하여 시설.

141 지중전선로를 차도에 시설하는 경우 직접 매설식으로 하면 깊이 몇 (m) 이상 매설하는가?

① 1.0 ② 1.2
③ 1.5 ④ 2.0

(지중전선로의 시설)
직접 매설식으로 시공할 경우 매설 깊이는 중량물의 압력이 있는 곳은 1.0(m) 이상, 우려가 없는 곳은 0.6(m) 이상으로 한다.

142 중량물이 통과하는 장소에 비닐 외장케이블을 직접매설식으로 매설하고자 할 때 매설의 최소 깊이는 몇 (m)인가?

① 0.8 ② 1.0
③ 1.2 ④ 1.5

(지중전선로의 시설)
직접 매설식으로 시공할 경우 매설 깊이는 중량물의 압력이 있는 곳은 1.0(m) 이상, 우려가 없는 곳은 0.6(m) 이상으로 한다.

143 고압 지중 케이블로서 직접매설식에 의하여 견고한 트라프 기타 방호물에 넣지 않고 시설할 수 있는 케이블은?(단, "보기" 항의 케이블은 개장하지 않은 것임)

① 미네럴인슈레이션 케이블
② 콤바인덕트 케이블
③ 클로로프렌외장 케이블
④ 고무외장 케이블

(지중전선로의 시설)
저고압 지중전선에 콤바인덕트 케이블 또는 고시하는 구조의 케이블을 사용하여 시설할 수 있다.

144 지중전선로에 사용하는 지중함의 시설기준으로 옳지 않은 것은?

① 크기가 1(m^3) 이상인 것에는 밀폐하도록 할 것
② 뚜껑은 시설자 이외의 자가 쉽게 열수 없도록 할 것
③ 지중함안의 고인 물을 제거할 수 있는 구조일 것
④ 견고하고 차량 기타 중량물의 압력에 견딜 수 있을 것

(지중함의 시설)
① 지중함은 견고하고 차량 기타 중량물의 압력에 견디는 구조일 것
② 지중함은 그 안의 고인물을 제거할 수 있는 구조로 되어있을 것
③ 폭발성 또는 연소성의 가스가 침입할 우려가 있는 곳에 시설하는 지중함으로 그 크기가 1(m^3) 이상인 것에는 통풍장치 기타 가스를 방산시키기 위한 적당한 장치를 시설할 것
④ 지중함의 뚜껑은 시설자 이외의 자가 쉽게 열수 없도록 시설할 것. 따라서 지중함에 조명시설은 필요치 않다.

정답 139 ① 140 ③ 141 ① 142 ② 143 ② 144 ①

145 "지중전선로는 기설 지중 약전류전선로에 대하여 (㉮) 또는 (㉯)에 대하여 통신상의 장해를 주지 않도록 기설 약전류전선로로 부터 충분히 이격시키거나 적당한 방법으로 시설하여야 한다." ㉮, ㉯에 알맞은 말은?

① ㉮ 정전용량 ㉯ 표피작용
② ㉮ 정전용량 ㉯ 유도작용
③ ㉮ 누설전류 ㉯ 표피작용
④ ㉮ 누설전류 ㉯ 유도작용

(지중 약전류전선에의 유도장해의 방지)
지중전선로는 기설 지중 약전류전선로에 대하여 누설전류 또는 유도작용에 의하여 통신상의 장해를 주지 아니하도록 기설 약전류전선로로부터 충분히 이격시키거나 기타 적당한 방법으로 시설하여야 하다.

146 지중전선이 지중약전류 전선 등과 접근하거나 교차하는 경우에 상호간의 이격거리가 저압 또는 고압의 지중전선이 몇 (cm) 이하일 때, 지중전선과 지중약전류 전선 사이에 견고한 내화성의 격벽(隔壁)을 설치하여야 하는가?

① 10(cm) ② 20(cm)
③ 30(cm) ④ 60(cm)

(지중전선과 지중 약전류전선 또는 관과의 접근 또는 교차)
지중전선이 다음 조건의 이격거리 이하로 설치되는 경우에는 상호간에 내화성의 격벽을 설치하고, 이외에는 지중전선을 견고한 불연성 또는 난연성의 관에 넣어 그 관이 지중 약전류전선 등과 직접 접촉하지 않도록 한다.

조건	전압	이격거리
지중 약전류전선과 접근 또는 교차하는 경우	저압 또는 고압	0.3(m) 이하
	특고압	0.6(m) 이하
유독성 유체를 내포하는 관과 접근 또는 교차하는 경우	특고압	1(m) 이하
	25(kV) 이하 다중접지방식	0.5(m) 이하

147 특고압 지중전선이 가연성이나 유독성이 유체(流體)를 내포하는 관과 접근하기 때문에 상호간에 견고한 내화성의 격벽을 시설하였다. 상호간의 이격거리가 몇 (m) 이하인 경우인가?

① 0.4 ② 0.6
③ 0.8 ④ 1.0

(지중전선과 지중 약전류전선 또는 관과의 접근 또는 교차)
지중전선이 다음 조건의 이격거리 이하로 설치되는 경우에는 상호간에 내화성의 격벽을 설치하고, 이외에는 지중전선을 견고한 불연성 또는 난연성의 관에 넣어 그 관이 지중 약전류전선 등과 직접 접촉하지 않도록 한다.

조건	전압	이격거리
유독성 유체를 내포하는 관과 접근 또는 교차하는 경우	특고압	1(m) 이하
	25(kV) 이하 다중접지방식	0.5(m) 이하

148 터널안전선로의 시설 방법으로 옳지 않은 것은?

① 저압전선은 직경 2.0(mm)의 경동선이나 동등 이상의 세기 및 굵기의 절연전선을 사용하였다.
② 고압전선은 케이블공사로 하였다.
③ 저압전선을 애자사용공사에 의하여 시설하고 이를 궤조면상 또는 노면상 2.5(m) 이상으로 하였다.
④ 저압전선을 가요 전선관공사에 의해 시설하였다.

(터널 안 전선로의 시설)

전압	전선의 굵기	시공방법	애자사용 공사시 높이
저압	인장강도 2.30(kN) 이상 또는 2.6(mm) 이상 경동선의 절연전선	· 합성수지관공사 · 금속관공사 · 가요전선관공사 · 케이블공사 · 애자사용공사	노면상, 레일면상 2.5(m) 이상

정답 145 ④ 146 ③ 147 ④ 148 ①

149 사람이 상시 통행하는 터널 안의 배선을 애자사용 공사에 의하여 시설할 경우 노면상 몇(m) 이상의 높이로 시설하는가?

① 2.0 ② 2.5
③ 3.0 ④ 3.5

(터널 안 전선로의 시설)

전압	전선의 굵기	시공방법	애자사용 공사시 높이
저압	인장강도 2.30(kN) 이상 또는 2.6(mm) 이상 경동선의 절연전선	· 합성수지관공사 · 금속관공사 · 가요전선관 공사 · 케이블공사 · 애자사용공사	노면상, 레일면상 2.5(m) 이상

150 터널내에 3300(V) 전선로를 케이블공사로 시행하려고 한다. 케이블을 조영재의 옆면 또는 아래면에 따라 붙일 경우에 케이블의 지지점간의 거리는 몇 (m) 이하로 하여야 하는가?

① 1 ② 1.5
③ 2 ④ 2.5

(터널 안 전선로의 시설)
케이블 공사시에는 "고압 옥측전선로의 시설"에 의해 케이블을 조영재의 옆면 또는 아랫면에 따라 붙일 경우에는 케이블의 지지점 간의 거리를 2(m)(수직으로 붙일 경우에는 6 m) 이하로 하고 또한 피복을 손상하지 아니하도록 붙일 것.

151 특수장소에 시설하는 전선로의 기준으로 옳지 않는 것은?

① 교량의 윗면에 시설하는 저압전선로는 교량 노면상 5(m) 이상으로 할 것
② 합성수지관, 금속관공사 또는 케이블공사에 의해 교량의 아랫면에 저압전선로를 시설할 수 있으나, 가요전선관공사에 의해 시설할 수 없다.
③ 벼랑과 같은 수직부분에 시설하는 전선로는 부득이한 경우에 시설하며, 이때 전선의 지지점간의 거리는 15(m) 이하이어야 한다.
④ 저압전선로와 고압전선로를 같은 벼랑에 시설하는 경우 고압전선과 저압전선 사이의 이격거리는 50(㎝) 이상일 것

(교량에 시설하는 전선로)
교량의 아랫면에 시설하는 것은 합성수지관공사, 금속관공사, 가요전선관공사 또는 케이블공사에 의하여 시설할 것

152 다음 중 수상전선로를 시설하는 경우에 대한 설명으로 알맞은 것은?

① 사용전압이 고압인 경우에는 제3종 캡타이어 케이블을 사용한다.
② 가공전선로의 전선과 접속하는 경우, 접속점이 육상에 있는 경우에는 지표상 4(m) 이상의 높이로 지지물에 견고하게 붙인다.
③ 가공전선로의 전선과 접속하는 경우, 접속점이 수면상에 있는 경우, 사용전압이 고압인 경우에는 수면상 5(m) 이상의 높이로 지지물에 견고하게 붙인다.
④ 고압 수상전선로에 지락이 생길 때를 대비하여 전로를 수동으로 차단하는 장치를 시설한다.

(수상전선로의 시설)
① 고압인 경우는 고압용의 캡타이어 케이블 사용하며 접속점은

접속점 위치	전압	높이
육상	저압	지표상 4(m) 이상
	고압	지표상 5(m) 이상
수면상	저압	수면상 4(m) 이상
	고압	수면상 5(m) 이상

② 수상전선로의 사용전압이 고압인 경우에는 전로에 지락이 생겼을 때에 자동적으로 전로를 차단하기 위한 장치를 시설할 것.

153 교량 위에 시설하는 조명용 저압 가공전선로에 사용되는 경동선의 최소 굵기는 몇 (mm) 인가?

① 1.6 ② 2.0
③ 2.6 ④ 3.2

(교량에 시설하는 전선로)
교량에 시설하는 저압 전선로는 다음에 따라 시설하여야 한다.
교량의 윗면에 시설하는 것은 다음에 의하는 이외에 전선의 높이를 교량의 노면상 5(m) 이상으로 하여 시설할 것.

① 전선은 케이블인 경우 이외에는 인장강도 2.30(kN) 이상의 것 또는 지름 2.6(mm) 이상의 경동선의 절연전선일 것.
② 전선과 조영재 사이의 이격거리는 전선이 케이블인 경우 이외에는 30(cm) 이상일 것.
③ 전선은 케이블인 경우 이외에는 조영재에 견고하게 붙인 완금류에 절연성 · 난연성 및 내수성의 애자로 지지할 것.
④ 전선이 케이블인 경우에는 전선과 조영재 사이의 이격거리를 15(cm) 이상으로 하여 시설할 것.

154 교량의 상면에 시설하는 고압전선로는 교량의 노면상 몇(m) 이상 이어야 하는가?

① 3 ② 4
③ 5 ④ 6

(교량에 시설하는 전선로)
교량에 시설하는 저압과 고압 전선로는 다음에 의하여 시설하여야 한다.

① 교량의 윗면에 시설하는 것은 다음에 의하는 이외에 전선의 높이를 교량의 노면상 5(m) 이상으로 하여 시설할 것.
② 전선
 ㉮ 저압 : 케이블인 경우 이외에는 인장강도 2.30(kN) 이상의 것 또는 지름 2.6(mm) 이상의 경동선의 절연전선일 것.
 ㉯ 고압 : 케이블일 것. 다만, 철도 또는 궤도 전용의 교량에는 인장강도 5.26(kN) 이상의 것 또는 지름 4(mm) 이상의 경동선을 사용
③ 전선과 조영재 사이의 이격거리
 ㉮ 저압 : 케이블인 경우 이외에는 30(cm) 이상, 케이블인 경우 15(cm) 이상 이격할 것
 ㉯ 고압 : 케이블인 경우에는 30(cm) 이상, 케이블이 아닌 경우 60(cm) 이상 이격할 것

155 전력보안 통신용 전화설비를 시설하지 않아도 되는 곳은?

① 원격감시제어가 되지 아니하는 발전소, 변전소
② 2 이상의 급전소 상호간과 이들을 총합 운용하는 급전소간
③ 급전소를 총합 운용하는 급전소로서 서로 연계가 똑같은 전력계통에 속하는 급전소간
④ 동일 수계에 속하는 보안상 긴급 연락의 필요가 있는 수력 발전소 상호간

(전력보안 통신용 전화설비의 시설)
① 전력보안통신설비의 시설 장소는 다음에 따른다.
 ㉮ 원격감시제어가 되지 아니하는 발전소·원격 감시제어가 되지 아니하는 변전소·개폐소, 전선로 및 이를 운용하는 급전소 및 급전분소간
 ㉯ 2개 이상의 급전소(분소) 상호 간과 이들을 통합 운용하는 급전소(분소)간
 ㉰ 수력설비 중 필요한 곳, 수력설비의 안전상 필요한 양수소(量水所) 및 강수량 관측소와 수력발전소간
 ㉱ 동일 수계에 속하고 보안상 긴급연락 필요가 있는 수력발전소 상호간.
 ㉲ 동일 전력계통에 속하고 또한 안전상 긴급연락의 필요가 있는 발전소·변전소 및 개폐소 상호간
 ㉳ 발전소·변전소 및 개폐소와 기술원 주재소간
 ㉴ 배전자동화 주장치가 시설되어 있는 배전센터, 전력수급조절을 총괄하는 중앙급전사령실
 ㉵ 발전소·변전소·개폐소·급전소 및 기술원 주재소와 전기설비의 안전상 긴급 연락의 필요가 있는 기상대·측후소·소방서 및 방사선 감시계측 시설물 등의 사이
 ㉶ 배전자동화 주장치가 시설되어 있는 배전센터, 전력수급조절을 총괄하는 중앙급전사령실
 ㉷ 전력보안통신 데이터를 중계하거나, 교장치가 설치된 정보통신실
② 정전시에도 그 기능을 잃지 않도록 비상용 예비전원을 구비할 것.

정답 154 ③ 155 ③

156 전력보안 가공통신선(광섬유 케이블은 제외)을 조가할 경우 조가용 선은?

① 금속으로 된 단선
② 알루미늄으로 된 연선
③ 강심 알루미늄 연선
④ 금속선으로 된 연선

(통신선의 시설)
① 통신선을 조가용선으로 조가할 것. 단, 통신선(케이블은 제외)을 인장강도 2.30(kN)의 것 또는 지름 2.6(mm)의 경동선을 사용하는 경우에는 그러하지 않아도 된다.
② 조가용선은 금속선으로 된 연선일 것. 단, 광섬유 케이블을 조가할 경우에는 그러하지 않아도 된다.

157 22.9(kV) 가공전선로의 다중접지한 중성선과 보안 통신선과 최소 이격거리는 몇 (cm) 이상이어야 하는가? (단, 특고압 가공전선로는 중성선 다중접지식의 것으로서 전로에 지기가 생긴 경우에 2초 안에 자동적으로 이를 전로로부터 차단하는 장치를 가지는 것임)

① 60　② 80
③ 100　④ 120

(가공전선과 첨가 통신선과의 이격거리)
이격거리는 표의 값 이상일 것.

전선의 전압	전력선 종류	통신선 종류	이격거리
저압 및 중성선	나전선	나전선, 절연전선, 케이블	60(cm)
	절연전선, 케이블	절연전선, 케이블	30(cm)
	저압가공인입선	첨가 통신용 제2종 케이블 또는 광섬유 케이블	15(cm)

158 특고압 가공전선로의 지지물에 시설하는 통신선 또는 이에 직접 접속하는 통신선이 도로, 횡단 보도교, 철도, 궤도, 삭도 또는 교류 전차선 등과 교차하는 경우에 통신선과 삭도 또는 다른 가공 약전류 전선 등 사이의 이격거리는 몇 (cm) 이상으로 하여야 하는가? (단, 통신선은 광섬유 케이블이라고 한다.)

① 30　② 40
③ 50　④ 60

(특고압전선로 첨가통신선과 도로, 횡단보도교, 철도 및 다른 전선로와의 접근 또는 교차)
통신선과 삭도 또는 다른 가공 약전류 전선 등 사이의 이격 거리는 80(cm)(통신선이 케이블 또는 광섬유 케이블일 때는 40 cm) 이상일 것.

159 가공전선로의 지지물에 시설하는 통신선과 고압 가공전선 사이의 이격거리는 몇 (cm) 이상이어야 하는가?

① 120　② 100
③ 75　④ 60

(가공전선과 첨가 통신선과의 이격거리)
이격거리는 표의 값 이상일 것.

전선의 전압	전력선 종류	통신선 종류	이격거리
고압	나전선, 절연전선	나전선, 절연전선, 케이블	60(cm)
	케이블	절연전선, 첨가 통신용 제1종 케이블이나 첨가통신용 제2종 케이블	30(cm)

160 가공전선로의 지지물에 시설하는 통신선과 고압 가공전선 사이의 이격 거리는 몇 (cm) 이상 이어야 하는가? (단, 첨가 통신용 제1종 케이블인 경우)

① 15　② 30
③ 60　④ 75

(가공전선과 첨가 통신선과의 이격거리)
이격거리는 표의 값 이상일 것.

정답 156 ④ 157 ① 158 ② 159 ④ 160 ②

전선의 전압	전력선 종류	통신선 종류	이격거리
고압	나전선, 절연전선	나전선, 절연전선, 케이블	60(cm)
	케이블	절연전선, 첨가 통신용 제1종 케이블이나 첨가통신용 제2종 케이블	30(cm)

161 가공전선로 지지물에 시설하는 통신선으로 적합하지 아니한 것은?

① 통신선은 가공전선의 아래에 시설할 것.
② 통신선과 저압 가공전선 사이의 이격거리는 60(cm) 이상일 것.
③ 통신선과 고압 가공전선 사이의 이격거리는 60(cm) 이상일 것.
④ 통신선과 특고압 가공전선 사이의 이격거리는 1.0(m) 이상일 것.

(가공전선과 첨가 통신선과의 이격거리)
이격거리는 표의 값 이상일 것.

전선의 전압	전력선 종류	통신선 종류	이격거리
특고압 (중성선 다중접지 이외)	나전선, 절연전선	나전선, 절연전선, 케이블	120(cm)
	케이블	절연전선, 케이블	30(cm)

특고압과 통신선과의 이격거리는 1.2(m) 이상일 것.

162 가공전선과 첨가통신선과의 이격거리에서 통신선과 저압 가공전선 또는 특고압 가공전선로의 다중 접지를 한 중성선 사이의 이격거리는 몇 (cm) 이상인가?

① 60 ② 70
③ 80 ④ 90

(가공전선과 첨가 통신선과의 이격거리)
이격거리는 표의 값 이상일 것.

전선의 전압	전력선 종류	통신선 종류	이격거리
저압 및 중성선	나전선	나전선, 절연전선, 케이블	60(cm)
	절연전선, 케이블	절연전선, 케이블	30(cm)
	저압가공인 입선	첨가 통신용 제2종 케이블 또는 광섬유 케이블	15(cm)

163 중성점 다중 접지식 22.9(kV) 3상 4선식 전로에 첨가 통신선으로 케이블이 아닌 전선을 시설하는 경우 전력선과 통신선의 최소 이격 거리(m)는?

① 0.75 ② 1
③ 1.2 ④ 1.5

(가공전선과 첨가 통신선과의 이격거리)
이격거리는 표의 값 이상일 것.

전선의 전압	전력선 종류	통신선 종류	이격거리
22.9(kV-Y) (중성선 다중접지, 2초이내 자동전로 차단장치 시설됨)	나전선, 절연전선	나전선, 절연전선, 케이블	75(cm)

164 시가지에 시설하는 통신선을 특고압 가공전선로의 지지물에 시설하여서는 아니되는 것은?

① 지름 3.6(mm)의 절연전선
② 첨가통신용 제1종 케이블
③ 첨가통신용 제2종 케이블
④ 광섬유 케이블

(특고압 가공전선로 첨가 통신선의 시가지 인입 제한)
시가지에 시설하는 통신선은 특고압 가공전선로의 지지물에 시설하여서는 아니 된다. 다만, 통신선이 절연전선과 동등 이상의 절연성능이 있고 인장강도 5.26(kN) 이상의 것. 또는 연선의 경우 단면적 16(㎟)(단선의 경우 지름 4(mm)) 이상의 절연전선 또는 광섬유 케이블인 경우에는 그러하지 아니하다.

정답 161 ④ 162 ① 163 ① 164 ①

165 전력 보안 가공통신선이 철도의 궤도를 횡단하는 경우에는 레일면상 몇(m) 이상에 시설하여야 하는가?

① 5.0(m) ② 5.5(m)
③ 6.0(m) ④ 6.5(m)

(통신선의 높이)
전력 보안 가공통신선의 높이는 표의 값 이상일 것

시설장소		가공통신선(m)
도로(차도) 위	일반적인 경우	5
	교통에 지장이 없는 경우	4.5
철도 횡단(레인면상)		6.5
횡단보도교 위(노면상)		3
기타 장소(도로, 철도, 횡단보도교 위 이외의 장소)		3.5

166 교통에 지장을 줄 우려가 없는 경우 가공통신선의 지표상 최저높이(m)는 얼마인가?

① 4.0 ② 4.5
③ 5.0 ④ 5.5

(통신선의 높이)
전력 보안 가공통신선의 높이는 표의 값 이상일 것

시설장소		가공통신선(m)
도로(차도) 위	일반적인 경우	5
	교통에 지장이 없는 경우	4.5
철도 횡단(레인면상)		6.5
횡단보도교 위(노면상)		3
기타 장소(도로, 철도, 횡단보도교 위 이외의 장소)		3.5

167 전력보안 가공통신선의 설치 높이를 규정한 것 중 틀린 것은?

① 도로위에 시설하는 경우는 지표상 4.5(m) 이상.
② 철도를 횡단하는 경우는 궤도면상 6.5(m) 이상
③ 횡단보도교 위에 시설하는 경우는 노면상 3(m) 이상
④ 위 세가지 이외의 경우는 지표상 3.5(m) 이상.

(통신선의 높이)
전력 보안 가공통신선의 높이는 표의 값 이상일 것

시설장소		가공통신선(m)
도로(차도) 위	일반적인 경우	5
	교통에 지장이 없는 경우	4.5
철도 횡단(레인면상)		6.5
횡단보도교 위(노면상)		3
기타 장소(도로, 철도, 횡단보도교 위 이외의 장소)		3.5

168 전력보안 가공통신선을 교통에 지장을 줄 우려가 있는 곳의 도로 위에 시설할 경우에는 지표상 몇 (m) 이상으로 시설하여야 하는가?

① 4 ② 4.5
③ 5 ④ 5.5

(통신선의 높이)
전력 보안 가공통신선의 높이는 표의 값 이상일 것

시설장소		가공통신선(m)
도로(차도) 위	일반적인 경우	5
	교통에 지장이 없는 경우	4.5
철도 횡단(레인면상)		6.5

169 전력 보안 가공통신선을 횡단보도교 위에 설치하고자 할 때 노면상의 높이는 몇 (m) 이상이어야 하는가?

① 3 ② 3.5
③ 5 ④ 6.5

(통신선의 높이)
전력 보안 가공통신선의 높이는 표의 값 이상

정답 165 ④ 166 ② 167 ① 168 ③ 169 ①

일 것

시설장소		가공 통신선 (m)
도로(차도) 위	일반적인 경우	5
	교통에 지장이 없는 경우	4.5
철도 횡단(레인면상)		6.5
횡단보도교 위(노면상)		3

170 전력보안 가공통신선을 도로 위, 철도 또는 궤도, 횡단 보도교 위 등이 아닌 일반적인 장소에 시설하는 경우에는 지표상 몇 (m) 이상으로 시설하여야 하는가?

① 3.5 ② 4
③ 4.5 ④ 5

(통신선의 높이)
전력 보안 가공통신선의 높이는 표의 값 이상일 것

시설장소		가공 통신선 (m)
도로(차도) 위	일반적인 경우	5
	교통에 지장이 없는 경우	4.5
철도 횡단(레인면상)		6.5
횡단보도교 위(노면상)		3
기타 장소(도로, 철도, 횡단보도교 위 이외의 장소)		3.5

171 고압 가공전선로의 지지물에 시설하는 통신선 또는 이에 직접 접속하는 가공 통신선의 높이는 횡단 보도교 위에 시설하는 경우에는 그 노면상 최소 몇 (m) 이상으로 시설하면 되는가?

① 3.5 ② 4
③ 4.5 ④ 5

(통신선의 높이)
전력 보안 가공통신선의 높이는 표의 값 이상일 것

시설장소		가공전선지지물에 시설 또는 직접 접속하는 통신선	
		저고압 (m)	특고압 (m)
횡단보도교 위(노면상)	일반	3.5	5
	저고압 : 통신선이 절연전선 또는 절연효력이 있는 것인 경우. 특고압 : 광섬유 케이블 사용	3	4

172 특고압 가공전선로의 지지물에 시설하는 통신선 또는 이에 직접 접속하는 통신선 중 옥내에 시설하는 부분은 몇 (V) 초과의 저압 옥내배선의 규정에 준하여 시설하도록 하고 있는가?

① 150 ② 300
③ 380 ④ 400

(특고압 가공전선로 첨가 통신선에 직접 접속하는 옥내 통신선의 시설)
특고압 가공전선로의 지지물에 시설하는 통신선 또는 이에 직접 접속하는 통신선 중 옥내에 시설하는 부분은 400(V) 초과의 저압 옥내배선의 규정에 준하여 시설하여야 한다.

173 그림은 전력선 반송통신용 결합장치의 보안장치이다. 그림에서 DR은 무엇인가?

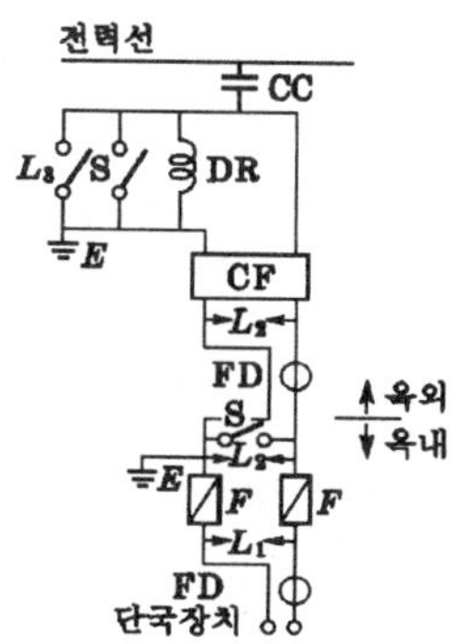

① 접지형 개폐기 ② 결합 필터
③ 방전갭 ④ 배류선륜

정답 170 ① 171 ① 172 ④ 173 ④

(전력선 반송통신용 결합장치의 보안장치)
DR : 전류 용량 2(A) 이상의 배류선륜

174 특고압용 제2종 보안장치 또는 이에 준하는 보안장치 등이 되어있지 않은 25,000(V) 이하인 특고압 가공전선로의 지지물에 시설하는 통신선 또는 이에 직접 접속하는 통신선으로 사용할 수 있는 것은?

① 캡타이어 케이블
② 단면적 6(mm^2) 이상의 절연전선
③ 광섬유 케이블
④ CV-CN 케이블

(25(kV) 이하인 특고압 가공전선로 첨가 통신선의 시설에 관한 특례)
① 특고압용 제1종, 제2종 보안장치 또는 이에 준하는 보안장치 시설하고 또한 중계선륜 또는 배류 중계선륜의 2차측에 시가지의 통신선을 접속한 경우
② 통신선이 절연전선과 동등 이상의 절연성능이 있고 인장강도 5.26(kN) 이상의 것. 또는 연선의 경우 단면적 16(㎟)(단선의 경우 지름 4(㎜)) 이상의 절연전선 또는 광섬유 케이블인 경우

175 통신선에 직접 접속하는 옥내 통신설비를 시설하는 곳에 반드시 하여야 하는 것은? (단, 통신선은 광섬유 케이블을 제외하며, 뇌 또는 전선과의 혼촉에 의하여 사람에게 위험의 우려는 있다고 한다.)

① 유도 조절장치 ② 전류 제한장치
③ 전력 절감장치 ④ 보안장치

(전력보안 통신설비의 보안장치)
통신선(광섬유 케이블을 제외)에 직접 접속하는 옥내통신 설비를 시설하는 곳에는 통신선의 구별에 따라 표준에 적합한 보안장치 또는 이에 준하는 보안장치를 시설하여야 한다. 다만, 통신선이 통신용 케이블인 경우에 뇌(雷) 또는 전선과의 혼촉에 의하여 사람에게 위험을 줄 우려가 없도록 시설하는 경우에는 그러하지 아니하다.

176 전력보안 통신설비로 무선용 안테나 등의 시설에 관한 설명으로 옳은 것은?

① 항상 가공전선로의 지지물에 시설한다.
② 접지와 공용으로 사용할 수 있도록 시설한다.
③ 전선로의 주위 상태를 감시할 목적으로 시설한다.
④ 피뢰침 설비가 불가능한 개소에 시설한다.

(무선용 안테나 등의 시설 제한)
무선용 안테나 등은 전선로의 주위 상태를 감시하거나 배전자동화, 원격검침 등 지능형전력망을 목적으로 시설하는 것 이외에는 가공전선로의 지지물에 시설하여서는 안된다.

177 무선용 안테나 등을 지지하는 철탑의 기초 안전율은 얼마 이상이어야 한다.

① 1.0 ② 1.5
③ 2.0 ④ 2.5

(무선용 안테나 등을 지지하는 철탑 등의 시설)
전력보안 통신설비인 무선통신용 안테나 또는 반사판을 지지하는 목주·철근·철근 콘크리트주·철탑은 다음에 의하여 시설하여야 한다.
① 목주의 안전율 : 1.5 이상
② 철주·철근 콘크리트주 또는 철탑의 기초 안전율 : 1.5 이상

정답 174 ③ 175 ④ 176 ③ 177 ②

178 발 · 변전소의 특고압 전로에 대해서는 그의 접속상태를 모의모선 등으로 표시하여야 한다. 그러나 어느 규모 이하의 것은 그러한 의무가 없다. 다음 중 모의모선을 요하지 않는 것은?

① 1회선의 복모선 ② 2회선의 단모선
③ 3회선의 단모선 ④ 3회선의 복모선

(특고압 전로의 상 및 접속상태의 표시)
특고압 전선로의 회선수가 2이하이고 또한 특고압의 모선이 단일모선인 경우에는 그러하지 아니하다.

179 전로에는 그것을 보기 쉬운 곳에 상별 표시를 해야 한다. 기술기준에서 표시 의무가 없는 곳은?

① 발전소의 특고압 전로
② 변전소의 특고 전로
③ 수전 설비의 특고 전로
④ 수전 설비의 고압 전로

(특고압 전로의 상 및 접속상태의 표시)
발전소 · 변전소 또는 이에 준하는 곳의 특고압 전로에는 그의 보기 쉬운 곳에 상별(相別) 표시를 하여야 한다.

180 발전기의 용량에 관계없이 자동적으로 이를 전로로부터 차단하는 장치를 시설하여야 하는 경우는?

① 베어링 과열 ② 과전류 인입
③ 유압의 과팽창 ④ 발전기 내부고장

(발전기 등의 보호 장치)
발전기에는 다음과 같은 경우에 자동적으로 이를 전로로부터 차단하는 장치를 시설하여야 한다.
① 발전기에 과전류나 과전압이 생긴 경우(용량과 무관)
② 용량이 500(kVA) 이상의 발전기를 구동하는 수차의 압유 장치의 유압 또는 전동식 가이드밴 제어장치, 전동식 니이들 제어장치 또는 전동식 디플렉터 제어장치의 전원전압이 현저히 저하한 경우
③ 용량 100(kVA) 이상의 발전기를 구동하는 풍차(風車)의 압유장치의 유압, 압축 공기장치의 공기압 또는 전동식 브레이드 제어장치의 전원전압이 현저히 저하한 경우
④ 용량이 2,000(kVA) 이상인 수차 발전기의 스러스트 베어링의 온도가 현저히 상승한 경우
⑤ 용량이 10,000(kVA) 이상인 발전기의 내부에 고장이 생긴 경우
⑥ 정격출력이 10,000(kW)를 초과하는 증기터빈은 그 스러스트 베어링이 현저하게 마모되거나 그의 온도가 현저히 상승한 경우

181 수차 발전기는 스러스트 베어링의 온도가 현저히 상승하는 경우 자동적으로 이를 전로로부터 차단하는 장치를 시설하는데, 이 때 수차 발전기의 최소 용량은?

① 500(kVA) 이상 ② 1000(kVA) 이상
③ 1500(kVA) 이상 ④ 2000(kVA) 이상

(발전기 등의 보호 장치)
용량이 2,000(kVA) 이상인 수차 발전기의 스러스트 베어링의 온도가 현저히 상승한 경우

182 발전기를 자동적으로 전로로부터 차단하는 장치를 반드시 시설하여야 하는 경우가 아닌 것은?

① 발전기에 과전류가 생긴 경우
② 용량 2000(kVA)인 수차 발전기의 스러스트 베어링 온도가 현저히 상승하는 경우
③ 용량 5000(kVA)인 발전기의 내부에 고장이 생긴 경우
④ 용량 500(kVA)인 발전기를 구동하는 수차의 압유장치의 유압이 현저히 저하한 경우

(발전기 등의 보호장치)
발전기 내부 고장시 전로로부터 자동 차단장치를 반드시 시설하는 용량은 10,000(kVA)이다.

정답 178 ② 179 ④ 180 ② 181 ④ 182 ③

183 수력발전소의 발전기 내부에 고장이 발생하였을 때 자동적으로 전로로부터 차단하는 장치를 시설하여야 하는 발전기 용량은 몇 (kVA) 이상인 것인가?

① 3000　② 5000
③ 8000　④ 10000

(발전기 등의 보호 장치)
용량이 10,000(kVA) 이상인 발전기의 내부에 고장이 생긴 경우

184 발전기의 보호장치로서 사고의 종류에 따라 자동적으로 전로로부터 차단하는 장치를 시설하여야 하는 경우가 아닌 것은?

① 발전기에 과전류나 과전압이 생긴 경우
② 용량이 50(kVA) 이상의 발전기를 구동하는 수차의 압유장치의 유압이 현저하게 저하한 경우
③ 용량 100(kVA) 이상의 발전기를 구동하는 풍차의 압유장치의 유압이 현저하게 저하한 경우
④ 용량이 10,000(kVA) 이상인 발전기의 내부에 고장이 생긴 경우

(발전기 등의 보호 장치)
발전기에는 다음과 같은 경우에 자동적으로 이를 전로로부터 차단하는 장치를 시설하여야 한다.
① 발전기에 과전류나 과전압이 생긴 경우(용량과 무관)
② 용량이 500(kVA) 이상의 발전기를 구동하는 수차의 압유 장치의 유압 또는 전동식 가이드밴 제어장치, 전동식 니이들 제어장치 또는 전동식 디플렉터 제어장치의 전원전압이 현저히 저하한 경우
③ 용량 100(kVA) 이상의 발전기를 구동하는 풍차(風車)의 압유장치의 유압, 압축 공기장치의 공기압 또는 전동식 브레이드 제어장치의 전원전압이 현저히 저하한 경우
④ 용량이 2,000(kVA) 이상인 수차 발전기의 스러스트 베어링의 온도가 현저히 상승한 경우
⑤ 용량이 10,000(kVA) 이상인 발전기의 내부에 고장이 생긴 경우
⑥ 정격출력이 10,000(kW)를 초과하는 증기터빈은 그 스러스트 베어링이 현저하게 마모되거나 그의 온도가 현저히 상승한 경우

185 발전소 또는 변전소에 준하는 시설에 관한 내용 중 틀린 것은?

① 고압 가공전선과 금속제의 울타리, 담 등이 교차하는 경우 금속제의 울타리, 담 등에는 접지공사를 하여야 한다.
② 상용전원으로 쓰이는 축전지에는 자동차단장치를 시설하지 않아도 된다.
③ 발전기 또는 변전소의 특고압 전로에는 보기 쉬운 곳에 상별 표시를 하여야 한다.
④ 사용전압이 100(kV) 이상의 변압기를 설치하는 곳에는 절연유 유출 방지설비를 하여야 한다.

(발전기 등의 보호장치)
상용 전원으로 쓰이는 축전지에는 이에 과전류가 생겼을 경우에 자동적으로 이를 전로로부터 차단하는 장치를 시설하여야 한다.

186 특고압용 변압기로서 내부 고장에 반드시 자동 차단되어야 하는 변압기의 뱅크 용량은 몇 (kVA)이상인가?

① 5,000　② 7,500
③ 10,000　④ 15,000

(특고압용 변압기의 보호장치)
뱅크 용량이 10,000(kVA) 이상인 특고압용의 변압기의 내부 고장시에는 자동 차단 장치 시설.

187 특고압용 변압기의 냉각 방식 중 냉각 장치에 고장이 생긴 경우 또는 변압기의 온도가 현저히 상승한 경우에 이를 경보하는 장치를 반드시 하지 않아도 되는 것은?

① 유입 자냉식　② 수냉식
③ 송유 타냉식　④ 송유 냉풍식

(특고압용 변압기의 보호장치)
변압기의 온도가 상승할 경우 경보 장치는 타냉식(수냉식, 송유, 풍냉식, 송유 자냉식)에

정답 183 ④ 184 ② 185 ② 186 ③ 187 ①

한하여 그 시설 의무가 정해져 있다.

188 특고압용 변압기로서 내부 고장이 발생할 경우 경보만 하여도 좋은 것은 어느 범위의 용량인가?

① 500(kVA) 이상 1,000(kVA) 미만
② 1,000(kVA) 이상 5,000(kVA) 미만
③ 5,000(kVA) 이상 10,000(kVA) 미만
④ 10,000(kVA) 이상 15,000(kVA)미만

(특고압용 변압기의 보호장치)
특고압용의 변압기에는 그 내부에 고장이 생겼을 경우에 보호하는 장치를 표와 같이 시설하여야 한다.

뱅크용량의 구분	동작조건	장치의 종류
5,000(kVA) 이상 10,000(kVA) 미만	변압기 내부고장	자동차단장치 또는 경보장치
10,000(kVA) 이상	변압기 내부고장	자동차단장치
타냉식변압기 (변압기의 권선 및 철심을 직접 냉각시키기 위하여 봉입한 냉매를 강제 순환시키는 냉각 방식을 말한다.)	냉각장치에 고장이 생긴 경우 또는 변압기의 온도가 현저히 상승한 경우	경보장치

189 뱅크용량이 10,000(kVA) 이상인 특고압 변압기의 내부 고장이 발생하면 어떤 보호장치를 설치하여야 하는가?

① 자동 차단장치 ② 경보장치
③ 표시장치 ④ 경보 및 자동 차단장치

(특고압용 변압기의 보호장치)
특고압용의 변압기에는 그 내부에 고장이 생겼을 경우에 보호하는 장치를 표와 같이 시설하여야 한다.

뱅크용량의 구분	동작조건	장치의 종류
10,000(kVA) 이상	변압기 내부고장	자동차단장치

190 과전압이 생긴 경우 자동적으로 전로로부터 차단하는 장치를 하여야 하는 전력용 콘덴서의 최소 뱅크 용량(kVA)은?

① 500 ② 5,000
③ 10,000 ④ 15,000

(조상설비의 보호장치)

설비종별	뱅크용량의 구분	자동적으로 전로로부터 차단하는 장치
전력용 커패시터 및 분로 리액터	500(kVA) 초과 15,000(kVA) 미만	- 내부에 고장이 생긴 경우에 동작하는 장치. - 과전류가 생긴 경우에 동작하는 장치.
	15,000(kVA) 이상	- 내부에 고장이 생긴 경우에 동작하는 장치 - 과전류가 생긴 경우에 동작하는 장치 - 과전압이 생긴 경우에 동작하는 장치
조상기(調相機)	15,000(kVA) 이상	내부에 고장이 생긴 경우에 동작하는 장치

191 전력용 콘덴서의 용량 15000(kVA) 이상은 자동적으로 전로로부터 자동 차단하는 장치가 필요하다. 다음 중 옳지 않은 것은?

① 내부에 고장이 생긴 경우에 동작하는 장치
② 절연유의 압력이 변화할 때 동작하는 장치
③ 과전류가 생긴 경우에 동작하는 장치
④ 과전압이 생긴 경우에 동작하는 장치

(조상설비의 보호장치)

설비종별	뱅크용량의 구분	자동적으로 전로로부터 차단하는 장치
전력용 커패시터 및 분로 리액터	500(kVA) 초과 15,000(kVA) 미만	- 내부에 고장이 생긴 경우에 동작하는 장치. - 과전류가 생긴 경우에 동작하는 장치.
	15,000(kVA) 이상	- 내부에 고장이 생긴 경우에 동작하는 장치 - 과전류가 생긴 경우에 동작하는 장치 - 과전압이 생긴 경우에 동작하는 장치

정답 188 ③ 189 ① 190 ④ 191 ②

192 과전류가 생긴 경우 자동적으로 전로로부터 차단하는 장치를 하여야 하는 전력용 커패시터의 뱅크용량은?

① 500(kVA) 초과 15,000(kVA) 미만
② 500(kVA) 초과 20,000(kVA) 미만
③ 50(kVA) 초과 15,000(kVA) 미만
④ 500(kVA) 초과 10,000(kVA) 미만

(조상설비의 보호장치)

설비종별	뱅크용량의 구분	자동적으로 전로로부터 차단하는 장치
전력용 커패시터 및 분로 리액터	500(kVA) 초과 15,000(kVA) 미만	- 내부에 고장이 생긴 경우에 동작하는 장치. - 과전류가 생긴 경우에 동작하는 장치.
	15,000(kVA) 이상	- 내부에 고장이 생긴 경우에 동작하는 장치 - 과전류가 생긴 경우에 동작하는 장치 - 과전압이 생긴 경우에 동작하는 장치

193 뱅크용량이 20000(kVA)인 전력용 콘덴서에 자동적으로 전로로부터 차단하는 보호장치를 하려고 한다. 반드시 시설하여야 할 보호 장치가 아닌 것은?

① 내부에 고장이 생긴 경우에 동작하는 장치
② 절연유의 압력이 변화할 때 동작하는 장치
③ 과전류가 생긴 경우에 동작하는 장치
④ 과전압이 생긴 경우에 동작하는 장치

(조상설비의 보호장치)

설비종별	뱅크용량의 구분	자동적으로 전로로부터 차단하는 장치
전력용 커패시터 및 분로 리액터	500(kVA) 초과 15,000(kVA) 미만	- 내부에 고장이 생긴 경우에 동작하는 장치. - 과전류가 생긴 경우에 동작하는 장치.
	15,000(kVA) 이상	- 내부에 고장이 생긴 경우에 동작하는 장치 - 과전류가 생긴 경우에 동작하는 장치 - 과전압이 생긴 경우에 동작하는 장치

194 조상기의 보호 장치로서 내부 고장시에 자동적으로 전로로부터 차단하는 장치를 하여야 하는 조상기의 용량은 몇 (kVA) 이상인가?

① 500 ② 7,500
③ 10,000 ④ 15,000

(조상설비의 보호장치)

설비종별	뱅크용량의 구분	자동적으로 전로로부터 차단하는 장치
조상기(調相機)	15,000(kVA) 이상	내부에 고장이 생긴 경우에 동작하는 장치

195 용량 몇 (kVA) 이상의 조상기에는 그 내부에 고장이 생긴 경우에 자동적으로 이를 전로로부터 차단하는 장치를 하여야 하는가?

① 8,000 ② 10,000
③ 12,000 ④ 15,000

(조상설비의 보호장치)

설비종별	뱅크용량의 구분	자동적으로 전로로부터 차단하는 장치
조상기(調相機)	15,000(kVA) 이상	내부에 고장이 생긴 경우에 동작하는 장치

196 발전기, 변압기, 조상기 모선 또는 이를 지지하는 애자는 어느 전류에 의하여 생기는 기계적 충격에 견디는 강도를 가져야 하는가?

① 정격전류 ② 단락전류
③ 1.25×정격전류 ④ 과부하 전류

(기술기준 제23조, 발전기 등의 기계적 강도) 발전기, 변압기, 조상기, 모선 또는 이를 지지하는 애자는 단락전류에 의하여 생기는 기계적 충격에 견디어야 한다.

정답 192 ① 193 ② 194 ④ 195 ④ 196 ②

197 증기 터빈의 스러스트 베어링이 현저하게 마모되거나 온도가 현저하게 상승한 경우 그 발전기를 전로로부터 자동 차단하는 장치를 시설하는 것은 정격 출력이 몇 (kW)를 넘었을 경우인가?

① 1,000 ② 2,000
③ 5,000 ④ 10,000

(발전기 등의 보호장치)
정격 출력이 10,000(kW)를 초과하는 증기터빈은 그 스러스트 베어링이 현저하게 마모되거나 그의 온도가 현저히 상승한 경우 자동차단하는 장치를 시설하여야 한다.

198 발전기의 보호 장치에 있어서 그 발전기를 구동하는 수차의 압유 장치의 유압이 현저히 저하한 경우 자동 차단시켜야 하는 발전기는 얼마 이상으로 되어 있는가?

① 500(kVA) ② 1,000(kVA)
③ 5,000(kVA) ④ 10,000(kVA)

(발전기 등의 보호장치)
용량 500(kVA) 이상인 발전기를 구동하는 수차의 압유 장치의 유압이 현저히 저하한 경우 자동 차단하여야 한다.

199 전력계통의 용량과 비슷한 동기조상기를 시설하는 경우에 반드시 시설되어야 할 검정장치나 계측장치가 아닌 것은?

① 동기 검정장치
② 동기 조상기의 역률
③ 동기 조상기의 전압 및 전류 또는 전력
④ 동기 조상기의 베어링 및 고정자의 온도

(계측장치)
동기조상기의 용량이 전력계통의 용량과 비교하여 비슷한 경우 동기 검정장치, 조상기의 전압 및 전류 또는 전력, 조상기의 베어링 및 고정자의 온도 등을 계측하는 장치를 시설하여야 한다.

200 발전소 또는 변전소를 보호하는 시설에 관한 내용이 틀린 것은?

① 15,000(kVA) 이상의 조상기에는 내부 고장이 생긴 경우 자동으로 전로로부터 차단하는 장치를 시설하여야 한다.
② 발전기, 변압기 등은 단락전류에 의하여 생기는 기계적 충격에 견디어야 한다.
③ 발전소에는 발전기의 역률을 계측하는 장치를 시설하여야 한다.
④ 특고압용 변압기의 온도를 측정하는 계측장치를 시설하여야 한다.

(계측장치)
① 발전기 · 동기조상기 · 연료전지 또는 태양전지 모듈의 전압 및 전류 또는 전력
② 발전기·동기조상기의 베어링(수중 메탈을 제외한다) 및 고정자(固定子)의 온도
③ 정격출력이 10,000(kW)를 초과하는 증기터빈에 접속하는 발전기의 진동의 진폭(정격출력이 400,000(kW) 이상의 증기터빈에 접속하는 발전기는 이를 자동적으로 기록하는 것에 한한다)
④ 주요 변압기의 전압 및 전류 또는 전력
⑤ 특고압용 변압기의 온도

201 발전소에 시설하지 않아도 되는 계측장치는?

① 발전기의 고정자 온도
② 주요 변압기의 역률
③ 주요 변압기의 전압 및 전류 또는 전력
④ 특고압용 변압기의 온도

(계측장치)
① 발전기 · 동기조상기 · 연료전지 또는 태양전지 모듈의 전압 및 전류 또는 전력
② 발전기 · 동기조상기의 베어링 및 고정자(固定子)의 온도
③ 주요 변압기의 전압 및 전류 또는 전력
④ 특고압용 변압기의 온도

202 변전소 또는 이에 준하는 장소에 반드시 시설하지 않아도 되는 계측 장치는?

① 주요 변압기의 전압 계측 장치
② 주요 변압기의 전력 계측 장치

정답 197 ④ 198 ① 199 ② 200 ③ 201 ② 202 ③

③ 특고압용 변압기의 역률 계측 장치
④ 특고압용 변압기의 온도 계측 장치

(계측장치)
① 발전기 · 동기조상기 · 연료전지 또는 태양 전지 모듈의 전압 및 전류 또는 전력
② 발전기 · 동기조상기의 베어링 및 고정자(固定子)의 온도
③ 주요 변압기의 전압 및 전류 또는 전력
④ 특고압용 변압기의 온도

203 일반 변전소 또는 이에 준하는 곳의 주요 변압기에 시설하여야 하는 계측장치로 옳은 것은?

① 전류, 전력 및 주파수
② 전압, 주파수 및 역률
③ 전압 및 전류 또는 전력
④ 전력, 역률 또는 주파수

(계측장치)
① 발전기 · 동기조상기 · 연료전지 또는 태양 전지 모듈의 전압 및 전류 또는 전력
② 발전기 · 동기조상기의 베어링 및 고정자(固定子)의 온도
③ 주요 변압기의 전압 및 전류 또는 전력
④ 특고압용 변압기의 온도

204 발 · 변전소의 주요 변압기에 반드시 시설하지 않아도 되는 계측장치는?

① 전류계 ② 전압계
③ 전력계 ④ 역률계

(계측장치)
① 주요 변압기의 전압 및 전류 또는 전력
② 특고압용 변압기의 온도

205 다음 중 발전소의 계측요소가 아닌 것은?

① 발전기의 전압 및 전류
② 발전기의 고정자 온도
③ 저압용 변압기의 온도
④ 변압기의 전류 및 전력

(계측장치)
① 발전기 · 동기조상기 · 연료전지 또는 태양 전지 모듈의 전압 및 전류 또는 전력
② 발전기 · 동기조상기의 베어링 및 고정자(固定子)의 온도
③ 주요 변압기의 전압 및 전류 또는 전력
④ 특고압용 변압기의 온도

206 전기철도용 변전소 이외의 변전소의 주요 변압기에 계측장치가 꼭 필요하지 않은 것은?

① 전압 ② 전류
③ 주파수 ④ 전력

(계측장치)
변전소에 시설하여야 하는 계측장치
① 주요 변압기의 전압 및 전류 또는 전력,
② 특고압용 변압기의 온도..

207 다음 동기조상기의 각 계측장치 중에서 동기조상기의 용량이 전력 계통의 용량과 비교하여 현저히 작은 경우에 그 시설을 생략할 수 있는 것은?

① 전압, 전류 및 전력의 측정장치
② 고정자의 온도 측정장치
③ 베어링의 온도 측정장치
④ 동기 검정장치

(계측장치)
동기발전소 또는 동기조상기는 반드시 동기 검정장치가 있어야 하나 용량이 작을 경우에는 생략할 수 있다.

208 수소냉각식 발전기안 또는 조상기안의 수소의 순도가 몇 (%) 이하로 저하한 경우 이를 경보하는 장치를 시설하도록 하고 있는가?

① 90(%) ② 85(%)
③ 80(%) ④ 75(%)

(수소냉각식 발전기 등의 시설)
발전기 또는 조상기 안의 수소의 순도가 85(%)이하로 저하한 경우에는 이를 경보하는 장치를 시설해야 한다.

정답 203 ③ 204 ④ 205 ③ 206 ③ 207 ④ 208 ②

209 수소 냉각 방식 발전기에서 수소의 순도가 몇 (%) 이상이 되어야 하는가?

① 60 ② 75
③ 85 ④ 95

(수소냉각식 발전기 등의 시설)
발전기 또는 조상기 안의 수소의 순도가 85(%)이하로 저하한 경우에는 이를 경보하는 장치를 시설해야 한다.

210 수소 냉각식 발전기 및 이에 부속하는 수소 냉각 장치에 관한 기술기준에서 잘못 표현된 것은?

① 발전기는 기밀 구조의 것이고 또한 수소가 대기압에서 폭발하는 경우에 생기는 압력에 견디는 강도를 가지는 것일 것
② 발전기 안의 수소의 순도가 70(%) 이하로 저하한 경우에 경보하는 장치를 시설할 것
③ 발전기 안의 수소의 온도를 계측하는 장치를 시설 할 것
④ 수소의 압력 계측 장치 및 압력 변동에 대한 경보 장치를 시설할 것

(수소냉각식 발전기 등의 시설)
① 발전기 또는 조상기는 기밀구조의 것이고 또한 수소가 대기압에서 폭발하는 경우에 생기는 압력에 견디는 강도를 가지는 것일 것.
② 발전기축의 밀봉부에는 질소가스를 봉입할 수 있는 장치 또는 발전기축의 밀봉부로부터 누설된 수소 가스를 안전하게 외부에 방출할 수 있는 장치를 설치할 것.
③ 발전기안 또는 조상기안의 수소의 순도가 85(%) 이하로 저하한 경우에 이를 경보하는 장치를 시설할 것.
④ 발전기안 또는 조상기안의 수소의 압력을 계측하는 장치 및 그 압력이 현저히 변동한 경우에 이를 경보하는 장치를 시설할 것.
⑤ 발전기안 또는 조상기안의 수소의 온도를 계측하는 장치를 시설할 것.

211 수소냉각식의 발전기 · 조상기에 부속하는 수소 냉각장치에서 필요 없는 장치는?

① 수소의 순도 저하를 경보하는 장치
② 수소의 압력을 계측하는 장치
③ 수소의 온도를 계측하는 장치
④ 수소의 유량을 계측하는 장치

(수소냉각식 발전기 등의 시설)
① 발전기 또는 조상기는 기밀구조의 것이고 또한 수소가 대기압에서 폭발하는 경우에 생기는 압력에 견디는 강도를 가지는 것일 것.
② 발전기축의 밀봉부에는 질소가스를 봉입할 수 있는 장치 또는 발전기축의 밀봉부로부터 누설된 수소 가스를 안전하게 외부에 방출할 수 있는 장치를 설치할 것.
③ 발전기안 또는 조상기안의 수소의 순도가 85(%) 이하로 저하한 경우에 이를 경보하는 장치를 시설할 것.
④ 발전기안 또는 조상기안의 수소의 압력을 계측하는 장치 및 그 압력이 현저히 변동한 경우에 이를 경보하는 장치를 시설할 것.
⑤ 발전기안 또는 조상기안의 수소의 온도를 계측하는 장치를 시설할 것

212 발 · 변전소의 차단기에 사용하는 압축 공기 탱크는 사용 압력에서 공기의 보급 없이 차단기의 투입 및 차단을 계속 최소 몇 회 계속 할 수 있는 용량을 가져야 하는가?

① 1회 ② 2회
③ 3회 ④ 4회

(절연가스 취급설비 및 압축공기계통)
사용 압력에서 공기의 보급이 없는 상태로 개폐기 또는 차단기의 투입 및 차단을 연속하여 1회 이상 할 수 있는 용량을 가지는 것일 것.

213 발전소에서 개폐기 또는 차단기에 사용하는 압축공기장치는 수압을 연속하여 10분간 가하여 시험하였을 때 최고 사용압력 몇 배의 수압에 견디고 새지 않아야 하는가?

① 1.1배 ② 1.25배
③ 1.5배 ④ 2배

(절연가스 취급설비 및 압축공기계통)
발전소 · 변전소 · 개폐소 또는 이에 준하는 곳

정답 209 ③ 210 ② 211 ④ 212 ① 213 ③

에서 개폐기 또는 차단기에 사용하는 압축공기장치 최고 사용압력의 1.5배의 수압(수압을 연속하여 10분간 가하여 시험을 하기 어려울 때에는 최고 사용압력의 1.25배의 기압)을 연속하여 10분간 가하여 시험을 하였을 때에 이에 견디고 또한 새지 아니할 것.

214 발전소의 개폐기 또는 차단기에 사용하는 압축 공기 장치의 주공기 탱크에는 어떠한 최대 눈금이 있는 압력계를 시설해야 하는가?

① 사용압력의 1배 이상 1.5배 이하
② 사용압력의 1.25배 이상 2배 이하
③ 사용압력의 1.5배 이상 3배 이하
④ 사용압력의 2배 이상 3배 이하

(절연가스 취급설비 및 압축공기계통)
주공기 탱크 또는 이에 근접한 곳에는 사용압력의 1.5배 이상 3배 이하의 최고 눈금이 있는 압력계를 시설할 것.

정답 214 ③

제 4 장

전기철도설비

1. 용어

① 전기철도 : 전기를 공급받아 열차를 운행하여 여객(승객)이나 화물을 운송하는 철도.

② 전기철도설비 : 전기철도설비는 전철 변전설비, 급전설비, 부하설비(전기철도차량 설비 등)로 구성.

③ 전기철도차량 : 전기적 에너지를 기계적 에너지로 바꾸어 열차를 견인하는 차량으로 전기방식에 따라 직류, 교류, 직·교류 겸용, 성능에 따라 전동차, 전기기관차로 분류됨.

④ 궤도 : 레일 · 침목 및 도상과 이들의 부속품으로 구성된 시설.

⑤ 차량 : 전동기가 있거나 또는 없는 모든 철도의 차량(객차, 화차 등)을 칭함.

⑥ 열차 : 동력차에 객차, 화차 등을 연결하고 본선을 운전할 목적으로 조성된 차량.

⑦ 레일 : 철도에 있어서 차륜을 직접 지지하고 안내해서 차량을 안전하게 주행시키는 설비.

⑧ 전차선 : 전기철도차량의 집전장치와 접촉하여 전력을 공급하기 위한 전선.

⑨ 전차선로 : 전기철도차량에 전력를 공급하기 위하여 선로를 따라 설치한 시설물로서 전차선, 급전선, 귀선과 그 지지물 및 설비를 총괄한 것.

⑩ 전기철도용 급전선 : 전기철도차량에 사용할 전기를 변전소로부터 전차선에 공급하는 전선.

⑪ 전기철도용 급전선로 : 급전선 및 이를 지지하거나 수용하는 설비를 총괄한 것.

⑫ 급전방식 : 변전소에서 전기철도차량에 전력을 공급하는 방식을 말하며, 급전방식에 따라 직류식, 교류식으로 분류.

⑬ 합성전차선 : 전기철도차량에 전력을 공급하기 위하여 설치하는 전차선, 조가선(강체 포함), 행어이어, 드로퍼 등으로 구성된 가공전선.

⑭ 조가선 : 전차선이 레일면상 일정한 높이를 유지하도록 행어이어, 드로퍼 등을 이용하여 전차선 상부에서 조가하여 주는 전선.

⑮ 가선방식 : 전기철도차량에 전력을 공급하는 전차선의 가선방식으로 가공방식, 강체방식, 제3레일 방식으로 분류.

⑯ 전차선 기울기 : 연접하는 2개의 지지점에서, 레일면에서 측정한 전차선 높이의 차와 경간 길이와의 비율을 말함.

⑰ 전차선 높이 : 지지점에서 레일면과 전차선간의 수직거리.

⑱ 전차선 편위 : 팬터그래프 집전판의 편마모를 방지하기 위하여 전차선을 레일면 중심수직선으로부터 한쪽으로 치우친 정도의 치수.

⑲ 귀선회로 : 전기철도차량에 공급된 전력을 변전소로 되돌리기 위한 귀로.

⑳ 누설전류 : 전기철도에 있어서 레일 등에서 대지로 흐르는 전류.

㉑ 수전선로 : 전기사업자에서 전철변전소 또는 수전설비간의 전선로와 이에 부속되는 설비.

㉒ 전철변전소 : 외부로부터 공급된 전력을 구내에 시설한 변압기, 정류기 등 기타의 기계 기구를 통해 변성하여 전기철도차량 및 전기철도설비에 공급하는 장소.

㉓ 지속성 최저전압 : 무한정 지속될 것으로 예상되는 전압의 최저값.

㉔ 지속성 최고전압 : 무한정 지속될 것으로 예상되는 전압의 최고값.

㉕ 장기 과전압 : 지속시간이 20(ms) 이상인 과전압.

2. 전파장해의 방지

① 전차선로는 무선설비의 기능에 계속적이고 또한 중대한 장해를 주는 전자파가 생길 우려가 있는 경우에는 이를 방지하도록 시설하여야 한다.

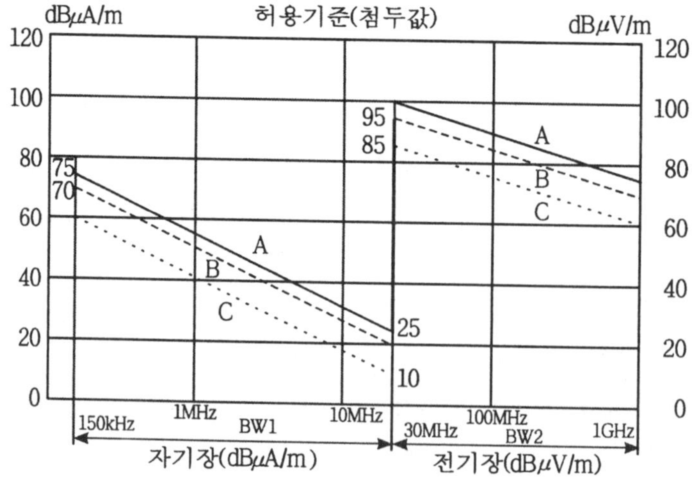

A : 교류 25(kV), B : 직류 1.5(kV), C : 직류 750(V) 도체레일

그림 4-1 전자파 방사성 방해 허용기준

② 전차선로에서 발생하는 전자파 방사성 방해 허용기준은 궤도중심선으로부터 측정안테나까지의 거리 10(m) 떨어진 지점에서 6회 이상 측정하고, 각 회 측정한 첨두값의 평균값이 "전자파 적합성 기준"에 따르도록 하며, 사용 전원별 기준은 그림 4-1에 적합하여야 한다.

3. 통신상의 유도 장해방지 시설

교류식 전기철도용 전차선로는 기설 가공약전류 전선로에 대하여 유도작용에 의한 통신상의 장해가 생기지 않도록 시설할 것.

4. 전력수급조건

① 수전선로의 전력수급조건은 부하의 크기 및 특성, 지리적 조건, 환경적 조건, 전력조류, 전압강하, 수전 안정도, 회로의 공진 및 운용의 합리성, 장래의 수송수요, 전기사업자 협의 등을 고려하여 표의 공칭전압(수전전압)으로 선정.

공칭전압(수전전압) (kV)	교류 3상 22.9, 154, 345

② 수전선로의 계통구성에는 3상 단락전류, 3상 단락용량, 전압강하, 전압불평형 및 전압왜형율, 플리커 등을 고려하여 시설할 것.

③ 수전선로는 지형적 여건 등 시설조건에 따라 가공 또는 지중 방식으로 시설하며, 비상시를 대비하여 예비선로를 확보할 것.

5. 전차선로의 전압

① 직류방식 : 사용전압과 각 전압별 최고, 최저전압은 표에 따라 선정할 것. 단, 비지속성 최고전압은 지속시간이 5분 이하로 예상되는 전압의 최고값으로 하되, 기존 운행중인 전기철도차량과의 인터페이스를 고려할 것.

구분	지속성 최저전압 (V)	공칭전압 (V)	지속성 최고전압 (V)	비지속성 최고전압 (V)	장기 과전압 (V)
DC (평균값)	500 900	750 1,500	900 1,800	950(1) 1,950	1,269 2,538

※ (1) 회생제동의 경우 1,000(V)의 비지속성 최고전압은 허용 가능하다.

② 교류방식 : 사용전압과 각 전압별 최고, 최저전압은 표에 따라 선정할 것. 단, 비지속성 최저전압은 지속시간이 2분 이하로 예상되는 전압의 최저값으로 하되, 기존 운행중인 전기철도차량과의 인터페이스를 고려할 것.

주파수 (실효값)	비지속성 최저전압 (V)	지속성 최저전압 (V)	공칭전압 (V)(2)	지속성 최고전압 (V)	비지속성 최고전압 (V)	장기 과전압 (V)
60(Hz)	17,500 35,000	19,000 38,000	25,000 50,000	27,500 55,000	29,000 58,000	38,746 77,492

※ (2) 급전선과 전차선 간의 공칭전압은 단상교류 50(kV)(급전선과 레일 및 전차선과 레일사이의의 전압은 25 kV)를 표준으로 한다.

6. 변전방식

① 전기철도설비는 고장시 고장전류를 차단할 수 있어야 하며, 단전이 필요할 경우 단전 범위를 한정할 수 있도록 계통별 및 구간별로 분리할 수 있을 것.

② 전기철도 노선, 전기철도차량의 특성, 차량운행계획 및 철도망건설계획 등 부하특성과 연장급전 등을 고려하여 변전소 용량 및 급전계통을 구성할 것.

③ 변전소의 위치는 가급적 수전선로의 길이가 최소화 되도록 하며, 전력수급이 용이하고, 변전소 앞 절연구간에서 전기철도차량의 타행운행이 가능한 곳을 선정하여야 한다. 또한 기기와 시설자재의 운반이 용이하고, 공해, 염해, 각종 재해의 영향이 적거나 없는 곳을 선정할 것.

④ 변전소의 용량은 급전구간별 정상적인 열차부하조건에서 1시간 최대출력 또는 순시 최대출력을 기준으로 결정하고, 연장급전 등 부하의 증가를 고려할 것.

⑤ 급전용 변압기는 직류 전기철도의 경우 3상 정류기용 변압기, 교류 전기철도의 경우 3상 스코트결선 변압기의 적용을 원칙으로 한다.

⑥ 개폐기는 선로 중 중요한 분기점, 고장발견이 필요한 장소, 빈번한 개폐를 필요로 하는 곳에 설치하며, 개폐상태의 표시, 쇄정장치 등을 설치할 것.

⑦ 제어용 교류전원은 상용과 예비의 2계통으로 구성할 것.

7. 전차선 가선방식

전차선의 가선방식은 열차의 속도 및 노반의 형태, 부하전류 특성에 따라 적합한 방식을 채택하여야 하며, 가공방식, 강체방식, 제3레일방식을 표준으로 한다.

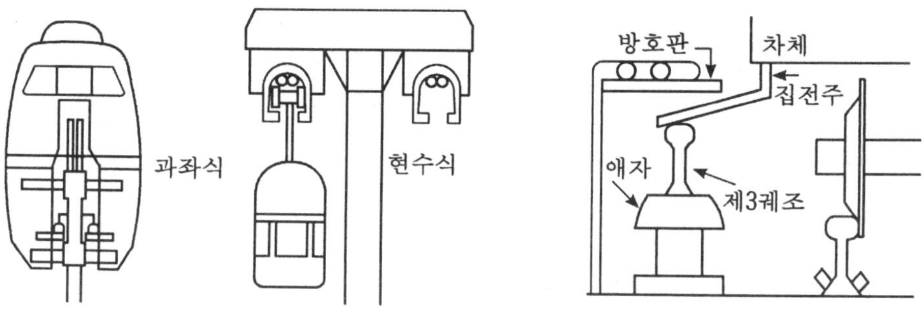

(a) 강체복선식(모노레일방식) (b) 제3궤조방식

그림 4-2 전차선 가선방식

8. 전차선로의 충전부와 건조물 간의 절연이격

① 건조물과 전차선, 급전선 및 전기철도차량 집전장치의 공기절연 이격거리는 제시되어 있는 정적 및 동적 최소 절연이격거리 이상을 확보하여야 하며, 동적 절연이격의 경우 팬터그래프가 통과하는 동안의 일시적인 전선의 움직임을 고려할 것.

시스템 종류	공칭전압 (V)	동적(mm)		정적(mm)	
		비오염	오염	비오염	오염
직류	750	25	25	25	25
	1,500	100	110	150	160
단상교류	25,000	170	220	270	320

② 해안 인접지역, 공해지역, 열기관을 포함한 교통량이 과중한 곳, 오염이 심한 곳, 안개가 자주 끼는 지역, 강풍 또는 강설 지역 등 특정한 위험도가 있는 구역에서는 최소 절연이격거리보다 증가시켜야 한다.

9. 전차선로의 충전부와 차량간의 절연이격

① 차량과 전차선로나 충전부간의 절연이격은 표에 제시되어 있는 정적 및 동적 최소 절연이격거리 이상을 확보하여야 하며, 동적 절연이격의 경우 팬터그래프가 통과하는 동안의 일시적인 전선의 움직임을 고려할 것.

시스템 종류	공칭전압(V)	동적(mm)	정적(mm)
직류	750	25	25
	1,500	100	150
단상교류	25,000	170	270

② 해안 인접지역, 공해지역, 안개가 자주 끼는 지역, 강풍 또는 강설 지역 등 특정한 위험도가 있는 구역에서는 최소 절연이격거리보다 증가시켜야 한다.

10. 급전선로

① 급전선은 나전선을 적용하여 가공식으로 가설을 원칙으로 한다.
다만, 전기적 이격거리가 충분하지 않거나 지락, 섬락 등의 우려가 있을 경우에는 급전선을 케이블로 하여 안전하게 시공하여야 한다.

② 가공식은 전차선의 높이 이상으로 전차선로 지지물에 병가하며, 나전선의 접속은 직선접속을 원칙으로 한다.

③ 신설 터널 내 급전선을 가공으로 설계할 경우 지지물의 취부는 C찬넬 또는 매입전을 이용하여 고정하여야 한다.

④ 선상승강장, 인도교, 과선교 또는 교량 하부 등에 설치할 때에는 최소 절연이격거리 이상을 확보하여야 한다.

11. 귀선로

① 귀선로는 비절연보호도체, 매설접지도체, 레일 등으로 구성하여 단권변압기 중성점과 공통접지에 접속한다.

② 비절연보호도체의 위치는 통신유도장해 및 레일전위의 상승의 경감을 고려하여 결정하여야 한다.

③ 귀선로는 사고 및 지락시에도 충분한 허용전류용량을 갖도록 하여야 한다.

12. 전차선 및 급전선의 높이

전차선과 급전선의 최소 높이는 표의 값 이상 확보할 것.

시스템 종류	공칭전압(V)	동적(㎜)	정적(㎜)
직류	750	4,800	4,400
	1,500	4,800	4,400
단상교류	25,000	4,800	4,570

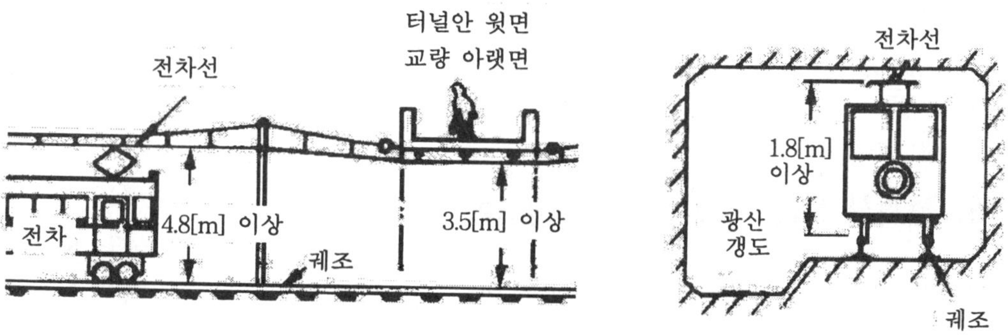

그림 4-3 가공 직류 전차선의 레일면상의 높이

13. 전차선의 편위

① 전차선의 편위는 오버랩이나 분기 구간 등 특수 구간을 제외하고 레일면에 수직인 궤도 중심선으로부터 좌우로 각각 200(㎜)를 표준으로 하며, 팬터그래프 집전판의 고른 마모를 위하여 지그재그 편위를 준다.

② 전차선의 편위는 선로의 곡선반경, 궤도조건, 열차속도, 차량의 편위량, 바람과 온도의 영향 등을 고려하여 최악의 운행환경에서도 전차선이 팬터그래프 집전판의 집전 범위를 벗어나지 않아야 한다.

③ 제3레일방식에서 전차선의 편위는 차량의 집전장치의 집전범위를 벗어나지 않아야 한다.

14. 전차선로 설비의 안전율

하중을 지탱하는 전차선로 설비의 강도는 작용이 예상되는 하중의 최악 조건 조합에 대하여 다음의 최소 안전율이 곱해진 값을 견디어야 한다.

항목		안전율
합금전차선		2.0 이상
경동선		2.2 이상
조가선 및 조가선 장력을 지탱하는 부품		2.5 이상
복합체 자재(고분자 애자 포함)		2.5 이상
지지물 기초		2.0 이상
장력조정장치		2.0 이상
빔 및 브래킷은 소재 허용응력		1.0 이상
철주는 소재 허용응력		1.0 이상
브래킷의 애자는 최대 만곡하중		2.5 이상
지선 소재 허용응력	선형일 경우	2.5 이상
	강봉형일 경우	1.0 이상

15. 전차선 등과 식물사이의 이격거리

교류 전차선 등 충전부와 식물사이의 이격거리는 5(m) 이상이어야 한다.

단, 5(m) 이상 확보하기 곤란한 경우에는 현장여건을 고려하여 방호벽 등 안전조치를 하여야 한다.

16. 전기철도차량의 역률

비지속성 최저전압에서 비지속성 최고전압까지의 전압범위에서 유도성 역률 및 전력소비에 대해서만 적용되며, 회생제동 중에는 전압을 제한 범위내로 유지시키기 위하여 유도성 역률을 낮출 수 있다.

다만, 전기철도차량이 전차선로와 접촉한 상태에서 견인력을 끄고 보조전력을 가동한 상태로 정지해 있는 경우, 가공 전차선로의 유효전력이 200(kW) 이상일 경우 총 역률은 0.8보다는 작아서는 안 된다.

팬터그래프에서의 전기철도차량 순간전력P(MW)	전기철도차량의 유도성 역률 λ
P>6	λ≥0.95
2≤P≤6	λ≥0.93

17. 회생제동

① 전기철도차량은 다음과 같은 경우에 회생제동의 사용을 중단해야 한다.

㉮ 전차선로 지락이 발생한 경우

㉯ 전차선로에서 전력을 받을 수 없는 경우

㉰ 규정된 선로전압이 장기 과전압 보다 높은 경우

② 회생전력을 다른 전기장치에서 흡수할 수 없는 경우에는 전기철도차량은 다른 제동시스템으로 전환되어야 한다.

③ 전기철도 전력공급시스템은 회생제동이 상용제동으로 사용이 가능하고 다른 전기철도차량과 전력을 지속적으로 주고받을 수 있도록 설계되어야 한다.

18. 전기철도차량 전기설비의 전기위험방지를 위한 보호대책

① 감전을 일으킬 수 있는 충전부는 직접접촉에 대한 보호가 있어야 한다.

② 간접 접촉에 대한 보호대책은 노출된 도전부는 고장 조건하에서 부근 충전부와의 유도 및 접촉에 의한 감전이 일어나지 않아야 한다. 그 목적은 위험도가 노출된 도전부가 같은 전위가 되도록 보장하는데 있다. 이는 보호용 본딩으로만 달성될 수 있으며 또는 자동급전 차단 등 적절한 방법을 통하여 달성할 수 있다.

③ 주행레일과 분리되어 있거나 또는 공동으로 되어 있는 보호용 도체를 채택한 시스템에서 운행되는 모든 전기철도차량은 차체와 고정 설비의 보호용 도체 사이에는 최소 2개 이상의 보호용 본딩 연결로가 있어야 하며, 한쪽 경로에 고장이 발생하더라도 감전 위험이 없어야 한다.

④ 차체와 주행 레일과 같은 고정설비의 보호용 도체간의 임피던스는 이들 사이에 위험 전압이 발생하지 않을 만큼 낮은 수준인 표에 따른다. 이 값은 적용전압이 50(V)를 초과하지 않는 곳에서 50(A)의 일정 전류로 측정하여야 한다.

차량 종류	최대 임피던스(Ω)
기관차	0.05
객차	0.15

19. 피뢰기 설치장소 및 선정

① 다음의 장소에 피뢰기를 설치하여야 한다.

㉮ 변전소 인입측 및 급전선 인출측

㉯ 가공전선과 직접 접속하는 지중케이블에서 낙뢰에 의해 절연파괴의 우려가 있는 케이블 단말

② 피뢰기는 가능한 한 보호하는 기기와 가깝게 시설하되 누설전류 측정이 용이하도록 지지대와 절연하여 설치한다.

③ 피뢰기는 밀봉형을 사용하고 유효 보호거리를 증가시키기 위하여 방전개시전압 및 제한전압이 낮은 것을 사용한다.

④ 유도뢰서지에 대하여 2선 또는 3선의 피뢰기 동시동작이 우려되는 변전소 근처의 단락 전류가 큰 장소에는 속류차단능력이 크고 또한 차단성능이 회로조건의 영향을 받을 우려가 적은 것을 사용한다.

20. 감전에 대한 보호조치

① 공칭전압이 교류 1(kV) 또는 직류 1.5(kV) 이하인 경우 사람이 접근할 수 있는 보행표면의 경우 가공 전차선의 충전부뿐만 아니라 전기철도차량 외부의 충전부(집전장치, 지붕도체 등)와의 직접접촉을 방지하기 위한 공간거리를 확보해야 한다.

㉮ 충전부가 보행표면과 동일한 높이 또는 낮게 위치한 경우 장애물 높이는 장애물 상단으로부터 1.35(m)의 공간 거리를 유지

㉯ 장애물과 충전부 사이의 공간거리는 최소한 0.3(m)

② 공칭전압이 교류 1(kV) 초과 25(kV) 이하인 경우 또는 직류 1.5(kV) 초과 25(kV) 이하인 경우 사람이 접근할 수 있는 보행표면의 경우 가공 전차선의 충전부뿐만 아니라 차량외부의 충전부(집전장치, 지붕도체 등)와의 직접접촉을 방지하기 위한 공간거리를 유지하여야 한다.

㉮ 충전부가 보행표면과 동일한 높이 또는 낮게 위치한 경우 장애물 높이는 장애물 상단으로부터 1.5(m)의 공간 거리를 유지

㉯ 장애물과 충전부 사이의 공간거리는 최소한 0.6(m)

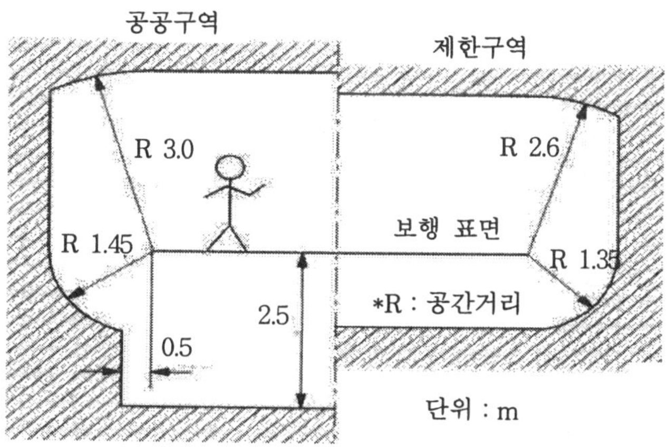

그림 4-4 공칭전압이 교류 1(kV) 또는 직류 1.5(kV) 이하인 경우 사람이 접근할 수 있는 보행표면의 공간거리

21. 레일 전위의 위험에 대한 보호

교류 및 직류 전기철도 급전시스템에서의 레일 전위의 최대 허용 접촉전압은 표의 값 이하여야 한다.

단, 작업장 및 이와 유사한 장소에서는 최대 허용 접촉전압을 교류는 25(V)(실효값), 직류는 60(V)를 초과하지 않아야 한다.

시간 조건	교류(실효값) 최대허용접촉전압	직류 최대허용접촉전압
순시조건(t≤0.5초)	670(V)	535(V)
일시적 조건(0.5초<t≤300초)	65(V)	150(V)
영구적 조건(t>300초)	60(V)	120(V)

22. 레일 전위의 접촉전압 감소 방법

① 교류 전기철도 급전시스템은 다음 방법을 고려하여 접촉전압을 감소시켜야 한다.

㉮ 접지극 추가 사용

㉯ 등전위 본딩

㉰ 전자기적 커플링을 고려한 귀선로의 강화

㉣ 전압제한소자 적용

㉤ 보행 표면의 절연

㉥ 단락전류를 중단시키는데 필요한 트래핑 시간의 감소

② 직류 전기철도 급전시스템은 다음 방법을 고려하여 접촉전압을 감소시켜야 한다.

㉮ 고장조건에서 레일 전위를 감소시키기 위해 전도성 구조물 접지의 보강

㉯ 전압제한소자 적용

㉰ 귀선 도체의 보강

㉱ 보행 표면의 절연

㉲ 단락전류를 중단시키는데 필요한 트래핑 시간의 감소

23. 전식방지대책

주행레일을 귀선으로 이용하는 경우에는 누설전류에 의하여 케이블, 금속제 지중관로 및 선로 구조물 등에 영향을 미치는 것을 방지하기 위한 적절한 시설을 하여야 한다.

① 전기철도측의 전식방식 또는 전식예방을 위해 다음 방법을 고려할 것.

㉮ 변전소간 간격 축소

㉯ 레일본드의 양호한 시공

㉰ 장대레일채택

㉱ 절연도상 및 레일과 침목사이에 절연층의 설치

㉲ 기타

② 매설금속체측의 누설전류에 의한 전식의 피해가 예상되는 곳은 다음 방법을 고려할 것.

㉮ 배류장치 설치

㉯ 절연코팅

㉰ 매설금속체 접속부 절연

㉱ 저준위 금속체를 접속

㉲ 궤도와의 이격거리 증대

㉳ 금속판 등의 도체로 차폐

24. 누설전류 간섭에 대한 방지

① 직류 전기철도 시스템의 누설전류를 최소화하기 위해 귀선전류를 금속귀선로 내부로만 흐르도록 하여야 한다.

② 심각한 누설전류의 영향이 예상되는 지역에서는 정상 운전시 단위길이당 컨덕턴스값은 표의 값 이하로 유지될 수 있도록 할 것.

견인시스템	옥외(S/㎞)	터널(S/㎞)
철도선로(레일)	0.5	0.5
개방 구성에서의 대량수송 시스템	0.5	0.1
폐쇄 구성에서의 대량수송 시스템	2.5	-

③ 귀선시스템의 종 방향 전기저항을 낮추기 위해서는 레일 사이에 저저항 레일본드를 접합 또는 접속하여 전체 종 방향 저항이 5(%) 이상 증가하지 않도록 할 것.

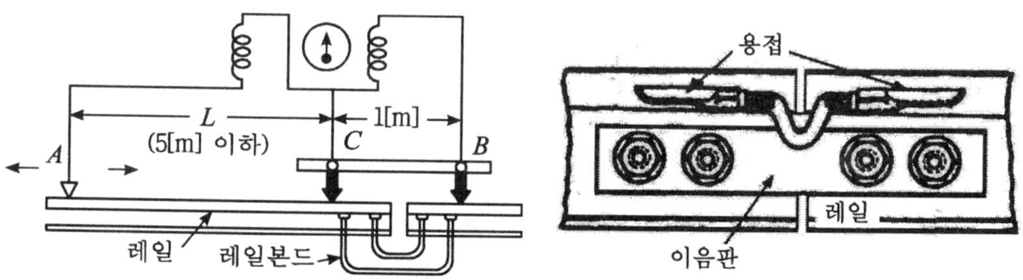

그림 4-5 레일 본드

④ 직류 전기철도 시스템이 매설 배관 또는 케이블과 인접할 경우 누설전류를 피하기 위해 최대한 이격시켜야 하며, 주행레일과 최소 1(m) 이상의 거리를 유지하여야 한다.

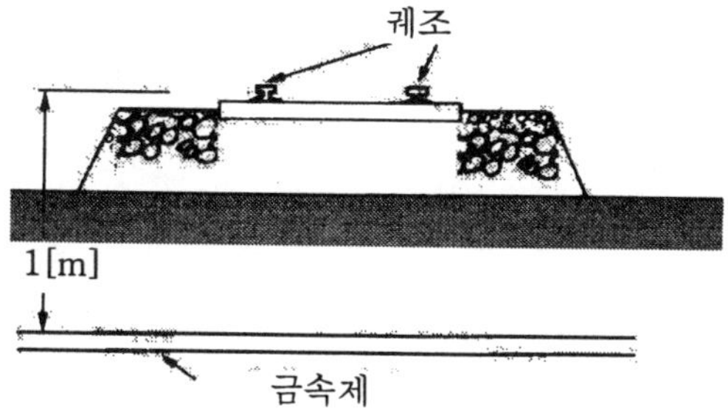

그림 4-6 금속체와 이격

연습문제

001 직류 귀선의 궤조근접 부분이 금속제 지중관로와 접근하거나 교차하는 경우에 전식방지를 위한 상호의 이격 거리는 몇 (m) 이상이어야 하는가?

① 1.0 ② 1.5
③ 2.0 ④ 2.5

(누설전류 간섭에 대한 방지)
직류 귀선은 궤도 근접 부분이 금속제 지중관로와 접근하거나 교차하는 경우에는 상호간의 이격거리는 1(m) 이상이어야 한다.

002 직류식 전기철도의 직류 귀선의 궤조 근접 부분이 금속제 지중관로와 접근하거나 교차하는 경우에 상호간의 이격 거리는 몇 (m) 이상이어야 하는가?

① 0.5 ② 1.0
③ 1.5 ④ 2.0

(누설전류 간섭에 대한 방지)
전식 방지를 위한 이격 거리는 직류 귀선의 비절연 부분이 금속제 지중 관로와 접근하거나 교차하는 경우에 상호간 이격거리는 1(m) 이상이어야 한다.

003 교류 전차선 전기철도로서 전차선로의 사용전압이 단상 교류 몇 (V) 이하인 것의 전차선로는 전기철도의 전용부지 내에 시설하고 또한 전차선은 가공방식에 의하여 시설하여야 하는가?

① 10,000 ② 15,000
③ 20,000 ④ 25,000

(전차선 및 급전선의 높이)
① 직류 전차선로의 사용전압은 저압(750 V) 또는 고압(1500 V)으로 하여야 한다.
② 교류 전차선로의 사용전압은 25(kV) 이하로 하여야 한다.
③ 전차선로는 전기철도의 전용부지 안에 시설하여야 한다. 다만, 감전의 우려가 없는 경우에는 그러하지 아니하다.

004 급전용 변압기는 교류 전기철도의 경우 어떤 변압기의 적용을 원칙으로 하고 급전계통에 적합하게 선정하여야 하는가?

① 3상 정류기용 변압기
② 단상 정류기용 변압기
③ 3상 스코트 결선 변압기
④ 단상 스코트 결선 변압기

(변전방식)
급전용 변압기는 직류 전기철도의 경우 3상 정류기용 변압기, 교류 전기철도의 경우 3상 스코트결선 변압기의 적용을 원칙으로 한다.

005 교류 전차선과 식물과의 이격 거리는 몇 (m) 이상이어야 하는가?

① 1 ② 3
③ 5 ④ 7

(전차선 등과 식물사이의 이격거리)
교류 전차선과 식물과의 이격 거리는 5(m) 이상이어야 한다.

006 전기철도차량에 전력을 공급하는 전차선의 가선방식에 포함되지 않는 것은?

① 가공방식 ② 강체방식
③ 제3레일방식 ④ 지중조가선방식

(전차선 가선방식)
전차선의 가선방식은 열차의 속도 및 노반의 형태, 부하전류 특성에 따라 적합한 방식을 채택하여야 하며, 가공방식, 강체방식, 제3레일방식을 표준으로 한다.

정답 001 ① 002 ② 003 ④ 004 ③ 005 ③ 006 ④

007 전기철도의 가선방식으로 해당하지 않는 것은?

① 가공방식 ② 강체방식
③ 지중방식 ④ 제3레일방식

(전차선 가선방식)
전차선의 가선방식은 열차의 속도 및 노반의 형태, 부하전류 특성에 따라 적합한 방식을 채택하여야 하며, 가공방식, 강체방식, 제3레일방식을 표준으로 한다.

008 전기철도의 설비를 보호하기 위해 시설하는 피뢰기의 시설 기준으로 틀린 것은?

① 피뢰기는 변전소 인입측 및 급전선 인출측에 설치하여야 한다.
② 피뢰기는 가능한 한 보호하는 기기와 가깝게 시설하되 누설전류 측정이 용이 하도록 지지대와 절연하여 설치한다.
③ 피뢰기는 개방형을 사용하고 유효 보호거리를 증가시키기 위하여 방전개시전압 및 제한전압이 낮은 것을 사용한다.
④ 피뢰기는 가공전선과 직접 접속하는 지중케이블에서 낙뢰에 의해 절연파괴의 우려가 있는 케이블 단말에 설치하여야 한다.

(피뢰기 설치장소)
① 다음의 장소에 피뢰기를 설치하여야 한다.
㉮ 변전소 인입측 및 급전선 인출측
㉯ 가공전선과 직접 접속하는 지중케이블에서 낙뢰에 의해 절연파괴의 우려가 있는 케이블 단말
② 피뢰기는 가능한 한 보호하는 기기와 가깝게 시설하되 누설전류 측정이 용이하도록 지지대와 절연하여 설치한다.
③ 피뢰기는 밀봉형을 사용하고 유효 보호거리를 증가시키기 위하여 방전개시전압 및 제한전압이 낮은 것을 사용한다.
④ 유도뢰서지에 대하여 2선 또는 3선의 피뢰기 동시동작이 우려되는 변전소 근처의 단락 전류가 큰 장소에는 속류차단능력이 크고 또한 차단성능이 회로조건의 영향을 받을 우려가 적은 것을 사용한다.

009 전식방지대책에서 매설금속체측의 누설전류에 의한 전식의 피해가 예상되는 곳에 고려하여야 하는 방법으로 틀린 것은?

① 절연코팅
② 배류장치 설치
③ 변전소간 간격 축소
④ 저준위 금속체를 접속

(전식방지대책)
매설금속체측의 누설전류에 의한 전식의 피해가 예상되는 곳은 다음 방법을 고려할 것.
㉮ 배류장치 설치
㉯ 절연코팅
㉰ 매설금속체 접속부 절연
㉱ 저준위 금속체를 접속
㉲ 궤도와의 이격거리 증대
㉳ 금속판 등의 도체로 차폐

010 순시조건($t \le 0.5$초)에서 교류 전기철도 급전시스템서의 레일 전위의 최대 허용접촉전압(실효값)으로 옳은 것은?

① 60(V) ② 65(V)
③ 440(V) ④ 670(V)

(레일 전위의 위험에 대한 보호)
교류 전기철도 급전시스템에서의 레일 전위의 최대 허용 접촉전압은 표의 값 이하여야 한다. 단, 작업장 및 이와 유사한 장소에서는 최대 허용 접촉전압을 25(V)(실효값)를 초과하지 않아야 한다.

시간 조건	최대 허용 접촉전압(실효값)
순시조건($t \le 0.5$초)	670(V)
일시적 조건(0.5초$<t \le 300$초)	65(V)
영구적 조건($t>300$초)	60(V)

011 귀선로에 대한 설명으로 틀린 것은?

① 나전선을 적용하여 가공식으로 가설을 원칙으로 한다.
② 사고 및 지락시에도 충분한 허용전류용량을 갖도록 하여야 한다.
③ 비절연보호도체, 매설접지도체, 레일 등으로 구성하여 단권변압기 중성점과 공

정답 007 ③ 008 ③ 009 ③ 010 ④ 011 ①

통접지에 접속한다.

④ 비절연보호도체의 위치는 통신유도장해 및 레일전위의 상승의 경감을 고려하여 결정하여야 한다.

(귀선로)

① 귀선로는 비절연보호도체, 매설접지도체, 레일 등으로 구성하여 단권변압기 중성점과 공통접지에 접속한다.

② 비절연보호도체의 위치는 통신유도장해 및 레일전위의 상승의 경감을 고려하여 결정하여야 한다.

③ 귀선로는 사고 및 지락시에도 충분한 허용전류용량을 갖도록 하여야 한다.

012 다음 급전선로에 대한 설명으로 옳지 않은 것은?

① 급전선은 나전선을 적용하여 가공식으로 가설한다.

② 가공식은 전차선의 높이 이상으로 전차선로 지지물에 병가하며, 나전선의 접속은 직선접속을 사용할 수 없다.

③ 신설 터널 내 급전선을 가공으로 설계할 경우 지지물의 취부는 C찬넬 또는 매입전을 이용하여 고정하여야 한다.

④ 교량 하부 등에 설치할 때에는 최소 절연이격거리 이상을 확보하여야 한다.

(급전선로)

가공식은 전차선의 높이 이상으로 전차선로 지지물에 병가하며, 나전선의 접속은 직선접속을 원칙으로 한다.

013 직류 750(V)의 전차선로에서 차량과 전차선로나 충전부 간의 동적 최소 절연이격거리는(mm)는?

① 25　　② 75
③ 100　　④ 150

(전차선로의 충전부와 차량간의 절연이격)

차량과 전차선로나 충전부간의 절연이격은 표에 제시되어 있는 정적 및 동적 최소 절연이격거리 이상을 확보하여야 하며, 동적 절연이격의 경우 팬터그래프가 통과하는 동안의 일시적인 전선의 움직임을 고려할 것.

시스템 종류	공칭전압(V)	동적(mm)	정적(mm)
직류	750	25	25
	1,500	100	150
단상교류	25,000	170	270

014 직류 750(V)의 전차선과 차량 간의 최소 절연이격거리는 동적일 경우 몇 (mm)인가?

① 25　　② 100
③ 150　　④ 170

(전차선로의 충전부와 차량 간의 절연이격)

차량과 전차선로나 충전부 간의 절연이격은 표에 제시되어 있는 정적 및 동적 최소 절연이격거리 이상을 확보하여야 하며, 동적 절연이격의 경우 팬터그래프가 통과하는 동안의 일시적인 전선의 움직임을 고려할 것.

시스템 종류	공칭전압(V)	동적(mm)	정적(mm)
직류	750	25	25
	1,500	100	150
단상교류	25,000	170	270

015 전기철도차량이 전차선로와 접촉한 상태에서 견인력을 끄고 보조전력을 가동한 상태로 정지해 있는 경우, 가공 전차선로의 유효전력이 200(kW) 이상일 경우 총 역률은 몇 보다는 작아서는 안되는가?

① 0.9　　② 0.7
③ 0.6　　④ 0.8

(전기철도차량의 역률)

전기철도차량이 전차선로와 접촉한 상태에서 견인력을 끄고 보조전력을 가동한 상태로 정지해 있는 경우, 가공 전차선로의 유효전력이 200(kW) 이상일 경우 총 역률은 0.8보다는 작아서는 안 된다.

정답 012 ② 013 ① 014 ① 015 ④

016 급전선에 대한 설명으로 틀린 것은?

① 급전선은 비절연보호도체, 매설접지도체, 레일 등으로 구성하여 단권변압기 중성점과 공통접지에 접속한다.
② 가공식은 전차선의 높이 이상으로 전차선로 지지물에 병가하며, 나전선의 접속은 직선접속을 원칙으로 한다.
③ 선상승강장, 인도교, 과선교 또는 교량하부 등에 설치할 때에는 최소 절연이격거리 이상을 확보하여야 한다.
④ 신설 터널 내 급전선을 가공으로 설계할 경우 지지물의 취부는 C찬넬 또는 매입전을 이용하여 고정하여야 한다.

(귀선로)
귀선로는 비절연보호도체, 매설접지도체, 레일 등으로 구성하여 단권변압기 중성점과 공통접지에 접속한다.

정답 016 ②

제 5 장

분산형 전원설비

1. 전기 공급방식 등

① 분산형 전원설비 등을 전력계통에 연계하는 경우에 적용하며, 여기서 전력계통이라 함은 전기판매사업자의 계통, 구내계통 및 독립전원계통 모두를 말한다.

② 분산형 전원설비의 전기 공급방식, 측정장치 등은 다음에 따른다.

㉮ 분산형 전원설비의 전기 공급방식은 전력계통과 연계되는 전기 공급방식과 동일할 것.

㉯ 분산형 전원설비 사업자의 한 사업장의 설비 용량 합계가 250(kVA) 이상일 경우에는 송·배전계통과 연계지점의 연결 상태를 감시 또는 유효전력, 무효전력 및 전압을 측정할 수 있는 장치를 시설할 것.

2. 저압 계통연계시 직류 유출방지 변압기의 시설

분산형 전원을 인버터를 이용하여 배전사업자의 저압 전력계통에 연계하는 경우 인버터로부터 직류가 계통으로 유출되는 것을 방지하기 위해 접속설비와 분산형 전원 설치자측 전기설비의 접속점과 인버터 사이에 상용주파수 변압기를 시설할 것.

3. 단락전류 제한장치의 시설

분산형 전원을 계통연계하는 경우 전력계통의 단락용량이 다른 자의 차단기 차단용량 또는 전선의 순시허용전류 등을 상회할 우려가 있을 때

① 그 분산형 전원 설치자가 한류리액터 등 단락전류를 제한하는 장치를 시설.

② 그밖에 단락전류를 제한하는 대책을 강구할 것.

4. 계통연계용 보호장치의 시설

① 다음의 하나에 해당하는 이상 또는 고장 발생시 자동적으로 분산형 전원을 전력계통으로부터 분리하기 위한 장치 및 해당 계통과 보호협조를 실시할 것.

㉮ 분산형 전원의 이상 또는 고장

㉯ 연계한 전력계통의 이상 또는 고장

㉰ 단독운전 상태

② 연계한 전력계통의 이상 또는 고장 발생시 분산형 전원의 분리시점은 해당 계통의 재폐로 시점 이전이어야 하며, 이상발생 후 해당계통의 전압 및 주파수가 정상범위 내에 들어올 때까지 계통과의 분리상태를 유지하는 등 연계한 계통의 재폐로방식과 협조를 이루어야 한다.

③ 단순 병렬운전 분산형 전원의 경우에는 역전력 계전기를 설치할 것. 단, 신·재생에너지를 이용하여 동일 전기사용 장소에서 전기를 생산하는 합계 용량이 50(kW) 이하의 소규모 분산형 전원(해당 구내계통 내의 전기 사용 부하의 수전 계약전력이 분산형 전원 용량을 초과하는 경우)으로 단독운전 방지기능을 가진 것을 단순 병렬로 연계하는 경우에는 역전력 계전기를 생략할 수 있다.

5. 특고압 송전 계통연계시 분산형 전원 운전제어장치의 시설

분산형 전원을 송전사업자의 특고압 전력계통에 연계하는 경우 계통 안정화 또는 조류억제 등의 이유로 운전제어가 필요할 때는 분산형 전원에 필요한 운전제어장치를 시설할 것.

6. 연계용 변압기 중성점의 접지

분산형 전원을 특고압 전력계통에 계통연계하는 경우 연계용 변압기 중성점의 접지는 전력계통에 연결되어 있는 다른 전기설비의 정격을 초과하는 과전압을 유발하거나 전력계통의 지락고장 보호협조를 방해하지 않도록 시설할 것.

7. 전기자동차 충전장치 시설

전기자동차를 충전하기 위한 저압전로는 다음에 따라 시설하여야 한다.

① 전용의 개폐기 및 과전류 차단기를 각 극에 시설하고 또한 전로에 지락이 생겼을 때 자동적으로 그 전로를 차단하는 장치를 시설할 것.

② 전기자동차의 충전장치는 다음에 따라 시설하여야 한다.

㉮ 외부 기계적 충격에 대한 충분한 기계적 강도를 갖는 구조일 것.

㉯ 침수 등의 위험이 있는 곳에 시설하지 말아야 하며, 옥외에 설치시 강우, 강설에 대하여 충분한 방수 보호등급을 갖는 것일 것.

㉰ 충전장치에는 전기자동차 전용임을 나타내는 표지를 설치할 것.

㉱ 전기자동차의 충전장치는 쉽게 열수 없는 구조 및 시설한 장소에는 위험표시를 쉽게 보이는 곳에 표지할 것.

㉲ 전기자동차의 충전장치는 부착된 충전 케이블을 거치할 수 있는 거치대 또는 충분한 수납공간(옥내 0.45 m 이상, 옥외 0.6 m 이상)을 갖는 구조이며, 충전 케이블은 반드시 거치할 것.

㉳ 충전장치의 충전 케이블 인출부는 옥내용의 경우 지면으로부터 0.45(m) 이상 1.2(m) 이내에, 옥외용의 경우 지면에서 0.6(m) 이상 위치할 것.

③ 충전케이블 및 부속품(플러그와 커플러)

㉮ 충전장치와 전기자동차의 접속에는 연장코드를 사용하지 말 것.

㉯ 충전케이블은 유연성이 있는 것으로서 통상의 충전전류를 흘릴 수 있는 충분한 굵기의 것일 것.

㉰ 커플러(충전케이블과 전기자동차를 접속 가능하게 하는 장치로서 충전케이블에 부착된 커넥터와 전기자동차의 접속구 두 부분으로 구성)는 다음에 적합할 것.

ⓐ 다른 배선기구와 대체 불가능한 구조로서 극성의 구분이 되고 접지극이 있는 것일 것.

ⓑ 접지극은 투입시 먼저 접속되고, 차단시 나중에 분리되는 구조일 것.

ⓒ 의도하지 않은 부하의 차단을 방지하기 위해 잠금 또는 탈부착을 위한 기계적 장치가 있는 것일 것.

ⓓ 커넥터(충전케이블에 부착되어 있으며, 전기자동차 접속구에 접속하기 위한 장치)가 전기자동차 접속구로부터 분리될 때 충전케이블의 전원공급을 중단시키는 인터록 기능이 있는 것일 것.

㉱ 커넥터 및 플러그(충전케이블에 부착되어 있으며, 전원측에 접속하기 위한 장치)는 낙하충격 및 눌림에 대한 충분한 기계적 강도를 가진 것일 것.

㉲ 충전장치와 전기자동차의 접속에는 자동차 어댑터(자동차 커넥터와 자동차 인렛 사이에 연결되는 장치 또는 부속품을 말한다)를 사용할 것.

④ 충전장치 등의 방호장치 시설

㉮ 충전 중 차량의 유동방지를 위한 장치를 갖추어야 하며, 자동차 등에 의한 물리적 충격의 우려가 있는 경우에는 이를 방호하는 장치를 시설할 것.

㉯ 충전 중 환기가 필요한 경우에는 충분한 환기설비를 갖추어야 하며, 환기설비임을 나타내는 표지를 쉽게 보이는 곳에 설치할 것.

㉰ 충전 중에는 충전상태를 확인할 수 있는 표시장치를 설치할 것.

㉱ 충전 중 안전과 편리를 위하여 적절한 밝기의 조명설비를 설치할 것.

⑤ 접지는 "접지 시스템"의 규정에 준하여 접지공사 할 것.

8. 전기 품질

저압 옥내직류 전로에 교류를 직류로 변환하여 공급하는 경우 직류는 리플프리 직류일 것.

9. 저압 옥내 직류전기설비의 접지

① 저압 옥내직류 전기설비는 전로 보호장치의 확실한 동작의 확보, 이상전압 및 대지전압의 억제를 위하여 직류 2선식의 임의의 한 점 또는 변환장치의 직류측 중간점, 태양전지의 중간점 등을 접지할 것.

단, 직류 2선식을 다음에 의하여 시설하는 경우 접지하지 않아도 된다.

㉮ 사용전압 : 60(V) 이하

㉯ 접지검출기를 설치하고 특정구역내의 산업용 기계기구에만 공급하는 경우

㉰ 교류전로로부터 공급을 받는 정류기에서 인출되는 직류계통

㉱ 최대전류 30(mA) 이하의 직류화재경보회로

㉲ 절연감시장치 또는 절연고장점 검출장치를 설치하여 관리자가 확인할 수 있도록 경보장치를 시설하는 경우

② 직류접지계통은 교류접지계통과 같은 방법으로 금속제 외함, 교류접지도체 등과 본딩하여야 하며, 교류접지가 피뢰설비·통신접지 등과 통합접지되어 있는 경우는 함께 통합접지공사를 할 수 있다.

이 경우 낙뢰 등에 의한 과전압으로부터 전기설비 등을 보호하기 위해 서지보호장치(SPD)를 설치하여야 한다.

③ 접지공사는 "접지 시스템"의 규정에 의하여 접지할 것.

10. 저압 직류 과전류 차단장치

① 직류전로에 과전류차단기를 설치하는 경우 직류단락전류를 차단하는 능력을 가지는 것이어야 하고 "직류용" 표시를 할 것.

② 다중전원전로의 과전류차단기는 모든 전원을 차단할 수 있도록 시설할 것.

11. 저압 직류 지락 차단장치

직류전로에는 지락이 생겼을 때에 자동으로 전로를 차단하는 장치를 시설하여야 하며, "직류용" 표시를 할 것.

12. 저압 직류 개폐장치

① 개폐기는 직류전로 개폐시 발생하는 아크에 견디는 구조일 것.

② 다중전원전로의 개폐기는 개폐할 때 모든 전원이 개폐될 수 있도록 시설

13. 저압 직류 전기발전설비의 전기부식방지

직류전로를 접지하는 경우는 직류누설전류의 전기부식작용으로 다른 금속체에 손상의 위험이 없도록 시설할 것.

14. 축전지실 등의 시설

① 30(V) 초과하는 축전지는 비접지측 도체에 쉽게 차단할 수 있는 곳에 개폐기를 시설할 것.

② 옥내전로에 연계되는 축전지는 비접지측 도체에 과전류보호장치를 시설할 것.

③ 축전지실 등은 폭발성의 가스가 축적되지 않도록 환기장치 등을 시설할 것.

15. 전기저장장치 일반 사항

이차전지를 이용한 전기저장장치는 다음에 따라 시설할 것.

① 전기저장장치를 시설하는 장소는 폭발성 가스의 축적을 방지하기 위한 환기 시설을 갖추고 제조사가 권장하는 온도・습도・수분・분진 등 적정 운영환경을 상시 유지할 것.

② 침수의 우려가 없도록 시설할 것.

③ 전기저장장치 시설장소에는 외벽 등 확인하기 쉬운 위치에 "전기저장장치 시설장소" 표지를 하고, 일반인의 출입을 통제하기 위한 잠금장치 등 설치

④ 주택의 전기저장장치의 축전지에 접속하는 주택의 옥내전로의 대지전압은 직류 600(V)까지 적용할 수 있다.

⑤ 전선은 공칭단면적 2.5(㎟) 이상의 연동선 또는 이와 동등 이상의 세기 및 굵기의 것일 것.

⑥ 이차전지의 지지물은 부식성 가스 또는 용액에 의하여 부식되지 아니하도록 하고 적재하중 또는 지진 기타 진동과 충격에 대하여 안전한 구조일 것.

⑦ 전용건물에 시설하는 경우

㉮ 전기저장장치 시설장소의 바닥, 천장(지붕), 벽면 재료는 불연재료일 것.

㉯ 전기저장장치 시설장소는 지표면을 기준으로 높이 22(m) 이내로 하고 해당 장소의 출구가 있는 바닥면을 기준으로 깊이 9(m) 이내로 할 것.

㉰ 이차전지는 벽면으로부터 1(m) 이상 이격하여 설치할 것.

㉱ 전기저장장치 시설 장소는 주변 시설(도로, 건물, 가연 물질 등)로부터 1.5(m) 이상 이격하고 다른 건물의 출입구나 피난계단 등 이와 유사한 장소로부터는 3(m) 이상 이격할 것.

⑧ 전용건물 이외의 장소에 시설하는 경우 : 전기저장장치를 일반인이 출입하는 건물의 부속공간에 시설하는 경우(옥상에는 설치할 수 없음)

㉮ 이차전지 모듈의 직렬 연결체(이차 전지 랙)의 용량은 50(kWh) 이하로 하고 건물 내 시설 가능한 이차전지의 총 용량은 600(kWh) 이하일 것.

㉯ 이차전지랙과 랙 사이 및 랙과 벽면 사이는 각각 1(m) 이상 이격할 것.

㉰ 전기저장장치 시설 장소는 주변 시설(도로, 건물, 가연물질 등)로부터 1.5(m) 이상 이격하고 다른 건물의 출입구나 피난계단 등 이와 유사한 장소로부터는 3(m) 이상 이격할 것.

⑨ 낙뢰 및 서지 등 과도과전압으로부터 주요 설비를 보호하기 위해 직류 전로에 직류서지보호장치(SPD)를 설치할 것.

16. 제어 및 보호장치

① 전기저장장치가 비상용 예비전원 용도를 겸하는 경우 다음에 따라 시설.

㉮ 상용전원이 정전되었을 때 비상용 부하에 전기를 안정적으로 공급할 수 있는 시설을 갖출 것.

㉯ 관련 법령에서 정하는 전원 유지시간 동안 비상용 부하에 전기를 공급할 수 있는 충전용량을 상시 보존하도록 시설할 것.

② 전기저장장치의 접속점에는 쉽게 개폐할 수 있는 곳에 개방상태를 육안으로 확인할 수 있는 전용 개폐기를 시설할 것.

③ 전기저장장치의 이차전지는 다음에 따라 자동으로 전로로부터 차단하는 장치를 시설할 것.

㉮ 과전압 또는 과전류 발생한 경우

㉯ 제어장치에 이상이 발생한 경우

㉰ 이차전지 모듈의 내부온도가 급격히 상승한 경우

④ 직류전로에 과전류차단기 설치시 직류단락전류 차단능력을 가지는 것이야 하며 "직류용"이라는 표시를 할 것.

⑤ 지락이 생겼을 때에 자동적으로 전로를 차단하는 장치를 시설할 것.

⑥ 발전소 또는 변전소 혹은 이에 준하는 장소에 전기저장장치를 시설하는 경우 전로가 차단되었을 때에 경보하는 장치를 시설할 것.

17. 계측장치

전기저장장치를 시설하는 곳에는 다음의 사항을 계측장치를 시설할 것.

① 축전지 출력 단자의 전압, 전류, 전력 및 충방전 상태

② 주요 변압기의 전압, 전류 및 전력

18. 비상용 예비전원설비

비상용 예비전원설비는 상용전원의 고장 또는 화재 등으로 정전되었을 때 수용장소에 전력을 공급하도록 시설할 것.

① 화재조건에서 운전이 요구되는 비상용 예비전원설비는 다음의 2가지 조건이 추가적으로 충족되어야 한다.

㉮ 비상용 예비전원은 충분한 시간 동안 전력 공급이 지속되도록 선정할 것.

㉯ 모든 비상용 예비전원의 기기는 충분한 시간의 내화 보호 성능을 갖도록 선정하여 설치할 것.

② 자동 전원공급은 절환 시간에 따라 다음과 같이 분류된다.

㉮ 무순단 : 과도시간 내에 전압 또는 주파수 변동 등 정해진 조건에서 연속적인 전원공급이 가능한 것.

㉯ 순단 : 0.15초 이내 자동 전원공급이 가능한 것.

㉰ 단시간 차단 : 0.5초 이내 자동 전원공급이 가능한 것.

㉱ 보통 차단 : 5초 이내 자동 전원공급이 가능한 것.

㉲ 중간 차단 : 15초 이내 자동 전원공급이 가능한 것.

㉳ 장시간 차단 : 자동 전원공급이 15초 이후에 가능한 것.

③ 비상용 예비전원설비에 필수적인 기기는 지정된 동작을 유지하기 위해 절환 시간과 호환되어야 한다.

④ 비상용 예비전원으로 전기사업자의 배전망과 수용가의 독립된 전원을 병렬운전이 가능하도록 시설하는 경우, 독립운전 또는 병렬운전시 단락보호 및 고장보호가 확보되어야 한다. 이 경우 병렬운전에 관한 전기사업자의 동의를 받아야 하며 전원의 중성점간 접속에 의한 순환전류와 제3고조파의 영향을 제한하여야 한다.

⑤ 비상용 예비전원설비의 전로는 다른 전로로부터 독립되어야 한다.

⑥ 과전류 보호장치는 하나의 전로에서의 과전류가 다른 비상용 예비전원설비 전로의 정확한 작동에 손상을 주지 않도록 선정 및 설치하여야 한다.

⑦ 직류로 공급될 수 있는 비상용 예비전원설비 전로는 2극 과전류 보호장치를 구비할 것.

19. 태양광 발전설비

① 태양전지 모듈의 직렬군 최대 개방전압이 직류 750(V) 초과 1500(V) 이하인 시설장소는 다음에 따라 울타리 등의 안전조치를 하여야 한다.

㉮ 태양전지 모듈을 일반인이 쉽게 출입할 수 없는 옥상·지붕에 설치하는 경우는 모듈 프레임 등 쉽게 식별할 수 있는 위치에 위험표시 할 것.

㉯ 태양전지 모듈을 주차장 상부에 시설하는 경우는 위험표시를 하고, 차량의 출입 등에 의한 구조물, 모듈 등의 손상이 없도록 할 것.

② 태양전지 모듈, 전선, 개폐기 및 기타 기구는 충전부분이 노출되지 않도록 시설할 것.

③ 배선시스템은 바람, 결빙, 온도, 태양방사와 같이 예상되는 외부 영향을 견디도록 시설할 것.

④ 직렬 연결된 태양전지모듈의 배선은 과도과전압의 유도에 의한 영향을 줄이기 위하여 스트링 양극간의 배선간격이 최소가 되도록 배치할 것.

⑤ 인버터, 절연변압기 및 계통 연계 보호장치 등 전력변환장치의 시설은 다음에 따라 시설할 것.

㉮ 인버터는 실내·실외용을 구분할 것.

㉯ 각 직렬군의 태양전지 개방전압은 인버터 입력전압 범위 이내일 것.

㉰ 옥외에 시설하는 경우 방수등급은 IPX4 이상일 것.

⑥ 모듈의 지지물은 자중, 적재하중, 적설 또는 풍압, 지진 및 기타의 진동과 충격에 대하여 안전한 구조일 것.

⑦ 모듈을 병렬로 접속하는 전로에는 그 전로에 단락전류가 발생할 경우에 전로를 보호하는 과전류차단기 또는 기타 기구를 시설할 것.

⑧ 태양광설비에는 전압과 전류 또는 전압과 전력을 계측하는 장치를 시설할 것.

⑨ 접지시설은 "접지 시스템"의 규정에 따를 것.

20. 풍력 발전설비

① 500(kW) 이상의 풍력터빈은 나셀 내부의 화재 발생시, 이를 자동으로 소화할 수 있는 화재방호설비를 시설할 것.

② 풍력발전기에서 출력배선에 쓰이는 전선은 CV선 또는 TFR-CV선을 사용하거나 동등 이상의 성능을 가진 제품을 사용하여야 하며, 전선이 지면을 통과하는 경우에는 피복이 손상되지 않도록 별도의 조치를 취할 것.

③ 풍력터빈의 선정에 있어서는 시설장소의 풍황(風況)과 환경, 적용규모 및 적용형태 등을 고려하여 선정할 것.

④ 풍력터빈 유지, 보수 및 점검시 작업자의 안전을 위한 잠금장치를 시설할 것.

⑤ 최대 풍압하중 및 운전 중의 회전력 등에 의한 풍력터빈의 강도계산에는 다음의 조건을 고려하여야 한다.

㉮ 사용조건 : 최대 풍속, 최대 회전수

㉯ 강도조건 : 하중조건, 강도계산의 기준, 피로하중

⑥ 풍력터빈을 지지하는 구조물은 자중, 적재하중, 적설, 풍압, 지진, 진동 및 충격을 고려하여야 한다.

단, 해상 및 해안가 설치시 염해 및 파랑하중에 대해서도 고려할 것.

⑦ 제어장치는 다음과 같은 기능 등을 보유하여야 한다.

㉮ 풍속에 따른 출력 조절

㉯ 출력제한

㉰ 회전속도제어

㉱ 계통과의 연계

㉲ 기동 및 정지

㉳ 계통 정전 또는 부하의 손실에 의한 정지

㉴ 요잉에 의한 케이블 꼬임 제한

⑧ 보호장치는 다음의 조건에서 풍력발전기를 보호하여야 한다.

㉮ 과풍속

㉯ 발전기의 과출력 또는 고장

㉰ 이상진동

㉱ 계통 정전 또는 사고

㉲ 케이블의 꼬임 한계

⑨ 접지설비는 풍력발전설비 타워기초를 이용한 통합접지공사를 하여야 하며, 설비 사이의 전위차가 없도록 등전위본딩 할 것.

⑩ 풍력터빈에는 설비의 손상을 방지하기 위하여 운전 상태를 계측하는 다음의 계측장치를 시설할 것.

㉮ 회전속도계
㉯ 나셀(nacelle) 내의 진동을 감시하기 위한 진동계
㉰ 풍속계
㉱ 압력계
㉲ 온도계

21. 연료전지설비

① 연료전지는 다음의 경우에 자동적으로 이를 전로에서 차단하고 연료전지에 연료가스 공급을 자동적으로 차단하며 연료전지내의 연료가스를 자동적으로 배기하는 장치를 시설할 것.

㉮ 연료전지에 과전류가 생긴 경우
㉯ 발전요소(發電要素)의 발전전압에 이상이 생겼을 경우 또는 연료가스 출구에서의 산소농도 또는 공기 출구에서의 연료가스 농도가 현저히 상승한 경우
㉰ 연료전지의 온도가 현저하게 상승한 경우

② 연료전지설비에는 전압과 전류 또는 전압과 전력을 계측하는 장치를 시설.

③ "운전 중에 일어나는 이상"이란 다음에 열거하는 경우를 말한다.

㉮ 연료 계통 설비내의 연료가스의 압력 또는 온도가 현저하게 상승하는 경우
㉯ 증기계통 설비내의 증기의 압력 또는 온도가 현저하게 상승하는 경우
㉰ 실내에 설치되는 것에서는 연료가스가 누설하는 경우

④ 내압시험 : 최고 사용압력이 0.1(MPa) 이상의 부분

구분	시험 압력	시간	기타
수압	최대사용압력 1.5배	10분	파열 또는 누설하지 않을 것
기압	최대사용압력 1.25배		

⑤ 기밀시험(0.1 MPa 이상의 부분)은 최고 사용압력의 1.1배의 기압으로 시험을 실시하였을 때 누설이 없어야 한다.

⑥ 연료전지에 대하여 전로의 보호장치의 확실한 동작의 확보 또는 대지전압의 저하를 위하여 특히 필요할 경우에 연료전지의 전로 또는 이것에 접속하는 직류전로에 접지공사를 할 때에는 다음에 따라 시설하여야 한다.

㉮ 접지극은 고장시 그 근처의 대지 사이에 생기는 전위차에 의하여 사람이나

가축 또는 다른 시설물에 위험을 줄 우려가 없도록 시설할 것.

㉯ 접지도체는 공칭단면적 16(㎟) 이상의 연동선 또는 이와 동등 이상의 세기 및 굵기의 쉽게 부식하지 아니하는 금속선으로서 고장시 흐르는 전류가 안전하게 통할 수 있는 것을 사용하고 또한 손상을 받을 우려가 없도록 시설할 것.

단, 저압 전로의 중성점에 시설하는 것은 공칭단면적 6(㎟) 이상의 연동선 또는 이와 동등 이상의 세기 및 굵기의 쉽게 부식하지 않는 금속선

㉰ 접지도체에 접속하는 저항기·리액터 등은 고장시 흐르는 전류를 안전하게 통할 수 있는 것을 사용할 것.

연습문제

001 전기자동차 충전설비 시설에 대한 설명 중 틀린 것은?

① 과전류 차단기를 각 극에 설치한다.
② 충전장치와 전기자동차의 접속에는 연장코드를 사용한다.
③ 전로의 지락이 생겼을 때 자동으로 그 전로를 차단하는 장치를 시설한다.
④ 커플러의 접지극은 투입시 먼저 접속되고 차단시 나중에 분리되는 구조로 한다.

(전기자동차 충전설비의 시설)
① 전기자동차를 충전하기 위한 저압전로에는 전용의 개폐기 및 과전류차단기를 각 극에 시설하고 전로에 지락이 생겼을 때 자동적으로 차단하는 장치를 시설할 것.
② 충전장치와 전기자동차의 접속에는 연장코드를 사용하지 말 것.
③ 충전케이블은 유연성이 있는 것으로서 통상의 충전전류를 흘릴 수 있는 충분한 굵기의 것일 것.
④ 다른 배선기구와 대체 불가능한 구조로서 극성의 구분이 되고 접지극이 있는 것일 것.
⑤ 접지극은 투입시 먼저 접속되고, 차단시 나중에 분리되는 구조일 것.
⑥ 의도하지 않은 부하의 차단을 방지하기 위해 잠금 또는 탈부착을 위한 기계적 장치가 있는 것일 것.
⑦ 커넥터(충전케이블에 부착되어 있으며, 전기자동차 접속구에 접속하기 위한 장치)가 전기자동차 접속구로부터 분리될 때 충전케이블의 전원공급을 중단시키는 인터록 기능이 있는 것일 것.
⑧ 커넥터 및 플러그(충전케이블에 부착되어 있으며, 전원측에 접속하기 위한 장치)는 낙하충격 및 눌림에 대한 충분한 기계적 강도를 가진 것일 것.

002 계통연계하는 분산형 전원을 설치하는 경우에 이상 또는 고장 발생시 자동적으로 분산형 전원을 전력계통으로부터 분리하기 위한 장치를 시설해야 하는 경우가 아닌 것은?

① 역률 저하 상태
② 단독운전 상태
③ 분산형 전원의 이상 또는 고장
④ 연계한 전력계통의 이상 또는 고장

(계통연계용 보호장치의 시설)
① 계통연계하는 분산형 전원을 설치하는 경우 다음의 하나에 해당하는 이상 또는 고장 발생시 자동적으로 분산형 전원을 전력계통으로부터 분리하기 위한 장치를 시설 및 해당 계통과의 보호협조를 실시할 것.
　㉮ 분산형 전원의 이상 또는 고장
　㉯ 연계한 전력계통의 이상 또는 고장
　㉰ 단독운전 상태
② 연계한 전력계통의 이상 또는 고장 발생시 분산형 전원의 분리시점은 해당 계통의 재폐로 시점 이전이어야 하며, 이상발생 후 해당계통의 전압 및 주파수가 정상범위 내에 들어올 때까지 계통과의 분리상태를 유지하는 등 연계한 계통의 재폐로방식과 협조를 이루어야 한다.

003 계통 연계하는 분산형 전원설비를 설치하는 경우 자동적으로 분산형 전원설비를 전력계통으로부터 분리하기 위한 장치 시설 및 해당 계통과의 보호협조를 실시하여야 하는 경우 알맞지 않은 것은?

① 단독운전 상태
② 연계한 전력계통의 이상 또는 고장
③ 조상설비의 이상 발생시
④ 분산형 전원설비의 이상 또는 고장

(계통연계용 보호장치의 시설)
① 계통연계하는 분산형 전원을 설치하는 경

정답 001 ② 002 ① 003 ③

우 다음의 하나에 해당하는 이상 또는 고장 발생시 자동적으로 분산형 전원을 전력계통으로부터 분리하기 위한 장치를 시설 및 해당 계통과의 보호협조를 실시할 것.

㉮ 분산형 전원의 이상 또는 고장
㉯ 연계한 전력계통의 이상 또는 고장
㉰ 단독운전 상태

② 연계한 전력계통의 이상 또는 고장 발생시 분산형 전원의 분리시점은 해당 계통의 재폐로 시점 이전이어야 하며, 이상발생 후 해당계통의 전압 및 주파수가 정상범위 내에 들어올 때까지 계통과의 분리상태를 유지하는 등 연계한 계통의 재폐로방식과 협조를 이루어야 한다.

004 주택의 전기저장장치의 축전지에 접속하는 주택의 옥내전로의 대지전압은 직류 몇 (V)까지 적용할 수 있는가?

① 150　② 300
③ 600　④ 1000

(전기저장장치 일반 사항)
이차전지를 이용한 전기저장장치는 다음에 따라 시설할 것.

① 주택의 전기저장장치의 축전지에 접속하는 주택의 옥내전로의 대지전압은 직류 600(V)까지 적용할 수 있다.
② 전선은 공칭단면적 2.5(㎟) 이상의 연동선 또는 이와 동등 이상의 세기 및 굵기의 것일 것.

005 주택의 전기저장장치의 축전지에 접속하는 부하측 옥내전로에 지락이 생겼을 때, 자동적으로 전로를 차단하는 장치를 시설한 경우에 주택의 옥내전로의 대지전압은 직류 (V)까지 적용 할 수 있는가?

① 150　② 300
③ 400　④ 600

(전기저장장치 일반 사항)
이차전지를 이용한 전기저장장치는 다음에 따라 시설할 것.

① 주택의 전기저장장치의 축전지에 접속하는 주택의 옥내전로의 대지전압은 직류 600(V)까지 적용할 수 있다.
② 전선은 공칭단면적 2.5(㎟) 이상의 연동선 또는 이와 동등 이상의 세기 및 굵기의 것일 것.

006 태양전지 발전설비 시설에 대한 설명 중 틀린 것은?

① 인버터, 제어반, 배전반 등의 시설은 기기 등을 조작 또는 보수 점검 할 수 있는 충분한 공간을 확보하고 필요한 조명설비를 시설하여야 한다.
② 충전부분은 노출되지 아니하도록 시설할 것
③ 태양광설비의 고장이나 외부 환경요인으로 인하여 계통 연계에 문제가 있을 경우 회로 분리를 위한 안전시스템이 있어야 한다.
④ 주택의 태양전지 모듈에 접속하는 부하측 옥내배선의 대지전압은 직류 300(V) 이하이어야 한다.

(전기저장장치 일반 사항)
이차전지를 이용한 전기저장장치는 다음에 따라 시설할 것.
주택의 전기저장장치의 축전지에 접속하는 주택의 옥내전로의 대지전압은 직류 600(V)까지 적용할 수 있다.

007 전기저장장치의 이차전지에 자동으로 전로로부터 차단하는 장치를 시설하여야 하는 경우로 틀린 것은?

① 과저항이 발생한 경우
② 과전압이 발생한 경우
③ 제어장치에 이상이 발생한 경우
④ 이차전지 모듈의 내부 온도가 급격히 상승한 경우

(제어 및 보호장치)
전기저장장치의 이차전지는 다음에 따라 자동으로 전로로부터 차단하는 장치를 시설할 것.

① 과전압 또는 과전류 발생한 경우
② 제어장치에 이상이 발생한 경우
③ 이차전지 모듈의 내부온도가 급격히 상승한 경우

정답 004 ③ 005 ④ 006 ④ 007 ①

008 태양전지 모듈의 직렬군 최대개방전압이 직류 750(V)~1500(V) 이하인 시설장소에서 시행해야 하는 안전조치로 알맞지 않은 것은?

① 태양전지 모듈을 지상에 설치하는 경우 울타리·담 등을 시설하여야 한다.
② 태양전지 모듈을 일반인이 쉽게 출입할 수 있는 옥상 등에 시설하는 경우는 식별이 가능하도록 위험 표시를 하여야 한다.
③ 태양전지 모듈을 일반인이 쉽게 출입할 수 없는 옥상·지붕에 설치하는 경우는 모듈 프레임 등 쉽게 식별할 수 있는 위치에 위험 표시를 하여야 한다.
④ 태양전지 모듈을 주차장 상부에 시설하는 경우는 위험표시를 하지 않아도 된다.

(태양광 발전설비)
태양전지 모듈을 주차장 상부에 시설하는 경우는 위험표시를 하고, 차량의 출입 등에 의한 구조물, 모듈 등의 손상이 없도록 할 것.

009 전기저장장치의 시설 중 제어 및 보호장치에 관한 사항으로 옳지 않은 것은?

① 상용전원이 정전되었을 때 비상용 부하에 전기를 안정적으로 공급할 수 있는 시설을 갖출 것.
② 전기저장장치의 접속점에는 쉽게 개폐할 수 없는 곳에 개방상태를 육안으로 확인할 수 있는 전용의 개폐기를 시설하여야 한다.
③ 직류 전로에 과전류차단기를 설치하는 경우 직류 단락전류를 차단하는 능력을 가지는 것이어야 하고 "직류용" 표시를 하여야 한다.
④ 전기저장장치의 직류 전로에 지락이 생겼을 때에 자동적으로 전로를 차단하는 장치를 시설하여야 한다.

(제어 및 보호장치)
전기저장장치의 접속점에는 쉽게 개폐할 수 있는 곳에 개방상태를 육안으로 확인할 수 있는 전용 개폐기를 시설할 것.

010 태양광설비에 시설하여야 하는 계측기의 계측대상에 해당하는 것은?

① 전압과 전류 ② 전력과 역률
③ 전류와 역률 ④ 역률과 주파수

(태양광 발전설비)
태양광설비에는 전압과 전류 또는 전압과 전력을 계측하는 장치 시설할 것.

011 태양광설비의 계측장치로 알맞은 것은?

① 역률을 계측하는 장치
② 습도를 계측하는 장치
③ 주파수를 계측하는 장치
④ 전압과 전류를 계측하는 장치

(태양광 발전설비)
태양광설비에는 전압과 전류 또는 전압과 전력을 계측하는 장치 시설할 것.

012 풍력터빈에 설비의 손상을 방지하기 위하여 시설하는 상태를 계측하는 계측장치로 틀린 것은?

① 조도계 ② 압력계
③ 온도계 ④ 풍속계

(풍력 발전설비)
풍력터빈에는 설비의 손상을 방지하기 위하여 운전 상태를 계측하는 다음의 계측장치 시설할 것.
㉮ 회전속도계
㉯ 나셀(nacelle) 내의 진동을 감시하기 위한 진동계
㉰ 풍속계 ㉱ 압력계 ㉲ 온도계

013 풍력발전설비의 시설기준에 대한 설명으로 틀린 것은?

① 간선의 시설시 단자의 접속은 기계적, 전기적 안전성을 확보하도록 하여야 한다.
② 나셀 등 풍력발전기 상부시설에 접근하기 위한 안전한 시설물을 강구하여야 한다.
③ 100(kW) 이상의 풍력터빈의 나셀 내부의 화재 발생시 이를 자동으로 소화할

정답: 008 ④ 009 ② 010 ① 011 ④ 012 ① 013 ③

수 있는 화재방호설비를 시설하여야 한다.

④ 풍력발전기에서 출력배선에 쓰이는 전선은 CV선 또는 TFR-CV선을 사용하거나 동등 이상의 성능 가진 제품을 사용하여야 한다.

(풍력 발전설비)500(kW) 이상의 풍력터빈은 나셀 내부의 화재 발생시, 이를 자동으로 소화할 수 있는 화재방호설비를 시설할 것.

014 전기저장장치를 전용건물에 시설하는 경우에 대한 설명이 다음 ( )에 들어갈 내용으로 옳은 것은?

> 전기저장장치 시설장소는 주변 시설(도로, 건물, 가연물질 등)로부터 (㉠)m 이상 이격하고 다른 건물의 출입구나 피난계단 등 이와 유사한 장소로 부터는 (㉡)m 이상 이격하여야 한다.

① ㉠ 3, ㉡ 1　　② ㉠ 2, ㉡ 1.5
③ ㉠ 1, ㉡ 2　　④ ㉠ 1.5, ㉡ 3

(전기저장장치 일반 사항)
전기저장장치 시설 장소는 주변 시설(도로, 건물, 가연 물질 등)로부터 1.5(m) 이상 이격하고 다른 건물의 출입구나 피난계단 등 이와 유사한 장소로부터는 3(m) 이상 이격할 것.

015 풍력터빈의 피뢰설비 시설기준에 대한 설명으로 틀린 것은?

① 풍력터빈에 설치한 피뢰설비(리셉터, 인하도선 등)의 기능저하로 인해 다른 기능에 영향을 미치지 않을 것.
② 풍력터빈 내부의 계측 센서용 케이블은 금속관 또는 차폐케이블 등을 사용하여 뇌유도과전압으로부터 보호할 것.
③ 풍력터빈에 설치하는 인하도선은 쉽게 부식되지 않는 금속선으로서 뇌격전류를 안전하게 흘릴 수 있는 충분한 굵기여야 하며, 가능한 직선으로 시설할 것.
④ 수뢰부를 풍력터빈 중앙부분에 배치하되 뇌격전류에 의한 발열에 용손(溶損)되지 않도록 재질, 크기, 두께 및 형상 등을 고려할 것.

(풍력 발전설비)
수뢰부를 풍력터빈 선단부분 및 가장자리 부분에 배치하되 뇌격전류에 의한 발열에 용손(溶損)되지 않도록 재질, 크기, 두께 및 형상 등을 고려할 것.

정답 014 ④ 015 ④

전기설비기술기준
(한국전기설비규정)

2025. 2. 5 인쇄
2025. 2. 10 발행

판 권
소 유

저 자 : 김충년 · 권기진 · 유원근 · 송정원 공저

발행자 : 이진권

발행처 : 도서출판 **태영문화사**

주 소 : 서울특별시 강서구 초원로 38

전 화 : 2661-8751

F A X : 2661-8798

등 록 : 1998년 11월 12일 제 2-2682호

정가 23,000원

ISBN 978-89-6354-361-1